한번에 통과하는 논문

논문 검색과 쓰기 전략

히든그레이스
논문통계팀
지음

한빛아카데미
Hanbit Academy, Inc.

한번에 통과하는 논문 : 논문 검색과 쓰기 전략

초판발행 2017년 11월 5일
10쇄발행 2024년 7월 1일

지은이 히든그레이스 논문통계팀 / **펴낸이** 전태호
펴낸곳 한빛아카데미(주) / **주소** 서울시 서대문구 연희로2길 62 한빛아카데미(주) 2층
전화 02-336-7112 / **팩스** 02-336-7199
등록 2013년 1월 14일 제2017-000063호 / **ISBN** 979-11-5664-254-1 03310

총괄 김현용 / **책임편집** 김은정 / **기획** 박현진 / **편집** 박정수 / **진행** 김은정
디자인 천승훈, 김연정 / **전산편집** 한지혜 / **일러스트** (주)히든그레이스 우영희 / **제작** 박성우, 김정우
영업 김태진, 김성삼, 이정훈, 임현기, 이성훈, 김주성 / **마케팅** 김호철, 심지연

이 책에 대한 의견이나 오탈자 및 잘못된 내용에 대한 수정 정보는 아래 이메일로 알려주십시오.
잘못된 책은 구입하신 서점에서 교환해 드립니다. 책값은 뒤표지에 표시되어 있습니다.
홈페이지 www.hanbit.co.kr / 이메일 question@hanbit.co.kr

Published by HANBIT Academy, Inc. Printed in Korea

지은이 **김성은** ksej3a@hjgrace.com

장애와 열악한 환경은
부족함이 아니라,
특별함이다

(주)히든그레이스 대표(2013~현재)

- 사회적 기업, 소셜벤처 연구 및 강의(2013~현재)
- 데이터분석, 머신러닝 프로젝트 조율(2014~현재)
- 대학원, 고등학교 소논문 작성법 강의(2015~현재)
- 데이터분석, 머신러닝 강의(2017~현재)
- 2,000여 건의 논문 컨설팅 진행
- 네이버 블로그 '히든그레이스 논문통계' 운영
- 페이스북 페이지 '대학원 논문통계' 운영

지은이 **정규형** parbo@naver.com

게을러질거면
죽어버려라

(주)히든그레이스 전문 강사(2016~2018)

- 연구방법 및 통계프로그램(SPSS/Amos/Stata) 강의(2014~현재)
- 600여 건의 논문 컨설팅 진행
- '나는 대한민국 대학원생이다' 페이스북 페이지 운영

우리는 왜 논문 쓰기를 어려워할까?

처음 논문 관련 강의와 연구방법론 강의를 접했을 때, 매우 어렵다고 느꼈습니다. 그리고 취약계층과 함께 일하는 논문통계 사업을 선택하면서 '어떻게 하면 아무런 배경지식이 없는 학생들에게도 논문 쓰는 법을 쉽게 전달할 수 있을까?'에 대해 고민하게 되었습니다. 그러다보니 평일에는 논문 쓸 시간이 없고 논문을 한 번도 써보지 않은 학생들을 위해 제한된 시간을 사용하여 한번에 논문을 완성할 수 있는 방법들을 계속 분석하게 되었습니다.

결국 논문 쓰기가 어려웠던 이유는 선배들의 경험이 저마다 달라서 정해진 기준이 없고, 그 기준이 있다고 해도 논문을 완성하기까지 매우 오래 걸리기 때문이라는 것을 깨달았습니다. 서울에서 부산까지 갈 때 고속도로를 이용하지 않으면 매우 오랜 시간이 걸리듯이, 기존의 논문 쓰기도 고속도로를 이용하지 않고, 내비게이션 없이 무작정 가고 있는 게 아닌가 하는 의구심을 품게 되었습니다. 그래서 고속도로를 이용하는 것처럼 빠른 시간 안에 논문을 쓰는 방법을 연구하고 다양한 방식을 적용해보았습니다.

이 책에 적힌 방법들은 모두 이러한 시행착오를 거쳐서 도출된 결과물입니다. 그래서 이 책은 우리가 왜 논문 쓰기를 어려워하는지에 대해 실제적으로 살펴보고, 논문 쓰는 시간을 줄일 수 있는 방법을 제시합니다. 따라서 시간 여유가 없는 연구자에게 가장 필요한 책이 될 것이라 생각합니다. 이 책을 읽는 모든 독자가 논문이라는 벽을 극복하고, 얼른 현업으로 돌아가 목적한 바를 이룰 수 있길 바랍니다.

이 책의 특징

1 제한된 시간에 효과적으로 논문을 쓸 수 있는 구체적인 방법 제시 논문 쓰기의 원론적인 이야기가 아니라, 철저하게 제한된 시간에 논문을 쓸 수 있는 방법에 대해 서술하였습니다. 원론적인 방법은 대학원 수업과 타 서적들을 통해 참고할 수 있기 때문입니다. 하지만 이 책이 오로지 논문 통과에만 초점을 맞춘 것은 아닙니다. Part 01에서는 실제적인 논문 쓰기 전략과 전반적인 방법을 이야기합니다. Part 02에서는 Part 01에서 제시한 방법들을 구체적으로 설명하여 독자들의 이해를 돕고 이론서로도 사용할 수 있게 설계하였습니다.

2 실제 강의를 보고 듣는 것처럼 느끼게 하는 시각적인 본문 구성 어려운 내용이 쉽게 전달되도록 기존에 강의했던 PPT 자료를 시각화하여 독자들의 이해를 도우려고 노력했습니다. 특히 Section 05(양적 연구에서 자주 사용하는 통계 방법)에서는 선행 논문의 연구 주제와 가설, 설문지만 봐도 연구 방법을 예측할 수 있도록 충분한 실례를 들어 쉽게 설명하였습니다.

3 어디서도 들을 수 없는 깨알 같은 논문 쓰기 팁 '저자생각'과 '아무도 가르쳐 주지 않는 Tip' 코너를 통해 논문을 쓰면서 자주 실수하는 부분과 기억해야 할 점을 적었습니다. 각 Section의 주제와 관련이 있는 깨알 같은 논문 쓰기 팁을 얻을 수 있을 것입니다.

감사의 글

먼저 이 책을 사랑해주신 모든 독자님께 감사드립니다. 1년의 작업을 거쳐, '한번에 통과하는 논문' 시리즈 3권이 모두 마무리되었습니다. 이제, 1권(논문 검색과 쓰기 전략)을 통해 '어떻게 논문을 제한된 시간 안에 쓸지를 데이터분석을 통해 전략적으로 접근'하고, 2권(SPSS 결과표 작성과 해석 방법)과 3권(AMOS 구조방정식 활용과 SPSS 고급 분석)을 통해 '실제 연구자 데이터를 활용하여 분석해보고 논문을 작성해보는 작업'을 스스로 진행할 수 있게 되었습니다. 이 책뿐만 아니라 회사 창업 초기부터 함께 고생한 윤성철, 손재민과 회사 동료인 우종훈, 허영회, 우영희, 박주은, 김과현, 일신세무법인 이재형 과장님에게도 감사한 마음을 전합니다. 또한 집필에 참여해준 정규형 강사와 그의 아내 김성희에게 감사의 인사를 전합니다. 이 책의 등장인물이 되어주시고, 강의와 설교를 통해 현재의 회사 이념을 지킬 수 있도록 기도해주시고 힘이 되어주신 한동대학교 김재홍 교수님과 분당우리교회 이찬수 목사님께 감사함을 전합니다.

'데이터분석'을 통해 사회취약계층의 재능을 찾아 교육하고 전문가로 양성하기 위해 노력하고 있지만, 많은 어려움을 겪고 있습니다. 그러나 저희의 마지막 꿈은 에필로그에 언급한 것처럼 '히든스쿨(HIDDEN.SCHOOL)'을 설립하는 일이고, 이 책을 매개로 그 꿈이 이루어지길 소망하고 있습니다. 현재도 알게 모르게 물심양면으로 지원해주시는 많은 독자님께 감사의 인사를 전합니다. 또한 SPSS와 AMOS 프로그램을 지원해준 데이터솔루션에게도 감사드립니다.

마지막으로 지금까지 '모든 것이 하나님의 은혜였다.'라고 고백하고 삶으로 증명할 수 있도록 히든그레이스 기업과 사명을 허락하신 그분께 감사드립니다. 초심을 잃지 않도록 노력하겠습니다.

장애와 열악한 환경이 재능이 될 수 있다고 믿는

(주)히든그레이스 대표, 김성은 드림

미리 보기

PREVIEW

해당 Section의 핵심 내용을 제시합니다.

SECTION
02

논문 심사를 대면하는 우리의 자세

가이드라인 동영상

bit.ly/onepass-skill5

PREVIEW

- 논문 쓰는 것이 왜 어려운지 명확하게 살펴보고, 그에 따른 대안점을 모색한다.
- 왜 지도 교수님과 협업하는 것이 중요한지 강조한다.

01 _ 논문 쓰기는 왜 어려울까?

지금까지 논문 컨설팅 업체의 현황과 논문 사기를 막는 방법에 대해서 알아보았습니다. 많은 연구자들이 논문 쓰는 방법을 잘 모르고, 제대로 가르쳐주는 사람도 없는 탓에 논문 심사장을

다양한 시각 자료

본문의 핵심 내용, 사례, 설문지, 통계 자료 등을 보기 쉽고 이해하기 쉬운 일러스트와 사진 이미지 등으로 제시하여 독자의 이해도와 흥미도를 높입니다.

그림 2-9 | 처음 연구 주제를 허락 받을 때 가져가야 할 자료 : 2개 이상의 연구 계획서

또한 이렇게 전략적으로 연구 계획서를 쓰면, 연구 주제 2개 정도는 빠르게 완성할 수 있습니다. 논문을 진행하다보면, 하고 싶은 연구 주제가 2~3개 정도는 있습니다. 그런데 서론과 이론적 배경을 쓰는 것이 두려워서 1개만 선택하게 됩니다. 그나마 1개 쓸 시간도 부족해서 가장 무난한 것을 선택하게 되죠.

그러나 지도 교수님의 생각은 다를 수 있습니다. 연구자가 선택한 주제가 아닌 다른 대안을 요구할 수 있습니다. 그래서 연구 계획서를 2개 정도 가져가면, 지도 교수님에게 대안을 제시할 수 있고, 열심히 연구하는 학생으로 지도 교수님에게 기억될 수 있습니다. 그러면 이후 연구를 진행하는 데 다른 연구자들에 비해 조금 더 쉬워질 수 있습니다. 또한 바쁜 지도 교수님이 그 자리에서 바로 연구 계획서 2개를 융합하여 수정한 형태나 둘 중 하나를 선택할 수 있는 옵션을 제공할 수 있게 되므로 지도 교수님의 참여를 유도할 수 있고, 빠르게 연구 주제가 결정될 수 있습니다.

'그렇다면 연구 계획서를 2개 이상 쓰라는 말이냐? 연구 주제를 잡는 게 얼마나 어려운 일인지 모르는 거 아닌가? 구체적인 방법을 알려줘야 적용할 수 있지 않을까?'라고 질문하는 독자들이 있을 줄 압니다. 연구 주제를 빠르게 선정하고, 그에 대한 연구 계획서를 만드는 방법은 Section 04(논문 쓰기 전략)에서 설명하겠습니다.

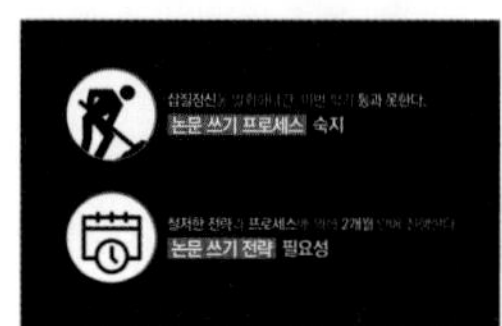

그림 2-10 | 논문 쓰기 프로세스와 전략의 중요성

우리는 지금까지 정보의 부재를 해결하는 방법에 대해 살펴보았습니다. 기존의 논문 쓰기 순서로는 논문 주제를 선정하기까지 시간이 오래 걸릴 수 있으니, 전략적인 논문 쓰기로 시간을 절약하고 교수님을 설득하여 빠르게 논문을 완성하라고 제안드렸습니다. 구체적인 방법은 Section 03(논문 쓰기 순서)에서 논문 쓰는 단계를 8단계로 나누어 1주에 1단계씩 진행할 수 있도록 알려드립니다. 예전에 허든그레이스 논문통계팀이 강의할 때, 강의 제목이 '8주 안에 한 번에 완성하는 논문 쓰기 전략과 프로세스'였습니다.

독자들 중에 직장에 다니면서 대학원 공부를 하는 분이 많을 거라 생각합니다. 이런 분들은 사실 회사 일 때문에 주중에 논문을 쓸 시간이 없습니다. 우리는 이분들에게 주말(토, 일)을 이용하여 하루 6시간씩만 논문에 투자하라고 말씀드렸습니다. 8주 동안은 '무한도전'과 같은 주말 예능 프로그램을 보지 않고, 연애하거나 친구들을 만나 술 한 잔 하고 싶은 마음을 자제하는 거죠. 대신 이 기간에 전략적인 논문 쓰기 프로세스대로 논문을 진행한다면 충분히 완성할 수 있습니다. 연애와 TV 시청이 유일한 낙이라고 하소연할 수도 있습니다. 그렇다면 '주말 오전 6시~낮 12시'처럼 활발하게 활동하지 않는 시간을 할애해서 논문을 진행해도 충분히 완성할 수 있습니다.

다양한 논문 예제와 논문 작성 샘플

해당 본문 주제와 관련된 다양한 논문 예제를 싣고, 논문 쓰기 단계에 따른 논문 샘플을 제시하여 논문 쓰기에 자신감이 붙을 수 있게 하였습니다.

예시 8-8 연구 방법 (1)

Ⅲ. 연구 방법

1. 연구 모형

본 연구는 농촌 지역 노인일자리사업 참여 기간이 노인일자리사업에 참여한 노인들의 생활만족도에 미치는 영향을 검증하고, 농촌 지역 노인일자리사업 참여 기간이 사회관계와 사회활동을 통해서 생활만족도에 영향을 미치는지 살펴보았다. 연구의 목적을 달성하기 위해 연구 모형을 <그림 1>과 같이 설정하였으며 이에 따른 연구가설은 다음과 같다.

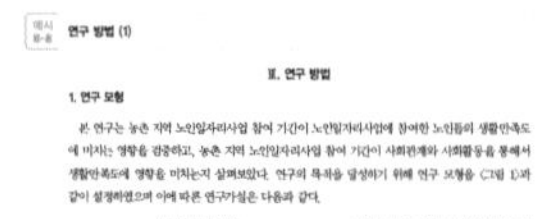

<그림 1> 연구 모형 1

가설1. 농촌 지역 노인일자리사업 참여 기간은 생활만족도에 영향을 미칠 것이다.
가설2. 농촌 지역 노인일자리사업에 참여한 노인의 사회관계, 사회활동은 노인일자리사업 참여 기간이 생활만족도에 미치는 영향을 매개할 것이다.

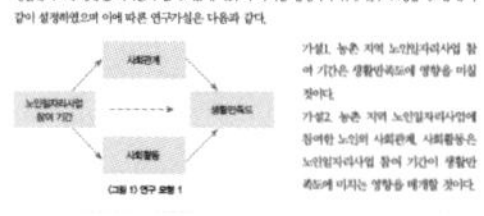

연구 방법에서 가장 먼저 제시한 부분은 연구 모형과 가설입니다. 연구 모형의 경우 전공에 따라 그리기도 하고 그리지 않기도 하므로 사전에 확인해보는 것이 좋습니다. 연구 모형과 가설에 대한 내용은 Section 06의 '08_ 연구 계획서 작성 과정'을 참고하세요.

예시 8-9 연구 방법 (2)

2. 연구 자료 및 대상

본 연구는 한국노인인력개발원의 2012년 노인일자리사업 참여노인 실태조사 원자료를 활용하였다. 2012년에 실시된 본 조사는 비비례층화표본추출방법(dispropotionate sampling)을 통해 표본을 수집하였고, 조사는 2012년 10월 12일부터 11월 16일까지 약 6주간 구조화된 설문지를 활용하여 개별면접조사를 통해 이루어졌다. 본 연구에서는 연구 목적에 따라 농촌 지역 즉 읍과 면 지역에서 노인일자리사업에 참여한 노인 505명 중 주요 변수에 결측치가 있는 케이스를 제외하고 292명을 연구 대상으로 하였다.

연구 방법에서 두 번째로 제시하는 것은 연구 자료 및 대상입니다. 이 연구에서는 한국노인인력개발원의 2012년 노인일자리사업 참여노인 실태조사라는 2차 자료를 활용했습니다. 그리고

1 연구 배경 작성

연구 배경은 이 연구 주제에 대해서 왜 관심을 갖게 되었는지, 어떻게 관심을 갖게 되었는지를 작성하는 파트입니다. 그럼 구체적으로 어떠한 내용을 적어야 할까요? 이 부분은 사실 이번 절의 '02_ 연구 주제 선정 방법'에서 제시한 내용과 맞닿아 있습니다.

앞에서 연구 주제 선정 방법을 총 세 가지로 설명했습니다. '1. 관심 있는 이슈, 2. 자신의 과거 경험이나 현재 일어나는 일, 3. 책이나 인터넷' 등을 통해 알아낸 사실을 연구 배경에 작성하면 됩니다.

2010년, 우리나라에서는 알파맘, 헬리콥터맘 등 각종 맘에 대한 신조어가 나왔다. 알파맘이란 아이의 재능을 발굴해서 탄탄한 정보력으로 체계적인 학습을 시키는 유형의 엄마를 말하고, 헬리콥터맘이란 평생을 자녀 주위를 맴돌며 자녀의 일이라면 무엇이든지 발 벗고 나서는 엄마들을 지칭한다.

2016년 현재 청소년을 자녀로 둔 어머니들은 2010년과 큰 차이를 보이지 않는다. 즉 자녀에 대해 과잉간섭하고 과잉기대하는 부모에 대한 이슈는 현재도 이루어지고 있다. 이러한 부모의 부정적 양육태도는 알파맘이나 헬리콥터맘이 그러하듯이 아이의 독립심이나 자립심을 상실케하고 자기효능감 등을 낮춘다는 지적을 받고 있다.

이러한 상황에서 고등학생 시기는 자신의 진로에 대해서 진지하게 고민하는 중요한 시기이다. 심리학자 Erikson은 청소년기에 대해서 자신의 정체감을 형성하는 데 중요한 시기라고 하였다. 진로정체감은 자신의 직업관을 형성하는 데 필요한 정체감으로, 직업에 대한 자신의 목표, 흥미, 능력에 대해서 얼마나 명확하고 안정된 상을 갖추고 있는지를 의미한다. 이와 같은 진로정체감은 청소년기에 형성해야 할 발달과업 중 하나로 볼 수 있다. 2015년에 초·중·고등학생을 대상으로 다양한 진로교육 기회를 제공하기 위한 목적으로 이루어진 진로교육법이 제정된 것은 청소년에게 진로 자체의 의미가 중요함을 시사하는 바이다.

이러한 진로정체감에 부모의 과잉간섭과 과잉기대는 부정적인 영향을 미칠 것으로 보인다. 실제 부모의 양육태도가 청소년의 진로태도에 영향을 준다는 연구가 매우 많은 것으로 나타나 부모의 양육태도와 진로정체감 간의 관계를 유추할 수 있다. 그러나 부모의 양육태도 중 과잉간섭과 과잉기대에 초점을 맞춰 구체적으로 살펴본 연구가 없고, 청소년의 진로정체감의 요인을 파악하는 연구 또한 전무한 것으로 보인다. 이에 부모의 과잉간섭과 과잉기대가 청소년의 진로정체감에 어떠한 영향을 미치는지 살펴보는 것은 큰 의미가 있다.

[그림 6-36]의 논문 주제에 대해 그 연구 배경으로 알파맘과 헬리콥터맘에 대한 이슈를 소개했습니다. 이어서 알파맘과 헬리콥터맘의 문제점, 청소년기 진로정체감의 중요성, 부모의 부정적 양육태도(과잉간섭, 과잉기대)가 진로에 미치는 영향에 대한 연구 부족을 기술하였습니다.

04 _ 설문조사 : 접근하기 쉽고, 연구자의 의도를 잘 파악할 수 있는 대상을 선택한다

PREVIEW

4단계 논문 쓰기 핵심 전략 : 접근하기 쉽고, 연구자의 의도를 잘 파악할 수 있는 대상을 선택한다.

- 논문 주제를 가장 잘 이해할 수 있는 대상을 선정하고, 응답에 따른 보상과 유인 요소를 제공한다.
- 온라인보다는 오프라인 설문조사를 진행하는 것이 좋다.
- 응답자와 함께 설문조사를 바로 진행하여, 설문조사 중 응답자의 의문 사항에 바로 답변한다.
- 설문지를 수령한 후, 설문지에 번호를 '꼭' 매긴다.

연구 계획서 검토를 통해 설문지 최종본이 결정되면, 바로 설문조사를 진행합니다. 그렇다면 설문조사는 누구에게, 어떻게 진행하면 될까요?

1 결과가 잘 나올 가능성이 높은 연구 대상

설문조사 대상은 연구 주제와 조사 방법에 따라 결정되는 경우가 많습니다. 만약 '대학생의 해외 경험이 직업 선택에 미치는 영향'이 연구 주제라면 '대학생'을 주 대상으로 하여 설문조사를 진행해야 합니다. 앞에서 예로 든 '지도 교수 특성이 연구자의 논문 통과와 투입 시간에 미치는 영향'이 연구 주제라면, '졸업할 때 논문을 쓴 석·박사생'을 대상으로 설문조사를 진행해야 합니다. 즉 좀 더 수월하게 설문조사를 진행할 수 있고 논문 주제에 대해 이해도가 높은 대상을 선택해야 합니다. 이는 연구 주제를 선정할 때 설문조사 대상을 고려해야 한다는 뜻이기도 합니다.

논문 주제를 가장 잘 이해할 사람을 선정하고, 유인 요소를 제공한다.
(대학생, 고3, 2540 직장인)

그림 4-31 **연구자의 의도를 잘 파악하는 응답자 유형**

118 PART 01 처음 쓰는 논문 : 전략편

연구자의 논문 주제를 잘 이해할 수 있는 대상은 누구일까요? 주요 논문 검색 사이트를 살펴보면, 대학생을 대상으로 한 논문이 상당히 높은 비율을 차지하고 있습니다. 그 이유는 석·박사생들이 가장 접근하기 쉬운 대상이기도 하지만, 대학생이 형, 오빠, 언니, 누나들의 논문 주제에 대한 이해가 빠르기 때문입니다. 대학생은 연구자가 왜 이 연구 주제를 선택했는지 그 의도를 정확하게 파악하고, 가능한 정확하게 응답해주려고 노력합니다. 대학생들은 이 같은 설문조사 방식에 익숙한 사람들이고, 연구자의 연구 분야를 이해할 가능성이 높은 사람들이기 때문입니다.

만약 여러분이 보편적인 논문 주제를 선택하고 Section 02에서 설명한 '주제 선정의 어려움을 해결하는 방법'에 근거하여 '대상 집단'을 변경할 때, 이미 '대학생'을 대상으로 한 연구가 있다면 어떻게 하겠습니까? 아마도 다른 대상 집단을 찾으려고 노력하겠죠. 그렇다면 '대학생'처럼 연구자의 논문 주제를 잘 이해할 수 있는 다른 대상 집단에는 누가 있을까요? '고3'과 '25~40세 미만 직장인'들입니다. 이들 역시 설문조사 형태의 문제 풀이에 익숙하고, 연구자의 의도를 정확하게 파악할 수 있는 대상이기 때문입니다. 또한 이 집단에 대한 연구가 가장 흥미롭고, 많기도 합니다. 그래서 이들 집단에 대해 우리는 '응답의 신뢰도가 높은 집단'이라 부르며, 연구 주제를 선정할 때 이들 집단에 대한 연구가 있는지 우선적으로 확인하는 편입니다. 따라서 여러분도 연구 주제를 선정할 때 고3 학생과 2540 직장인 집단을 대상으로 한 설문조사가 가능한지 파악하여 연구 설계 및 설문지 설계를 진행하는 것이 좋습니다.

'대학생, 고3, 2540 직장인' 집단을 설문 대상자로 하면 좋지만, 그럴 수 없는 상황이라면 연구자의 논문을 가장 잘 이해할 수 있는 집단이 누구일지 고려하여 선택해야 합니다. 설문 대상자를 잘 선택하는 것은 설문조사의 신뢰성을 높이고, 분석 결과가 유의하게 나올 가능성을 높일 수 있는 전략입니다.

설문조사를 진행할 때는 응답자에게 금전적인 보상이나 커피 상품권 같은 유인 요소를 제공하는 것이 좋습니다. 그래야 응답자들이 한 줄로 찍거나 건성으로 대답하지 않고 성실하게 응답할 가능성이 높습니다.

연구자의 논문이 중요하다고 해서, 응답자들도 그 논문이나 설문을 중요하게 여길 것이라 생각한다면 오해입니다. 응답자들 역시 바쁜 사람들이기 때문에, 자신에게 유인 요소나 보상이 없다면 성실하게 응답할 의무가 없습니다. 여러분의 선배 연구자들은 대부분 지인 등의 인맥 관계를 이용해서 설문조사를 요청했습니다. 지인의 지인에게 요청하는 경우도 있습니다. 오랫동

SECTION 04 논문 쓰기 전략 119

인덱스

Section 03(논문 쓰기 순서)과 Section 04(논문 쓰기 전략)에서는 논문 쓰기 순서 인덱스를 표시하여, 현재 논문 쓰기 8단계 중 어떤 단계에 해당하는지 바로 알 수 있게 하였습니다.

저 자 생 각 연구 계획서 제출 목적

연구자들에게 연구 계획서를 달라고 요청드리면 연구의 필요성과 연구 가설, 설문지 문항 설계보다는 이론적 배경과 서론만 쓰여있는 연구 계획서를 받는 경우를 많습니다. 내용도 연구자가 직접 쓴 게 아니라 선행 논문의 내용을 '복사-붙여넣기'하여 페이지 양만 늘린 경우가 대부분입니다.

지도 교수님은 많은 제자들을 지도하셨겠죠? 그러면 제자가 자신의 연구에 대한 논문 연구를 많이 했는지 연구 계획서만 봐도 판단할 수 있습니다. 학교 양식에 따라 조금씩 다를 수는 있으나, 대부분의 연구 계획서에는 연구의 목적과 필요성, 연구 문제와 가설, 연구 일정 계획 및 참고 논문, 선행 연구에 따른 연구 모형 등이 모두 포함되어 있습니다. 그러니까 연구 계획서의 목적은 '복사-붙여넣기'를 하라는 뜻이 아니라, 선행 논문을 통해 연구자 자신이 보고자 하는 연구 문제와 목적을 자신의 글로 써보고, 그 논리와 가설에 따라 알맞은 연구 방법론을 적용할 수 있는지 설문조사나 참고문헌, 인터뷰 자료 등을 통해 판단해보라는 의미입니다.

연구 계획서를 제대로 써서 지도 교수님에게 컨펌(confirm)을 받게 되면 사실 주제가 변경되는 경우는 거의 없습니다. 논문 통과에 실패하는 연구자들을 살펴보면 연구 계획서를 제대로 쓰지 않아 일관된 논리로 논문을 쓰지 못한 경우가 많습니다. 또 지도 교수님 컨펌 작업을 거치지 않아 이미 설문조사와 통계분석을 진행했는데도 새롭게 주제를 선택해야 하는 비극이 벌어지기도 하죠.

위에서 말한 두 유형의 연구자들에게 **"당신이 쓴 논문의 핵심 주제를 한 단락으로 정의해주세요"**라고 질문하면 횡설수설하는 이들이 대부분이었습니다. 회사 투자 계획서를 낼 때 1분 안에 자신이 하려는 사업에 대해서 명확하게 설명하는 '엘리베이터 피치(Elevator Pitch)'가 있듯이, 논문을 진행할 때도 지도 교수님에게 연구 계획서를 제출하

저자생각

저자가 논문을 쓰거나 논문 컨설팅을 진행하면서 겪은 에피소드, 논문에 대한 저자의 생각을 소개합니다.

아무도 가르쳐주지 않는 Tip

[명목척도와 서열척도를 더미변수로 만드는 방법]

더미변수는 0과 1로만 코딩하는 것입니다. 예를 들어 보기가 '1. 남자, 2. 여자'라면 '0. 남자, 1. 여자'로 변환하면 되겠지요. 그런데 종교나 학력처럼 보기가 여러 개인 경우에는 어떻게 해야 할까요? 종교(천주교=1, 개신교=2, 불교=3, 종교 없음=4)를 예로 들어서 살펴보겠습니다.

보기가 총 4개인데요, 총 3개의 더미변수를 만들어야 합니다. 만약 보기가 5개였다면 더미변수 4개를 만들어야 하겠죠. 그리고 기준이 되는 보기를 설정해야 합니다. 어떤 것을 기준으로 설정해도 상관없지만 비교적 쉽게 기준을 정하려면 가장 많이 응답한 보기를 기준으로 설정하면 됩니다. 여기서는 '종교 없음'을 기준으로 설정해보겠습니다.

- **더미변수1** – 종교 없음=0, 개신교=1, 불교=0, 천주교=0
- **더미변수2** – 종교 없음=0, 개신교=0, 불교=1, 천주교=0
- **더미변수3** – 종교 없음=0, 개신교=0, 불교=0, 천주교=1

총 3개의 더미변수를 만들 수 있고 '종교 없음'이 기준이라는 것은 어느 더미변수든 '종교 없음'을 0으로 설정한다는 것입니다. 각각의 더미변수를 독립변수로 설정해서 해석하면 다음과 같습니다.

- **더미변수1** – '개신교일수록(or 개신교가 아닐수록) ○○○이 높은 것으로 나타났다.'
- **더미변수2** – '불교일수록(or 불교가 아닐수록) ○○○이 높은 것으로 나타났다.'

아무도 가르쳐주지 않는 Tip

해당 본문과 관련된 실질적인 논문 쓰기 팁이나 보충 설명, 기억해야 할 점 등을 알려줍니다.

PART 02 제대로 쓰는 논문 실전편

SECTION 09

SECTION 10

PART 01

CONTENTS

히든그레이스 논문통계팀

장애와 열악한 환경은 부족함이 아니라, 특별함이다

김성은 대표

- (주)히든그레이스 대표 (2013~현재)
- 사회적 기업, 소셜벤처 연구 및 강의 (2013 ~ 현재)
- 데이터분석, 머신러닝 프로젝트 조율 (2014~ 현재)
- 대학원, 고등학교 소논문 작성법 강의 (2015 ~ 현재)
- 데이터분석, 머신러닝 강의 (2017~현재)
- 2,000여 건의 논문 컨설팅 진행

처음 쓰는 논문

전략편

Part 01은 처음 논문을 쓰는 학생, 시간이 없는 직장인 연구자를 위해 저술하였고, 실제 강의를 토대로 현장감을 살려 쓰려고 노력했습니다. Section 01에서는 음성화되어 있는 논문 서비스 시장의 실태를 살펴보고, 연구자들이 논문 대행과 사기를 피하는 방법에 대해 살펴봅니다. Section 02에서는 논문 쓰기를 어려워하는 이유와 그 해결 방법을 설명합니다. 특히 연구 주제를 제한된 시간 내에 빠르게 선정하고, 지도 교수님의 협조를 구할 수 있는 전략적인 방법을 설명합니다. Section 03에서는 8주 안에 논문을 완성할 수 있는 순서를 살펴보고, 구체적인 방법과 전략을 Section 04에서 제시합니다. Section 05에서는 양적 연구에서 가장 많이 쓰이는 카이검증과 t-test, ANOVA, 상관분석, 회귀분석을 중심으로 살펴봅니다.

SECTION
01

논문 서비스 시장이 생겨난 이유와 폐해

bit.ly/onepass-skill4

PREVIEW

- 많은 연구자들이 이른바 '논문 컨설팅 업체'에 돈을 지불하는 이유를 설명한다.
- 논문 사기를 당하지 않고, 스스로 논문을 쓸 수 있는 방법을 알려준다.

'논문 통계, 논문 의뢰, 논문 대행, 논문 대필, 논문 통계 강의, 논문 컨설팅' 등의 키워드를 포털 사이트에서 검색하면, 수많은 파워 링크와 블로그 홍보가 등장합니다. 왜 이 분야가 비즈니스 영역으로 확장되고 대필과 대행이 성행하게 되었을까요? 연구자들이 만만치 않은 비용을 들이면서까지 이들 논문 컨설팅 업체를 이용하는 이유는 무엇일까요? 바로 이 내용에 대해 지금부터 설명을 하려고 합니다. 더불어 논문 사기를 당하지 않고 자기 논문만큼은 스스로 쓸 수 있는 방법을 알려드리겠습니다.

01 _ 왜 사람들은 '논문 컨설팅 업체'에 많은 돈을 지불할까?

1980년대 이후 산업화와 급격한 경제성장을 통해 지식수준이 높아지면서, 대학원에 진학하는 사람들이 많아졌습니다. 그에 따라 대학원 졸업의 필수 요건 중 하나인 '논문'에 대한 관심도 늘었습니다. 논문은 크게 질적 논문과 양적 논문으로 나뉘는데, 특히 양적 논문은 통계 프로그램을 이용한 분석이 사용되기 때문에 연구자들이 많이 어려워하는 경향이 있습니다. 그러자 이런 분석을 대신 해주는 시장이 생겨나게 되고, 더 나아가 논문 대필과 대행 시장으로 확대되었습니다.

사실 '논문 컨설팅'이라는 이름이 등장한 지는 오래되지 않았습니다. 원래 이 시장은 사회조사분석사 자격증을 가지고 있는 사람들이나 석·박사들이 블로그나 주변 지인 추천 등을 통해 생활비를 버는 정도의 작은 시장이었습니다. 하지만 그 수요가 증가함에 따라 논문을 전문적으로 다루는 기업들이 등장하였고, 기존 프리랜서들도 논문 컨설팅을 수익 모델 관점으로 접근하기 시작했습니다. [그림 1-1]은 논문 컨설팅 수요가 늘어난 원인을 대상자 유형 분석을 통해 보여주고 있습니다.

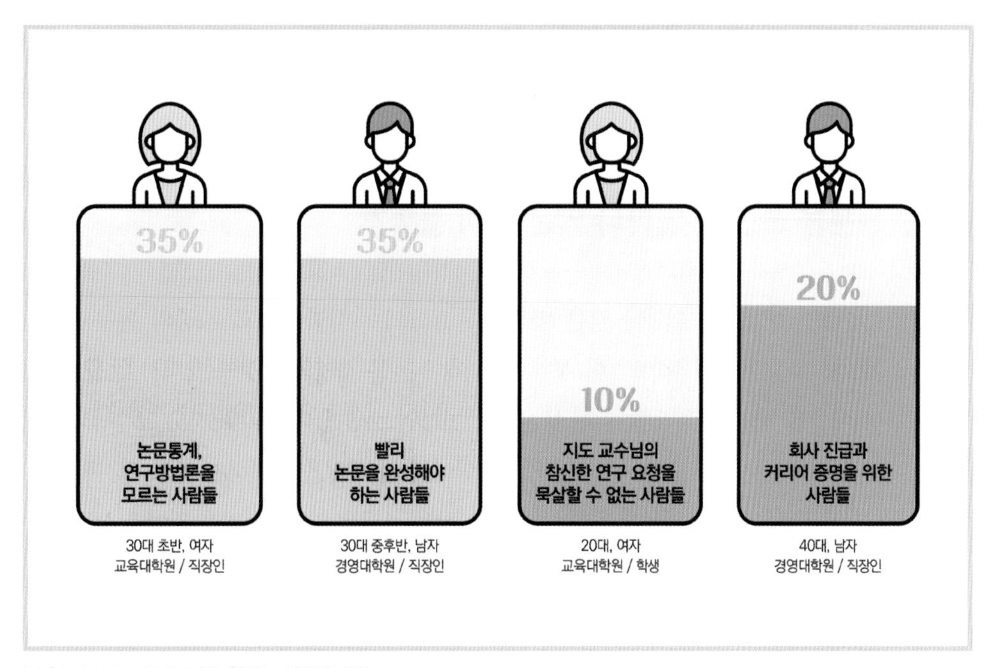

그림 1-1 | **논문 컨설팅을 원하는 대상자 유형**

저 자 생 각

사실 히든그레이스 논문통계팀도 논문 컨설팅의 음성적 현상에 일조한 면이 있다고 생각합니다. 처음 회사를 설립할 때, 장애인을 비롯한 사회 취약 계층이 잘할 수 있는 직무를 연구하기 위해 논문을 접하게 되었습니다. 연구하다가 여러 논문을 보게 되었고, 논문 쓰는 것을 어려워하는 연구자가 많다는 사실을 알게 되었습니다. 그래서 연구도 진행하면서 회사 수익도 창출할 수 있는 방법은 '논문 관련 사업'이라고 생각하게 되었습니다.

그런데 실제로 시장조사를 진행해보니, 논문 관련 사업은 '논문 대행'이나 '논문 대필' 등 사람들이 쉬쉬하는 음성적인 영역이었습니다. 합법적으로 기업을 운영하기 위해 전문가에 의해서만 진행할 수 있는 영역을 점검했습니다. 그렇게 해서 '연구 계획서 설계, 설문지 설계, 통계분석, 초록 번역'의 네 가지 영역을 전문적으로 봐주는 '논문통계 컨설팅'기업을 만들게 되었습니다.

히든그레이스는 대다수의 칙칙한 다른 논문 홍보물과 달리 세련된 홍보물과 시각화, 사회적 기업 가치를 표방하여 차별화를 두는 전략을 사용하였습니다. 특히 '논문'과 '통계'를 접목한 강의를 개발하고, 기존 대학원 및 논문 강의와 달리 실제로 자신의 논문을 분석하고 이해할 수 있는 눈높이 강의를 개발하면서 큰 주목을 받았습니다. 그런데 대형 논문 업체에서 우리 회사의 커리큘럼을 베끼거나 홈페이지 디자인을 그대로 도용하는 등 간과할 수 없는 문제가 나타나기 시작했습니다.

하지만 이런 차별화된 접근이 한빛아카데미와 이 책을 함께 쓸 수 있는 계기가 되지 않았나 싶습니다. 처음 논문 관련 사업에 뛰어든 의도는 사회 취약 계층 관련 논문 연구를 진행하면서 회사가 버틸 수 있는 소액 비용을 마련하고 싶었을 뿐인데, 책까지 쓰게 되는 기회를 갖게 되었네요.

세상일은 참 알다가도 모를 일 같습니다 :)

02 _ 논문을 쓰는 데 얼마나 많은 돈이 들까?

그렇다면 사람들은 얼마나 많은 비용을 논문 쓰는 데 사용하고, 시중의 논문 컨설팅 비용은 어떻게 형성되어 있을까요? 이 부분을 알아야 논문 사기의 함정에 빠지지 않을 수 있고, 컨설팅 예산을 책정할 수 있습니다. 물론 학생이라면 수업을 바탕으로 지도 교수님과 협업하여 논문을 진행하는 것이 가장 좋습니다. 하지만 시장과 환경을 외면하지 않고 직시한다면, 처음 우리가 의도했던 논문 협업을 통한 양성화 시장을 조금씩 만들 수 있을 것이라 생각합니다.

그럼 논문 대행이나 컨설팅을 원하는 대상자 유형과 해당 비용에 대해 살펴보겠습니다.

1 **승진이나 커리어 증명을 원하는 직장인** : 논문 대행

승진을 목적으로 학위를 따려는 직장인은 빨리 논문을 완성하겠다는 욕구가 강합니다. 따라서 대필과 대행 유혹에 빠지기 쉽습니다. 알다시피, 대필과 대행은 불법입니다. 가끔 연예인이나 유명 인사가 논문 표절과 대행으로 인해 곤욕을 치루는 것을 본 적 있지요? 회사나 기관에서 직원들에게 학위를 요구하는 것은 해당 직원이 그만큼 높은 자리로 올라갈 수 있는지를 검증하는 것이죠. 한데 검증의 대상이 되는 학위를 따는 과정에서 불법을 저지른다면 이는 모순된 행동입니다.

이러한 원론적인 이야기보다 더 중요한 사실이 있습니다. 대필과 대행을 하면, 논문 심사장에서 논문을 제대로 설명할 수 없다는 것입니다. 논문을 쓴다는 것은 사회현상에 대한 의문을 품고, 선행 논문을 참고하여 연구자의 논리대로 해결점을 제시하는 행위입니다. 그런데 그 의문을 대행업체나 다른 사람이 생각하고, 그 논리가 대행 전문가에 의해 쓰여진다면 논문에 들어있는 아이디어와 해결책은 연구자의 것이 아닌 대행 전문가의 것일 뿐입니다.

또한 아무리 뛰어난 논문 컨설턴트나 전문가라도 연구자 대신 논문 심사장에 들어갈 수는 없습니다. 연구자는 논문 심사장에서 지도 교수님과 부심 교수님에게 논문에 대한 내용과 논리성을 설명해야 합니다. 즉 논문 심사라는 관문은 스스로 통과해야 합니다. 그런데 써준 논문을 읽고 벼락치기로 겨우 이해해서 심사 과정을 통과할 수 있을까요? 불가능합니다. 교수님의 질문이 그렇게 간단하지 않기 때문입니다.

논문 대행 비용도 만만치 않습니다. 업체에서는 논문 한 편을 써주는 데 석사는 500~1,000만 원, 박사는 1,000~2,000만 원 정도의 비용을 요청합니다. 게다가 이 비용에 설문조사 및 제반 비용은 포함되지 않습니다. 대학 등록금도 부담스러운 서민들에게는 상당히 부담스러운 비용입니다.

그나마 이 정도 비용을 투자해서 논문이 통과되면 좋겠지만, 현실은 그렇지 않습니다. 저희를 찾아오는 고객들은 대부분 대행업체에서 실질적인 도움을 받지 못한 분들입니다. 이러한 모습을 보면 안타깝죠. 사실 저희가 매월 무료 논문 설명회를 열고 대학원으로 찾아가서 무료로 설명회를 진행하는 이유 중 하나는 이러한 대행과 대필을 막고 싶기 때문입니다. 결국 직장인들이 논문 대행과 대필 유혹에 빠지는 이유는 시간은 없고 마음이 조급하기 때문입니다. 그래서 저희는 설명회를 통해 전략적으로 논문을 8주 안에 쓰는 방법을 무료로 알려드리고 있습니다. 논문을 전략적으로 쓰는 방법은 Section 02와 Section 03에서 자세히 설명하겠습니다.

2 연구 방법을 잘 모르거나 시간이 없는 직장인 : 논문 컨설팅

연구 방법을 잘 모르는 사람, 논문을 쓰고 싶은데 업무 때문에 충분히 시간을 낼 수 없는 직장인, 지도 교수님이 바빠 논문을 제대로 검토 받을 수 없는 연구자들은 논문 컨설팅이라는 서비스를 선택합니다. 시장에서는 초기 컨설팅 비용이 200~300만 원 정도로 형성되어 있고, 초기 계약금은 100~150만 원 정도입니다. 보통 논문 컨설팅에서는 연구 주제와 가설을 검토하고 설문지 설계를 진행하며, 추가 비용을 내면 추가 분석, 코딩, 서론 및 이론적 배경 검토 등의 서비스를 진행합니다. 그래서 많은 논문 컨설팅 업체가 각 분야 교수님들을 보유하고 있죠.

원래 컨설팅은 지도 교수의 영역입니다. 지금 이 책을 읽고 있는 연구자들도 학교에 등록금과 논문 지도비를 냈기 때문에 논문을 검토 받을 권리가 있습니다. 그 권리를 제대로 사용하지 못하고 논문 컨설팅 업체에 의뢰해 2중으로 비용을 들이는 셈이죠. 그러면 어떻게 해야 할까요? 바쁜 교수님에게 지도를 받을 수 있는 효과적인 방법을 알면 이 문제를 해결할 수 있습니다. 아무 전략 없이 무작정 도움을 요청하거나, 연구 가설 없이 20~30장 분량의 서론과 이론적 배경만 짜깁기해서 들고 가기 때문에 지도 교수님에게서 "다시 작성해보는 것이 어떻겠냐?"라는 말만 듣게 되는 것입니다. 이 때문에 업체에 의뢰하는 악순환이 반복되는 거죠. 이 해결법 역시 Section 02에서 알려드리겠습니다.

3 지도 교수에게 새로운 연구 방법을 요구 받은 연구자 : 논문 분석과 강의

학위 취득이 목적이 아니라 연구자의 길을 가기 위한 중간 단계로 대학원을 다니는 이들은 대부분 스스로 논문을 쓰는 편입니다. 선배들이나 지도 교수님도 성실하게 지도해주고 연구자도 잘 따라갑니다. 하지만 지도 교수님이 기존에 썼거나 수업 때 배운 연구 방법이 아닌 새로운 연구 방법을 요구할 경우 한계에 부딪히게 됩니다. 예를 들어 R을 사용한 네트워크 분석이라든가, Mplus를 사용한 구조방정식 혹은 척도개발을 위한 요인분석 등의 연구 방법은 아무리 공부를 열심히 한 연구자라도 어렵습니다.

이럴 때 연구자들은 논문 업체에 분석 서비스를 의뢰하거나 강의를 듣는 편입니다. 분석 비용은, 업체가 아닌 프리랜서에게 의뢰할 경우 10만 원대도 있지만, 빈도분석과 기술통계, t-test, ANOVA 등이 포함된 분석이 대개 20~40만 원대로 형성되어 있고, 요인분석이나 구조방정식 등의 고급 분석은 50~150만 원으로 다양하게 형성되어 있습니다. 하지만 교수님 검토 후 수정 및 추가 분석이 진행되는 것을 고려하면 평균 60~80만 원 정도 든다고 생각하면 됩니다.

문제는 급한 마음에 '논문통계분석'이나 '논문통계의뢰' 키워드로 검색하여 파워 링크나 상위 블로그의 안내를 보고 클릭하여 의뢰하는 경우입니다. 물론 저희도 주로 온라인 홍보를 통해 문의를 받고 있지만, 제가 솔직하게 권유하고 싶은 방법은 연구방법론을 강의하는 지도 교수님 제자나 논문 관련 분석 강의를 하는 연혁이 상대적으로 오래된 업체에 의뢰하라는 것입니다. 그래야 연구자들의 연구 가설을 면밀히 훑어보고 가설에 맞게 분석을 진행할 확률이 높아집니다.

이렇게 논문 주요 서비스에 대한 비용을 공개하는 이유는 연구자들이 논문 업체에 내는 비용이 비싸다는 것을 인식하고 스스로 논문을 써야겠다는 마음을 품길 바라기 때문입니다. 대학 내에 있는 연구방법론 수업을 꼭 선택하여 듣거나 지도 교수님과 협업하고 책을 통해 공부하는 것이 비용을 줄이고 논문 사기를 막을 수 있는 최선의 방법이라는 점을 꼭 기억하길 바랍니다.

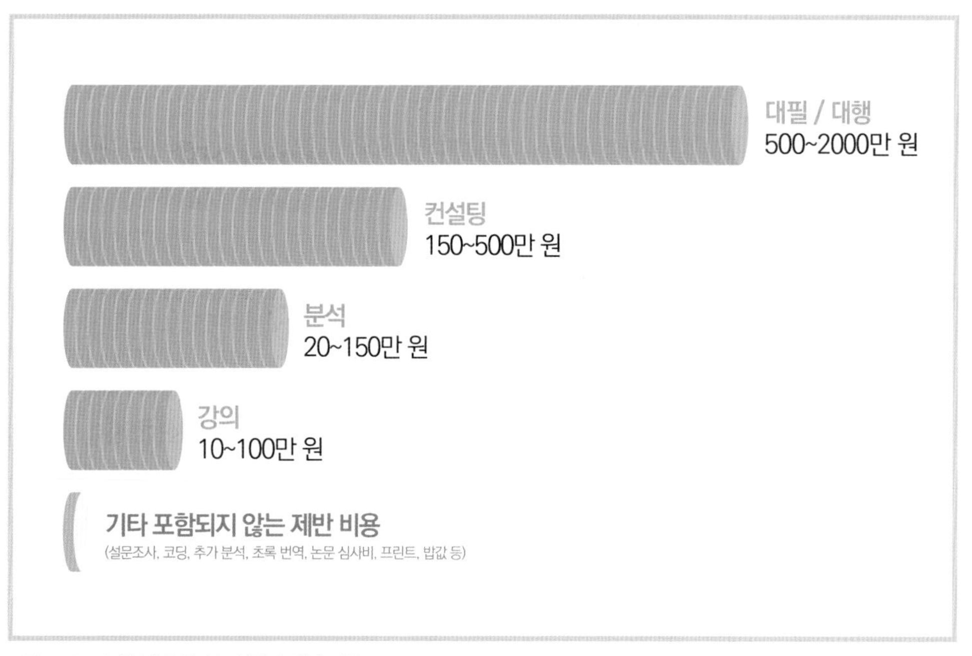

그림 1-2 | 논문 관련 서비스 시장과 해당 비용

03 _ 논문 사기를 당하지 않는 방법은 무엇일까?

앞에서 말한 내용의 핵심은 '논문 컨설팅 업체를 믿지 말고, 논문 사기당하지 말고, 자기 논문은 스스로 쓰자'입니다. 논문 사기를 당하지 않는 네 가지 원칙을 다음과 같이 정리해보겠습니다.

1 대행과 대필은 불법이다

앞에서 얘기했듯이 아무리 훌륭한 논문 컨설턴트나 전문가라도 연구자를 대신해 논문 심사장에 들어갈 수 없습니다. 따라서 업체에 돈만 지불하고 다시 논문을 써야 하는 상황이 발생할 수 있습니다. 또 대행과 대필은 불법이기 때문에 연구자가 향후 정직성을 검증 받아야 하는 직위 후보나 교수가 되려고 한다면 문제가 될 수 있습니다. 논문 표절과 대행은 청문회와 교수 임용에서 자주 검증하는 기준 요소이기 때문입니다. 그러므로 대행과 대필에 대한 유혹을 뿌리치는 게 좋습니다.

2 자신의 논문에 쓰인 이론적 배경과 통계 방법은 스스로 파악한다

자신의 논문에서 사용한 이론적 배경과 통계분석만큼은 꼭 공부해서 이해해야 합니다. 그래야 나중에 논문과 관련하여 도움을 요청할 때도, 지도 교수님에게 논문의 논리를 말씀드릴 때도, 논문 심사장에서 발표할 때도 제대로 논문의 내용을 전달할 수 있습니다.

3 선택의 순간에는 '무조건' 지도 교수님을 따른다

논문 통과의 키(Key)는 지도 교수님이 가지고 있습니다. 그래서 연구 주제와 가설 선정, 연구 모형, 설문지 문항, 분석 방법 등을 정하는 결정적인 순간에는 다른 어떤 사람도 아닌 지도 교수님의 의견을 따르는 것이 좋습니다.

4 분석 비용이 저렴하다고 좋은 것이 아니다

논문 시즌인 4~5월, 10~11월이 되면 주요 포털 사이트에 논문 분석 대행에 관한 글들이 많이 올라옵니다. 업체에서 올리는 글이 많지만, 개인적으로 분석을 진행하는 프리랜서들도 많이 올리는 편입니다. 프리랜서들을 폄하하려는 것은 아니지만, 저렴한 비용을 보고 프리랜서에게 분석을 의뢰했다가 연구 가설에 맞지 않게 논문이 진행되거나 논문 형식에 맞지 않는 통계분석이 진행되어 결국 저희에게 다시 의뢰하는 사람들이 종종 있었습니다.

통계분석이나 데이터분석에는 정말 다양한 분야가 있습니다. 그중 논문에서 사용하는 데이터는 연구 주제와 가설 파악이 핵심입니다. 그 부분을 파악하지 못하면, 아무리 통계를 잘해도 소용이 없습니다. 그래서 논문 컨설팅, 논문 통계분석, 논문 통계 의뢰 같은 검색어 상위 포스팅을 보고 의뢰하기보다는 지도 교수님이 추천해주는 지인이나 제자, 믿을 만한 논문 관련 기업에 의뢰하는 것이 좋습니다. 이편이 결국 비용도 적게 듭니다. 연구 가설을 정확하게 파악하여 한번에 분석하면 여러 번 추가 분석을 하는 것보다 비용도 절약되고 논문을 빠르게 진행할 수 있습니다.

그림 1-3 | 논문 사기를 당하지 않는 네 가지 원칙

SECTION

02

논문 심사를 대면하는 우리의 자세

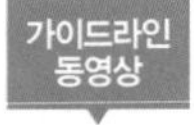

bit.ly/onepass-skill5

PREVIEW

- 논문 쓰는 것이 왜 어려운지 명확하게 살펴보고, 그에 따른 대안점을 모색한다.
- 왜 지도 교수님과 협업하는 것이 중요한지 강조한다.

01 _ 논문 쓰기는 왜 어려울까?

지금까지 논문 컨설팅 업체의 현황과 논문 사기를 막는 방법에 대해서 알아보았습니다. 많은 연구자들이 논문 쓰는 방법을 잘 모르고, 제대로 가르쳐주는 사람도 없는 탓에 논문 심사장을 울면서 빠져나옵니다. 이런 상황을 목격한 후배 연구자들은 논문 컨설팅 업체에 눈을 돌리게 되는 것이죠. 게다가 논문을 통과한 경험이 마치 남자들의 군대 이야기처럼 무용담으로 퍼져나가면서 후배 연구자들에게 논문에 대한 왜곡된 인식을 심어주는 경향이 있습니다.

히든그레이스 논문통계팀은 '왜 논문 쓰기는 어려운가?'에 대해 분석을 진행해보았습니다. 몇몇 사람의 경험이 아닌 분석을 통해 보편적인 문제점을 발견하고 그 해결책을 제시한다면 논문을 어렵지 않게 느낄 것이라 생각했기 때문입니다. 그래서 여러 연구자를 관찰하면서 실험해보고 최적화된 해결 방법을 모색해보았습니다. 이번 절에서는 바로 그 이야기를 하려고 합니다. 이 분석 결과를 통해 글쓰기 능력을 배양해야 한다거나 많은 논문을 읽어야 한다는 등의 원론적인 이야기가 아니라, 실제 시간이 없는 직장인들이 어떻게 해야 효율적으로 논문을 작성하고 지도 교수님의 협업을 이끌어낼 수 있는지에 대해서도 이야기해보겠습니다.

1 정보의 부재

그림 2-1 | 논문 쓰기가 어려운 이유 (1) : 정보의 부재

논문 쓰기가 어려운 첫 번째 이유는 정보의 부재 때문입니다. 교수님에게 논문을 어떻게 써야 하는지, 연구 주제는 어떻게 선정해야 하는지 여쭤보면 선배들에게 물어보라고 하거나 대학원 수업을 통해 스스로 공부하라고 말씀합니다. 그래서 선배들에게 물어보면, 다들 서로 다른 방법을 제시하죠. 그래서 무엇을 선택해야 할지 혼란스럽습니다. 또한 대학원 수업을 통해 알아보려고 하면 원론적인 이야기가 많아 실제 자신의 논문에 적용하기가 쉽지 않습니다.

교수님은 왜 논문 쓰는 방법을 친절하게 알려주지 않으실까요? 교수님이 연구자를 미워하거나 연구자가 교수님에게 밥을 사지 않아서 일부러 알려주지 않는 게 아닙니다. 교수님이 학생일 때도 일명 '삽질정신'을 통해 스스로 알아서 논문을 썼기 때문에, 이 방법이 연구자가 많이 배울 수 있는 방법이라 판단했을 가능성이 큽니다. 또한 교수님이 학생이던 시절에는 지금처럼 통계 프로그램을 쉽게 사용할 수 없었기 때문에 현재 양적 논문에서 사용되는 많은 분석 방법들을 알려주기가 쉽지 않습니다. 마지막으로 우리나라 대학원의 특성상 한 교수에게 맡겨진 학생이 많고, 연구 관련 정부 프로젝트 등이 많아 제자 논문에 충분한 시간을 할애할 수 없다는 상황적인 한계가 있습니다. 이러한 이유들 때문에 지도 교수님 입장에서는 직접 가르쳐주기보다는 대학원 수업과 선배들을 통해 배우거나 스스로 진행하라고 학생들에게 요청하게 됩니다.

결국 연구자는 어떻게 써야 할지 몰라서 논문 쓰는 것이 어렵다고 생각하게 됩니다. 그렇다면 해결책은 뭘까요? 제한된 시간 안에 논문을 완성할 수 있는 절차와 방법을 배우면 됩니다. 이번 절의 '02_정보의 부재를 해결하는 방법'에서 구체적으로 설명하겠습니다.

그림 2-2 | 논문 쓰기 전략과 방법의 부재

2 욕망의 문제

그림 2-3 | 논문 쓰기가 어려운 이유 (2) : 욕망의 문제

논문 쓰기가 어려운 두 번째 이유는 욕망의 문제 때문입니다. 혹시 이 글을 읽고 있는 연구자 중에 자신이 쓴 논문으로 세상을 바꾸고 싶다거나, 논문을 읽을 때마다 쓰고 싶은 주제가 바뀌는 분들이 있나요? 또는 소중한 시간을 투입해서 진행하는 논문이니까 주제를 조금 광범위하고 복잡하게 잡은 뒤 부분 부분 잘라내어 소논문이나 학회지에도 게재하고 향후 박사논문 주제로도 사용해야겠다고 생각하는 연구자가 있나요? 그런 생각을 하고 있다면 빨리 접길 바랍니다. 그래야만 논문이 쉽게 통과됩니다.

방금 언급한 세 가지 유형이 우리 회사에 의뢰한 연구자 가운데 가장 많이 실패한 연구자 유형입니다. 이 책을 읽고 있는 연구자들은 대부분 논문을 처음 쓰는 분들일 겁니다. 처음부터 좋은 논문을 쓰고 싶을 겁니다. 하지만 처음부터 뉴턴과 아이슈타인처럼 역사에 한 획을 긋는 좋은 논문을 쓰기는 거의 불가능합니다. 처음 논문을 쓰는 연구자는 연구 주제를 선정하고, 그에 맞는 근거에 따라 자신의 의견을 서술하며, 일련의 논문 쓰기 흐름을 익히는 것을 목표로 삼아야 합니다.

그렇다면 논문을 잘 쓰려고 하기보다는 논문 심사 기준에 맞게 쓰는 것이 중요합니다. 직장 생활과 대학원 수업을 병행해야 하는 특수대학원 연구자라면 제한된 시간 안에 논문을 쓰는 것도 중요합니다. 한데 대부분의 연구자들은 처음부터 잘 쓰려고 하다가 논문이 산으로 갑니다. 그래서 논문이 통과되지 않는 상황이 반복되면 논문 쓰는 것이 어렵다고 느끼게 되고 논문 통과 심사 기준이 무엇인지 고민하게 되는 거죠.

논문이 통과되는 심사 기준이 무엇이고, 어떤 방법으로 논문 주제를 구성할 수 있는지는 이번 절의 '03_욕망의 문제를 해결하는 방법'에서 구체적으로 알려드리겠습니다. 우선 연구자들에게 다음과 같은 마음가짐이 필요합니다.

'처음부터 뉴턴과 아이슈타인이 될 수 없다. 첫 논문은 잘 쓰고 싶은 욕망을 버리겠다.'

3 주제 선정의 어려움

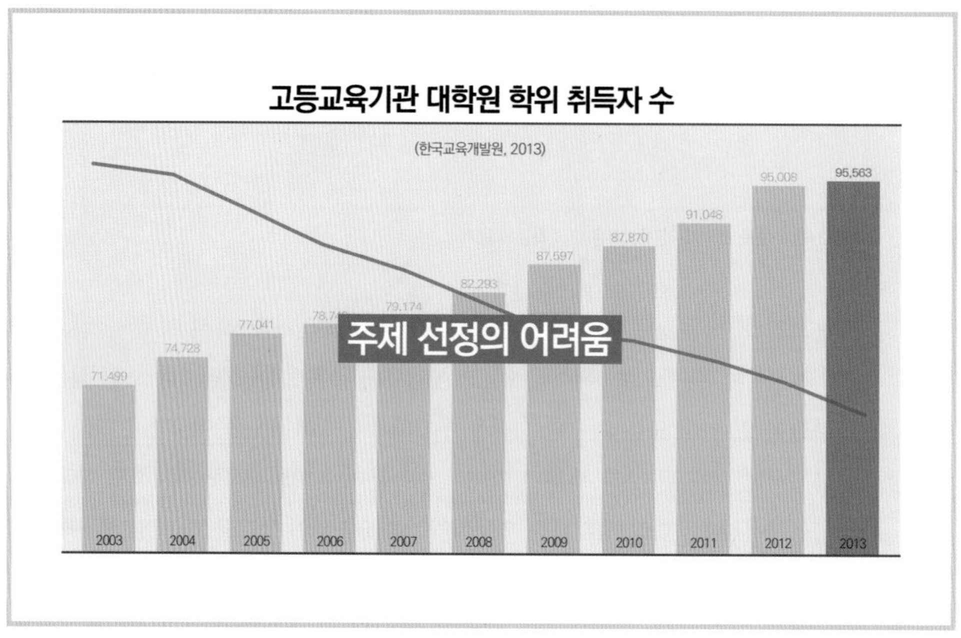

그림 2-4 | 논문 쓰기가 어려운 이유 (3) : 주제 선정의 어려움

논문 쓰기가 어려운 세 번째 이유는 주제 선정의 어려움 때문입니다. [그림 2-4]를 보면, 한 해 논문 게재를 통해 학위를 취득하는 연구자가 2013년 기준으로 약 10만 명에 이르는 것을 알 수 있습니다. 그렇다면 매해 거의 10만 건에 가까운 논문이 쏟아진다고 간접적으로 판단할 수 있죠. 결국 연구자가 쓰려고 하는 웬만한 논문 주제는 이미 다 게재되어 있는 편입니다. 하지만 지도 교수님은 같은 논문이 있다면 변별력이 없다며 연구자에게 참신한 연구 주제를 요구합니다. 이러한 상황 때문에 연구자는 논문 주제를 잡기가 힘들고 논문 쓰기가 어렵다고 판단하여 결국 논문을 포기합니다. 그래서 학점으로 대체하거나 수료로 학교를 졸업하는 상황이 빈번하게 발생하게 되는 것이죠.

지도 교수님이 연구의 변별력과 참신한 연구 주제에 대해 말씀하시는 것은 남들이 하지 않은 새로운 주제로 진행하라는 뜻이 아닙니다. 연구의 확장성을 통해 좋은 논문을 다른 방법으로 검증해보라는 뜻이죠. 이에 대해서는 이 절의 '04_주제 선정의 어려움을 해결하는 방법'에서 구체적으로 알려드리겠습니다.

쓰려고 하면 웬만한 주제는 다 있다.

▽

내 연구에 대한 변별력이 없다.

▽

교수님이 통과 안 시킨다.

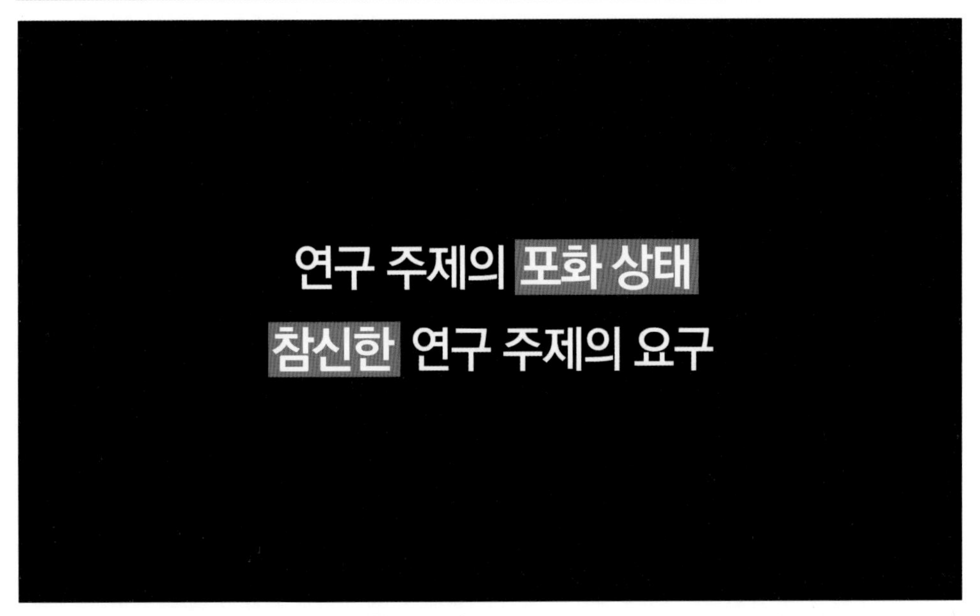

그림 2-5 | 연구 주제의 포화 상태로 인한 참신한 연구 주제 요구

결론적으로, 논문 쓰기는 어렵지 않습니다. 정보의 부재 문제는 제한된 시간에 논문을 쓸 수 있는 쓰기 절차를 배우고, 한 학기 안에 논문을 완성할 수 있도록 시간을 배분하면 해결됩니다. 욕망의 문제는 처음부터 논문을 잘 쓰려는 욕심을 버리고, 지도 교수님과 협업해서 논문 통과 기준에만 맞게 전체 논문을 대략적으로 빠르게 완성한 후, 수정하려는 마음가짐을 가지면 됩니다. 마지막으로 주제 선정에 관한 문제는 p(유의확률)값과 논문 마지막에 있는 제언을 통해 연구 확장성을 가질 수 있는 주제를 도출하면 됩니다.

저희가 강의를 진행할 때 "처음 논문을 쓰는 것은 운전면허 시험을 통과하는 것과 같다"라고 이야기합니다. 운전면허 필기시험을 볼 때 100점을 맞으려고 노력하지 않죠? 필기시험 통과 기준인 60점을 넘기기 위해 자주 나오는 기출문제를 풉니다. 처음 논문을 쓰는 것도 마찬가지입니다. 논문을 처음부터 완벽하게 잘 쓰려고 하기보다는 전략적인 논문 쓰기 순서와 학교 논문 심사 기준에 따라 시간을 정해서 대략적으로 빠르게 논문 가제본을 완성하는 것이 중요합니다. 또한 계속 연구 주제를 변경하기보다는 지도 교수님과 지속적으로 논의하여 부족한 부분을 계속 수정·보완하고, 수정할 수 없는 부분은 '왜 그런 결과가 나왔는지'에 대한 방어 논리를 마련하는 것이 더 좋습니다. 이런 방법이 제한된 시간 내에 통과할 수 있는 논문을 쓰는 방법이라고 생각합니다. 특히 처음 논문을 쓰는 연구자들이 이러한 방법으로 논문을 진행하면, 논문이 빠르게 완성되어 가는 것이 눈에 보입니다. 그러면 논문 쓰는 것이 어렵지 않다고 느끼게 되고 자신도 모르게 좋은 논문을 쓰게 됩니다.

선배 연구자들에게 논문을 쓰면서 가장 어려웠던 점 중 하나를 꼽아달라고 하면, '논문 심사 마감일에 따른 시간 부족'을 이야기합니다. 그건 선배 연구자들이 열심히 논문을 쓰지 않아서가 아니라, 남들이 안 하는 독창적인 주제를 선정하느라 시간을 보냈기 때문입니다. 또 문장력, 인용, 논문 페이지 수 등에 관심을 두게 되면서 정작 중요한 '가설에 따른 적절한 연구 방법을 적용하고 분석할 시간'을 확보할 수 없었기 때문입니다. 가설 검증과 분석 단계는 거의 마지막 단계에 해당하는데, 그 앞 단계와 다른 주변 사항들에 집중하다가 시간을 소비하게 되고 가장 중요한 논문 심사 기준을 충족하지 못하게 되는 거죠.

욕심을 버리고 논리적인 흐름과 순서에 따라 단계별로 기한을 정해 논문을 완성하는 것에 집중한다면, 논문 심사 마감일이 다가와도 문제가 되지 않습니다. 오히려 논문 심사 마감일을 기준 날짜로 삼아 자신의 논문을 빠르게 발전시킬 수 있겠다고 긍정적으로 생각하게 될 수도 있습니다.

'논문 쓰기는 어렵지 않다'라는 마음을 품고, 걱정하는 마음을 내려놓으세요. 운동선수들이 중요한 경기일수록 힘을 빼고 여유를 가지려고 마인드컨트롤을 하는 것처럼, 우리도 한번 그렇게 해봅시다. 이제 히든그레이스 논문통계팀에서 미리 고민하고 실험했던 실제적인 방법들을 다음 절에서 자세히 알려드리겠습니다.

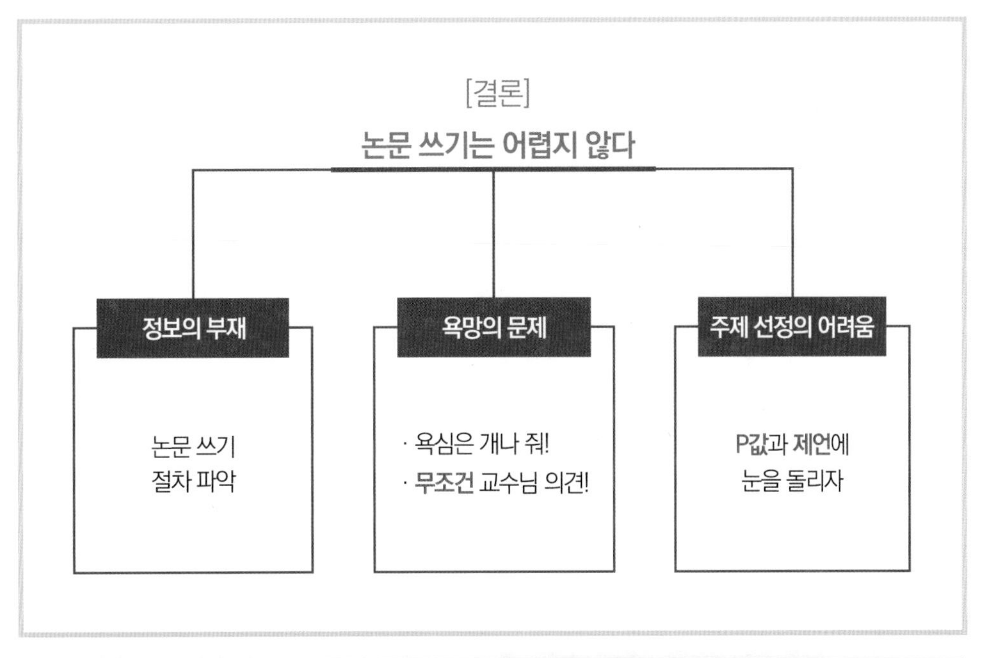

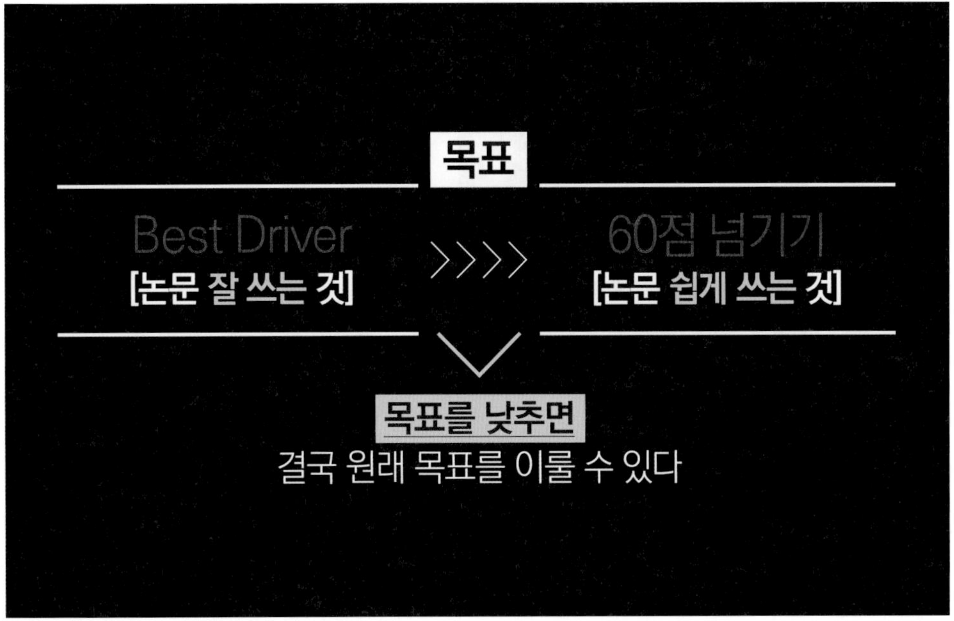

그림 2-6 | 처음 논문 쓰기와 운전면허 시험의 유사성

02 _ 정보의 부재를 해결하는 방법
: 전략적인 논문 쓰기 프로세스를 파악한다

1 논문 쓰기 프로세스의 중요성 : 모로 가도 서울만 가면 된다?

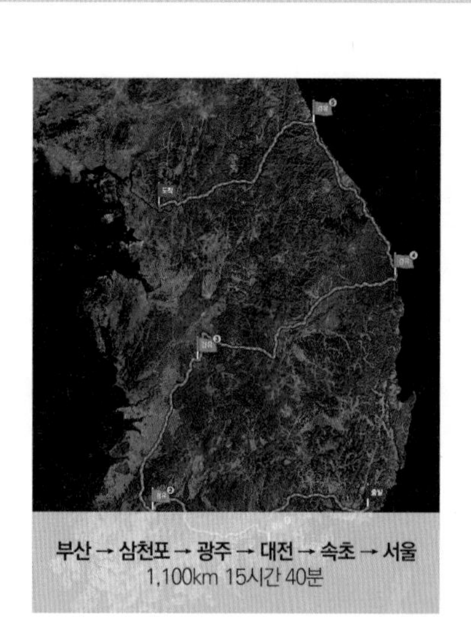

모로 가도 서울만 가면 된다?

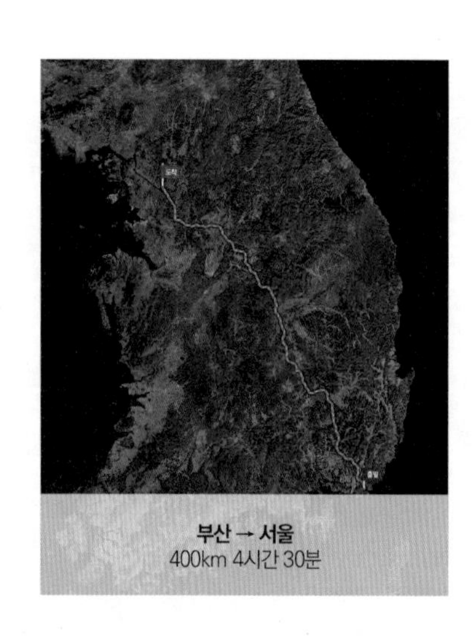

~~모로 가도 서울만 가면 된다?~~

제시간에 가야 한다!

그림 2-7 | 전략적인 논문 쓰기 절차 비유 : 고속도로 이용

부산에서 서울까지 갈 때, 자동차를 타고 빨리 가려면 고속도로를 이용해야 합니다. 그런데 [그림 2-7]처럼 이곳저곳을 거쳐 가면 부산에서 서울까지 보통 5시간가량 걸리는 거리를 15시간 넘게 가야 합니다. 여행 삼아 주변 풍경을 즐기는 거라면 모를까, 서울에서 중요한 업무가 있거나 제시간에 도착해야 하는 상황에서 마치 모르는 길을 내비게이션 없이 가듯 이리저리 헤매며 간다면 낭패를 보기 십상이죠.

논문도 마찬가지입니다. 여러분 선배들은 내비게이션 없이 일명 '삽질 정신'을 발휘하여 돌고 돌아 논문을 쓰다보니 논문을 쓰는 데 너무 오랜 시간이 걸려 논문 학기에 졸업을 못 하는 상황이 발생하곤 했습니다. 자동차가 고속도로를 이용하면 빠르게 서울에 도착하는 것처럼, 전략적인 논문 쓰기 순서를 명확하게 파악하고 있다면 시간을 절약할 수 있습니다.

2 **논문 쓰기 전략의 중요성** : 삽질정신 vs. 전략

기존 논문 쓰기 순서와 달리 어떻게 하면 쭉 뻗은 고속도로를 가듯 시간을 절약하여 논문을 쓸 수 있을지 고민해보아야 합니다. 여러분 선배들이 어떻게 논문을 썼을지 상상해볼까요?

먼저 연구 주제를 대략 잡고 이론적 배경과 서론을 20~30페이지 정도 열심히 써서 교수님에게 가져갑니다. 지도 교수님이 그 논문을 보고 이렇게 말합니다.

> "이론적 배경을 조금 더 찾아보는 게 어떨까요?"
> "어떤 주제로 쓰려고 하는지 명확하게 이해되지 않습니다."

이 말의 직접적인 의미는 '다시 제대로 써 오세요'입니다. 연구 주제와 서론을 30페이지 이상 쓰는 것은 매우 어렵습니다. 연구자는 글을 쓰는 창작의 고통을 느끼며 아는 지식을 총동원하여 논문을 쓰게 됩니다. 하지만 교수님에게 거부(?)당하고 나면 힘이 쭉 빠집니다. 또한 이런 상황이 3~4번 반복되면 결국 지쳐서 논문을 포기하게 됩니다. 역시 논문은 너무 어렵다고 느끼면서 말이죠.

그런데 교수님이 여러 선배들의 논문을 왜 반려했을지 깊이 생각해본 적이 있나요? 원래 지도 교수님이라면, 제자 논문을 검토할 의무가 있습니다. 하지만 앞에서 말했듯이 교수님은 매우 바쁩니다. 또한 수많은 논문을 봐왔기 때문에 여러분의 논문 초안만 봐도 이 논문이 잘 진행될 수 있을지 없을지를 대략 판단할 수 있습니다. 연구자가 연구 주제와 서론, 이론적 배경을 이른바 '복사-붙여넣기' 방식으로 해 오면 지도 교수님은 이를 한눈에 간파합니다. 그래서 이 연구자가 논문에 대한 이해가 거의 없고, 어떻게 그 주제를 검증할 것인가에 대한 계획이 없다고 판단하여 반려하는 겁니다. 교수님은 연구자에게 실제로 어떻게 연구할지에 대한 계획을 가지고 오라고 암묵적으로 이야기하는 거죠. 따라서 연구자들은 교수님이 빠르게 판단할 수 있는 자료를 가져가야 합니다. 말을 대충 만들어낸 서론과 '복사-붙여넣기'한 이론적 배경만으로는 교수님이 판단하기가 어렵습니다.

또한 [그림 2-8]처럼 일명 '삽질정신'에 따라 연구 계획서가 통과되었다 해도 설문조사와 통계분석에서 연구 주제가 수정되거나 처음부터 다시 쓰는 경우를 우리는 너무나 많이 봐왔습니다. 논문의 방향성과 논리가 결정되지 않은 탓에 예측하지 못한 상황이 등장함에 따라 여러 사람들의 의견을 무작정 좇아 논문 주제를 바꾸다보니, 나중에는 어떤 주제로 어떤 것을 검증하려고 했는지도 희미해지는 거죠.

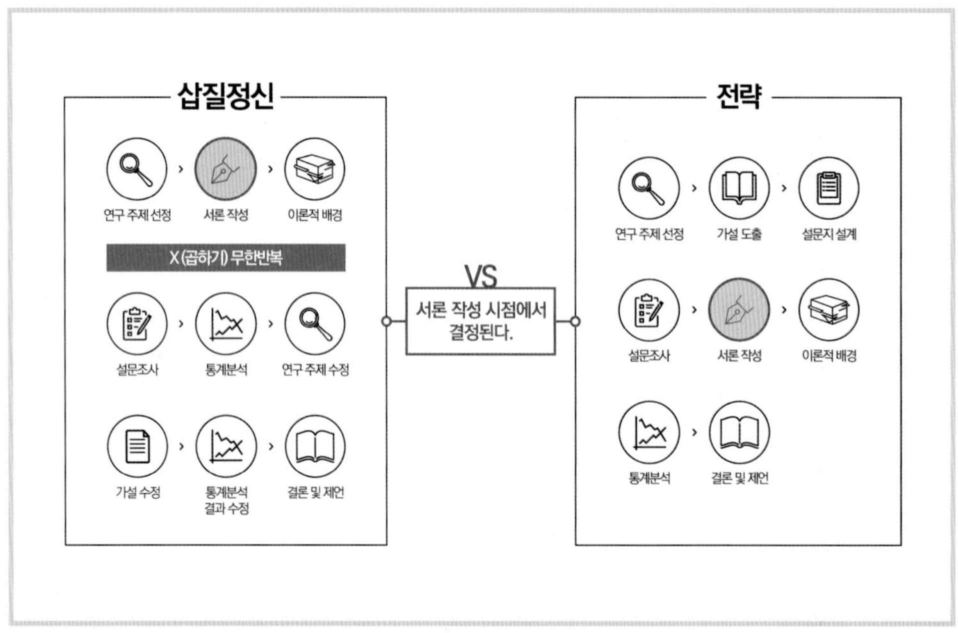

그림 2-8 | 기존 논문 쓰기 순서와 전략적인 논문 쓰기 순서의 차이점

그렇다면 우리는 지도 교수님이 많은 시간을 투입하지 않아도 연구자의 논문을 이해할 수 있고, 논문 주제가 바뀌지 않으며, 설문조사와 분석을 다시 진행하지 않는 방법을 고민해봐야 합니다. 이런 방법을 우리는 '논문 쓰기 전략'이라고 부릅니다.

[그림 2-8]의 오른쪽에 있는 '전략' 프로세스를 보면 서론 작성을 조금 뒤로 미룹니다. 연구 주제를 선정하면 그에 따른 가설을 도출하고, 선행 논문과 이론적 배경에 따라 설문지를 설계합니다. 이런 형태의 연구 계획서 분량은 10페이지 안팎으로 실제 글을 써야 하는 분량은 얼마 되지 않습니다. 그래서 교수님에게 거절당한다 해도 '삽질정신' 프로세스보다 심리적, 시간적 타격이 상대적으로 크지 않습니다.

만약 교수님이 이대로 진행해도 좋다고 허락해준다면, 논문 주제가 바뀌거나 설문조사를 다시 할 가능성은 거의 없습니다. 왜냐하면 빠르게 파악하고 수정할 수 있는 기준이 있기 때문입니다. 교수님은 연구자가 어떤 주제로 논문을 쓰려고 하는지 연구 주제와 가설을 통해 파악합니다. 그리고 그 가설을 어떤 형태로 검증해야 할지 설문지를 통해 판단할 수 있기 때문에 연구자에게 구체적인 수정 요청을 할 수 있게 됩니다. 그러면 연구자는 그 수정 사항만 고쳐서 바로 설문조사를 진행하고, 그 근거에 맞춰 서론과 이론적 배경을 쓰면 되기 때문에, 선배 연구자들이 무한 반복했던 프로세스를 건너뛸 수 있습니다. 이렇게 앞에서 시간을 절약해두면 가장 중요한 통계분석과 결론 및 제언에 더 많은 시간을 투자할 수 있습니다. 그러면 자연스럽게 논문의 질이 올라가겠죠?

대부분의 논문이 양적 연구 중심으로 기술되고 있지만, 질적 연구도 마찬가지입니다. 가설을 도출하고 설문지 설계 대신 질적 연구 방법 예시와 견본을 제시한다면, 지도 교수님은 효과적으로 연구자의 논문을 검토할 수 있게 됩니다.

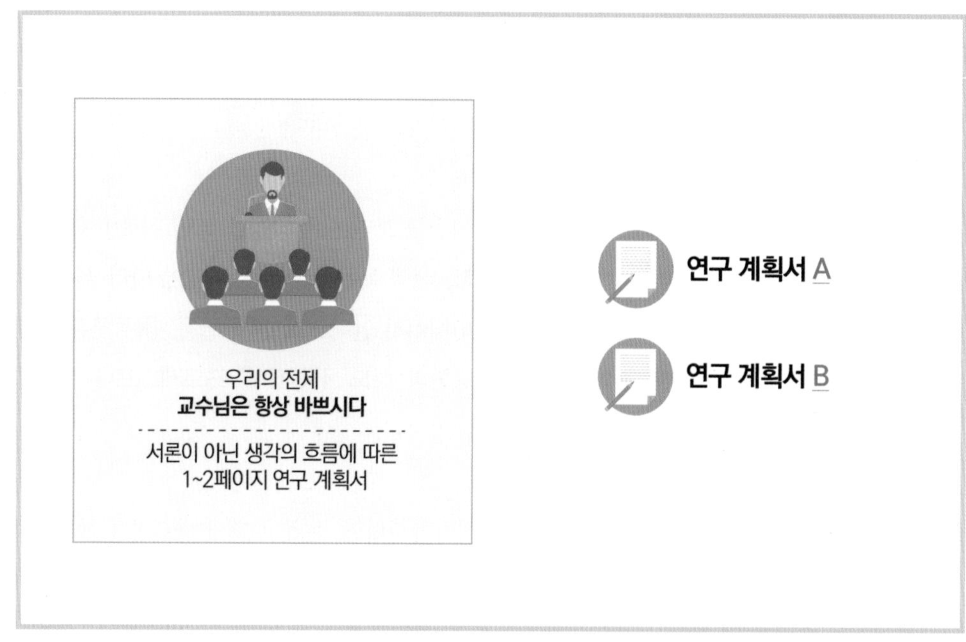

그림 2-9 | 처음 연구 주제를 허락 받을 때 가져가야 할 자료 : 2개 이상의 연구 계획서

또한 이렇게 전략적으로 연구 계획서를 쓰면, 연구 주제 2개 정도는 빠르게 완성할 수 있습니다. 논문을 진행하다보면, 하고 싶은 연구 주제가 2~3개 정도는 있습니다. 그런데 서론과 이론적 배경을 쓰는 것이 두려워서 1개만 선택하게 됩니다. 그나마 1개 쓸 시간도 부족해서 가장 무난한 것을 선택하게 되죠.

그러나 지도 교수님의 생각은 다를 수 있습니다. 연구자가 선택한 주제가 아닌 다른 대안을 요구할 수 있습니다. 그래서 연구 계획서를 2개 정도 가져가면, 지도 교수님에게 대안을 제시할 수 있고, 열심히 연구하는 학생으로 지도 교수님에게 기억될 수 있습니다. 그러면 이후 연구를 진행하는 데 다른 연구자들에 비해 조금 더 쉬워질 수 있습니다. 또한 바쁜 지도 교수님이 그 자리에서 바로 연구 계획서 2개를 융합하여 수정한 형태나 둘 중 하나를 선택할 수 있는 옵션을 제공할 수 있게 되므로 지도 교수님의 참여를 유도할 수 있고, 빠르게 연구 주제가 결정될 수 있습니다.

'그렇다면 연구 계획서를 2개 이상 쓰라는 말이냐? 연구 주제를 잡는 게 얼마나 어려운 일인지 모르는 거 아닌가? 구체적인 방법을 알려줘야 적용할 수 있지 않을까?'라고 질문하는 독자들이 있을 줄 압니다. 연구 주제를 빠르게 선정하고, 그에 대한 연구 계획서를 만드는 방법은 Section 04(논문 쓰기 전략)에서 설명하겠습니다.

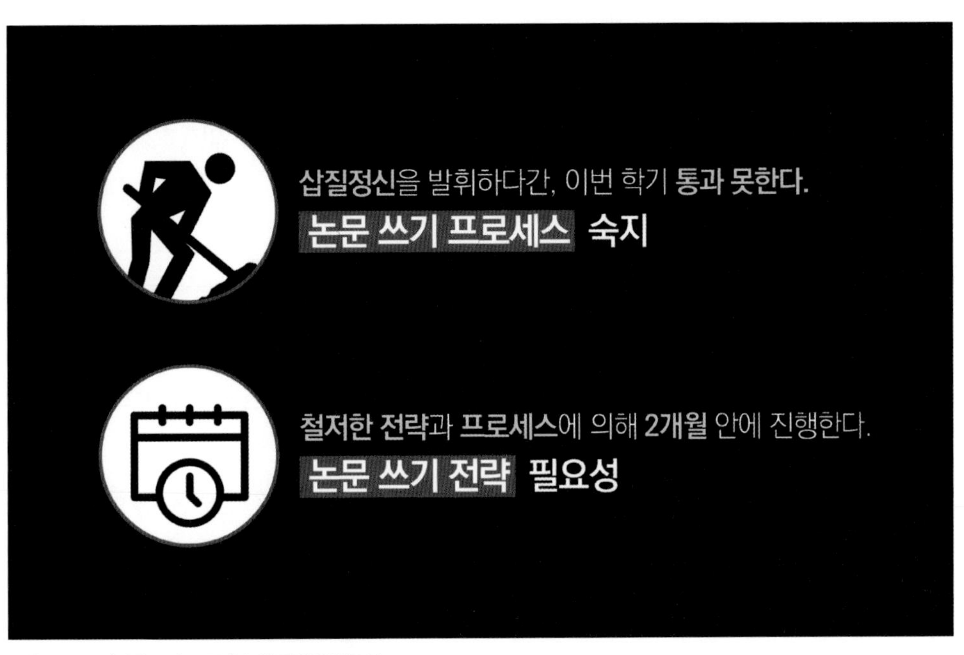

그림 2-10 | 논문 쓰기 프로세스와 전략의 중요성

우리는 지금까지 정보의 부재를 해결하는 방법에 대해 살펴보았습니다. 기존의 논문 쓰기 순서로는 논문 주제를 선정하기까지 시간이 오래 걸릴 수 있으니, 전략적인 논문 쓰기로 시간을 절약하고 교수님을 설득하여 빠르게 논문을 완성하라고 제안드렸습니다. 구체적인 방법은 Section 03(논문 쓰기 순서)에서 논문 쓰는 단계를 8단계로 나누어 1주에 1단계씩 진행할 수 있도록 알려드립니다. 예전에 저희가 강의할 때, 강의 제목이 '8주 안에 한 번에 완성하는 논문 쓰기 전략과 프로세스'였습니다.

독자들 중에 직장에 다니면서 대학원 공부를 하는 분이 많을 거라 생각합니다. 이런 분들은 사실 회사 일 때문에 주중에 논문을 쓸 시간이 없습니다. 우리는 이분들에게 주말(토, 일)을 이용하여 하루 6시간씩만 논문에 투자하라고 말씀드렸습니다. 8주 동안은 '놀면 뭐하니'와 같은 주말 예능 프로그램을 보지 않고, 연애하거나 친구들을 만나 술 한 잔 하고 싶은 마음을 자제하는 거죠. 대신 이 기간에 전략적인 논문 쓰기 프로세스대로 논문을 진행한다면 충분히 완성할 수 있습니다. 연애와 TV 시청이 유일한 낙이라고 하소연할 수도 있습니다. 그렇다면 '주말 오전 6시~낮 12시'처럼 활발하게 활동하지 않는 시간을 할애해서 논문을 진행해도 충분히 완성할 수 있습니다.

전략적인 논문 쓰기 프로세스는 주말 12시간씩 8주를 투자해서 충분히 논문을 진행할 수 있도록 히든그레이스 논문통계팀에서 실험을 거쳐 설계한 것입니다. 하지만 아무리 전략이 뛰어나도 실제 행동으로 이어지지 않으면 원하는 결과를 얻어낼 수 없겠죠? 이 책을 통해 같이 노력하여 좋은 결과가 있기를 진심으로 응원하겠습니다.

저 자 생 각 : 연구 계획서 제출 목적

연구자들에게 연구 계획서를 달라고 요청드리면 연구의 필요성과 연구 가설, 설문지 문항 설계보다는 이론적 배경과 서론만 쓰여있는 연구 계획서를 받는 경우를 많습니다. 내용도 연구자가 직접 쓴 게 아니라 선행 논문의 내용을 '복사-붙여넣기'하여 페이지 양만 늘린 경우가 대부분입니다.

지도 교수님은 많은 제자들을 지도하셨겠죠? 그러면 제자가 자신의 연구에 대한 논문 연구를 많이 했는지 연구 계획서만 봐도 판단할 수 있습니다. 학교 양식에 따라 조금씩 다를 수는 있으나, 대부분의 연구 계획서에는 연구의 목적과 필요성, 연구 문제와 가설, 연구 일정 계획 및 참고 논문, 선행 연구에 따른 연구 모형 등이 모두 포함되어 있습니다. 그러니까 연구 계획서의 목적은 '복사-붙여넣기'를 하라는 뜻이 아니라, 선행 논문을 통해 연구자 자신이 보고자 하는 연구 문제와 목적을 자신의 글로 써보고, 그 논리와 가설에 따라 알맞은 연구 방법론을 적용할 수 있는지 설문조사나 참고문헌, 인터뷰 자료 등을 통해 판단해보라는 의미입니다.

연구 계획서를 제대로 써서 지도 교수님에게 컨펌(confirm)을 받게 되면 사실 주제가 변경되는 경우는 거의 없습니다. 논문 통과에 실패하는 연구자들을 살펴보면 연구 계획서를 제대로 쓰지 않아 일관된 논리로 논문을 쓰지 못한 경우가 많습니다. 또 지도 교수님 컨펌 작업을 거치지 않아 이미 설문조사와 통계분석을 진행했는데도 새롭게 주제를 선택해야 하는 비극이 벌어지기도 하죠.

위에서 말한 연구자들에게 **"당신이 쓴 논문의 핵심 주제를 한 단락으로 정의해주세요"**라고 질문하면 횡설수설하는 이들이 대부분이었습니다. 회사 투자 계획서를 낼 때 1분 안에 자신이 하려는 사업에 대해서 명확하게 설명하는 '엘리베이터 피치(Elevator Pitch)'가 있듯이, 논문을 진행할 때도 지도 교수님에게 연구 계획서를 제출하며 자신의 논문 주제와 계획에 대해 1분 안에 설명할 수 있는 연습이 필요합니다. 자신의 연구 주제에 대해 명확하게 설명하지 못한다면 지도 교수님은 연구자의 연구에 대한 이해와 선행 논문에 대한 검토 시간이 부족한 것으로 인식할 수 있기 때문입니다.

핵심적인 내용을 담고 있는 연구 계획서 작성과 **자신의 논문 주제를 한 단락으로 요약할 수 있는 준비**가 논문이 빠르게 통과되는 첫걸음이라고 생각합니다.

03 _ 욕망의 문제를 해결하는 방법
: 지도 교수님의 연구와 상황, 의견을 존중하여 협업한다

논문 쓰기가 어려운 첫 번째 이유는 정보의 부재였습니다. 정보의 부재 문제를 해결하기 위해 전략적인 논문 쓰기 프로세스를 적용하여 연구 주제를 교수님과 함께 빠르게 선정하고, 가설에 맞는 논문 분석과 수정 등의 중요한 부분에 시간을 할애할 수 있는 방법을 알아보았습니다.

논문 쓰기가 어려운 두 번째 이유는 욕망의 문제였죠? 이 문제는 어떻게 해결할까요? 먼저 연구자가 하고 싶은 주제를 진행하기보다는 지도 교수님의 배경지식 안에 있는 주제를 선택하고, 교수님과 협업하는 것이 중요합니다. 왜 교수님과 협업해야 하는지 구체적으로 세 가지 측면에서 살펴보고, 실제로 협업할 수 있는 방법을 제시하도록 하겠습니다.

1 **심사자** : 나는 지도 교수님을 왜 선택하였는가?

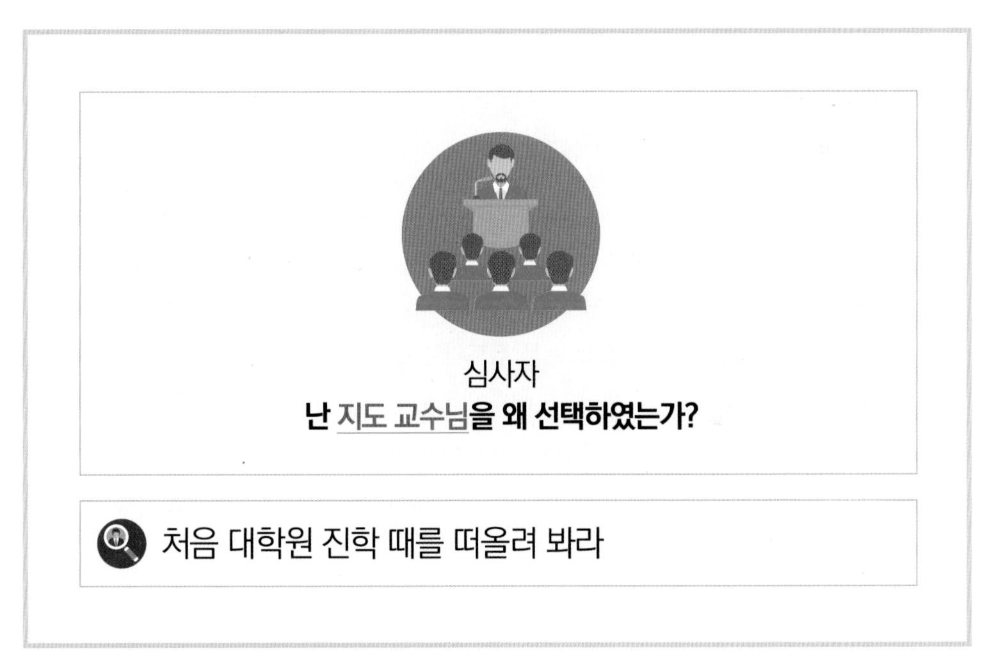

그림 2-11 | 지도 교수님과 협업해야 하는 이유 (1) : 심사자

여러분이 처음 대학원에 진학했던 때를 떠올려 보세요. 대학수학능력시험과 본고사 성적에 따라 대학교와 전공을 선택하는 것과 달리, 대학원에서는 내가 관심을 둔 분야의 교수님을 지도 교수로 선택하게 됩니다. 그러니까 처음에는 지도 교수님이 진행해온 연구가 바로 자신이 관심 있는 분야였고, 향후 논문을 쓸 분야였던 거죠. 그런데 세월이 흘러 논문 학기가 되면 처음의

선택 기준을 망각한 채 논문 연구 주제를 무엇으로 할지 고민하게 됩니다. 이 때문에 처음 면접을 봤던 교수님이 아닌 다른 교수님을 지도 교수님으로 신청하거나 자신의 논문 주제와 관계없는 교수님을 지도 교수님으로 선택하는 경우도 심심치 않게 발생합니다.

물론 대학원 공부를 하면서 하고 싶은 주제가 새로 생기거나, 처음 관심 있었던 분야가 변경될 수도 있습니다. 하지만 최소한 자신이 쓰려는 논문 주제에 대해서 지도 교수님이 제대로 이해하고 있어야 연구자가 논문을 진행할 때 올바른 지도를 해줄 수 있습니다. 또한 지도 교수님이 여러분을 대학원생으로 뽑을 때는 자신의 연구 분야와 어떤 관련성이 있는지 파악하고, 같이 연구를 진행하고 싶은 기대감이 있습니다. 결국 대학원생이 되었을 때 처음 시작하는 연구는 지도 교수님의 관심사와 지금까지 진행했던 연구 주제와의 연관성과 확장성을 바탕으로 진행합니다.

하지만 논문 학기가 다가오면, 연구자들은 지도 교수님의 연구 분야를 먼저 파악하기보다는 자신이 하고 싶은 연구 주제를 선택하고 교수님을 설득하려고 합니다. 대학원에 왜 들어왔나요? 교수님의 연구 주제에 관심 있어서 배우러 온 것이지, 교수님에게 내 연구를 관철시키려고 온 게 아닙니다. 자신이 하고 싶은 연구는 논문을 2~3번 완성해본 후에, 교수님의 조언이나 다른 사람들의 도움 없이 자신만의 연구와 이론을 구축할 수 있을 때 진행하는 것이 좋습니다.

특히 처음 석사논문을 쓰는 분들은 논문 주제를 선정할 때, 지도 교수님과 지도 교수님의 제자들이 최근 3년간 진행했던 논문들을 훑어보고 그 관심 분야에서 벗어나지 않게 주제를 선택하는 것이 매우 중요합니다. 결국 논문 검토와 논문 심사를 진행하는 분은 지도 교수님이고, 그 결정에 따라 논문 통과가 결정되기 때문입니다.

2 **심사 환경** : 나는 지도 교수님을 얼마나 배려하고 있는가?

그림 2-12 | **지도 교수님과 협업해야 하는 이유 (2) : 심사 환경**

교수님이 항상 바쁘다는 것은 앞 절에서 설명하였습니다. 이 상황을 당장 변경할 수 없다면 연구자는 바쁜 지도 교수님을 배려하고 어떻게 해야 효과적으로 논문을 검토 받을 수 있는지를 고민해야 합니다. 지도 교수님이 연구자의 연구 주제에 대해 많은 공부를 하지 않고도 연구자를 도와주려면, 교수님이 연구했던 주제나 교수님이 최근에 지도했던 제자들의 논문 주제들을 가져왔을 때 가능합니다. 그래야 연구자도 수많은 선행 논문을 일일이 다 찾아보는 시간을 절약할 수 있습니다. 왜냐하면 지도 교수님이 자신의 배경지식을 사용하여 가장 괜찮은 선행척도와 이론을 알려주고, 어떤 변수를 독립변수와 종속변수로 놓고 진행하면 결과가 잘 나올지에 대해서 알려줄 수도 있기 때문입니다.

결국 제한된 시간 내에 논문을 완성하려면 지도 교수님의 경험 데이터가 절대적으로 필요합니다. 하지만 대부분의 연구자들은 이 경험 데이터를 이용하지 않고, 자신이 하고 싶은 연구를 진행하여 교수님을 자신의 연구에서 배제하죠. 그 순간 같이 논문을 쓸 수 있는 동료는 사라지는 겁니다. 홀로 논문이라는 망망대해 안에 표류하게 될 가능성이 높아지죠.

심지어 어떤 연구자는 자신이 하고 싶은 논문 주제를 관철하기 위해 교수님과 대립하거나 싸우는 경우도 있습니다. 아무리 연구자가 똑똑하다 해도 해당 전공 분야에서 오랫동안 연구를 진행하고 발전시켜온 교수님의 배경지식을 뛰어넘기는 쉽지 않습니다. 설령 교수님과 싸우지 않고 자신이 원하는 연구 주제로 진행한다고 해도 교수님이 축적해온 배경지식을 사용할 수 없고, 바쁜 교수님이 새로운 주제에 대해 깊이 이해하고 연구자를 지도하기에도 한계가 있습니다.

첫 논문을 쓸 때는 지도 교수님의 배경지식을 활용하세요. 더불어 지도 교수님의 바쁜 환경을 배려해야 합니다. 이렇게 교수님과 협업하는 자세가 빠르게 논문을 통과시킬 수 있는 방법 중 하나입니다.

3 **심사 기준** : 나는 지도 교수님의 자랑스러운 제자인가?

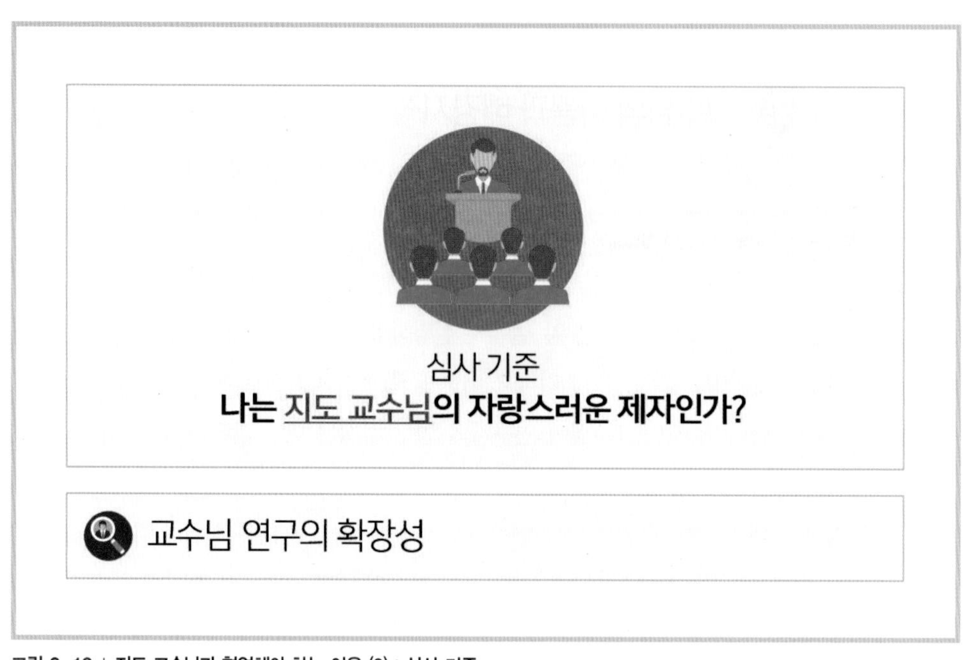

그림 2-13 | 지도 교수님과 협업해야 하는 이유 (3) : 심사 기준

자신이 하고 싶은 연구 주제를 잠시 미뤄두고 교수님과 협업하는 것은 심사 기준과도 연결됩니다. 심사 기준의 핵심은 주제의 확장성을 근거로 합니다. 그 주제가 얼마나 좋은 주제이고 연구할 가치가 있는 논문인지 결정하는 기준은 '그 연구 가설이 얼마나 많은 대상과 집단에 적용되고, 보편성을 지니고 있는가?'로 귀결됩니다. 그 연구 논문의 결과가 새로운 사회현상과 집단에도 똑같이 적용된다는 것이 검증되면, 논문은 보편성을 갖게 되고 많은 정책에 적용할 수 있는 근거가 됩니다.

결국 연구자가 지도 교수님이나 교수님 제자들의 연구를 선행 논문으로 삼고 다른 집단이나 대상, 장소에 적용하여 비슷한 결과를 도출해내려고 노력할 때, 교수님은 자신의 연구에 보편성이 있다는 것이 증명되고 그에 따라 정부 정책에 적용될 가능성이 높아지기 때문에 기뻐합니다. 그리고 그 제자가 자랑스러워집니다. 그러면 지도 교수님은 연구 결과가 잘 나올 수 있게 자신의 배경지식을 총동원하여 여러분을 도와주려고 노력할 것입니다. 주심 교수님이 적극적으로 도와주는데, 좋은 논문이 만들어지고 논문 심사 기준에 맞는 논문을 쓰는 것은 당연한 결과가 아닐까요? 결국 논문 통과 가능성은 높아질 수밖에 없습니다.

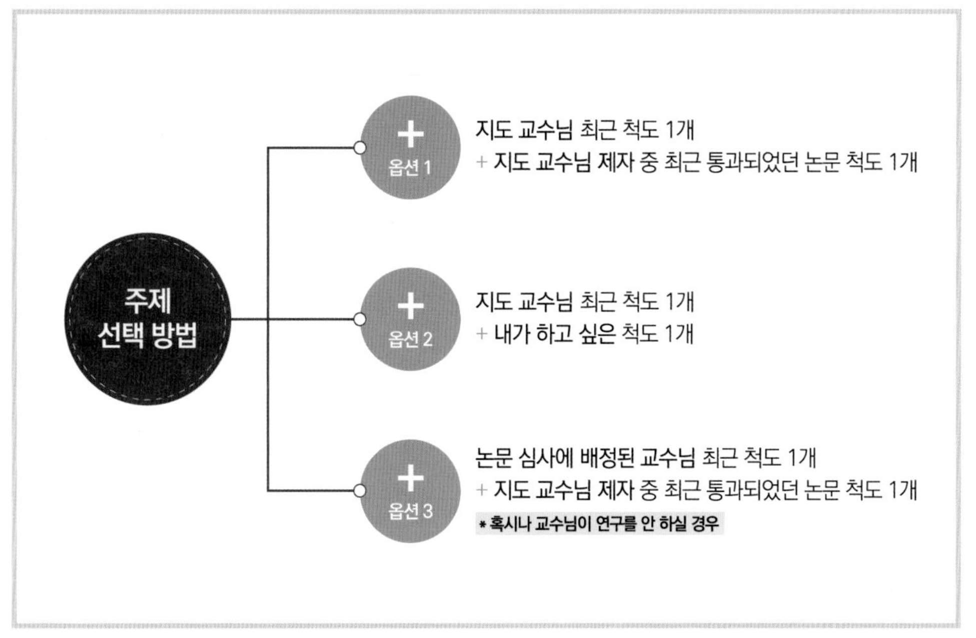

그림 2-14 | 통과할 수 있는 논문 주제를 선택하는 방법

그렇다면 교수님과 협업하여 빠르게 논문을 통과시킬 수 있는 연구 주제를 선택하는 방법에는 무엇이 있을까요? [그림 2-14]처럼 대체로 세 가지 방법이 있습니다. 상황에 따라 주제 선택 방법이 다를 수 있습니다. 하지만 공통적으로 지도 교수님과 선배들이 연구했던 논문 주제들을 검토해야 합니다.

먼저 논문 검색 사이트에서 교수님 성함과 학교를 검색하면 지도 교수님이 쓴 논문들을 검색할 수 있습니다. 그리고 지도 교수님 제자들의 논문은 맛있는 커피를 사서 학과 사무실을 방문하면 해결할 수 있습니다. 학과 사무실 담당 조교에게 부탁하여 최근 3년간 논문 심사를 받았던 발표 리스트를 뽑아달라고 부탁해보세요. 발표 리스트에는 각 학기별로 논문 심사를 받았던 연구 주제와 지도 교수님, 선배 연구자가 기록되어 있을 겁니다. 분량은 1, 2학기라고 했을 때 7~8페이지 정도 됩니다. 모두 논문 검색 사이트를 이용하여 다운로드한 후에 엑셀(Excel)과 같은 문서 프로그램을 활용해 주제를 쭉 정리해보세요. 색연필이나 다색 형광펜으로 비슷한 주제를 같은 색깔로 묶어 표시합니다. 이렇게 하면 지도 교수님이 어떤 연구를 많이 진행했고, 선배들은 그 전공 안에서 어떤 주제와 연구 방법으로 연구를 진행했는지 흐름을 파악할 수 있습니다. 이후에는 교수님과 선배들이 많이 진행해온 연구들을 조합합니다. 이런 방식으로 진행하면 지도 교수님과 협업할 수 있는 연구 주제를 만들 수 있고, 그 주제로 진행한 논문은 통과할 가능성이 높아집니다.

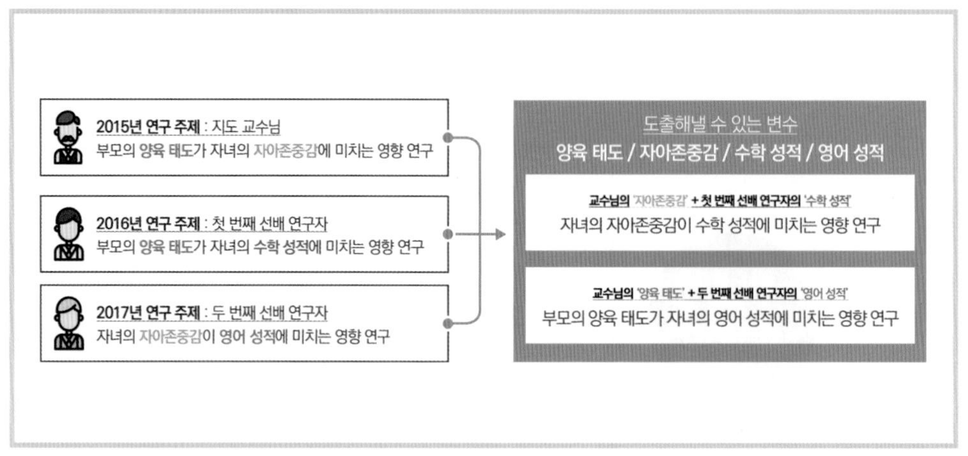

그림 2-15 | [그림 2-14]의 방법을 적용한 예시 주제

예를 들어보겠습니다. [그림 2-15]와 같이 지도 교수님이 2015년에 '부모의 양육 태도가 자녀의 자아존중감에 미치는 영향 연구'를 진행했고, 2016년에 첫 번째 선배 연구자가 '부모의 양육 태도가 자녀의 수학 성적에 미치는 영향 연구'를 진행했고, 2017년에 두 번째 선배 연구자가 '자녀의 자아존중감이 영어 성적에 미치는 영향 연구'를 진행했다고 합시다. 그러면 도출해낼 수 있는 변수는 '1) 양육 태도 2) 자아존중감 3) 수학 성적 4) 영어 성적'입니다.

이제 연구자는 교수님의 '2) 자아존중감' 척도와 첫 번째 선배 연구자의 '3) 수학 성적' 척도를 조합하여, '자녀의 자아존중감이 수학 성적에 미치는 영향 연구'로 새로운 연구 주제를 만들 수 있습니다. 또는 교수님의 '1) 양육 태도' 척도와 두 번째 선배 연구자의 '4) 영어 성적' 척도를 조합하여 '부모의 양육 태도가 자녀의 영어 성적에 미치는 영향 연구'라는 연구 주제를 만들 수도 있습니다. 이 방법이 교수님과의 협업을 이끌어내고, 교수님의 배경지식을 사용하며, 선배들의 논문을 키(Key) 논문 삼아 빠르게 논문을 진행할 수 있는 방법 중 하나입니다. 논문 심사에서 가장 통과할 가능성이 높은 옵션([그림 2-14]의 옵션 1)입니다.

하지만 처음 쓰는 논문이라도 연구자가 원하는 주제로 논문을 진행하고 싶을 수 있습니다. 그렇다면 욕망과 현실을 잘 타협하여 [그림 2-14]의 옵션 2를 선택하면 됩니다. 앞의 예에서 교수님의 '1) 양육 태도' 척도를 선택하고, 자신이 하고 싶은 **'국어 성적'**이나 **'회복탄력성'** 척도를 조합하여 '부모의 양육 태도가 자녀의 **국어 성적**에 미치는 영향 연구', '부모의 양육 태도가 자녀의 **회복탄력성**에 미치는 영향 연구'라는 새로운 연구 주제를 설계할 수 있습니다.

지도 교수님이 진행했던 연구가 1960~80년대에 진행된 오래된 연구가 대부분이거나, 교수님이 정부 프로젝트 등으로 바빠서 현재 연구를 진행하지 못하고 있을 수도 있습니다. 학교 사정으로 인해 지도 교수님의 연구 분야가 현재 연구자들의 전공과 다른 경우도 생깁니다. 이럴 때는 [그림 2-14]의 옵션 3을 선택합니다. 즉 지도 교수님과 함께 연구를 진행했던 최근 3년 동안의 선배 논문에서 한 척도를 선택하고, 지도 교수님이 아닌 논문 심사에 배정된 다른 부심 교수님의 연구들을 찾아 한 척도를 선택하면 옵션 1과 같은 이점을 누릴 수 있습니다.

그림 2-16 | 연구 결과가 유의하지 않은 경우에 예상되는 상황

제가 강의를 진행할 때 [그림 2-16]이 오늘 강의하는 내용 중에서 가장 중요하다고 말씀드립니다. 왜냐하면 대부분의 연구 결과가 연구자가 원하는 대로 나오지 않기 때문입니다. 양적 연구에서 연구 가설에 따라 연구 방법이 결정되고 그에 따라 분석이 진행되면, p값(유의확률)에 따라 세웠던 가설이 채택인지 기각인지 알 수 있습니다. p값이 0.05 미만일 때 '가설이 채택되었다'라고 합니다. 쉽게 말하면 연구자가 예상했던 결과가 도출되었다는 의미입니다. 유의확률

p값에 대해서는 이번 절의 '04_주제 선정의 어려움을 해결하는 방법'에서 자세히 설명하겠습니다.

일단 지금까지 진행했던 논문 결과를 근거로 데이터를 분석해보면, 좋은 선행 논문의 척도를 인용하고 뛰어난 논문 컨설턴트나 업체, 교수님과 상의를 한다고 해도 처음 가설에 따라 결과가 유의하게 나오는 경우는 약 100건 중 15~20건 정도에 불과합니다. 약 15~20% 정도만 원하는 결과를 얻어낼 수 있는 것이죠. 논문을 처음 쓰는 연구자는 이 확률이 더 낮아집니다. 따라서 원하는 결과가 나오지 않는 상황이 벌어졌을 때까지도 예측하여 전략적인 접근을 할 필요가 있습니다. 왜냐하면 결과가 유의하지 않게 나타났다고 해서 설문조사를 다시 진행하거나 연구 주제를 다시 잡게 된다면 해당 학기에는 논문이 통과되지 못하는 상황이 발생하기 때문입니다. 이 상황은 어떤 연구자도 원하지 않겠죠.

먼저 연구자가 지도 교수님과 치열하게 토론한 끝에 자신이 하고 싶은 연구 주제로 진행했는데 연구 결과가 유의하지 않게 나타난다면 어떤 결과가 발생할까요? 그러면 논문 심사장에서 지도 교수님은 여러분의 연구 주제를 방어해주기보다는 다른 부심 교수님과 함께 논문에 대해 비판적으로 검토하기 시작합니다. 왜냐하면 연구자가 고집한 연구 주제는 교수님의 배경지식을 활용하기가 어렵고 교수님의 연구 확장성을 돕는 주제도 아니어서 조금 더 객관적인 시각으로 바라볼 수 있기 때문입니다.

반대로 [그림 2-14]처럼 연구자가 지도 교수님이 연구하는 분야의 확장성이 있고 함께 협업할 수 있는 형태로 주제를 선정하여 연구를 진행한다면 어떻게 될까요? 지도 교수님은 그 외로운 논문 심사장에서 여러분의 '동지'가 됩니다. 결과가 만족스럽지 않게 나오는 이유를 다른 부심 교수님들에게 설명하고 방어해줍니다. 지도 교수님의 논문을 근거로 확장성을 가질 수 있게 진행하기 때문에 방어해야 할 의무가 있는 것이죠. 지도 교수님은 해당 연구에 대해 공부하지 않아도 당신의 배경지식에 근거하여 연구가 잘 나오지 않은 이유를 설명해줄 수 있습니다.

[그림 2-14]의 세 가지 옵션에서는 제시하지 않았지만 만약 지도 교수님이 연구해온 척도와 부심 교수님이 연구해온 척도를 조합하여 논문을 진행한다면, 논문 심사장에서 여러분의 동지는 2~3명이 될 수도 있고 호의적인 심사 질문이 나올 가능성도 높습니다. 논문이 통과되는 최종 관문은 지도 교수님과 부심 교수님의 논문 심사에서 이루어집니다. 따라서 호의적인 평가와 동지를 얻을 수 있다면 논문을 쓰는 과정뿐 아니라 논문 심사 과정에서도 다른 연구자들보다 우

위에 서게 될 것이라 생각합니다. 그래서 입이 아프도록 지도 교수님과의 협업을 강조하고, 그에 대한 구체적인 대안을 옵션까지 마련해가며 설명한 것입니다.

앞에서 언급했듯이, 논문을 쓰는 전체 과정에서 모든 선택의 기준은 지도 교수님이어야 합니다. 지도 교수님에게 지속적으로 연락하고 컨펌을 받아 협업을 이끌어내야 합니다. 연구자가 자신의 논문을 지도 교수님에게 계속 노출시키면 교수님은 여러분의 논문에 조금 더 애착을 갖게 됩니다. 지도 교수님이 자랑스러운 제자를 배출한다는 마음을 품을 수 있도록 논문 주제를 설계하는 것이 '효율적인 논문 쓰기 전략'의 핵심입니다.

저 자 생 각

히든그레이스 논문통계팀에서 논문 컨설팅을 진행하다보면, 많이 받는 질문들이 있습니다.

"이 논문이 박사논문이 될까요? 제가 보기에는 석사논문 수준의 주제인 것 같은데."
"논문 분량이 어느 정도 되어야 할까요? 석사논문과 박사논문 분량에 기준이 있나요?"

박사논문이라고 해서 꼭 어려운 주제를 사용하고 복잡한 연구 방법(구조방정식, 위계적 회귀분석, 조절된 매개효과 등)을 사용해야 할까요? 자신의 연구 가설에 맞는 연구 방법을 사용하고 그 분석 방법이 가설을 잘 검증한다면 굳이 어려운 분석 방법을 사용할 필요가 없고, 복잡한 연구 모형을 설계할 필요도 없습니다. 분량도 마찬가지입니다. 연구 주제와 가설을 뒷받침하는 근거들이 심사 기준에 따라 정확하게 기록되어 있다면, 분량을 굳이 늘리는 작업을 할 필요가 없습니다. 쓸데없이 장황하게 긴 글보다는 핵심을 명확하게 전달하는 논리적인 글이 논문으로서 가치가 높습니다. 논문을 심사하는 교수님들도 가설이 명확하게 검증된 논문을 좋아합니다.

지도 교수님이 "좀 더 많은 연구를 하고 분량을 늘렸으면 좋겠습니다"라고 말씀하는 것은 연구자의 논문에 이론적 배경이 부족하고, 주요 가설 검증에 필요한 사전 분석이 진행되지 않았기 때문입니다. 즉 지도 교수님의 말씀은 '분량을 늘리기보다는 주어진 변수에 따라 이런 저런 분석을 해보고 그에 대한 방어 논리를 만드는 것이 필요하다'라고 해석할 필요가 있습니다. 필요하지 않은 이론적 배경을 길게 나열하거나, 한 개의 표와 해석만으로 검증할 수 있는 내용을 굳이 여러 개로 쪼개서 페이지 수를 늘리는 방법은 현명하지 못한 방법이라고 생각합니다.

앞에서 제시한 [그림 2-14]처럼 진행하면 연구 주제에 자칫 깊이가 없지 않을까 우려하시는 분들도 있습니다. 하지만 이 방법은 연구 주제를 최종 확정하는 방법이 아닙니다. 연구 주제 선정 시간을 최대한 줄이고, 지도 교수님에게 협업할 수 있는 기회를 드리는 것을 그 목적으로 하고 있습니다. 만약 이 방법으로 연구 주제를 선택하고 교수님에게 컨펌을 받을 때, 연구 주제에 깊이가 없거나 문제점이 생긴다면 교수님께서 수정해주십니다. 그리고 그 수정은 바로 이루어집니다. 왜냐하면 교수님의 배경지식 및 익숙한 연구 주제를 전제로 하고 있기 때문입니다. 만약 교수님의 배경지식을 벗어나는 주제를 선택하게 되면, 수정하는 주체가 '연구자'로 바뀝니다. 또한 교수님은 "다른 주제를 한번 찾아보는 게 어떨까요?"라며 연구자에게 새로운 연구 주제를 찾아보라고 권유할 것입니다. 그러면 연구자는 또 다시 새로운 연구 주제를 찾아 헤매야 하는 상황이 발생하게 됩니다.

[그림 2-14]처럼 연구 주제를 잡으면 연구자가 척도에 대한 이해 없이 너무 빨리 연구 주제를 잡는 게 아닌가 우려하는 분들도 있습니다. 본문에서는 설명을 간략하게 하기 위해 연구 주제를 통해 논문을 찾고, 그에 따라 논문을 빠르게 읽은 후에, 괜찮은 연구 척도를 도출해내는 방법은 설명하지 않았습니다. 그 방법은 뒤에 이어지는 '04_주제 선정의 어려움을 해결하는 방법'과 Section 04(논문 쓰기 전략) 중 '01_연구 주제 선정 : 참고 논문은 통독한다'에서 알려 드릴 예정입니다. 이 방법을 사용하여 연구 주제에 내용이 접목되어야 교수님에게 제출할 수 있는 연구 계획서 형태가 만들어집니다. 달랑 연구 주제만 들고 교수님을 찾아갈 수는 없기 때문입니다.

04 _ 주제 선정의 어려움을 해결하는 방법
: p값(유의확률)과 논문 맨 끝에 있는 제언을 참고한다

지금까지 전략적인 논문 쓰기 프로세스를 숙지하여 시간을 절약하고, 교수님의 연구 확장성을 염두에 두고 연구 주제를 선택하는 방법에 대해 살펴보았습니다. 하지만 이러한 조합을 실행할 때, 주요 가설의 검증 정도와 교수님이 말씀하는 연구의 참신함까지 고려하여 연구 주제를 선정하는 것은 어려운 과제입니다. 그래서 구체적으로 연구 주제를 선정할 때 어떤 근거로 선정해야 하는지, 연구 주제가 포화 상태에 이른 지금도 참신하다고 인식할 수 있는 논문 주제를 찾는 방법은 무엇인지 살펴보도록 하겠습니다.

1 p값 = 보편성

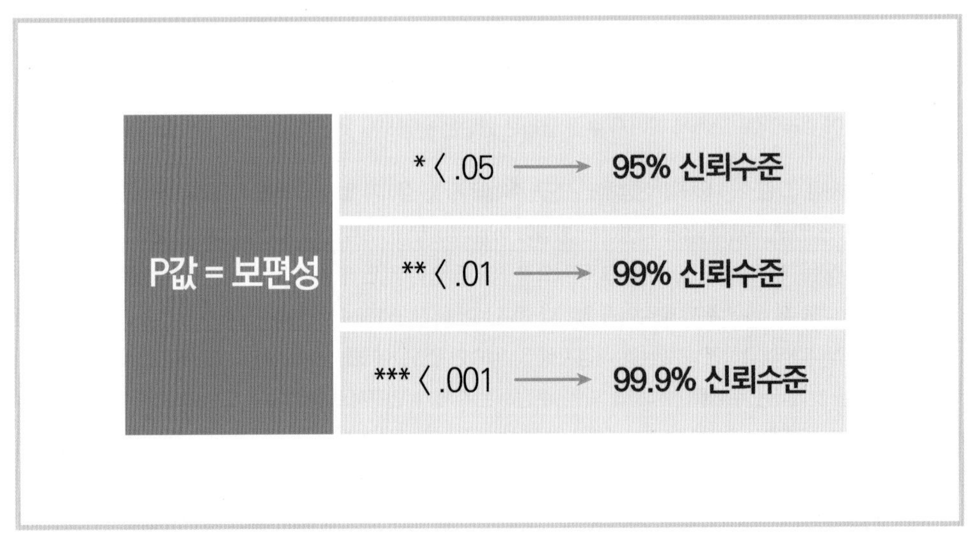

그림 2-17 | p값의 의미

먼저 지도 교수님과 선배 연구자들의 논문을 살펴볼 때, *p*값을 확인해보는 것이 좋습니다. *p*값은 probability의 약자로 '가능성'을 뜻합니다. 그 '가능성'은 어떤 현상이 계속 반복적으로 일어나지 않고, 빗나갈 '가능성' 혹은 '개연성'을 의미하기도 합니다. 그래서 통계적으로는 이 '가능성'을 '유의확률'이라고 부릅니다. 그렇다면 빗나갈 가능성의 반대는 무엇일까요? 어떤 현상이 계속 반복적으로 일어날 확률을 뜻하고, 통계적으로는 '신뢰구간'이라고 부릅니다. 논문에서 대체로 5% 미만의 유의확률이 도출되거나, 95% 이상의 신뢰구간에 속할 때, '유의하다'라고 이야기합니다. 그래서 통계적으로 의미가 있는 구간을 임의로 설정하여 '신뢰수준, 유의수준'이라고 언급하고, 연구 가설이 '채택'되었다고 표현합니다. 결국 연구 가설이 '채택'되었다는 것은 95% 이상 신뢰할 수 있는 수준이라는 의미이고, 연구 결과가 반복적으로 일어날 가능성이 높은 '보편성'을 띠고 있다고 해석할 수 있습니다.

조금 더 쉽게 설명하면, 유의확률이 0.05 미만이라는 것은 5% 미만의 유의수준과 95% 이상의 신뢰수준을 말합니다. 즉 어떤 현상에 대해 실험을 100번 했을 때, 95번 정도는 반복적으로 똑같은 결과를 나타내고, 5번 정도 빗나갈 수 있다는 의미입니다. 그리고 논문에서는 [그림 2-17]처럼 '*(위첨자)'로 연구자들이 빠르게 연구 결과를 알아볼 수 있도록 약속하고 있습니다. 유의확률이 0.01 미만이라면 어떤 현상에 대해 실험을 100번 했을 때 1번 정도 빗나갈 확률을 뜻합니다. [그림 2-17]처럼 *(위첨자) 표시가 늘어날수록 어떤 현상의 결과가 반복될 가능성이 높은 '보편적인 현상'이라는 것을 암시하고 있습니다.

예를 들어 '경영학과보다 아동학과에 여성 비율이 더 높을 것이다'라는 가설을 교차분석을 통해 검증하여 유의확률인 *p*값이 0.02가 나왔다고 가정해봅시다. 이 결과는 100개 대학교의 경영학과와 아동학과의 비율을 비교하였을 때 여성 비율이 더 높은 대학교가 98개 정도 되고 2개 정도 대학교에서만 남성 비율이 더 높을 수 있다는 것을 의미합니다. 통계적으로 정확한 표현은 아니지만 유의확률 *p*값을 쉽게 이해할 수 있도록 든 예시이니 통계 전문가들의 양해를 구합니다.

결국 선행 논문에서 *p*값이 0.05 미만인 유의한 변수와 요인을 선택해야 향후 여러분의 논문에서도 유의한 결과가 나올 가능성이 높습니다. 만약 지도 교수님의 척도를 다른 집단이나 지역에 적용했을 때도 유의하게 나타난다면 이것은 교수님의 연구를 확장시키는 것이므로 교수님도 연구자의 논문이 조금 더 좋은 결과로 이어지도록 많은 도움을 주십니다. 그래서 주제를 선택할 때는 지도 교수님과 선배 연구자의 최근 3년간 논문에서 분석 결과와 연구 결과를 훑어본 후, *p*값이 0.05 미만으로 나타난 요인들을 잘 정리해야 합니다. 이렇게 하면 교수님과 협업할 수 있고, 유의하게 잘 나올 가능성이 높은 연구 주제를 도출할 가능성이 높습니다. 즉 p값이 유의하게 나타난 변수와 요인을 정리하고 확인하는 것이 주제 선정의 어려움을 해결하는 첫 번째 방법입니다.

2 논의와 제언 = 보물창고

그림 2-18 | 논의와 제언의 중요성

주제 선정의 어려움을 해결하는 두 번째 방법은 논의와 제언을 통해 아이디어를 도출하는 것입니다. 연구자는 논문을 쓸 때 해당 주제에 대한 선행 논문을 열심히 찾고, 인터뷰나 설문조사 등을 이용하여 그 이론과 가설에 대해 검증한 후 아쉬웠던 점을 결론 뒷부분에서 논의와 제언, 시사점 등의 형태로 기록합니다. 바로 거기에 새로운 주제를 발견할 수 있는 아이디어나 보물이 숨겨져 있습니다.

논의와 제언에서는 연구자가 열심히 연구했지만 시간 부족이나 여러 환경 요인 때문에 하지 못해서 아쉬웠던 점을 기록하고, 더 나아가 앞으로 연구를 진행하게 된다면 어떻게 할 것인지를 서술합니다. 따라서 여러분은 지도 교수님과 선배 연구자의 논문에서 논의와 제언을 통해 '연구의 확장성'을 가질 수 있는 구체적인 아이디어를 쉽게 찾아낼 수 있습니다. 지도 교수님과 선배 연구자들이 해당 연구를 진행하면서 실패했던 부분을 미리 인지하고 대비할 수 있기 때문입니다. 게다가 모든 연구자는 다른 연구자들이 자신의 논문을 많이 인용하고 그 주제를 활용해서 확장성 있는 논문을 써주길 바라는 마음으로 논의와 제언을 기록합니다. 따라서 지도 교수님과 선배 연구자의 논문이 아닌, 비슷한 주제로 진행했던 다른 이들의 논문에서 연구 주제와 결론 및 제언만 읽어보아도 새로운 아이디어에 대한 구체적인 연구 방법을 쉽게 도출할 수 있습니다.

항공사 선택속성이 고객만족도와 브랜드 충성도에 미치는 영향 연구

· 독립변수 : 항공사 선택속성
· 종속변수 : 고객만족도, 브랜드 충성도
· 분석방법 : 회귀분석
· 결론 및 제언 : 브랜드 충성도를 행동의도와 추천의도로 바꾼다면?
저가 항공사로 좁혀본다면

[참고] '~에 따른 ~ 비교연구' : 집단 간 비교분석
'~이/가 ~에 미치는 영향' : 변수 간의 관계성 분석

[새로운 연구 주제]
항공사 선택속성이 고객만족도와 저가 항공사 추천의도에 미치는 영향 연구

그림 2-19 | 논의와 제언을 활용한 새로운 연구 주제 도출 예시

예를 들어 선배 연구자의 논문 중에 〈항공사 선택속성이 고객만족도와 브랜드 충성도에 미치는 영향 연구〉가 있다고 가정해봅시다. 선배 연구자가 '논의 및 제언'에서 "최근 SNS(Social Network Service)의 발달에 따라 '브랜드 충성도'라는 척도를 '행동의도' 혹은 '추천의도' 척도로 측정해야 한다는 의견이 있어 연구해보니 여러 논문에 있는 것을 확인했다. 그래서 앞으로 이 연구를 확장한다면 '브랜드 충성도'를 '행동의도'나 '추천의도'로 변경하여 진행해보겠다."라고 기술했습니다. 그렇다면 여러분은 '브랜드 충성도'를 '추천의도'로만 변경해서 논문을 진행해볼 수 있습니다. 또 선배 연구자가 자신은 항공사 선택속성을 조사함에 있어 '대형 항공사'만 조사했는데, '저가 항공사'를 중심으로 항공사 선택속성에 따른 고객만족도와 추천의도를 비교해볼 수 있겠다고 기술했다면, 여러분은 그 의도를 그대로 받아들여 '저가 항공사'를 중심으로 조사하면 됩니다.

이처럼 빠르게 논문을 훑어보고 논의와 제언을 중심으로 확인만 해도 '항공사 선택속성이 고객만족도와 저가 항공사 추천의도에 미치는 영향 연구'라는 새로운 연구 주제를 도출해낼 수 있습니다. 이 방식을 잘 적용하면 여러 연구 주제를 빠르게 도출할 수 있겠죠? 하지만 주의할

점이 있습니다. 이렇게 연구 주제를 도출한 뒤에는 그 주제로 논문을 검색해보세요. 같은 주제가 있을 수도 있으니까요.

3 참신함 = 확장성

많은 교수님들이 연구의 참신함을 요구합니다. 그런데 연구자들은 그 '참신함'을 '남들이 하지 않은 생소한 주제'로 착각하는 경우가 있습니다. 그래서 논문을 검색하여 검색되지 않는 연구 주제를 선택하려는 연구자들이 많습니다. 잘 검색되지 않고 남들이 하지 않는 연구 주제가 과연 좋은 연구 주제일까요? 좋은 연구 주제일 수는 있지만 쉽게 통과하거나 쓸 수 있는 주제는 아닙니다. 왜냐하면 논문이 별로 없다는 것은 향후 참고할 논문이 적다는 뜻이고, 지도 교수님도 잘 모르는 주제라는 뜻이기 때문입니다.

극단적인 예를 들어볼까요? [그림 2-20]은 실제 히든그레이스 논문통계팀에 의뢰가 들어왔던 주제들입니다.

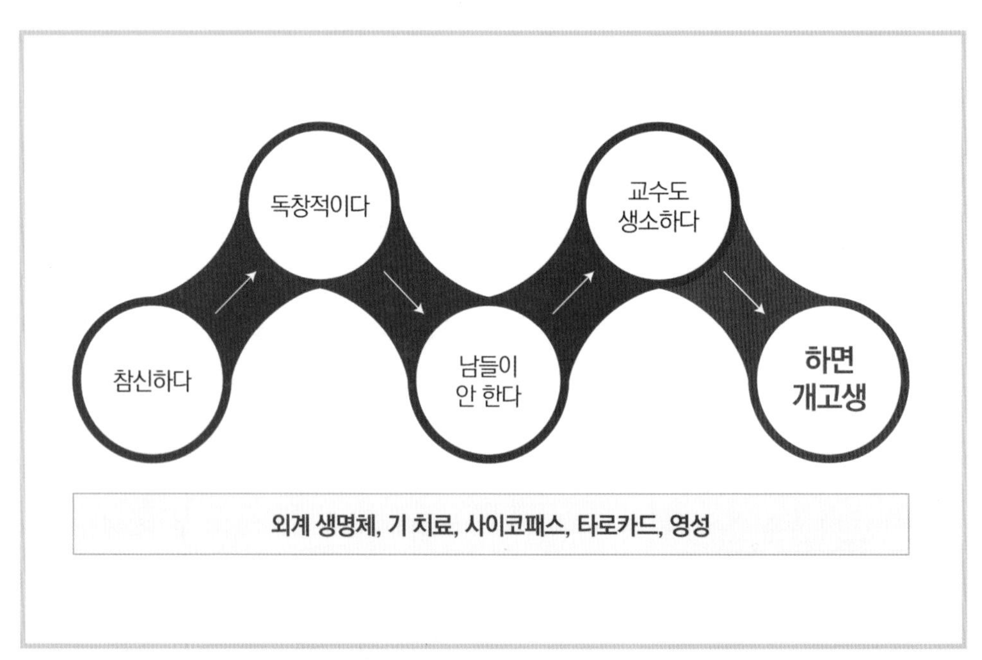

그림 2-20 | 남들이 하지 않는 독창적인 주제 예시

실제로 매우 참신하고 독창적이며, 다른 연구자들이 진행하지 않았습니다. 주제도 흥미롭습니다. 문제는 지도 교수님에게도 생소하다는 점입니다. 교수님에게 생소하고 참고할 수 있는 선행 논문 자료가 없다면 연구자가 하나부터 열까지 조사하고 검증하는 작업을 거쳐야 하죠. 처음

논문을 쓰는 분들은 논문 쓰는 것 자체도 어려운데, 누군가의 조언이나 도움 없이 스스로 다 헤쳐 나가야 하는 상황까지 발생한다면 어떻게 될까요? 연구가 산으로 갈 수도 있습니다. 그래서 '남들이 하지 않는 연구'는 처음 논문을 쓰는 분들에게는 추천하지 않습니다.

그림 2-21 | 남들이 하지 않는 독창적인 주제를 선택했을 때의 문제점

남들이 하지 않는 연구를 진행하게 된다면 또 다른 문제에 부딪히게 됩니다. 선행 논문을 통한 사례가 없기 때문에 사전 조사를 통해 개념 정의나 척도개발을 통한 신뢰도를 확인해야 합니다. 또 사전 조사를 하려면 설문 문항을 명확하게 만드는 작업도 거쳐야 합니다. 기존 선행 논문에는 그런 작업을 이미 거쳐서 탄생한 척도와 설문 문항이 있기 때문에 사전 조사할 시간이 부족한 경우 본 조사를 통해 신뢰도를 확인하면 되고, 척도개발을 할 필요도 없습니다. 하지만 남들이 하지 않는 주제로 진행하게 되면 이러한 작업들이 추가되어 가뜩이나 논문 쓰는 데 시간이 부족한 연구자들에게 큰 부담이 될 수 있습니다. 설령 이러한 작업들을 철저한 계획 속에서 진행했다고 해도 선행 사례가 없고 완벽하지 않기 때문에 논문 심사 때 많은 질문과 비판을 받을 소지가 있습니다.

그렇다면 실제로 주제 선정에 대한 어려움을 해결할 수 있고, 처음 논문을 쓰는 연구자가 활용할 수 있는 참신함은 무엇일까요?

그림 2-22 | 흔한 연구 주제를 참신한 연구 주제로 바꾸는 방법

아인슈타인의 '상대성 이론'이나 뉴턴의 '만유인력의 법칙' 같은 세상을 바꿀 연구가 아니라면, 교수님이 말씀하시는 논문의 참신함은 확장성을 뜻합니다. 기존 논문 주제에서 대상 집단과 지역을 변경하여 그 논문의 연구 결과를 다른 형태로 증명하는 방법입니다. 앞에서 p값이 유의하게 나타났던 요인들을 다른 연구 모형에 적용해보고, 논의와 제언을 통해 선행 논문 주제를 확장하여 새로운 연구 주제를 만들어 보편성을 검증하는 방법을 알아보았습니다. 마찬가지로 같은 주제이지만 대상 집단과 지역을 변경하여 그 주제에 대한 결과가 다른 집단과 지역에도 똑같이 적용되는지 살펴보는 것입니다.

만약 이 방법을 적용했을 때 유의하게 나타난다면, 대상 집단이나 지역과 관계없이 연구 결과가 같음을 확인한 것이므로 논문이 더 큰 보편성을 지니게 되며, 정책 활용에도 더 큰 힘이 실리게 됩니다. 또한 그 논문의 주제가 제가 계속 강조하고 있는 '지도 교수님'의 연구 주제와 같다면, 교수님은 자신의 논문 주제를 확장하는 일이니까 더 많은 관심을 가지고 지도해주실 것입니다. 그러면 여러분의 논문 질은 자연스럽게 높아질 겁니다. 또한 연구 계획서를 제출했을 때, 교수님이 도와주고 컨펌할 확률도 높아집니다.

흔한 연구 주제

부모의 양육 태도가 자녀의 자아존중감에 미치는 영향 연구

지역 변경

부산 지역을 중심으로

대상 변경

저소득층 부모 / 직장인 부모를 중심으로

그림 2-23 | 흔한 연구 주제를 변경하는 방법 : 대상과 지역 변경

그럼 예를 들어 설명해보겠습니다. [그림 2-23]에는 쓱 봐도 많은 사람들이 연구했을 것 같은 주제가 적혀있습니다. '부모의 양육 태도가 자녀의 자아존중감에 미치는 영향 연구'는 흔한 주제입니다. 당연히 참신함과는 거리가 멀겠죠. 이제 이 흔한 주제를 '참신하고 새로운 주제'로 바꿔보겠습니다.

우선 '지역'을 변경하면 됩니다. 이런 논문의 연구 설계나 조사 방법을 읽어보면 조사 지역이 전국이거나 서울 지역 초등학교인 경우가 많습니다. 따라서 자신의 거주 지역이나 근무 지역을 중심으로 하여 부산이나 대구, 광주 등으로 지역을 변경하면 됩니다. 혹 대상 지역이 서울이라 해도 서울 안에서 더 작은 단위로 설정하면 됩니다. 예를 들어 '강북 지역 초등학교 중심'이나 '강남 지역 초등학교 중심'으로 지정하면 됩니다. 여기서는 '부산 지역'으로 가정하겠습니다.

다음으로 '대상'을 변경하면 됩니다. 예시 논문에서는 '부모' 집단을 세분화하지 않았습니다. 전체 부모의 양육 태도를 연구한 것이죠. 그렇다면 구체적으로 대상을 세분화하여, 저소득층 부모와 직장인 부모의 양육 태도에 차이가 있는지를 비교하는 연구로 진행한다면, 기존 논문의 확장성을 가질 수가 있습니다.

부산 지역 부모 유형에 따른 양육 태도가 자녀의 자아존중감에 미치는 영향 연구

부모의 소득 유형에 따른 양육 태도가 자녀의 자아존중감에 미치는 영향 연구
- 부산 지역을 중심으로 -

그림 2-24 | 대상과 집단을 변경한 연구 주제의 제목 예시

이렇게 두 가지 방법을 적용하여 [그림 2-23]의 흔한 연구 주제를 [그림 2-24]와 같이 새롭게 만들 수 있습니다. 다른 주제도 얼마든지 만들 수 있습니다. 부산 지역과 타 지역의 부모 유형에 따라 양육 태도와 자녀의 자아존중감에 어떤 차이가 있는지 검증하는 연구를 진행할 수 있습니다. 혹은 저소득층 부모와 직장인 부모의 소득의 차이에 따라 양육 태도와 자녀의 자아존중감에 어떤 차이가 있는지 검증하는 연구를 진행할 수 있습니다.

다른 예를 들어볼까요? [그림 2-19]에 있는 '항공사 선택속성이 고객만족도와 브랜드 충성도에 미치는 영향 연구'를 지역과 대상 집단을 바꿔 새로운 연구 주제로 만들어보겠습니다. 먼저 대상 집단을 바꿔야겠죠? 선행 논문에서 항공사는 국내 항공사를 중심으로 조사했을 것이니 이번에는 해외 항공사를 대상으로 조사하고, 설문지도 한국어로 된 선행 논문의 문항을 영문으로 바꾸는 작업을 합니다. 또한 선행 논문에서는 운임료가 비싼 대형 항공사를 중심으로 조사했으니, 운임료가 상대적으로 저렴한 중소형 저가 항공사를 중심으로 조사하면 대상 집단이 바뀌게 됩니다. 다음으로 지역을 바꿉니다. 선행 논문이 인천국제공항을 중심으로 조사했다면, 새로운 연구 주제에서는 김해국제공항과 김포국제공항을 중심으로 조사합니다. 그러면 다른 지역을 근거로 연구의 확장성을 가지고 논문을 진행할 수 있습니다. 이렇게 대상 집단과 지역을 변경하여 새로운 연구 주제를 만들면 다음과 같습니다.

'**해외 항공사** 선택속성이 고객만족도와 **저가 항공사** 브랜드 충성도에 미치는 영향 연구'

그럴 듯한 주제가 되죠? 이처럼 대상과 지역을 바꿔 적용하면 매우 쉬워지는데 선행 논문을 참고하지 않은 채 무작정 대상 집단과 지역만 바꾸면 문제가 됩니다. 왜냐하면 실제로 그 지역과 대상 집단으로 진행한 사례가 있을 수도 있고, 그 집단과 지역을 일부러 통제변수로 두고 진행하지 않은 까닭이 있을 수 있기 때문입니다. 따라서 선행 논문의 연구 설계와 모형, 조사 방법을 꼼꼼히 읽어보고 적용하는 것이 좋습니다.

지금까지 주제 선정의 어려움을 해결하는 방법에 대해 살펴보았습니다. 검증하려는 주제 중에 p값이 유의하게 나온 변수를 확인하거나 논의와 제언을 통해 아쉬웠던 점을 새로운 연구 아이디어로 대체할 수 있습니다. 그리고 선행 논문에서 대상 집단과 지역을 바꿔 진행할 수도 있습니다. 이 같은 방법을 활용하면 아무리 연구 주제가 포화 상태라 해도 연구의 확장성과 참신함을 담은 새로운 연구 주제를 도출할 수 있습니다.

결국 효율적인 논문 쓰기 프로세스를 통해 서론과 이론적 배경보다는 연구 주제와 가설, 설문지를 설계하는 데 더 많은 시간을 쏟는 것이 중요합니다. 또 내가 하고 싶은 주제보다는 지도교수님의 배경지식을 활용하고 교수님 연구의 확장성을 가질 수 있는 관심 분야를 선택하는 것이 좋습니다. 그리고 p값의 유의성과 제언에서 새로운 아이디어를 도출하거나 대상 집단과 지역을 변경하여, 교수님이 원하는 참신한 연구 주제를 빠르게 2~3개 정도 선정하여 연구 계획서 형태로 가져가야 합니다. 이렇게 하면 한 학기 안에 논문이 통과될 확률이 매우 높아집니다.

저 자 생 각

이 책의 모태가 된 '한번에 통과하는 논문 쓰기 전략' 설명회의 강의 만족도 평가를 읽어보거나, 논문 컨설팅을 진행하면 다음과 같은 질문을 많이 받습니다.

"쉽게 논문을 통과시키는 데만 너무 집중하는 게 아닌가요?"
"연구 주제를 선정할 때 이렇게까지 비굴(?)할 정도로 '전략적'인 진행이 필요할까요?"

물론 이 전략이 좋은 논문을 쓰는 가장 좋은 방법이라고는 말할 수 없습니다. 연구자나 교수의 길을 가려는 분들은 이 방법이 기초적인 이론적 배경 없이 '쉽게 논문 쓰는 법'에만 집중한 방법이라고 생각할 수도 있습니다.

하지만 우리와 함께 진행했던 연구자들은 대부분 현업에 종사하면서 대학원에 다니는 바쁜 분들이었습니다. 이런 분들은 학교 수업을 따라가기도 벅찬 상황에서 논문 쓸 시간을 따로 확보할 수가 없습니다. 이처럼 직장을 다니는 연구자들을 중심으로 논문 컨설팅을 진행하다보니, 지금과 같이 제한된 시간에 빠르게 통과할 수 있는 논문 쓰기 절차와 방법에 더 치중하게 된 것 같습니다.

그럼에도 불구하고 경험적인 데이터를 통해 알 수 있는 것은 직장인 대학원생이나 향후 연구자가 될 일반 대학원생 모두 처음 논문을 쓸 때는 어려워한다는 사실입니다. 그리고 다들 시간이 부족했습니다. 그런데 이렇게 한번 빠르게 논문을 써보고 통과하는 경험을 한 연구자들은 자신감이 생겨 이후 논문을 쓰는 일에 부담을 덜 느꼈습니다. 또 자신이 좋아하는 주제나 하고 싶은 주제로 논문을 쓰는 경우도 많았습니다. '실패는 성공의 어머니'라는 말이 있긴 하지만, 논문이 통과되지 못해 다시 쓰는 이들은 모두 엄청난 기회비용과 두려움 때문에 큰 부담을 느낍니다. 우리는 논문 쓰기를 좋은 경험으로 인식하게 하여 현업에 종사하는 연구자로 성장시키고 싶은 마음이 있었습니다.

또한 이 프로세스는 시간을 절약하는 방법이지, 절대로 논문을 '막' 쓰거나 자신의 논문에 대한 이해 없이 쓰는 것이 아닙니다. 이 책의 Section 04(논문 쓰기 전략)과 Section 05(양적 논문에서 자주 사용하는 연구 방법)에서는 자신의 논문을 설명할 수 있어야 하고, 자신이 사용했던 설문지 문항에 대한 이론적 배경을 이해를 하고 있어야 한다는 점을 강조하고 있습니다. 그래서 전략적으로 접근하되, 논문에서 가장 어려운 연구방법론과 통계분석을 쉽게 설명하기 위해 노력합니다. 연구방법론에 대한 이해가 있어야 논문을 볼 수 있는 눈이 생기고, 선행 논문의 내용을 빠르게 통독하여 자신의 논문에 적용할 수 있는 힘을 키울 수 있기 때문입니다. 그래서 Section 05 뒤에 붙인 '5분 만에 이해하는 논문 통계분석'에서 보면 확인할 수 있듯이, 회사 창업 초기에 각 분석 방법별로 핵심 내용을 동영상으로 찍어서 무료로 아낌없이 배포했습니다. 혹시 이 책의 논문 쓰기 전략에 대해 오해하고 있는 독자가 있으셨다면 너그럽게 이해해주시기 바랍니다.

SECTION
03
논문 쓰기 순서

bit.ly/onepass-skill6

PREVIEW

- 전략적인 논문 쓰기 절차를 개괄적으로 설명한다.
- 논문 쓰기 절차에서 가장 중요한 것은 '서론 작성' 단계와 '지도 교수님의 컨펌'이다.

이제 처음 논문을 쓰는 분들을 위해 논문 쓰기 순서(프로세스)를 간략하게 설명하겠습니다. 자세한 내용은 Part 02에서 차근차근 설명하고, 이번 절과 다음 절에서는 전체 순서에서 꼭 확인해야 할 사항과 그 순서에 따른 핵심 전략에 대해 설명하겠습니다.

그림 3-1 | 8주 안에 완성하는 8단계 논문 쓰기 순서

[그림 3-1]을 보면 논문 쓰기 순서가 기존 논문 작성법 강의들과 조금 다른 것을 알 수 있습니다. 가장 크게 다른 부분은 '서론 작성' 단계가 앞이 아닌 중간에 있다는 것입니다. 앞 장에서 잠깐 언급했듯이, 서론 작성은 연구 계획서를 교수님에게 허락 받고 설문조사를 진행하는 기간에 작성하는 것이 효율적입니다. 이렇게 하면 연구 주제가 뒤집혀 다시 처음부터 논문을 작성해야 하는 상황을 막을 수 있습니다.

이번 절에서는 단계별로 꼭 알아야 할 개념과 준비할 사항에 대해 간략하게 설명하겠습니다. 차근차근 논문을 쓰고 싶은 연구자라면, 여기서 제시하는 순서에 따라 논문 작성 방법을 자세히 설명한 Part 02를 참고하면 좋겠습니다. 여기서는 제한된 시간에 논문을 쓰는 방법에 더 집중하도록 하겠습니다.

여기서 말하는 제한된 시간은 8주를 뜻합니다. 전체 프로세스가 8단계로 이루어져 있고 각 단계를 1주씩 잡아 마무리하면 됩니다. 직장을 다니며 연구를 진행하는 대학원생들은 주말에 6시간씩 투자해 진행하면 됩니다. 우리가 연구자들과 함께 진행해본 결과, 가장 방해 받지 않는 시간이 '오전 6시~낮 12시'이고, 토요일과 일요일에 6시간씩 투자해서 12시간 정도를 논문 쓰는 데 집중하면 한 단계를 마무리할 수 있다는 것을 확인했습니다. 그래서 이 강의 제목이 한때 '8주 안에 완성하는 논문 쓰기 전략'이었습니다.

이제 좀 용기가 생기나요? 그럼 각 단계별로 어떻게 진행되는지 구체적으로 살펴보겠습니다.

01 _ 효율적인 논문 쓰기 1단계 : 연구 주제 선정

PREVIEW

- 주요 논문 검색 사이트와 학과 사무실을 이용하여, 교수님의 관심 분야와 소속 전공 선배들의 논문을 주로 검색한다.
- 현상의 원인이 되는 독립변수와 현상의 결과가 되는 종속변수를 선정한다.
- 정해진 변수에 따라 연구 모형과 가설을 설계한다.

효율적인 논문 쓰기 1단계는 연구 주제 선정입니다. 연구 주제 선정은 논문 작성 시 가장 중요한 부분으로, 주제가 선정되기까지 시간도 오래 걸립니다. 전략적인 연구 주제 선정이 중요한 이유는 중간에 연구 주제가 변경되는 불상사를 막을 수 있고, 논문 심사에서 통과될 가능성을 높일 수 있기 때문입니다. 그러려면 지도 교수님의 배경지식을 활용하고 분석 결과가 유의하게 나올 가능성이 높은 주제를 선정하는 것이 중요합니다.

1 주요 검색 사이트와 학과 사무실을 이용하여 논문을 검색한다

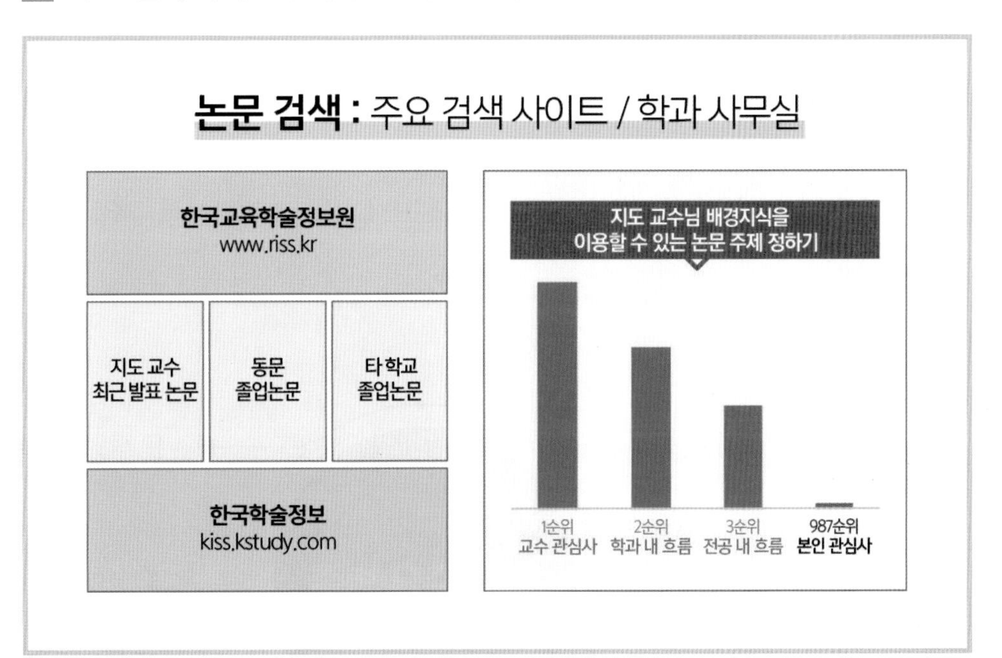

그림 3-2 | 논문을 검색하는 순서와 방법

교수님과 협업할 수 있고 빠르게 논문이 통과될 수 있는 주제를 선정하려면, 가장 먼저 지도 교수님의 최근 발표 논문들과 소속 전공 선배 연구자들의 최근 3년간 논문을 살펴보는 것이 중요합니다. 지도 교수님의 논문 정보는 각 학교 홈페이지를 통해 검색하거나 논문 검색 주요 사이트에서 저자 이름을 교수님 이름으로 기입하면 확인할 수 있습니다. 또한 소속 전공 선배 연구자들의 졸업 논문 정보는 각 학과 사무실을 통해 얻을 수 있다고 알려드렸습니다. 맛있는 커피를 사 들고 학과 사무실을 찾아가, 조교에게 최근 3년간 학과에서 진행되었고 게시판에 공지되었던 논문 심사 리스트 파일을 출력할 수 있느냐고 물어보면 됩니다. 그러면 '논문 주제, 지도 교수, 연구자'가 기록되어 있는 학기별 1~2페이지 분량의 문서 파일을 받을 수 있을 겁니다.

이 리스트를 바탕으로 RISS(한국교육학술정보원)나 KISS(한국학술정보) 같은 논문 검색 사이트를 이용하여 연구 주제를 기입해서 검색하면 관련 논문들을 내려받거나 읽어볼 수 있습니다. 검색 결과 많이 언급된 주제 단어이거나 최근 지도 교수님이 관심을 보이는 주제 중에 연구자의 관심을 끄는 연구 주제를 추립니다. 그리고 p값, 제언 점검, 주제 선택 방법을 조합하여 몇 가지 주제 단어를 선정하면 됩니다.

예를 들어, 여러분의 지도 교수님이 '제자들의 논문 통과율'에 관심이 많아 그에 대한 논문을 많이 썼다고 가정해봅시다. 또 학과 선배들이 '교수님의 지도 특성'이나 '논문 투입 시간'에 관심을 두고, 그에 따라 '개인 성향', '성격 유형', '전공 관련성' 등을 최근 3년간 연구하였다고 가정해보죠. 그러면 이를 조합한 형태의 주요 변수를 [그림 3-3]과 같이 생각해볼 수 있습니다.

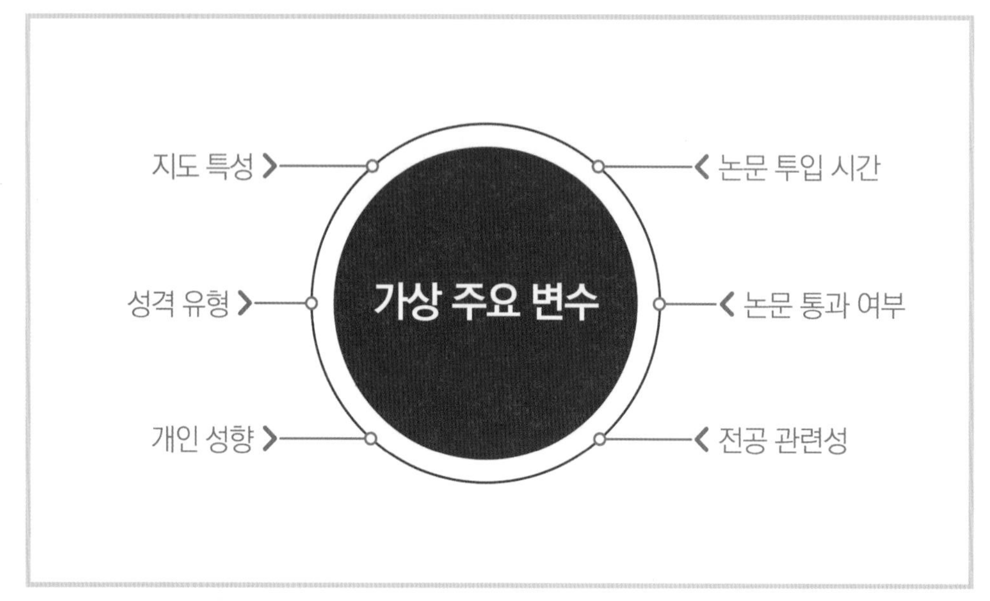

그림 3-3 | **주요 변수 도출 예시**

이렇게 도출한 후에 주요 논문 검색 사이트를 통해 해당 주요 변수가 있는지 확인할 수 있습니다. 또한 각 주요 변수를 논문 검색 사이트에서 검색하여 어떤 설문 문항이 가장 많이 사용되는지 검토해보면, 지도 교수님과 선배들의 논문에서 어떤 설문 문항이 좋은 문항인지 알 수 있습니다.

2 독립변수와 종속변수를 선정한다

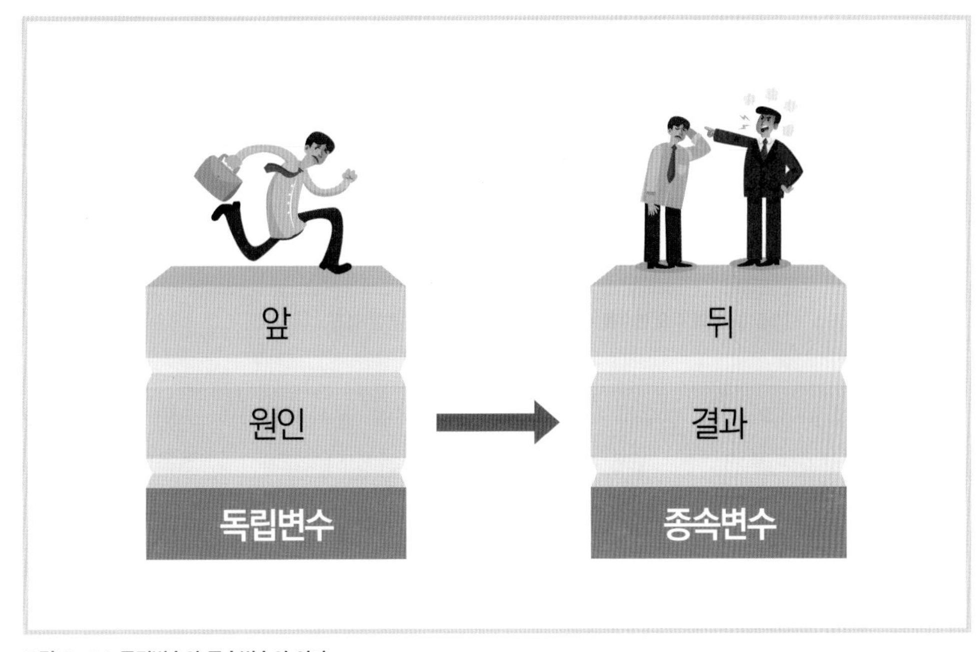

그림 3-4 | 독립변수와 종속변수의 의미

주요 변수를 도출했다면, 그중에 어떤 변수를 독립변수로 하고 어떤 변수를 종속변수로 할지 선정하여 연구 주제를 만듭니다. 독립변수와 종속변수의 개념은 [그림 3-4]와 같습니다. '독립변수'는 현상의 '원인'이 되는 변수이고, '종속변수'는 현상의 '결과'가 되는 변수입니다. 그래서 대부분의 논문에서 연구 주제는 독립변수가 '앞'에 위치하고, 종속변수가 '뒤'에 위치합니다. 이 세상에서 벌어지는 수많은 사건과 현상에 대해 관련 전문가들은 독립변수에 따라 종속변수가 어떻게 달라지는지를 검증하여 '타당한지 / 타당하지 않은지', '유의한 결과인지 / 유의한 결과가 아닌지'를 판단합니다.

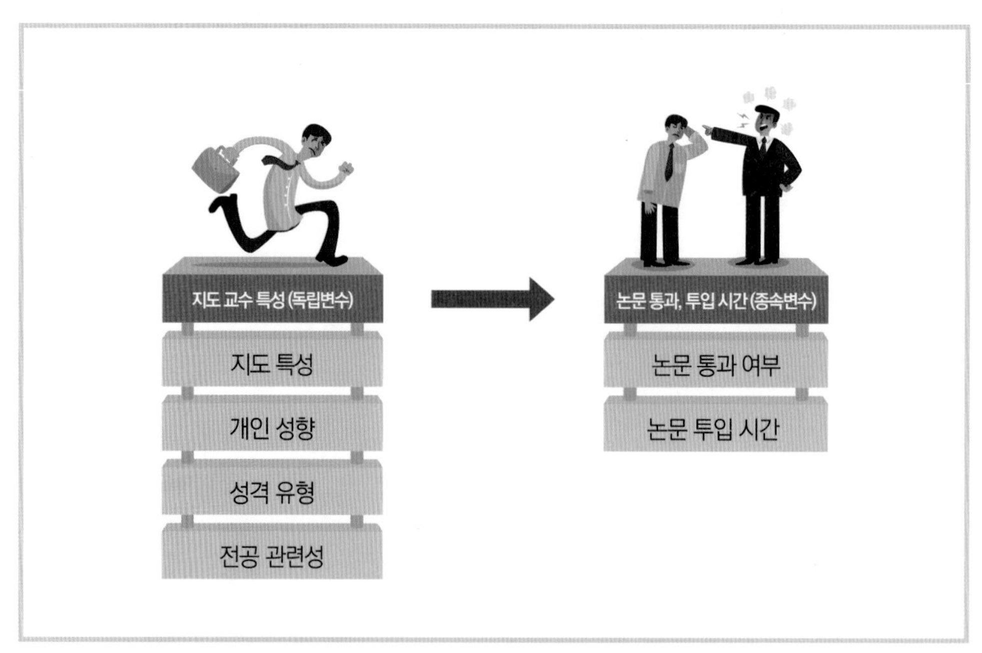

그림 3-5 | [그림 3-3]의 주요 변수를 독립변수와 종속변수로 분류한 결과

[그림 3-3]의 주요 변수를 독립변수와 종속변수로 분류해본다면 [그림 3-5]와 같이 독립변수는 '지도 특성, 개인 성향, 성격 유형, 전공 관련성'이 될 것이고, 종속변수는 '논문 통과 여부, 논문 투입 시간'이 될 것입니다. 그렇다면 현상의 원인이 되는 독립변수를 '특성'이라는 사전적 정의를 내려서 앞에 두고, 현상의 결과가 되는 종속변수를 뒤에 두면, [그림 3-6]과 같은 연구 주제를 도출할 수 있습니다.

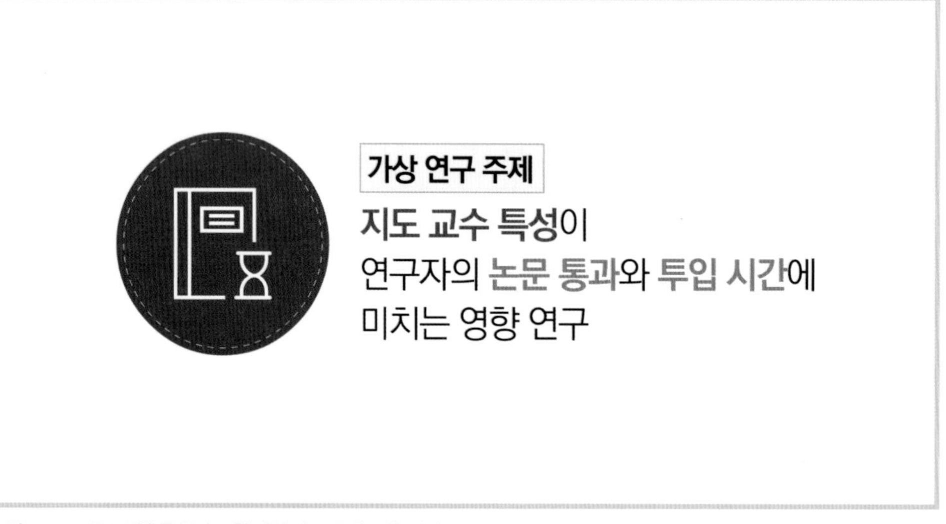

그림 3-6 | 주요 변수를 근거로 한 가상 연구 주제 도출 예시

독립변수와 종속변수는 [그림 3-7]처럼 다른 용어로 표현되기도 하니 참고하세요. 독립변수와 종속변수의 의미와 관계를 제대로 이해하면 논문 제목만 봐도 독립변수와 종속변수를 파악할 수 있고, 나아가 분석 방법도 예측할 수 있습니다.

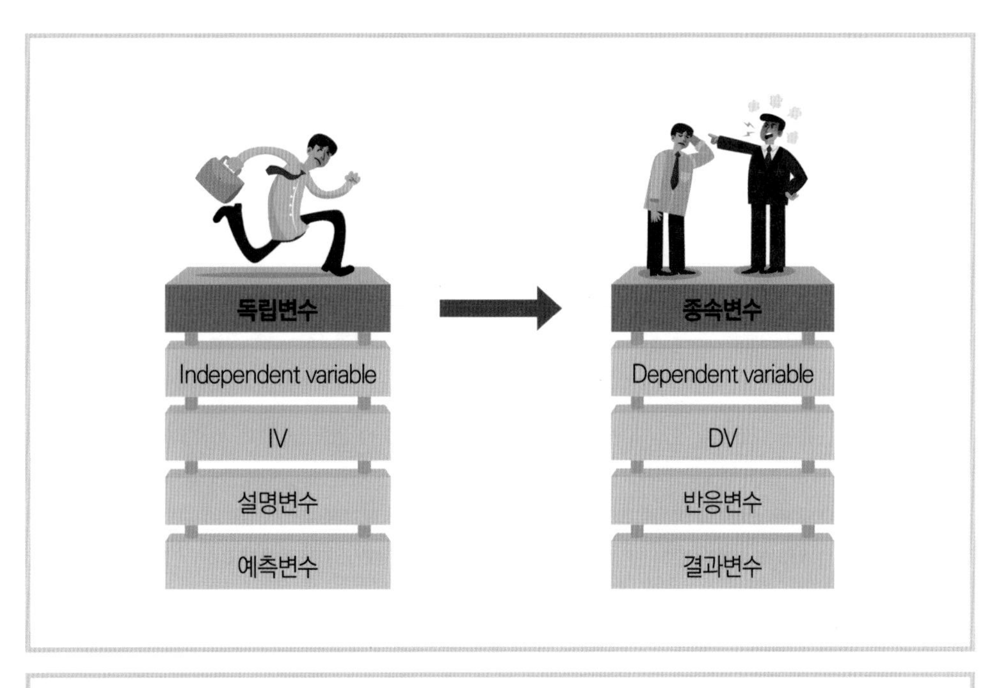

독립변수 종속변수

1. 항공사 선택속성이 고객만족도와 저가 항공사 추천의도에 미치는 영향 연구
(기술통계, 독립표본 t검정, 일원배치분산분석 (ANOVA), 회귀분석, 다중회귀분석)

2. 진정성 유형과 정보 전달 주체에 따른 소비자 참여 수준에 미치는 차이 연구
(빈도분석, 독립표본 t검정, 이원배치분산분석)

3. 글 없는 그림책을 활용한 창작음악극이 유아의 창의성과 음악 표현에 미치는 영향 연구
(대응표본 t검정, 정규성검증, Mann-Whitney U검정)

그림 3-7 | 독립변수와 종속변수의 다른 표현과 논문 연구 주제 사용 예시

저 자 생 각 : 리포트(Report)와 논문(Thesis)의 차이

리포트와 양적 논문의 결정적인 차이는 **보편성**이라고 생각합니다. 대학생 시절에 쓴 대부분의 리포트는 '현상'에 기초하여 빈도분석이나 기술통계를 통해 논리적 근거를 마련했습니다. 하지만 현상 하나에 근거하는 경우가 대부분이어서, 인과관계보다는 현상 그 자체에 집중하는 경우가 많았습니다.

예를 들어, 리포트에 '히든대학교의 아동학과 총 학생 120명 중 남자는 85명, 여자는 35명으로 남자가 더 많다.' 혹은 '히든대학교의 경영학과 남녀 비율은 남자 60%, 여자 40%로 남자가 더 높은 것을 알 수 있다.'라는 통계분석 결과가 있다고 해보죠. 히든대학교 아동학과의 남학생 수와 경영학과의 남자 비율이 더 많다는 것만 알고 있으므로, 히든대학교 아동학과와 경영학과에만 그 결과를 적용할 수 있습니다. 또한 해가 바뀌어 신입생이 들어오거나 학교의 재정 상황이 달라짐에 따라 남녀 성비와 숫자는 언제든지 바뀔 수 있습니다. 따라서 만약 위의 통계분석 결과를 토대로 아동학과와 경영학과에 남자 화장실을 더 많이 만든다면 낭패를 볼 수도 있죠. 또한 다른 학교 아동학과와 경영학과의 남자의 비율도 더 높다고 예상할 수 없습니다. 원인과 결과를 통한 보편적인 차이를 검증한 것이 아니기 때문입니다.

그러나 양적 논문은 다릅니다. 현상의 원인과 결과에 집중하여 얼마나 영향을 미치는지 살펴보고, 그 영향력이 다른 변수들과 상관없이 보편적으로 적용되는지 확인해볼 수 있습니다. 예를 들어, 독립변수를 '학과'로, 종속변수를 '성별'로 설정하고 히든대학교의 아동학과와 경영학과를 조사합니다. 학과에 따라 히든대학교의 남자 비율이 여자 비율보다 높고 그 차이에 대한 p값이 0.04로 유의하게 나타난다면, 결국 히든대학교가 아닌 A 대학교나 B 대학교에서도 아동학과와 경영학과의 남성 숫자는 여성 숫자보다 많을 가능성이 높다는 뜻이 됩니다. p값에 따르면 100개 대학 중 96개 대학 정도는 남성 수가 더 많다는 뜻이 되죠. 그러면 이 연구를 근거로 아동학과와 경영학과가 있는 대학교들은 남자 화장실을 늘리거나 남학생들을 유치할 수 있는 마케팅 전략 상품(예 : 야구장 입장권, 게임머니)을 통해 대학설명회를 진행하는 등 정책 결정에 활용할 수 있습니다. 이 분석 방법은 집단 간의 비율을 비교하는 연구 방법인 교차분석인데, 논문에서 응답자들의 특성에 따라 달라질 수 있는 답변들을 검증하기 위해 많이 사용하는 편입니다.

결국 우리가 논문을 쓰는 이유는 연구자의 논문을 통해 현상의 원인과 결과를 파악하고, 그에 대한 대안을 마련하여 좀 더 좋은 세상을 만들고자 하는 노력과 시도라고 생각합니다. 이렇게 생각하면 조금 자부심이 느껴지지 않나요? 논문이 쓰기 싫어질 때나 왜 졸업 요건을 논문으로 하는지 불만일 때는 지금 한 이야기를 떠올려보세요. 그럼 조금은 가치 있는 일을 하고 있다고 생각하게 될 겁니다.

"당신의 논문이 누군가에게는 도움이 되고,
세상을 바꿀 중요한 아이디어와 정책이 될 수 있습니다."

3 주요 가설과 연구 모형을 설계한다

독립변수와 종속변수가 결정되면 그 변수에 맞게 가설과 연구 모형을 만듭니다. 가설이란 '내가 생각하기에는 이 문제를 분석하면, 이런 결과가 나타날 것 같은데?'를 가정하는 것입니다. 그래서 그 가정이 맞으면 '가설이 검증되었다', '가설이 채택되었다'라고 표현합니다. 가정이 틀리면 '가설이 검증되지 않았다', '가설이 기각되었다'라고 표현합니다. 연구 모형은 가설을 알기 쉽게 화살표와 도형을 통해 도식화한 것입니다.

앞에서 만든 가상 연구 주제인 '지도 교수 특성이 연구자의 논문 통과와 투입 시간에 미치는 영향 연구'를 독립변수와 종속변수에 근거하여 연구 모형을 만들면 [그림 3-8]과 같습니다.

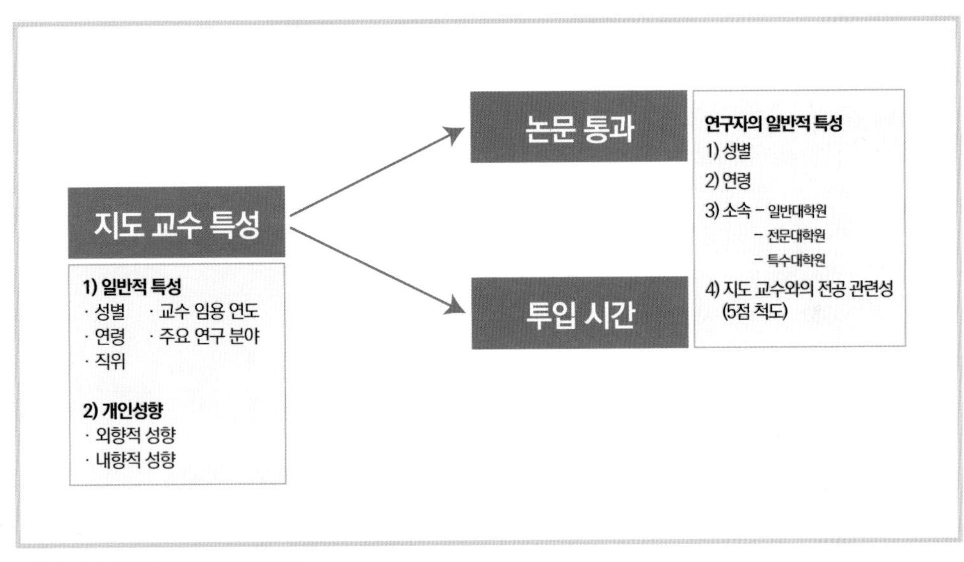

그림 3-8 | 가상 연구 주제 모형 예시

연구 모형에 따른 연구 가설은 다음과 같습니다. 대부분 논문 초반에는 가설이란 표현보다 문제 제기와 연구의 필요성에 의해 '연구문제'라고 쓰는 경우가 많습니다. 우리도 '연구문제'라고 명명하여 한번 진행해볼까요?

연구문제 01

연구자의 일반적 특성에 따라 논문 통과와 투입 시간에 차이가 있을까?

주가설 1 연구자의 일반적 특성에 따라 논문 통과에 차이가 있을 것이다.

① 성별에 따라 논문 통과에 차이가 있을 것이다.
② 연령에 따라 논문 통과에 차이가 있을 것이다.
③ 소속에 따라 논문 통과에 차이가 있을 것이다.
④ 지도 교수의 전공 관련성이 논문 통과에 영향을 미칠 것이다.

주가설 2 연구자의 일반적 특성에 따라 논문 투입 시간에 차이가 있을 것이다.

① 성별에 따라 논문 투입 시간에 차이가 있을 것이다.
② 연령에 따라 논문 투입 시간에 차이가 있을 것이다.
③ 소속에 따라 논문 투입 시간에 차이가 있을 것이다.
④ 지도 교수와의 전공 관련성이 논문 투입 시간에 영향을 미칠 것이다.

연구문제 02

지도 교수의 일반적 특성에 따라 연구자의 논문 통과와 투입 시간에 차이가 있을까?

주가설 1 지도 교수의 일반적 특성에 따라 연구자의 논문 통과에 차이가 있을 것이다.

① 성별에 따라 연구자의 논문 통과에 차이가 있을 것이다.
② 연령에 따라 연구자의 논문 통과에 차이가 있을 것이다.
③ 경력에 따라 연구자의 논문 통과에 차이가 있을 것이다.
④ 주요 연구 분야에 따라 연구자의 논문 통과에 차이가 있을 것이다.

주가설 2 지도 교수의 일반적 특성에 따라 논문 투입 시간에 차이가 있을 것이다.

① 성별에 따라 연구자의 논문 투입 시간에 차이가 있을 것이다.
② 연령에 따라 연구자의 논문 투입 시간에 차이가 있을 것이다.
③ 경력에 따라 연구자의 논문 투입 시간에 차이가 있을 것이다.
④ 주요 연구 분야에 따라 연구자의 논문 투입 시간에 차이가 있을 것이다.

연구문제를 통해 의문을 가지고, 주요 가설을 선정하며, 연구 모형과 변수의 특성을 통해 각 변수를 검증할 수 있는 요인들을 구체적으로 살펴보면 세부 가설을 쉽게 세울 수 있습니다. 또한 어떤 변수가 더 영향을 미칠지 선행 논문에 근거하여 연구자가 가정하면 연구를 진행하거나 분석하면서 더 관심 있게 지켜볼 수 있습니다.

[연구문제 01]에서 '주가설 1'을 연구자 입장에서 구체적으로 상상하면 다음과 같지 않을까요?

여자의 논문 통과 비율이 남자의 논문 통과 비율보다 높지 않을까?
선행 논문을 살펴보니 대학원생 중에 직업을 가진 비율이 남자가 더 많아. 상대적으로 시간이 없고, 논문에 애정을 덜 쏟을 것 같은데…. 이건 성별에 따라 논문 투입 시간에 정말 차이가 나는지 '주가설 2'를 통해 알아봐야겠다.
그리고 아마 연구자의 연령이 높을수록 논문 통과 비율이 떨어질 거야. 그리고 일반 대학원생의 논문 통과 비율이 특수대학원생보다는 당연히 높겠지.
나중에 지도 교수 성향에 따른 논문 통과 비율을 볼 때 소속에 따라 비교해보는 것도 염두에 둬야겠어.
음, 지도 교수님의 연구 분야가 연구자의 소속 전공과 관련성이 높을수록 논문 통과 비율이 높아지는지도 궁금하네. 물론 당연히 높아지겠지만, 혹시나 모르니 검증해봐야지.

또한 연구자는 가설을 설계하면서 다음과 같은 고려를 할 필요도 있습니다. 결과가 연구자의 예상대로 진행되지 않을 수도 있기 때문입니다.

나는 지도 교수님이 긍정적인 성향일수록 논문 투입 시간이 감소하거나 논문 통과가 더 빨리 이루어질 거라고 생각해.
근데 혹시나 교수님의 부정적인 성향이 비판적인 사고를 통해 논문을 계속 좋은 방향으로 발전시켜서 오히려 내 생각과는 달리 논문 투입 시간이 줄어들고, 논문 통과가 빨라지는 결과를 낳게 되지는 않을까?
이런 결과가 나올 것도 미리 염두에 두고 연구를 진행해야겠다. 나중에 교수님께 한번 여쭤보거나 선행 논문을 더 찾아봐야지.

02 _ 효율적인 논문 쓰기 2단계 : 이론적 배경(1) / 설문지 설계

PREVIEW

- 선행 논문의 설문 문항을 확인하고 수집한다. 특히 설문지를 수집할 때는 '신뢰도 계수'와 많이 사용된 '하위요인'이 있는지 확인한다.
- 수집한 설문지에서 연구자의 논문과 어울리는 변수와 설문 문항을 결정하고, 참고한 논문을 메모해둔다.
- 설문지 설계가 끝나면 반드시 맞춤법을 확인하고, 사람들이 쉽게 응답할 수 있도록 보기 좋게 디자인한다.

효율적인 논문 쓰기 2단계는 설문지 설계입니다. 제목에 '이론적 배경(1)'이라고 적어놓은 것에 대해 의아하게 생각하는 분들이 있을 겁니다. 앞에서 서론과 이론적 배경은 설문조사를 진행하는 동안 서술하는 것이 효과적이라고 언급하였기 때문입니다. 여기서 말하는 '이론적 배경'은 논문에 직접 쓰는 것이 아니라, 설문지를 설계할 때 괜찮은 척도를 참고하는 과정이라고 이해하면 됩니다. 설문지를 설계하려면 선행 논문의 설문 문항을 참고해야 합니다. 즉 그 설문 문항은 이론적 배경을 근거로 어떤 역사적인 흐름에 따라 만들어졌는지를 기록해놓았기 때문에 참고해야 합니다. 특히 좋은 설문 문항을 가져오려면, 이론적인 배경을 검토해서 척도 사용 시기가 오래되고 사람들이 많이 사용한 척도를 가져오는 것이 좋습니다. 구체적으로 살펴보겠습니다.

1 선행 논문의 신뢰도 계수와 하위요인을 확인하여 설문지를 수집한다

[신뢰도 분석]

– 설문지 문항들이 서로 관련성이 높은지를 분석
– 크론바흐 알파(Cronbach's α) 신뢰도 계수

· 여러 문항들이 서로 얼마나 관련성이 있는지를 나타내는 값
· 0~1 사이 값
· .60 이상 수용

A. 창의성 설문지의 신뢰도 계수 : .78
1. 뭔가를 만드는 것을 좋아하는가?
2. 새로운 것을 좋아하는가?
3. 아이디어가 많이 떠오르는가?

B. 창의성 설문지의 신뢰도 계수 : .21
1. 뭔가를 만드는 것을 좋아하는가?
2. 규칙적인 생활을 좋아하는가?
3. 사람들을 만나는 것을 좋아하는가?

그림 3-9 | 신뢰도 계수의 의미와 예시

좋은 설문 문항(척도)인지 확인하려면 선행 논문에 있는 크론바흐 알파(Cronbach's Alpha) 값을 확인하면 됩니다. 이 값을 신뢰도 계수라 하는데, 신뢰도 계수는 0에서 1 사이의 값을 지니고 있으며, 신뢰도 값이 1에 가까울수록 '각각의 문항이 한 개념에 대해 잘 설명하고 있고 높은 관련성을 지니고 있다는 것'을 의미합니다.

예를 들어, [그림 3-9]와 같이 '창의성'이라는 개념에 대해 A 설문지와 B 설문지로 3문항씩 물어보았다고 가정해봅시다. A 설문지의 3개 문항에 대한 신뢰도 계수가 0.78로 B 설문지의 3개 문항보다 높게 나타난다면, A 설문지의 3개 문항이 창의성에 대해서 더 잘 설명하고 있다는 뜻입니다. '한 개념에 대해 잘 설명하는 정도'를 응답자 관점에서 생각해보면 '응답자들이 한 개념에 대해 동일하게 생각하는 정도'로 바꿔 설명할 수 있습니다. 그 예로 B 설문지에서 '2. 규칙적인 생활을 좋아하는가?'라는 질문이 '창의성'과 관련이 없다고 생각하는 응답자가 많기 때문에 신뢰도 계수가 0.21이라는 작은 숫자로 도출되었다고 볼 수 있습니다.

통계적으로 올바른 방법은 아니지만 쉽게 설명하자면, A 설문지는 100명의 응답자에게 '창의성'에 대해서 3개 문항으로 물어보았을 때 78명 정도가 그 3개 문항이 창의성과 관련된 질문이라고 생각한다는 뜻입니다. 그리고 22명 정도는 조금 다른 의견을 보인다는 것이죠.

*p*값이 0.05 미만이면 '보편성'이 있다고 말하고, '유의하다' 혹은 '채택되었다'라고 표현하는 것처럼, 일반적으로 신뢰도 계수는 0.6 이상이면 개념의 동일성을 지니고 있다고 이야기합니다. [그림 3-9]의 A 설문지의 신뢰도 값은 *p*값의 보편성처럼 그 척도를 '창의성'이라고 부를 수 있다고 인정해주는 값이 되는 것이죠. 반면 신뢰도 계수가 0.6 미만이면, 연구자들은 창의성을 설명하는 다른 설문 문항을 찾거나 개발해야 합니다. 왜냐하면 그 문항은 사람들이 동일하게 인식하는 개념의 정도가 낮기 때문에, '창의성'이라는 개념으로 인정할 수 없어서 향후 '창의성'이라는 척도와 다른 변수를 연계하여 통계분석을 진행하는 것이 무의미하기 때문입니다. 그래서 연구자들은 [그림 3-10]처럼 선행 논문의 신뢰도를 확인하거나 사전 조사를 하여 척도의 신뢰도를 미리 검증하는 작업을 거쳐야 합니다.

척도의 신뢰도

표. 학교 교육 만족도 척도의 요인별 신뢰도

요인	Cronbach's α	문항수	평균	표준편차
영어 교사	.900	10	2.99	.79
수업의 질	.834	5	2.36	.85
수업 효과	.908	8	2.59	.84
교육 환경	.785	4	2.62	.83

본 연구에서 사용한 척도의 신뢰도를 알아보기 위하여 신뢰도 분석을 실시하였다. 분석 결과 척도의 신뢰도 계수(Cronbach's α)가 .78~.90으로 높게 나타났다. 따라서 본 연구에서 사용한 척도들이 각각의 변수를 일관되게 측정해주고 있으므로 연구에 적합하다고 할 수 있다.

그림 3-10 | **척도의 신뢰도 검증 예시**

또한 연구자는 각각의 척도가 구체적으로 어떤 하위요인들로 묶이는지 파악하고, 그에 따른 문항 수와 요인별 신뢰도도 점검해야 합니다. [그림 3-10]은 학교 교육 만족도의 하위요인을 네 가지로 정의했습니다. '영어 교사(10문항), 수업의 질(5문항), 수업 효과(8문항), 교육 환경(4문항)'으로 분류하여 설문지를 제작했습니다. 문항 수와 하위요인을 확인하는 이유는 독립변수와 종속변수를 세부적으로 분석할 수 있고, 혹시 결과가 유의하게 나오지 않았을 때 그 문제점을 파악해볼 수 있기 때문입니다. 또한 여러분의 논문에서 신뢰도가 0.6 이상이 되려면 선행 논문의 신뢰도가 0.7 이상이 되는 척도를 선택하는 것이 좋습니다.

2 실제로 측정할 변수와 그에 따른 설문 문항을 결정한다

신뢰도 값과 문항 수를 독립변수와 종속변수별로 확인하고, 높은 신뢰도 값을 지닌 척도를 확인했다면, 선행 논문 맨 뒤에 있는 '부록'을 참조하여 설문지 문항을 선별해 결정하면 됩니다. 예를 들어, [그림 3-11]에 있는 '항공사 선택속성'의 12개 요인 중 저가 항공사와 대형 항공사의 대표적인 차이인 '항공사의 명성과 크기, 가격'에 대해서만 선별하여 설문 문항을 제작할 수 있습니다. 설사 한 개의 선행 논문에서 여러분이 검증하려는 모든 변수가 설문 문항으로 만들어져 있다고 해도 그 논문에서 다 가져오기보다는 각기 다른 논문에서 설문 문항을 가져오는 것이 더 좋습니다. 그래야 '객관성'과 '연구의 확장성'을 가지는 근거가 됩니다.

연구 주제 : 항공사 선택속성이 고객만족도와 저가 항공사 추천의도에 미치는 영향 연구

항공사 선택속성 (12문항)

[참고 논문] 국제항공 서비스 요인이 항공사 선택속성과 고객 재구매 의도에 미치는 영향 논문

1) 항공사의 명성	5) 국적기 선택	9) 고객정보 보호
2) 항공사의 크기	6) 여행정보 선택의 편리성	10) 보상제도
3) 안정성	7) 항공권의 가격	11) 정시성
4) 신뢰성	8) 항공 스케줄	12) 동반자와 함께 이용하는 편리성

고객만족도 **척도** (4문항)

[참고 논문] 항공사 이용객의 기내서비스 품질 기간이 고객만족과 추천의도에 미치는 영향

1) 기내서비스는 전반적으로 만족한다.
2) 기내에서 승무원의 친절한 서비스와 예의로 만족감을 얻었다.
3) 기내에서 다양한 서비스 물품으로 인하여 만족감을 얻었다.
4) 내가 기대하였던 것보다 만족하였다.

저가 항공사 추천의도 **척도** (3문항)

[참고 논문] 국내 저가 항공사의 객실서비스 품질이 추천의도에 미치는 영향

1) 나는 주위 사람들에게 저가 항공사에 대해서 호의적으로 말할 의향이 있다.
2) 나는 현재 이용하고 있는 저비용 항공사를 다음에도 이용할 것이다.
3) 항공사 선택과 관련된 조언을 부탁하면 저가 항공사를 추천할 것이다.

그림 3-11 | 연구 주제에 따른 선행 논문 설문지 문항 결정

3 사람들이 쉽게 응답할 수 있도록 설문지를 디자인하고, 맞춤법을 확인한다

선행 논문 수집과 신뢰도 계수 확인을 통해 설문 문항이 결정되면, 연구자의 주제에 맞게 설문지를 만드는 것이 중요합니다. 설문지가 만들어지면 맞춤법을 확인하고, 응답자가 보기 좋게 [그림 3-12]처럼 예쁘게 디자인하는 작업이 필요합니다. 맞춤법이 틀렸거나, 글자가 작거나 잘 안 보이게 문서 편집이 되어 있으면, 응답자가 성실하게 응답하지 않거나 중간에 포기할 가능성이 높습니다. 그러면 설문 결과가 원하는 대로 나오지 않을 수 있습니다. 설문지를 만드는 방법은 Part 02에서 더 자세하게 설명하겠습니다.

6. 응답자 특성

1. 성별	① 남자 ② 여자
2. 나이	________세
3. 직업유무	① 있음 ② 없음
4. 최종학력	① 고졸 이하 ② 대학교 졸업 ③ 대학원 졸업
5. 결혼여부	① 미혼 ② 기혼

아래 문장들을 잘 읽고, 자신의 생각과 같거나, 자신을 가장 잘 나타낸다고 생각되는 곳에 체크해주세요.

① 전혀 아니다 ② 아니다 ③ 보통이다 ④ 그렇다 ⑤ 매우 그렇다

문항	
1) 나는 혼자 뽑혀서 칭찬이나 상을 받을 때 마음이 불편하지 않다.	① ② ③ ④ ⑤
2) 내 일차적 관심은 내 자신을 돌보는 것이다.	① ② ③ ④ ⑤
3) 나는 누구와 같이 있든 같은 방식으로 처신한다.	① ② ③ ④ ⑤
4) 나는 여러 면에서 다른 사람과 구별되고 독특하기를 원한다.	① ② ③ ④ ⑤
5) 다른 사람과 독립된 개인적인 정체감은 내게 아주 중요하다.	① ② ③ ④ ⑤

그림 3-12 | 응답하기 쉬운 설문지 예시

03 _ 효율적인 논문 쓰기 3단계 : 연구 계획서 작성과 지도 교수님 확인①

PREVIEW

- 연구 주제에 맞는 연구 목적과 필요성, 연구 대상과 조사 방법, 연구 기간, 분석 방법을 결정하고 설문지 문항을 설계하여 연구 계획서를 작성한다.
- 지도 교수님에게 연구 주제와 설문 문항이 포함된 연구 계획서를 검사 받는다.

효율적인 논문 쓰기 3단계는 연구 주제 선정과 설문지 설계를 토대로 한 연구 계획서 작성 및 지도 교수 확인 작업입니다. 연구 계획서는 처음에 논문을 접수하거나 지도 교수님을 선정할 때만 필요하다고 생각하는 연구자가 많습니다. 그렇지 않습니다. 연구 계획서를 작성한다는 것은 연구자가 연구 주제에 맞게 어떤 연구 방법과 설문 문항으로 진행할지 밝히는 것입니다. 그래서 꼭 거쳐야 하고, 꼭 작성해야 합니다.

연구 계획서가 있어야 연구자가 어떤 방향으로 연구를 진행하는지 연구자와 다른 사람이 알 수 있고, 구체적으로 수정할 수 있는 근거가 생깁니다. 똑같은 연구 주제를 진행해도 사용하는 척도나 설문 문항에 따라 연구 결과가 달라지기 때문입니다. 또 설문 조사나 패널데이터 등을 사용한 양적 연구로 진행할지, 심층 인터뷰나 프로그램 수행 전과 후 관찰, 참고 자료 등을 근거 자료로 삼는 질적 연구로 진행할지에 따라서도 연구 결과나 방향성이 달라집니다. 따라서 연구 계획서는 그 양이 아니라, 논문 심사자들이 판단할 수 있는 근거를 중심으로 서술하는 것이 중요합니다.

그럼 앞에서 만든 [그림 3-6]의 '지도 교수 특성이 연구자의 논문 통과와 투입 시간에 미치는 영향 연구'를 연구 주제로 하여 함께 연구 계획서를 작성해볼까요? 구체적인 방법은 Part 02에서 자세하게 설명하고, 여기서는 꼭 필요한 부분만 대략적으로 서술해보겠습니다.

1 연구의 목적과 필요성을 서두에 언급한다

먼저 연구의 목적과 필요성에 대해 써야 합니다. 왜 내가 이 논문을 꼭 써야 하는지, 왜 꼭 이 현상과 문제에 대해 시간을 들여서 연구해야 하는지를 공식적인 언어로 서술하면 됩니다. [그림 3-6]의 연구 주제를 예로 든다면, '왜 논문 통과와 지도 교수 특성에 초점을 맞추고 있는지, 논문이 통과되지 않는 현상의 원인이 무엇이고, 이게 과연 사회적으로 문제인지'를 선행 논문과 자료에 근거하여 서술할 수 있습니다. 문제 제기를 통해 연구자 논문의 당위성을 차근차근 설명하면 됩니다. 한번 써볼까요?

한국교육개발원(2013) 자료에 의하면 학위 취득자는 매년 약 10만 명에 육박한다. 그런데 논문 쓰는 것을 어려워하는 연구자가 많고, 각 학교별로 논문을 쓰는 방법이나 지도해주시는 교수님이 달라 연구자들이 그 기준을 찾지 못해 헤매는 상황이 발생하는 경우를 종종 보게 된다. 이러한 이유로 논문이 통과되지 못해 현업에 복귀하지 못하거나 수료 상태가 지속되는 연구자가 늘고 있다. 선행 논문을 통해 살펴본 결과, 논문 통과에 가장 많은 영향을 미치는 변수는 지도 교수이다. 이 연구 결과를 근거로 지도 교수의 특성을 일반적인 특성과 성향으로 나눠 구체적으로 살펴보고, 지도 교수 특성에 따른 논문 통과 여부의 차이를 살펴본다면 향후 논문 쓰는 방법이나 기준을 지도 교수의 특성에 맞춰 진행할 수 있을 것이다. 또한 연구자의 평균 논문 투입 시간을 조사하여 시간을 줄일 수 있는 방법을 고찰하고자 한다.

2 연구할 대상과 조사 방법을 설계한다

누구를 대상으로 설문조사를 진행하고, 어떤 지역에서 어떤 조사 방법을 사용해서 기술할지를 서술하면 됩니다. [그림 3-6]의 연구 주제를 예로 든다면, 아마도 연구 대상은 논문을 쓰는 석·박사생일 것이고, 연구자가 설문조사를 직접 진행한다면 자신이 소속된 학교와 근처에 있는 학교를 중심으로 조사하는 것이 가장 빠른 방법일 것입니다. 또한 선행 논문을 통해 남녀 비율에 따라 논문 통과 여부에 차이가 나타난다는 것을 알았다면, 그 변수를 통제하여 조사 숫자를 맞추는 조치도 필요합니다. 한번 같이 써보겠습니다.

연구 대상은 논문이 졸업 요건인 석·박사 대학원생과 학과로 한정하고, 본 연구자가 소속된 히든대학교와 인접한 그레이스대학교를 중심으로 2개 대학교에서 직접 대면하는 오프라인 설문조사를 진행할 예정이다. 설문조사 대상 인원은 총 500명이다. 김성은(2017)의 논문에 의하면, 학과에 따른 남녀 비율 차이에 따라 논문 통과 여부에 차이가 있다는 연구 결과가 있으므로, 남자와 여자는 각각 250명씩 제한할 예정이다.

3 연구 기간을 산출한다

연구 기간은 논문 심사일과 연구자의 일정에 맞춰 넉넉하게 기술하면 됩니다. 단계별로 진행해 8주 안에 완성할 수 있지만, 1학기 일정에 맞춰서 기술하는 것이 일반적입니다. [그림 3-13]처럼 표 형태로 만들어 구체적으로 기술하면 페이지 수는 줄이고 명확한 형태로 작성할 수 있습니다.

진행 계획	연구계획 수립	2017.08.21. ~ 09.10.
	자료수집/작성	2017.09.11. ~ 09.24.
	실증조사/인터뷰	2017.09.25. ~ 10.15.
	분석/논의/최종	2017.10.16. ~ 11.12.

그림 3-13 | 연구 기간 산출 예시

4 가설에 맞는 분석 방법을 서술한다

분석 방법을 쓸 때는 연구 주제와 가설에 맞는 연구 방법을 나열하고, 어떤 통계 프로그램을 사용할지 기술하면 됩니다. [그림 3-14]를 기준으로 [그림 3-6]의 주제에 근거하여 서술해보겠습니다. [그림 3-6]의 연구 주제를 다룰 때는 상관분석, 다중회귀분석, 매개효과, 위계적 회귀분석 등의 분석 방법을 사용하지 않았지만, 여러분의 이해를 돕기 위해 주어진 변수를 조합하여 대략적으로 서술해보겠습니다. 그리고 아직 분석을 진행하지 않은 연구 계획서 형태이니, 미래형으로 바꿔서 서술하는 것이 좋습니다. 연구 방법론에 대해서는 Section 05와 Part 02에서 자세히 알려드리니, 여기서는 너무 어렵게 생각하지 말고 논문 쓰는 흐름만 익히면 됩니다.

자료 분석 방법

본 연구의 통계분석을 위해, IBM SPSS 21.0을 활용하였으며, 다음과 같은 통계분석 방법을 실시하였다.

첫째, 본 설문에 참여한 응답자 특성을 파악하기 위해, 빈도분석을 실시하였다.

둘째, 본 설문의 응답의 신뢰성을 파악하기 위해 크론바흐 알파(Cronbach's alpha) 계수를 산출하였다.

셋째, 주요 변수들의 기술통계 분석을 위해, 평균, 표준편차, 첨도, 왜도를 산출하였다.

넷째, 주요 변수들 간의 상관관계를 파악하기 위해, 피어슨의 상관분석(Pearson's correlation analysis)을 실시하였다.

다섯째, 응답자 특성에 따른 진로장벽의 차이를 검증하기 위해, 일원분산분석(One-way ANOVA)을 실시하였으며, Scheffe의 사후검증을 실시하였다.

여섯째, 사회적 지지가 진로장벽에 미치는 영향을 검증하기 위해, 다중회귀분석을 실시하였다.

일곱째, 사회적 지지와 진로장벽의 관계에서 적응유연성의 매개효과가 있는지 알아보기 위하여 Baron & Kenny(1986)가 제안한 매개효과 검증 절차에 따라 위계적 회귀분석을 실시하였다.

여덟째, 사회적 지지와 진로장벽의 관계에서 적응유연성의 조절효과가 있는지 알아보기 위하여 위계적 회귀분석을 실시하였다.

아홉째, 고혈압에 영향을 미치는 요인을 파악하기 위해 로지스틱 회귀분석(Logistic regression analysis)을 실시하여 교차비(odds ratio, OR)와 교차비의 95% 신뢰구간(confidence interval, CI)을 구하였다.

그림 3-14 | 자료 분석 방법 기술 예시

본 연구의 자료 분석을 위해, IBM SPSS 25.0 version을 활용할 예정이고, 다음과 같은 통계분석 방법을 실시할 예정이다.

첫째, 본 설문에 참여한 응답자 특성을 파악하기 위해, 빈도분석을 실시할 예정이다.

둘째, 본 설문의 응답의 신뢰성을 파악하기 위해 크론바흐 알파(Cronbach's alpha) 계수를 산출할 예정이다.

셋째, 주요 변수들의 기술통계 분석을 위해 평균, 표준편차, 첨도, 왜도를 산출할 예정이다.

넷째, 주요 변수들 간의 상관관계를 파악하기 위해, 피어슨의 상관분석(Pearson's correlation analysis)을 실시할 예정이다.

다섯째, **지도 교수와 연구자 특성에 따른 논문 통과 여부와 투입 시간의 차이를 검증**하기 위해,

일원분산분석(One-way ANOVA)을 실시할 예정이며, Scheffe의 사후검증을 실시할 예정이다.

여섯째, **지도 교수의 개인 성향이 논문 투입 시간에 미치는 영향을 검증**하기 위해, **다중회귀분석**을 실시할 예정이다.

일곱째, 지도 교수의 개인 성향이 논문 투입 시간에 영향을 미칠 때, 지도 교수의 전공 관련성이 매개효과가 있는지 알아보기 위해 Baron & Kenny(1986)가 제안한 매개효과 검증 절차에 따라 위계적 회귀분석을 실시할 예정이다.

여덟째, 지도 교수의 개인 성향이 논문 투입 시간에 영향을 미칠 때, 지도 교수의 전공 관련성이 조절효과가 있는지 알아보기 위하여 위계적 회귀분석을 실시할 예정이다.

아홉째, **논문 통과에 영향을 미치는 요인을 파악**하기 위해 **로지스틱 회귀분석(Logistic Regression Analysis)**을 실시하여 교차비(odds raico, OR)와 교차비의 95% 신뢰구간(confidence interval, CI)을 구할 예정이다.

5 연구 계획서를 제출해 지도 교수님에게 최종 확인을 받는다

그림 3-15 | 지도 교수님 첫 번째 확인 절차 : 연구 계획서 작성(3단계)

이렇게 완성된 연구 계획서를 지도 교수님에게 제출해 확인 받는 작업을 거칩니다. 연구 계획서에는 연구 방향성을 파악하기 위해 필요한 조건들이 들어가 있고, 판단 기준이 있는 연구 주제와 가설, 설문지 문항이 있기 때문에 교수님은 바쁘시더라도 꼼꼼히 훑어봅니다. 교수님이 수정할 사항과 찾아봐야 할 이론적 배경들을 짚어주면 연구자는 이를 체크하여 연구 계획서를 수정합니다. 수정된 계획서를 교수님에게 최종 검토 및 확인 받으면 설문조사를 진행합니다. 이런 전략적인 과정을 거치면 연구 주제가 바뀌는 위험을 막을 수 있고, 이론적 배경과 서론만 가져가서 여러 번 수정하는 고생을 줄일 수 있기 때문에 논문 쓰는 시간을 절약할 수 있습니다.

연구 계획서를 효율적으로 쓰는 방법에 대해 말씀드렸지만, 여전히 잘 모르겠다는 연구자들은 전공 선배들의 논문이나 비슷한 연구 주제로 진행한 박사 논문의 목차와 내용을 참고하여 비슷한 흐름으로 서술하면 됩니다. 또한 학교마다 연구 계획서의 틀이 조금씩 달라서 그에 맞게 제출하는 지혜도 필요합니다. 예를 들어, 연구의 필요성과 목적을 연구 배경과 연구 목적으로 나누어 서술하도록 요구하기도 하고, 이론적 배경을 더 구체적으로 서술하도록 요청하기도 합니다.

04 _ 효율적인 논문 쓰기 4단계 : 설문조사

PREVIEW

- 교수님의 최종 검토 및 확인이 완료되면, 설문조사를 진행한다.
- 응답자들이 보기 쉽게 설문지를 예쁘게 디자인하고, 성실히 응답할 수 있도록 소정의 상품을 제공한다.
- 설문조사를 진행하는 동안, 5단계와 6단계를 진행할 수 있도록 계획한다.

그림 3-16 | **설문조사 방법**

효율적인 논문 쓰기 4단계는 설문조사를 진행하는 것입니다. 지도 교수님이 연구 계획서를 최종 검토 및 확인해주시면, 설문지만 따로 떼어내어 응답자들이 보기 쉽게 설문지를 디자인합니다. 워드를 잘 다루거나 일러스트를 조금 다룰 줄 아는 친구에게 부탁해서 디자인하는 것도 좋은 방법입니다.

설문조사는 연구 계획서에 언급한 조사 대상과 조사 방법에 근거하여 이루어집니다. 양적 연구에서는 대부분 얼굴을 직접 보고 응답하는 오프라인 설문조사가 사용됩니다. 최근에는 구글 설문지나 네이버폼 등의 온라인 설문조사 도구를 사용하여 모바일로 진행하는 경우가 늘고 있습니다. 무료 온라인 설문조사 도구를 사용한다면 나중에 분석을 진행할 경우, 분석이 가능할 수 있도록 숫자로 바꾸는 코딩 작업이 필요합니다. 질적 연구에서는 심층 인터뷰를 통해 연구를 진행하기도 하고, 어떤 실험이나 프로그램을 수행하여 사전·사후 비교나 효과성 검증을 진행하기도 합니다. 설문조사를 진행하지 않고, 공공기관에서 이미 조사한 2차 데이터를 통해 연구를 진행하는 경우도 있습니다.

[그림 3-6]의 연구 주제인 '지도 교수 특성이 연구자의 논문 통과와 투입 시간에 미치는 영향 연구'를 예로 들어 설명하겠습니다. 오프라인 설문조사는 현재 학교를 다니고 있는 동문들을 중심으로, 온라인 설문조사는 이미 졸업한 동문들을 중심으로 연구자가 소속된 히든대학교와 인접 대학인 그레이스대학교에서 진행하게 될 겁니다. 또 논문을 쓰고 있거나 논문을 이미 완료한 사람, 마지막으로 수료한 사람을 대상으로 설문조사를 진행하겠죠? 응답자가 성실하게 응답할 수 있도록 설문지 맨 끝에 "응답하신 분들께 모바일 기프티콘을 전송하겠습니다."와 같은 문구를 적고, 모바일을 통해 상품을 전송하면 됩니다. 응답자 인원이 많아지면, 비용 부담이 커질 수 있으므로 예산을 잘 고려해서 진행하는 것이 좋습니다. 설문조사와 관련된 자세한 내용은 Section 04와 Part 02에서 말씀드리겠습니다.

05 _ 효율적인 논문 쓰기 5단계 : 서론과 전체 목차 작성

PREVIEW

- 설문조사 결과 수집을 기다리는 동안 연구자는 목차와 서론을 작성한다.
- 목차는 학교마다 순서와 쓰는 용어가 다르므로, 지도 교수님과 선배 동문들의 논문을 참조하여 진행한다.

효율적인 논문 쓰기 5단계는 설문조사 수집 기간 동안 전체 목차와 서론을 작성하는 것입니다. 지인이나 기관에 부탁하여 설문조사를 진행하는 경우 수집하는 데 2~3주 정도 걸립니다. 그 기간에 연구자는 목차와 서론, 더 나아가 이론적 배경을 작성하면 됩니다. 논문의 전체 목차는 학교마다 순서나 용어가 다를 수 있으니 최근 3년 동안 진행했던 선배 동문들의 논문과 지도 교수님의 논문을 참고하는 것이 좋습니다. 예를 들어, A 학교는 '연구 결과'라는 용어를 사용하지만, B 학교는 '분석 결과'라는 용어를 사용합니다. 또 C 학교는 '조사 방법이나 연구 모형'을 앞부분에 적는 반면, D 학교는 분석 결과와 함께 적습니다. 자, 목차를 한번 적어볼까요?

[목차]

표 목차
그림 목차
부록 목차
국문 초록

제1장. 서론
1. 연구의 필요성과 목적
2. 연구 문제

제2장. 이론적 배경 및 선행 연구

제3장. 연구 방법
1. 연구 대상
2. 연구 도구
3. 자료 분석

제4장. 연구 결과

제5장. 결론 및 제언

참고문헌
부록
Abstract

06 _ 효율적인 논문 쓰기 6단계 : 이론적 배경(2)

PREVIEW

- 2단계에서 설문 문항 설계를 위해 참고한 척도의 이론들을 정리한다.
- 연구자가 주장하는 연구 모형과 비슷한 모형을 선행 논문을 통해 찾아보고, 변수 간 관계성에 대한 근거를 마련한다.

그림 3-17 | 이론적 배경을 쓰는 방법

효율적인 논문 쓰기 6단계는 확정된 연구 주제에 근거하여 이론적 배경을 작성하는 것입니다. 앞에서 설문지 설계를 위해 이론적 배경을 검토하는 것과 달리, 이 단계는 선정한 척도들의 이론과 흐름을 정리하고 연구 주제와 비슷한 연구 모형으로 연구가 진행되었는지 변수 간 관계성을 찾아서 연구자의 논문에 적용하는 단계입니다. 그래서 '이론적 배경(2)'라고 명명하였습니다.

[그림 3-6]의 연구 주제를 예로 든다면, 사람의 특성에 대한 연구가 어떤 형태로 발전해왔는지, 지도 교수와 연구자의 특성을 잘 나타낼 수 있는 이론은 무엇인지 검토하면서 서술하면 됩니다. 또 지도 교수와 연구자의 특성에 따른 논문 통과율과 투입 시간의 차이를 검증한 논문이 있는지 살펴보고 기록하는 것이 좋습니다. [그림 3-6]의 연구 주제는 우리가 가상으로 만든 것이므로 선행 논문이 없을 수도 있습니다. 그렇다면 '선생님의 특성에 따른 학업 성취도의 차이 연구' 같은 비슷한 연구를 근거로 진행할 수 있습니다. 앞에서 만든 전체 목차 중 '제2장. 이론적 배경 및 선행 연구'만 따로 떼어서 구체적으로 적어보겠습니다.

제2장. 이론적 배경 및 선행 연구

1. 지도 교수 특성
   1) 교사 성격 유형
   2) 교사 개인 성향
2. 논문 통과
   - 학업 성취도
3. 투입 시간
   - 학습 시간
4. 선행 연구
   1) 교사의 성격 유형과 학업 성취도 간의 관계
   2) 교사의 개인 성향과 학습 시간 간의 관계

07 _ 효율적인 논문 쓰기 7단계 : 통계분석과 지도 교수님 확인②

PREVIEW

- 서론과 이론적 배경을 작성하는 동안에 데이터를 수집하고, 분석 가능한 로데이터(rawdata)로 취합한다.
- 빈도분석을 통해 코딩 오류를 확인하고, 선행 연구를 확인하여 역채점을 진행한다.
- 각 학교 양식에 맞는 결과표와 해석을 작성한다.

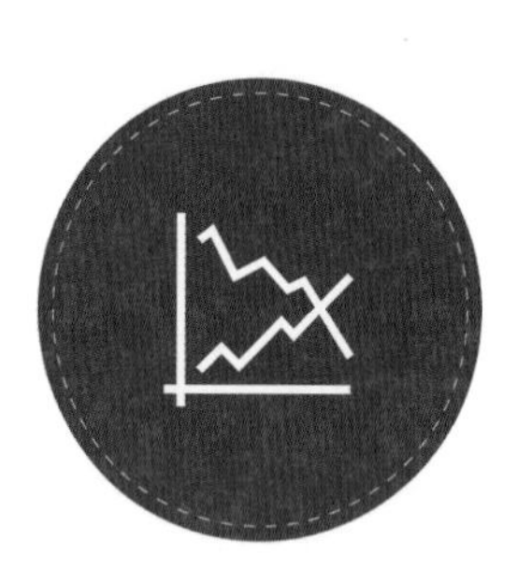

⑦ 통계분석 / 지도 교수님 확인 ②

1) 데이터 수집
2) 코딩 / 역채점 / 빈도분석
3) 통계분석 결과표와 해석 작성
: 각 학교의 양식 검토

그림 3-18 | **통계분석 방법**

서론과 이론적 배경을 작성하는 동안, 설문조사 수집이 완료될 겁니다. 완료된 설문조사를 모두 취합하여 통계 프로그램으로 분석할 수 있는 1개의 로데이터(rawdata)로 코딩하는 것이 매우 중요합니다. 질적 연구에서는 조사된 자료를 취합하여 논문의 근거로 사용될 수 있는 데이터를 도출하고, 그에 맞게 작성하는 과정을 거치게 됩니다. 코딩 후에는 빈도분석을 통해 혹시나 코딩 오류가 났는지 확인해보는 작업을 거치고, 역채점 문항이 올바르게 '다른 변수로 코딩 변경'되어 있는지 확인하는 작업을 거쳐야 합니다. 빈도분석과 역채점에 대한 자세한 내용은 Section 05와 Part 02에서 설명하겠습니다.

마지막으로 각 연구 가설에 맞는 분석 방법으로 통계분석을 진행하고, 출력 결과를 문서에 결과표와 해석 형태로 작성합니다. 이 과정 역시 각 학교마다 양식이 다르므로, 소속 전공의 선배 동문들이 쓴 양식을 참고할 필요가 있습니다. 예를 들어, A 학교는 '평균'이라고 한글로 기록

하지만 B 학교는 'M'으로 기록합니다. 연구 가설에 따라 어떤 통계분석을 진행해야 하는지는 Section 05에서 자세히 설명하겠습니다.

이렇게 분석 결과가 도출되면 지도 교수님에게 두 번째 확인 절차를 거쳐야 합니다. 그 과정에서 교수님이 추가로 요청하는 분석이 있거나 수정이 있는 경우, 한 번 더 분석을 진행하여 결과표와 해석을 작성하면 됩니다. 일부 연구자들은 결과표와 해석을 작성하기 전에, 통계 프로그램 출력 결과 파일을 교수님에게 검토 받고, 최종 확정되었을 때 결과표와 해석을 작성하는 경우도 있습니다. 이렇게 하면 시간을 조금 더 절약할 수는 있습니다. 하지만 지도 교수님들은 대체로 완성된 형태로 보길 원하기 때문에 아주 촉박하게 진행하는 상황이 아니라면 결과표와 해석을 작성한 후에 검토 받길 추천합니다.

데이터 코딩 방법

컨설팅을 진행해보니, 의외로 데이터 코딩 방법을 모르는 연구자들이 많았습니다. 예시를 통해 자세히 살펴보겠습니다.

1. 귀하의 성별은 무엇입니까?
① 남자 ② 여자

2. 현재 사용하고 있는 휴대전화 브랜드는 무엇입니까?
① 삼성 ② LG ③ 베가 ④ 아이폰 ⑤ 기타 ( )

3. 다음 중 귀하께서 사용해본 휴대전화 브랜드는 무엇입니까? (중복응답 가능)
① 삼성 ② LG ③ 베가 ④ 아이폰 ⑤ 기타 ( )

구분	문항	전혀 그렇지 않다	그렇지 않다	보통 이다	그렇다	매우 그렇다
4-1	현재 보유한 휴대전화 크기에 만족한다.					
4-2	현재 보유한 휴대전화 색깔에 만족한다.					
4-3	현재 보유한 휴대전화 액정 크기에 만족한다.					
4-4	현재 보유한 휴대전화 통화품질에 만족한다.					
4-5	현재 보유한 휴대전화 인터넷 속도에 만족한다.					
4-6	현재 보유한 휴대전화 부가 기능에 만족한다.					

그림 3-19 | 설문지 예시

[그림 3-19]의 설문 문항에 대해 4명의 응답자가 응답한다고 생각해볼까요? 응답자들은 [그림 3-20]처럼 각자 자신이 동의하는 정도에 따라 체크하게 됩니다.

● 첫 번째 응답자 : 김히든

1. 귀하의 성별은 무엇입니까?
✔남자 ② 여자

2. 현재 사용하고 있는 휴대전화 브랜드는 무엇입니까?
✔삼성 ② LG ③ 베가 ④ 아이폰 ⑤ 기타 ( )

3. 다음 중 귀하께서 사용해본 휴대전화 브랜드는 무엇입니까? (중복응답 가능)
✔삼성 ② LG ✔베가 ④ 아이폰 ⑤ 기타 ( )

구분	문항	전혀 그렇지 않다	그렇지 않다	보통이다	그렇다	매우 그렇다
4-1	현재 보유한 휴대전화 크기에 만족한다.				✓	
4-2	현재 보유한 휴대전화 색깔에 만족한다.					✓
4-3	현재 보유한 휴대전화 액정 크기에 만족한다.				✓	
4-4	현재 보유한 휴대전화 통화품질에 만족한다.					✓
4-5	현재 보유한 휴대전화 인터넷 속도에 만족한다.					✓
4-6	현재 보유한 휴대전화 부가 기능에 만족한다.					✓

● 두 번째 응답자 : 신그레이스

1. 귀하의 성별은 무엇입니까?
① 남자 ✔여자

2. 현재 사용하고 있는 휴대전화 브랜드는 무엇입니까?
① 삼성 ✔LG ③ 베가 ④ 아이폰 ⑤ 기타 ( )

3. 다음 중 귀하께서 사용해본 휴대전화 브랜드는 무엇입니까? (중복응답 가능)
① 삼성 ✔LG ③ 베가 ✔아이폰 ⑤ 기타 ( )

구분	문항	전혀 그렇지 않다	그렇지 않다	보통이다	그렇다	매우 그렇다
4-1	현재 보유한 휴대전화 크기에 만족한다.				✓	
4-2	현재 보유한 휴대전화 색깔에 만족한다.			✓		
4-3	현재 보유한 휴대전화 액정 크기에 만족한다.				✓	
4-4	현재 보유한 휴대전화 통화품질에 만족한다.					✓
4-5	현재 보유한 휴대전화 인터넷 속도에 만족한다.			✓		
4-6	현재 보유한 휴대전화 부가 기능에 만족한다.				✓	

● 세 번째 응답자 : 김성은

1. 귀하의 성별은 무엇입니까?
✔남자　　② 여자

2. 현재 사용하고 있는 휴대전화 브랜드는 무엇입니까?
① 삼성　② LG　✔베가　④ 아이폰　⑤ 기타 (　　　　　)

3. 다음 중 귀하께서 사용해본 휴대전화 브랜드는 무엇입니까? (중복응답 가능)
① 삼성　② LG　✔베가　✔아이폰　⑤ 기타 (　　　　　)

구분	문항	전혀 그렇지 않다	그렇지 않다	보통이다	그렇다	매우 그렇다
4-1	현재 보유한 휴대전화 크기에 만족한다.	✓				
4-2	현재 보유한 휴대전화 색깔에 만족한다.		✓			
4-3	현재 보유한 휴대전화 액정 크기에 만족한다.		✓			
4-4	현재 보유한 휴대전화 통화품질에 만족한다.			✓		
4-5	현재 보유한 휴대전화 인터넷 속도에 만족한다.		✓			
4-6	현재 보유한 휴대전화 부가 기능에 만족한다.	✓				

● 네 번째 응답자 : 신아람

1. 귀하의 성별은 무엇입니까?
① 남자　　✔여자

2. 현재 사용하고 있는 휴대전화 브랜드는 무엇입니까?
① 삼성　② LG　③ 베가　✔아이폰　⑤ 기타 (　　　　　)

3. 다음 중 귀하께서 사용해본 휴대전화 브랜드는 무엇입니까? (중복응답 가능)
① 삼성　② LG　③ 베가　✔아이폰　⑤ 기타 (　소니　)

구분	문항	전혀 그렇지 않다	그렇지 않다	보통이다	그렇다	매우 그렇다
4-1	현재 보유한 휴대전화 크기에 만족한다.			✓		
4-2	현재 보유한 휴대전화 색깔에 만족한다.				✓	
4-3	현재 보유한 휴대전화 액정 크기에 만족한다.			✓		
4-4	현재 보유한 휴대전화 통화품질에 만족한다.			✓		
4-5	현재 보유한 휴대전화 인터넷 속도에 만족한다.				✓	
4-6	현재 보유한 휴대전화 부가 기능에 만족한다.			✓		

그림 3-20 | 설문지 응답 예시 : 4명의 응답자

[그림 3-20]처럼 응답자 4명이 각각 해당하는 번호에 체크하면, 가로 행에는 문항 번호와 설문 문항을, 세로 열에는 사람 이름이나 설문지 번호를 입력하면 됩니다. 실제로 김히든이 응답한 설문지를 1번, 신그레이스는 2번, 김성은은 3번, 신아람은 4번으로 설문지 번호를 매긴다면, [그림 3-21]처럼 데이터 코딩을 가로로 진행할 수 있습니다. 간혹 연구자들이 세로로 코딩을 진행하거나 각 문항에 대한 인원수를 계산하여 코딩을 진행하는 경우가 있는데, 이런 형태의 로데이터(rawdata)로는 통계 프로그램에서 통계 분석을 진행할 수 없습니다.

NO	Q1	Q2	Q3_1	Q3_2	Q3_3	Q3_4	Q3_5	Q3_5_주관식	Q4_1	Q4_2	Q4_3	Q4_4	Q4_5	Q4_6	비고
NO	성별	현재 사용 브랜드	과거 사용 브랜드_1	과거 사용 브랜드_2	과거 사용 브랜드_3	과거 사용 브랜드_4	과거 사용 브랜드_5	과거 사용 브랜드_5_주관식	휴대폰브랜드만족도_1	휴대폰브랜드만족도_2	휴대폰브랜드만족도_3	휴대폰브랜드만족도_4	휴대폰브랜드만족도_5	휴대폰브랜드만족도_6	비고
1	1	1	1	0	1	0	0		4	5	4	5	5	5	
2	2	2	0	1	0	1	0		4	3	4	5	3	4	
3	1	3	0	0	1	1	0		1	2	2	3	2	1	
4	2	4	0	0	0	1	1	소니	3	4	3	3	4	3	

NO	Q1	Q2	Q3_1	Q3_2	Q3_3	Q3_4	Q3_5	Q3_5_주관식
NO	성별	현재 사용 브랜드	과거 사용 브랜드_1	과거 사용 브랜드_2	과거 사용 브랜드_3	과거 사용 브랜드_4	과거 사용 브랜드_5	과거 사용 브랜드_5_주관식
1	1	1	1	0	1	0	0	
2	2	2	0	1	0	1	0	
3	1	3	0	0	1	1	0	
4	2	4	0	0	0	1	1	소니

Q4_1	Q4_2	Q4_3	Q4_4	Q4_5	Q4_6	비고
휴대폰브랜드만족도_1	휴대폰브랜드만족도_2	휴대폰브랜드만족도_3	휴대폰브랜드만족도_4	휴대폰브랜드만족도_5	휴대폰브랜드만족도_6	비고
4	5	4	5	5	5	
4	3	4	5	3	4	
1	2	2	3	2	1	
3	4	3	3	4	3	

그림 3-21 | 4명의 응답 결과에 따른 데이터 코딩 예시

08 _ 효율적인 논문 쓰기 8단계 : 결론 작성과 수정 및 마무리 작업

PREVIEW

- 분석 결과를 지도 교수님에게 검토 받고, 결론 및 논의를 작성한다.
- 지금까지 참고했던 참고 문헌 양식을 학교 양식에 맞게 정리하고 배치한다.
- 논문 내용을 1장 정도로 요약하여 영문으로 번역한다.
- 최종 심사를 비롯한 모든 수정 작업이 끝나면, 논문을 제본하여 담당 기관 및 담당자에게 제출한다.

⑧ 결론 및 제언 / 마무리

1) 교수님 검토에 따른 추가 분석 및 수정
2) 지도 교수님 최종 검토 : 지도 교수님 컨펌 (3)
3) 결론과 논의 작성
4) 참고 문헌 정리 : 각 학교의 양식 검토
5) 국문 초록 : 1페이지 / 키워드
6) 국문 초록에 대한 영문 번역 : 전공 단어

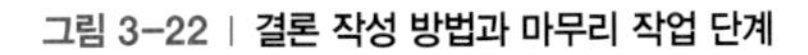

그림 3-22 | 결론 작성 방법과 마무리 작업 단계

지도 교수님 검토를 받아 모든 통계 분석 작업이 끝나면, 결론 및 제언을 작성합니다. 가끔 분석 결과가 유의하게 나오지 않거나 지도 교수님의 요청으로 추가 분석을 하는 경우도 생깁니다. 이때는 추가 분석을 진행하여 다시 검토를 받은 후 결론을 작성합니다. 결론은 연구 가설에 따른 분석 결과가 어떻게 도출되었는지 요약하여 기록합니다. 제언 부분에서는 연구를 진행하면서 아쉬웠던 점이나 앞으로 관련된 연구를 진행할 때 하고 싶은 주제에 대해서 서술합니다.

그다음으로 1~2페이지 분량으로 논문에 대한 요약을 작성하여, 영문으로 바꾸는 작업을 합니다. 만약 전문 번역가에게 번역을 요청한다면 전공 단어가 영어로 어떻게 쓰이는지 미리 알려줘야 정확하게 번역될 수 있습니다.

국문 초록과 영문 초록이 작성되면 목차를 토대로 연구 계획서와 서론, 이론적 배경, 통계분석 결과를 통합한 논문 가제본 문서를 만듭니다. 참고했던 문헌을 각 학교 약식에 따라 정리한 후, 보기 좋게 스프링 제본을 진행하여 지도 교수님에게 최종 확인을 받습니다. 교수님이 체크한 수정 사항에 따라 퇴고 및 수정을 거치고, 각주나 맞춤법, 표절 검사 등으로 마무리를 진행하면 논문이 완성됩니다.

결론과 제언을 쓰는 일에 어려움을 느끼는 연구자가 많아, [그림 3-6]의 연구 주제를 바탕으로 대강 써보겠습니다.

지금까지 지도 교수 특성이 논문 통과와 투입 시간에 미치는 영향에 대해 알아보았다. 본 연구의 결과는 다음과 같다. **연구자의 성별, 연령, 지도 교수의 전공 관련성에 따라 논문 통과 여부에 차이를 보였고, 지도 교수의 긍정적 성향이 높을수록 논문 투입 시간은 감소되는 것으로 나타났다.** ($p<0.03$)

본 연구의 한계와 후속 연구를 위한 제언은 다음과 같다. 먼저 연구자가 서울에 인접한 히든대학교와 그레이스대학교에서만 연구를 진행하였기 때문에 타 대학과 지방 대학교에서도 동일하게 이 현상이 나타나는지 조사가 필요하다. 또한 지도 교수의 개인 성향을 단순하게 긍정적 성향과 부정적 성향으로 나타냈기 때문에 '사고 양식, 교사 효능감, 역할 수행, 변혁적 지도성, 목표 지향성 등'의 다양한 개인 성향 척도를 근거로 하여 연구를 진행하게 된다면, 더 깊은 연구가 진행될 수 있다고 생각한다. 마지막으로 학과의 수가 일정하지 않기 때문에 논문 통과 여부에 따른 비율이 동일한 조건으로 산출되지 않았다는 단점이 있다. 가중치 적용이나 학과의 수를 일정하게 맞춰, 소속 전공에 따른 논문 통과 여부와 투입 시간의 차이를 밝히는 것도 중요하다.

설명회 때 이렇게 설명을 마치고 "참 쉽죠?"라고 물어보면, 연구자들이 어이없는 웃음을 짓곤 했습니다. 걱정하지 마세요. 이어지는 Section 04에서 각 단계별 핵심 전략을 차근차근 알려드리고, Part 02에서 한 번 더 보충 설명하여 쉽게 이해할 수 있도록 도와드릴게요.

SECTION 04

논문 쓰기 전략

bit.ly/onepass-skill7

PREVIEW

- 각 단계별 논문 쓰기 전략에 대해 상세히 설명한다.
- 단계에 맞는 여덟 가지 전략을 통해 8주 안에 논문을 완성할 수 있도록 지도한다.

그림 4-1 | **전략적인 논문 쓰기 순서**

Section 03에서는 전략적인 논문 쓰기 순서를 개괄적으로 설명했습니다. 이번 절에서는 단계별 여덟 가지 핵심 전략을 구체적으로 소개해 8주 안에 논문을 완성할 수 있는 방법을 알려드리겠습니다. 논문 쓰기와 관련된 다른 참고 서적들을 살펴보면, '글쓰기 역량을 키워라', '참고 논문을 많이 읽어라' 같은 원론적인 이야기를 많이 합니다. 하지만 우리는 바쁜 연구자들이 논문을 빠르게 쓸 수 있도록 실제적인 전략 중심으로 설명하겠습니다.

그림 4-2 | **단계별 논문 쓰기 순서에 따른 여덟 가지 핵심 전략**

각 단계별 핵심 전략은 [그림 4-2]를 통해 확인할 수 있습니다. 설명회를 진행할 때는 이쯤 되면 1시간이 넘어가기 때문에 연구자들이 많이 지루해합니다. 그래서 제가 단계를 언급하면, 그 밑에 있는 핵심 전략을 연구자들이 소리 내어 읽게끔 합니다. 여러분도 설명회에서 강의를 듣고 있다고 생각하며 따라 읽어보세요. 그러면 머릿속에 더 잘 남습니다.

01 _ 연구 주제 선정 : 참고 논문은 통독한다

PREVIEW

1단계 핵심 전략 : 참고 논문은 통독한다.

- 학과 사무실을 '꼭' 활용한다.
- 참고 논문은 통독하고, 엑셀 시트로 정리한다.
- 연구하기 쉽고, 많이 쓴 척도를 선택한다.
- 참신함의 함정에 빠지지 마라. 그 대신 결론과 제언을 확인한다.

효율적인 논문 쓰기 1단계는 연구 주제 선정이었습니다. 연구 주제를 선정하려면 참고 논문을 읽고, 새로운 주제를 발견해야겠죠? 3장에서 설명했듯이, 학과 사무실을 통해 지도 교수님과 선배 동문들의 논문 리스트를 받아, 주요 논문 검색 사이트를 이용하여 참고 논문을 검색하면 됩니다. 또한 이후에 결론과 제언을 통해 아이디어를 도출하고, 대상 집단과 지역을 변경하여 연구의 확장성을 추구하는 것이 좋다고 설명했습니다. 그렇다면 기본이 되는 참고 논문은 어떻게 읽으면 될까요?

그림 4-3 | 참고 논문 읽기에 대한 일반적인 오해

대부분의 연구자는 참고 논문을 깊이 정독합니다. 선배들이 어떻게 논문을 읽었을지 한번 상상해볼까요?

일단 논문 학기가 다가오면 불안한 마음 때문에 주말에 짬을 내 도서관에 옵니다. 그리고 관심 있는 주제를 연구한 논문을 하나 선택해 읽기 시작합니다. '주제–서론–이론적 배경' 순서에 따라 처음부터 차근차근 읽는데, 도대체 무슨 소리인지 잘 모르겠고 졸리기 시작합니다. 책상에 엎드려 잠시 눈을 붙입니다. 일어나 보니 오전 11시 30분 정도가 되었습니다. 같이 논문 공부하기로 한 친구와 점심 약속이 있겠죠? 점심을 먹고 와서 다시 논문을 보니, 오전에 읽었던 내용이 생각나지 않아 다시 처음부터 정독합니다. '주제–서론–이론적 배경' 순서대로 읽는데, 또 졸리기 시작합니다. 의지력이 약한 연구자는 '역시 논문 쓰는 것은 어렵군'이라고 생각하며 포기하고, 의지력이 강한 연구자는 졸린 눈을 비벼가며 논문 한 편을 읽고 뿌듯한 마음으로 도서관에서 나옵니다. 어떤가요? 의지력이 강한 연구자는 주말에 논문 1~2편을 읽을 수 있습니다.

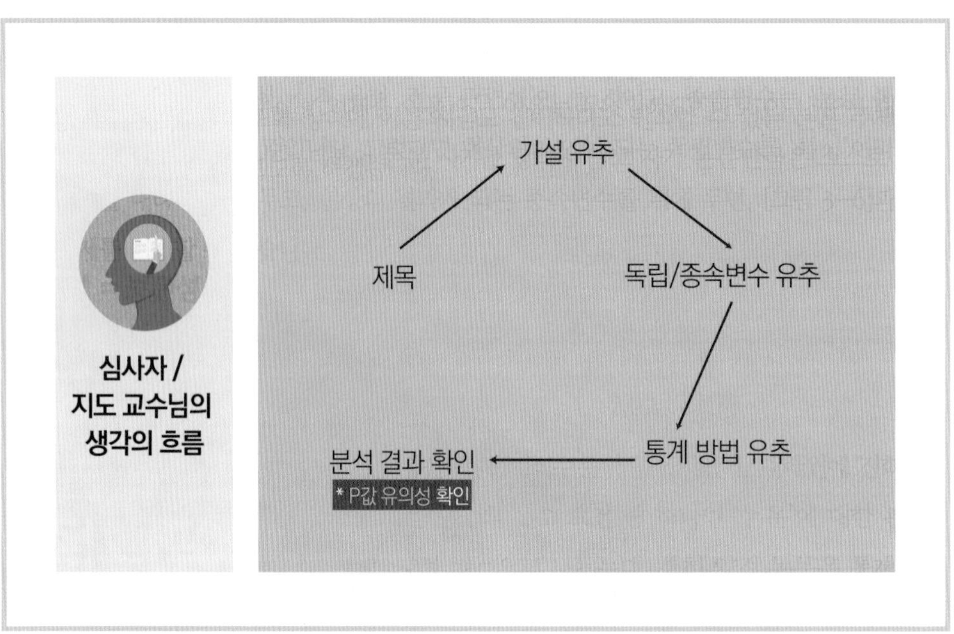

그림 4-4 | 논문 심사자의 검토 흐름 = 논문 통독 흐름

효율적으로 논문을 쓰려면 참고 논문을 정독할 게 아니라, 통독하는 자세가 필요합니다. 통독의 흐름은 '심사자와 지도 교수님의 생각의 흐름'과 일치해야 합니다. 대부분의 지도 교수님과 심사자는 타 논문을 다음과 같이 검토합니다. 우선 연구 주제를 보고 가설을 유추한 후, 연구 모형을 통해 독립변수와 종속변수를 파악합니다. 또 연구 모형을 통해 통계 방법을 유추한 후, 분석 결과를 통해 p값의 유의성을 확인합니다. 그리고 이러한 논문의 흐름이 '논리적인지 아닌지를 확인'합니다.

연구자도 이 흐름에 따라 통독해야 합니다. 이 흐름대로 읽게 되면, 논문 한 편을 읽는 데 약 30분 정도의 시간이 소요됩니다. 주말(토, 일)에 8시간씩 투자하여 논문을 읽으면 최소 약 32편의 논문을 읽을 수 있습니다. 또한 이런 방법으로 논문을 읽다 보면, 여러분은 타 논문의 독립변수와 종속변수를 파악할 수 있고, 연구 모형에 따른 통계분석 방법을 유추할 수 있는 역량이 생깁니다. 이렇게 통독해야만 1주일 안에 참고 논문을 읽고, 연구 주제를 선정할 수 있습니다.

그렇다면 구체적으로 어떻게 통독을 진행할 수 있을까요? 그리고 어려운 논문을 읽을 때, 졸음을 참을 수 있는 방법은 없을까요?

졸리지 않고 효과적으로 논문을 읽으려면 통독 순서에 따라 엑셀(Excel) 시트에 정리하면 됩니다. 이 방법은 논문을 쓰는 전 과정에서 강력한 도움이 됩니다. 먼저 졸음을 방지할 수 있습니다. 노트북으로 쓰면서 진행하기 때문입니다. 또한 기억하기 좋습니다. 향후 참고문헌을 정리하거나 인용할 때 참고해야 할 사항이 많습니다. 엑셀 파일로 키워드를 정리해놓은 뒤, '찾기' 기능을 통해 검색하면 손쉽게 찾아 참고할 수 있습니다. 새로운 주제를 도출할 때도 큰 도움이 됩니다. 엑셀 파일에 주제와 p값의 유의성, 결론 및 제언을 쭉 적어두면, 연구 주제 중에 연구 결과가 유의하게 나오는 변수를 한눈에 확인할 수 있습니다. 또 관심 있는 주제의 흐름을 한눈에 파악할 수 있어 새로운 연구 주제를 빠르게 만들어내는 데 효과적입니다. 마지막으로 엑셀 시트에 읽은 논문을 하나씩 기록하다보면 무의식 중에 관련 주제에 대한 용어가 익숙해지고 지식이 늘어납니다. 연구 주제와 가설, 변수를 요약해서 엑셀 시트에 적다보면, 자신도 모르게 연구 주제에 대한 용어와 이론에 익숙해져서 나중에 간접 인용을 하거나 연구자의 생각을 논문으로 옮길 때 훨씬 전문적인 용어를 쓸 수 있게 됩니다.

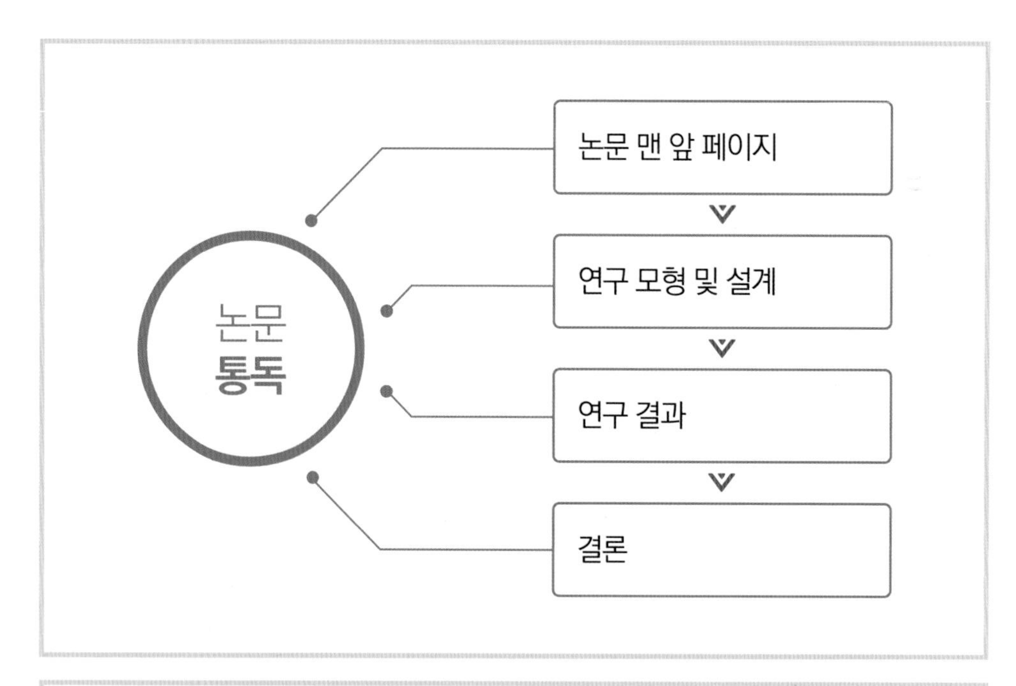

	논문 맨 앞 페이지						연구 모형 및 설계			연구결과		결론			
NO	분류	연구자	연도	학교	전공	제목	가설	독립변수	종속변수	통계방법	P값 유의성	결론	제언	아이디어	비고

그림 4-5 | 논문 통독 순서와 이를 적용한 엑셀 파일 견본

이제 엑셀 시트로 정리하면서 논문을 통독하는 방법에 대해 자세히 알려드리겠습니다. [그림 4-5]의 아래쪽 그림은 '엑셀 파일 예시 견본'입니다.

먼저 연구자가 읽은 순서대로 No.(번호)를 적습니다. Section 02와 Section 03에서 귀에 딱지가 앉도록 말씀드린 것이 지도 교수님과 선배 동문들의 논문, 타 논문 순서대로 읽어보라는 거였습니다. 그렇다면 분류는 '지도 교수님 논문 / 논문 심사 교수님 논문 / 지도 교수님 제자 논문 / 논문 심사 교수님 제자 논문 / 타 대학 논문 형태로 분류'하면 됩니다. 논문 맨 앞 장에 있는 연도와 학교, 전공과 연구 주제를 그대로 엑셀 파일에 적습니다. 그 후 연구 설계 혹은 분석 방법으로 넘어가서, 연구 모형을 확인하고 이를 통해 가설과 독립변수, 종속변수를 찾아서 기록합니다. 그 후 바로 연구 결과 혹은 분석 결과로 넘어가 p값이 0.05 미만인지, 별표(*)가 붙어있는지 [그림 4-6]과 같이 확인하고, 유의한 변수에 대해서만 p값 유의성에 기록합니다. 이때 p값이 유의하게 나오는 변수에 대해서는 논문 맨 뒤에 있는 '부록'의 설문지 문항을 확인하여 캡처해둡니다. 향후 연구 주제가 결정됐을 때 그 변수에 해당되는 설문지를 사용하기 위해서입니다. 이렇게 하면 연구자의 변수는 p값이 유의하게 나올 확률이 높아집니다.

표. 인구통계학적 특성에 대한 동질성 검증 결과

변수	항목	실험군 (N=20)	대조군 (N=20)	x^2	p
직업유무	유	0(0%)	8(40%)	10	.002**
	무	20(100%)	12(60%)		
종교	불교	8(40%)	2(10%)	4.985	.083
	기독교	2(10%)	2(10%)		
	없다	10(50%)	16(80%)		

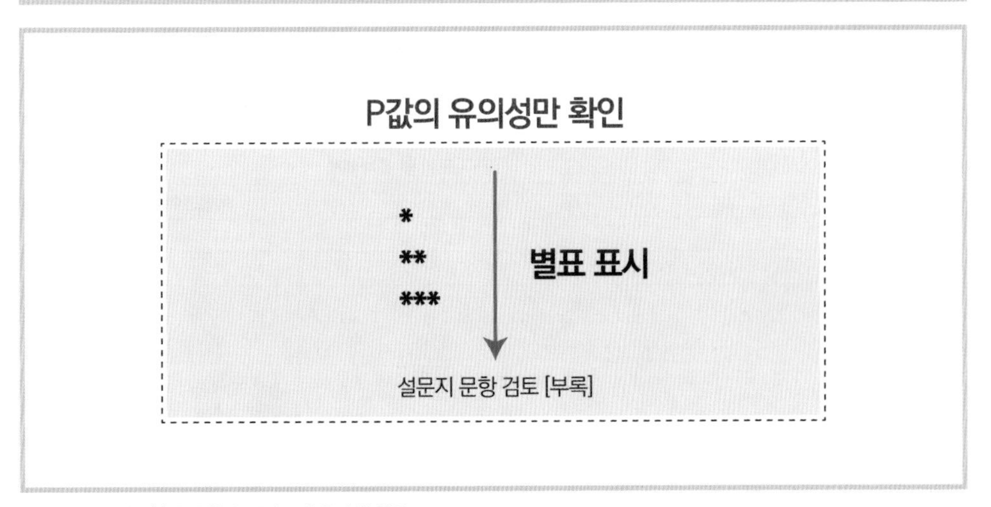

그림 4-6 | 별표(*)를 통한 논문의 p값 유의성 확인

실례를 들어 살펴보는 게 이해가 빠르겠죠? 이번에도 역시 [그림 3-6]의 연구 주제로 진행해보겠습니다. 이번에는 새로 만들어질 연구 주제가 아니라, 이미 해당 논문이 발표되었다고 가정하고 진행해보겠습니다. 엑셀 시트에 적힌 내용은 모두 가상이지만, 실제로 새로운 주제를 정할 때 어떤 기준으로 조합하는지 복습하는 차원에서 좋은 예시가 될 것이라 생각합니다. 자, 그럼 시작해볼까요?

연구 주제 선정

설문지 설계

연구 계획서 작성

설문조사

서론 작성

이론적 배경

통계분석

결론 및 제언

1 논문 리스트를 검색하여 논문 맨 앞장을 읽고 그대로 기입한다 (소요시간 약 5분)

논문 맨 앞 페이지						
NO	분류	연구자	연도	학교	전공	제목
1	지도 교수 논문	김재홍 / 교수	2016	히든대학교	경제대학원	지도 교수 특성이 연구자의 학업 성취도에 미치는 영향 연구
2	논문 심사 교수 논문	이찬수 / 교수	2016	히든대학교	신학대학원	담임 목사 개인 성향이 성도 역할 수행에 미치는 영향 연구
3	지도 교수 제자 논문	김성은 / 석사	2017	히든대학교	논문통계 대학원	지도 교수 특성이 연구자의 논문 통과와 투입 시간에 미치는 영향 연구
4	논문 심사 교수 제자 논문	신아람 / 석사	2017	히든대학교	실용음악 대학원	지도 교수 특성이 연구자 보컬 능력에 미치는 영향 연구
5	타 대학 논문	우종훈 / 박사	2016	그레이스대학교	논문분석 대학원	지도 교수 개인 성향이 연구자 논문 분석량에 미치는 영향 연구
6	타 대학 논문	허영회 / 박사	2015	그레이스대학교	통계 대학원	통계학 교수 특성이 연구자 분석 능력에 미치는 영향 연구
7	타 대학 논문	우영희 / 석사	2014	그레이스대학교	디자인 대학원	지도 교수 특성이 연구자 디자인 능력에 미치는 영향 연구
8	타 대학 논문	박주은 / 석사	2014	그레이스대학교	상담 대학원	지도 교수 상담 전공 관련성이 연구자 상담 능력에 미치는 영향 연구

그림 4-7 | 논문 통독 흐름에 따른 엑셀 시트 작성 예시 (1) : 논문 맨 앞 페이지

2 연구 목적과 연구 모형, 설계 부분을 찾아 기입한다 (소요시간 약 5분)

연구 모형 및 조사설계		
가설	독립변수	종속변수
가설 1. 연구자의 일반적 특성에 따라 연구자의 논문 통과와 투입 시간에 차이가 있을 것이다. 가설 2. 지도 교수의 일반적 특성에 따라 연구자의 논문 통과와 투입 시간에 차이가 있을 것이다. 가설 3. 지도 교수의 개인 성향이 논문 통과와 투입 시간에 영향을 미칠 것이다.	지도 교수 특성 1) 일반적 특성 - 성별, 연령, 교수 임용 연도, 직위, 주요 연구 분야 2) 개인 성향 - 외향적 성향, 내향적 성향	논문 통과 투입 시간

그림 4-8 | 논문 통독 흐름에 따른 엑셀 시트 작성 예시 (2) : 연구 모형 및 설계

3 분석 결과로 바로 넘어간 후, 가설 검증을 위해 사용한 통계 패키지와 분석 방법을 확인하고 분석 결과표를 통해 p값의 유의성을 파악한다 (소요시간 약 10분)

연구 결과	
통계 방법	P값 유의성
빈도분석 신뢰도분석 기술통계분석 t검정 ANOVA 회귀분석	신뢰도 값이 모두 0.7이상으로 나타남. - 외향적 성향 3번 문항은 신뢰도 값이 0.323으로 나타나 제거하고 진행. 가설 1 검증. - 연구자 성별, 연령에 따른 논문 통과 여부가 유의한 차이 보임. (모두 $p < 0.01$) 가설 2 검증. - 지도 교수의 전공 관련성에 따른 논문 통과 여부가 유의한 차이 보임. ($p < 0.002$) 가설 3 검증. - 지도 교수의 긍정적 성향이 높을수록 논문 투입 시간은 감소하는 것으로 나타남. (음의 영향, $p < 0.03$)

그림 4-9 | 논문 통독 흐름에 따른 엑셀 시트 작성 예시 (3) : 연구 결과

4 결론를 통해 분석 결과를 요약하고, 제언과 논의를 통해 분석 결과의 의미를 정리한 후, 생각나는 아이디어를 적는다 (소요시간 약 10분)

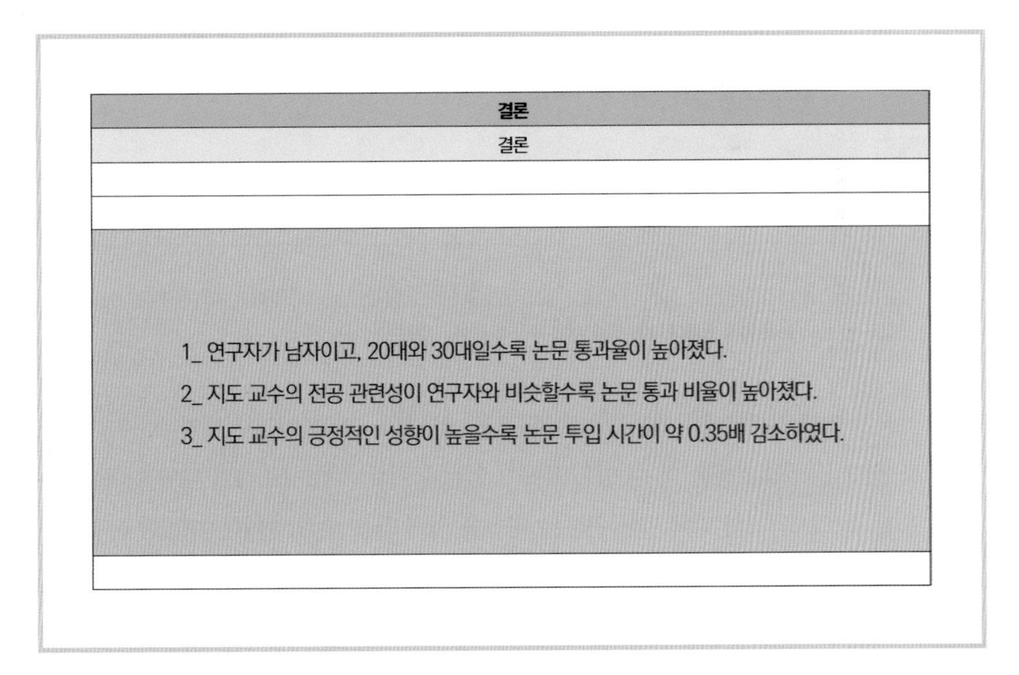

결론
결론
1_ 연구자가 남자이고, 20대와 30대일수록 논문 통과율이 높아졌다. 2_ 지도 교수의 전공 관련성이 연구자와 비슷할수록 논문 통과 비율이 높아졌다. 3_ 지도 교수의 긍정적인 성향이 높을수록 논문 투입 시간이 약 0.35배 감소하였다.

결론
제언
1_서울에 인접한 대학교에서만 진행. 2_지도 교수 특성을 긍정적, 부정적 성향이 아닌 다양한 형태로 연구 필요 3_학과의 수가 일정하지 않아, 논문 통과율이 명확하게 산출되지 않음.

결론
아이디어
1_타 대학과 지방 대학교로 확대 2_지도 교수 특성을 사고양식, 교사효능감, 역할 수행, 변혁적 지도성, 목표 지향성 등으로 다변화 3_논문 쓰는 학과 수를 제한 및 통일.

그림 4-10 | 논문 통독 흐름에 따른 엑셀 시트 작성 예시 (4) : 결론

논문 검색 사이트에 올라와 있는 논문들은 대부분 e-PDF 파일 형태입니다. 파일을 열면 왼편에 그 논문의 흐름을 알 수 있는 목차가 있는데 이 목차를 클릭하면 해당 항목으로 바로 넘어갈 수 있게끔 설정되어 있어 원하는 내용을 쉽게 찾을 수 있습니다. 이처럼 논문 검색 사이트를 이용해 엑셀 파일에 참고 논문의 제목을 적다보면 저절로 그 논문의 흐름을 파악할 수 있고 새로운 연구 주제에 대한 아이디어도 떠오릅니다.

	논문 맨 앞 페이지	
NO	제목	비고
1	지도 교수 특성이 연구자의 학업 성취도에 미치는 영향 연구	키논문 (2)
2	담임 목사 개인 성향이 성도 역할 수행에 미치는 영향 연구	
3	**지도 교수 특성이 연구자의 논문 통과와 투입 시간에 미치는 영향 연구**	**키논문 (1)**
4	지도 교수 특성이 연구자 보컬 능력에 미치는 영향 연구	
5	지도 교수 개인 성향이 연구자 논문 분석량에 미치는 영향 연구	
6	통계학 교수 특성이 연구자 분석 능력에 미치는 영향 연구	
7	지도 교수 특성이 연구자 디자인 능력에 미치는 영향 연구	
8	지도 교수 상담 전공 관련성이 연구자 상담 능력에 미치는 영향 연구	

결론		
제언	아이디어	비고
		키논문 (2)
1_서울에 인접한 대학교에서만 진행. 2_지도 교수 특성을 긍정적, 부정적 성향이 아닌 다양한 형태로 연구 필요 3_학과의 수가 일정하지 않아, 논문 통과율이 명확하게 산출되지 않음.	1_타 대학과 지방 대학교로 확대 2_지도 교수 특성을 사고양식, 교사효능감, 역할 수행, 변혁적 지도성, 목표 지향성 등으로 다변화 3_논문 쓰는 학과 수를 제한 및 통일.	키논문 (1)

그림 4-11 | 논문 통독 흐름에 따른 엑셀 시트 작성 예시 (5) : 키 논문 설정

이런 방식으로 한 편의 논문을 읽는 데 드는 시간은 약 30분 정도입니다. 주말에 6~8시간 정도만 투입해도 24~32편의 논문을 읽을 수 있습니다. 1주차에는 새로운 연구 주제를 도출한다는 목표로 논문을 읽고, 2주차에는 그에 맞는 설문지 문항을 도출한다는 목표로 논문을 읽으면, 100편은 아니더라도 약 48~64편의 논문을 읽게 됩니다. 그러면 내 논문 한 편을 쓰기 위해 읽어야 할 참고 논문의 최소 기준은 대부분 충족하게 됩니다.

사실 현장에서 컨설팅을 진행하다보면, 이 정도의 논문을 읽지 않고 논문을 쓰는 연구자들도 많습니다. 그렇다보니 자신이 선택한 연구 주제의 흐름이나 용어에 대한 배경지식이 부족합니다. 당연히 지도 교수님에게 연구 주제에 대해 충분히 설명할 수 없게 됩니다. 그러면 결국 지도 교수님은 연구자가 아직 그 주제에 대해 이해가 덜됐다고 판단하여 "논문을 더 읽어보라"고 권하고 가져왔던 연구 주제에 대해 승인하지 않을 가능성이 높습니다.

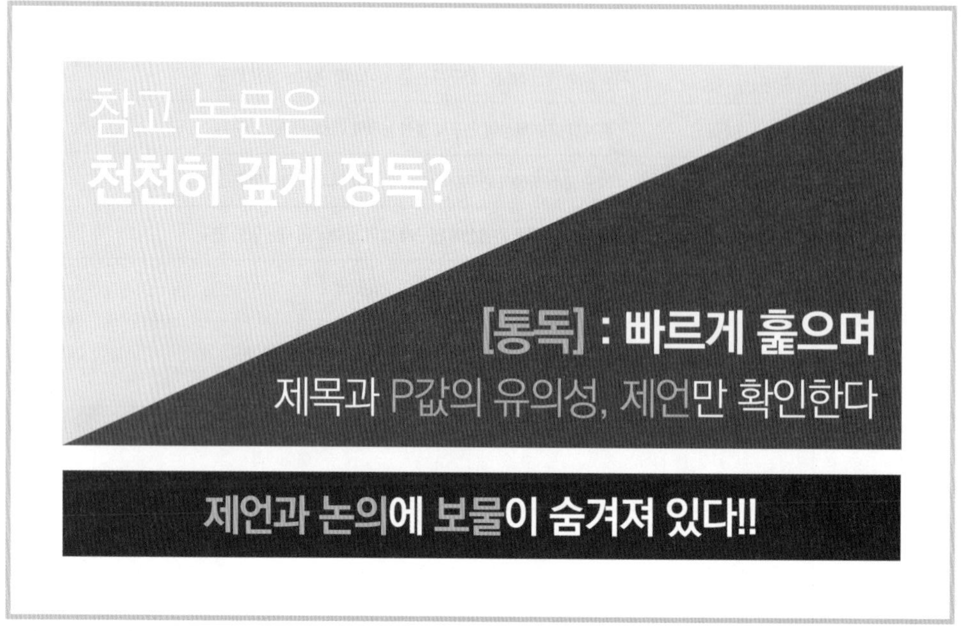

그림 4-12 | 1단계 연구 주제 선정 핵심 전략 : 참고 논문은 통독한다

지금까지 1단계 핵심 전략을 말씀드렸습니다. 정리하면 '참고 논문을 천천히 깊게 정독하기보다는 심사자의 논문 읽는 흐름에 따라 빠르게 훑으며 가설에 따른 p값의 유의성과 제언을 확인해야 한다'는 것입니다. 또한 그 과정을 엑셀 시트 정리를 통해 진행해야 논문의 이해도를 높이고 효율적으로 논문을 읽을 수 있습니다. Section 02에서 말씀드렸듯이, 제언과 논의에는 새로운 연구 주제를 도출할 수 있는 보물이 숨겨져 있습니다. 엑셀 시트 정리를 통해 빠르게 통독한 후, Section 02에서 언급했던 주제 선정 방법을 적용하면, 1~2주 안에 새로운 연구 주제를 빠르게 도출할 수 있습니다.

02 _ 설문지 설계 : 설문 문구는 명확하게 적고, 신뢰도 값을 확인한다

PREVIEW

2단계 논문 쓰기 핵심 전략 : 설문 문구는 명확하게 적고, 신뢰도 값을 확인한다.

- 선행 논문의 신뢰도를 나타내는 크론바흐 알파 값이 최소 0.7 이상 되어야 연구자의 논문도 충족 기준인 0.6 이상 될 가능성이 높다. 따라서 최대한 선행 논문의 신뢰도 값이 높은 설문지 문항을 채택한다.
- 새로운 연구 주제에 따른 설문 문항이 채택되었다면, 사람들이 잘 응답할 수 있도록 상황에 맞게 설문 문구를 명확하게 적고, 보기 쉽게 디자인한다.

효율적인 논문 쓰기 2단계는 설문지 설계였죠? 논문 통독을 통해 새로운 연구 주제를 도출했다면, 연구 주제를 측정할 수 있는 설문지를 선택해야 합니다. 이때 선행 연구자들이 오랫동안 사용해온 익숙한 설문지나 신뢰도 계수가 높은 설문지를 채택하면, 여러분이 측정하고자 하는 변수도 신뢰도 값 0.6 이상을 충족할 가능성이 높고, p값도 유의하게 나타날 가능성이 높습니다. 즉 연구자는 자신이 측정하려는 변수가 좋은 척도인지 설문의 이론적 배경과 연구 모형 및 설계를 통해 확인하게 됩니다. 신뢰도에 대한 의미와 확인 방법은 Section 03에서 기술하였으니, 혹시 관련 내용이 가물가물하다면 Section 03을 다시 한 번 읽어보길 권합니다. 그래야 설문지 문항을 제대로 선택하고, 그 문항을 구성할 수 있습니다.

이제 설문지 문항을 구성하는 방법에 대해 알아보겠습니다. 다음 문장을 한번 읽어볼까요?

> **"나는 사람들에 비해서 대체로 삶에 대한 만족도가 높다는 생각을 가지며 살려고 노력하지만, 생각만큼 잘 되지 않는다고 생각할 때는 가끔 있다."**

어떤가요? 무슨 말인지 얼른 이해가 되나요? 아마도 속으로 '이게 도대체 무슨 말이야' 하고 생각했을 겁니다. 왜냐하면 한 문장에 너무 많은 내용이 있고, 그 내용의 의도가 명확하지 않으며, 사람들이 이해하기 어려운 단어를 사용했기 때문입니다. 설문지 문항을 이런 식으로 구성하면 신뢰도가 낮습니다.

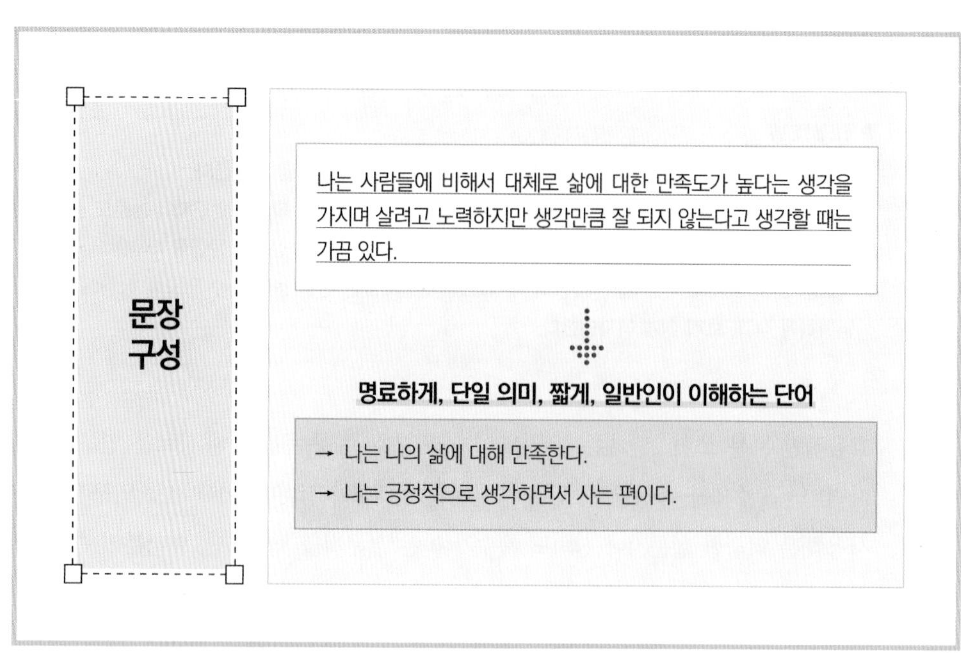

그림 4-13 | 신뢰도가 낮은 설문 문항 예시

[그림 4-13]과 같이,

- 나는 나의 삶에 대해 만족한다.
- 나는 긍정적으로 생각하면서 사는 편이다.

이렇게 2개 문장으로 명료하고 이해하기 쉽게 설계하는 게 좋습니다.

그런데 컨설팅을 하다보니, 설문 문항을 복잡하게 설계하는 연구자의 입장도 어느 정도 이해가 되더군요. 많은 연구를 했기 때문에 물어보고 싶은 내용이 많고, 설문지에 궁금한 내용을 다 담으려다보니 여러 의미를 한꺼번에 물어보는 실수를 범하게 되는 것 같습니다. 제가 연구자라도 그러기 쉬울 것 같습니다. 하지만 1개의 설문 문항에는 1개의 질문만 들어있어야 하고 명확하고 이해하기 쉬운 단어를 써야 한다는 것을 다시 한 번 강조합니다.

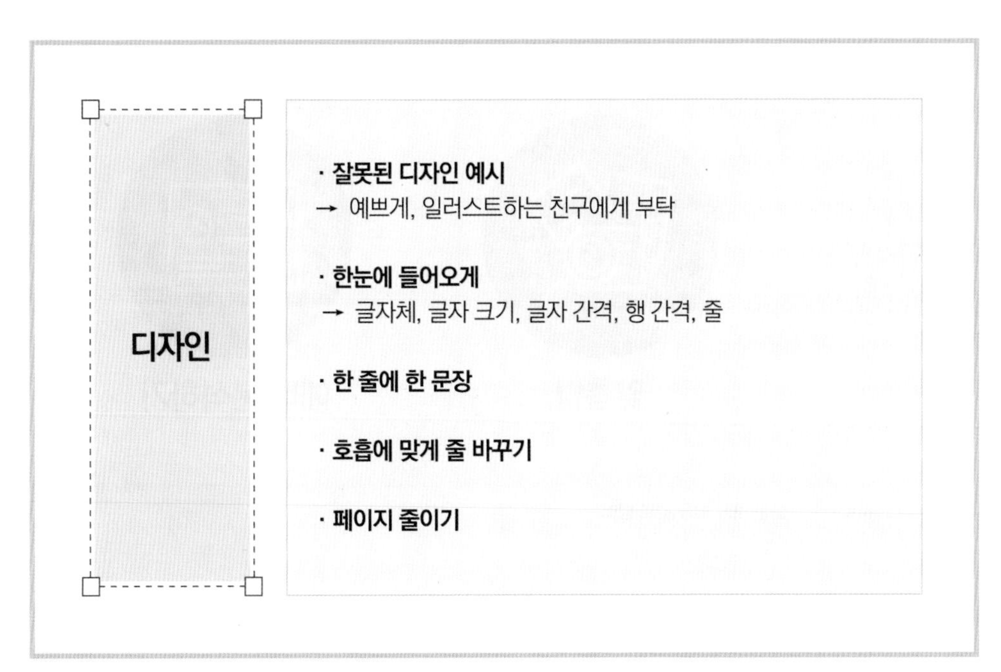

그림 4-14 | **신뢰도 높은 설문지를 만드는 방법**

좋은 척도와 설문지를 선택하여 연구 주제에 맞게 설문 문항을 구성했어도 응답자가 설문조사에 응해주지 않으면 아무 의미가 없습니다. 그런데 대부분의 응답자들은 설문조사에 응답하길 싫어하죠. 설문조사에 응했을 때 자기에게 유익이 되는 것은 거의 없으며, 시간을 소모할 뿐 아니라, 개인 정보 유출에 대한 두려움도 있기 때문입니다. 설문조사에 응한다 해도 설문 문항이 잘 이해되지 않는다든지 글자가 작다든지 맞춤법이 틀려서 응답하기가 어렵다면, 대충 응답할 겁니다. 그렇게 되면 설문의 신뢰도는 당연히 낮아집니다.

그래서 응답자가 쉽게 응답할 수 있도록 설문지를 예쁘게 디자인하는 것이 중요합니다. 한글이나 워드 파일로 만든 설문지를 보기 쉽게 디자인하여 문장이 한눈에 들어올 수 있게 하는 거죠. 주변에 일러스트를 어느 정도 다룰 줄 알거나 디자인을 전공한 친구가 있다면 도움을 청하는 것도 좋은 방법입니다.

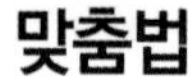

그림 4-15 | 설문 문항 최종 검토 방법

그리고 원래는 보편성이 있다고 통계적으로 판단하는 30명 정도의 응답자에게 설문지를 돌려서 사전 조사를 통한 신뢰도를 검증해야 합니다. 하지만 시간이 없는 연구자라면 주변 지인과 대상자를 중심으로 약 5~10명에게 부탁하여 미리 설문조사를 진행할 필요가 있습니다. 맞춤법 오류나 문장의 의미 등에 대한 피드백을 받을 수 있기 때문입니다. 설문 분량이 적절한지도 확인하여, 페이지 수를 줄일지 여부도 판단할 수 있습니다.

그렇다면 연구자들이 설문지를 설계할 때, 많이 실수하는 유형을 살펴보겠습니다.

1 의미가 모호한 설문 문항

당신은 스마트폰 기능에 대해 얼마나 알고 계십니까?
① 전혀 모른다. ② 거의 모른다. ③ 잘 모른다. ④ 보통이다.
⑤ 조금 안다. ⑥ 상당히 안다. ⑦ 매우 많이 안다.

→ 가능한 한 쉽고 의미가 명확한 단어를 사용한다.

다음 중 가장 많이 지출하는 항목은?
① 생활비 ② 교육비 ③ 식비 ④ 관리비 ⑤ 의료비

→ 응답 항목들 간의 내용이 중복되면 안 된다.

그림 4-16 | 잘못된 설문 문항 예시 (1)

여러분은 '전혀 모른다'와 '거의 모른다'와 '잘 모른다'의 차이를 알고 있나요? 그 차이를 안다 해도 사람마다 기준이 다르기 때문에 첫 번째 질문의 보기처럼 설계하면 안 됩니다. 두 번째 질문의 보기도 마찬가지입니다. 어떤 응답자에게는 생활비에 관리비나 의료비 등이 포함될 수 있기 때문에 응답 항목 간의 내용 중복 여부를 파악해야 합니다.

만약 첫 번째 질문처럼 스마트폰 기능을 얼마나 알고 있는지 그 정도에 대해 파악하고 싶다면, 리커트 척도를 사용하는 것이 좋습니다. 리커트 척도(Likert scale)란, 개인적인 생각이나 관념 등의 측정하기 어려운 주관적인 성향을 동의하는 정도에 따라 수치화하여 측정할 수 있도록 변경하는 기법입니다. 대부분 3점, 5점, 7점, 10점으로 분류하고, 5점 척도를 가장 많이 사용하는 편입니다. 5점 척도는 '1=전혀 그렇지 않다, 2=그렇지 않다, 3=보통이다, 4=그렇다, 5=매우 그렇다' 형태로 표현됩니다. 따라서 [그림 4-16]과 같이 스마트폰 기능에 대해서 물어볼 때는 '나는 스마트폰 기능에 대해 잘 알고 있다.'라고 문항을 구성한 후, 1~5점 중에 하나를 체크하게끔 하는 것이 효과적인 방법 중 하나입니다.

2 응답할 보기가 없는 설문 문항

커피숍 선택 시 가장 고려하는 요소는?
① 커피 맛 ② 브랜드 ③ 분위기 ④ 기타 ( )
→ 다지선다형 응답에서는 가능한 응답을 거의 모두 제시한다.

그림 4-17 | 잘못된 설문 유형 예시 (2)

여러분은 커피숍을 선택할 때 어떤 요소를 고려하나요? 저는 가장 크게 고려하는 요소가 '직원의 친절함'이나 '외모'입니다. 저와 같은 응답자는 [그림 4-17]의 설문 문항에서 체크할 보기가 없습니다. 따라서 사전에 사람들이 응답할 만한 보기를 인터뷰나 조사를 통해 구분하고 설문 문항에 명시하는 것이 중요합니다. 그렇지 않으면 사람들이 일일이 기타 항목의 괄호 안에 써야 하는 경우가 많아지고 기존에 비교하려는 커피 맛이나 브랜드의 차이를 제대로 파악하기가 힘들어집니다. 또한 분석 결과가 유의하지 않을 가능성이 높습니다.

3 복수의 질문이 들어있는 설문 문항

귀하께서 보유한 스마트폰의 기능과 디자인에 대해 만족하십니까?
① 전혀 만족하지 않는다. ② 만족하지 않는 편이다. ③ 보통이다.
④ 만족하는 편이다. ⑤ 매우 만족한다.

→ 하나의 문항으로 두 가지 내용의 질문을 하면 안 된다.

그림 4-18 | 잘못된 설문 유형 예시 (3)

논문통계팀이 내부적으로 분석한 결과에 따르면 [그림 4-18]의 설문 유형은 연구자들이 실수하는 유형 중 두 번째로 많이 차지하는 유형입니다. 한 문항에 두 가지 질문을 하게 되면 안 된다고 말씀드렸죠? 만약 스마트폰 기능에 대해서는 매우 만족하는데 디자인에 대해서는 만족하지 않는다면, 어떻게 응답해야 할까요? 물어보고 싶은 것이 많아도 1개의 문항에는 반드시 1개의 질문만 해야 합니다. 그렇지 않으면 신뢰도 값이 낮아질 가능성이 높고, 그 문항을 분석할 수 없게 됩니다.

4 민감한 질문

귀하는 부인을 얼마나 자주 때리십니까?
① 때리지 않는다 ② 두세 달에 한 번 ③ 한 달에 한 번
④ 1~2주에 한 번 ⑤ 2~3일에 한 번 ⑥ 매일

→ 대답하기 곤란한 질문을 하면 안 된다.

그림 4-19 | 잘못된 설문 유형 예시 (4)

물론 연구 주제에 따라 판단해야 하지만 [그림 4-19]처럼 민감한 질문은 하지 않는 것이 좋습니다. 만약 부득이하게 조사를 해야 한다면, 개인 정보 문항을 설문지에서 삭제하고 진행하거나, 대면조사 방식이 아닌 온라인이나 전화조사를 통해 진행하는 것이 좋습니다.

5 구간이 명확하지 않은 설문 문항

실례지만, 귀하의 월소득은 얼마나 되십니까?
① 100만 원 미만 ② 100~200만 원 ③ 200~300만 원 ④ 300~400만 원
⑤ 400~500만 원 ⑥ 500만 원 이상
→ 선택 범위가 명확해야 한다. (이상, 미만)

그림 4-20 | 잘못된 설문 유형 예시 (4)

논문통계팀이 내부적으로 분석한 결과에 따르면 [그림 4-20]과 같은 설문 유형이 연구자들이 가장 많이 실수하는 유형입니다. 실제로 게재된 논문의 설문지 부록을 살펴보면 이런 유형의 실수를 종종 확인할 수 있습니다. 만약 응답자의 월 소득이 200만 원이면, 보기 ②를 선택해야 할까요, 보기 ③을 선택해야 할까요? 300만 원일 경우도 마찬가지이겠죠? 이럴 때는 미만과 이상을 명확하게 설정하는 것이 좋습니다. [그림 4-20]의 문항 보기를 바르게 고치면 [그림 4-21]과 같습니다.

실례지만, 귀하의 월소득은 얼마나 되십니까?
① 100만 원 미만 ② 100~200만 원 미만 ③ 200~300만 원 미만
④ 300~400만 원 미만 ⑤ 400~500만 원 미만 ⑥ 500만 원 이상

그림 4-21 | [그림 4-20]의 잘못된 설문 유형을 올바르게 수정한 예시

지금까지 분석 결과가 유의한 설문 문항을 설계하는 방법과 연구자들이 실수하는 유형을 살펴보았습니다. Section 05에서 설명하겠지만, 변수의 종류는 크게 범주형 변수와 연속형 변수로 나뉩니다. 범주형 변수는 [그림 4-16]~[그림 4-20]처럼 항목을 분류하는 변수이고, 연속형 변수는 [그림 4-22]처럼 변수의 정도에 따라 숫자로 점수화할 수 있는 변수입니다.

리커트 척도(Likert Scale)
가능한 한 범주형 자료 형태보다는, 연속형 자료 형태로 설문지를 만들어, 5점 척도 (7점 척도) 형태로 문항을 만들어주는 것이, 보다 세밀한 분석을 하는 데 더 유용하다.

다음은 현재 보유한 휴대전화 기능에 대한 질문입니다. 만족하는 정도에 따라 체크(V표)해주세요.

1점=전혀 그렇지 않다 2점=그렇지 않다 3점=보통이다 4점=그렇다 5점=매우 그렇다

구분	문항	전혀 그렇지 않다	그렇지 않다	보통 이다	그렇다	매우 그렇다
4-1	현재 보유한 휴대전화 크기에 만족한다.					
4-2	현재 보유한 휴대전화 색깔에 만족한다.					
4-3	현재 보유한 휴대전화 액정 크기에 만족한다.					
4-4	현재 보유한 휴대전화 통화 품질에 만족한다.					
4-5	현재 보유한 휴대전화 인터넷 속도에 만족한다.					
4-6	현재 보유한 휴대전화 부가 기능에 만족한다.					

그림 4–22 | 다양한 분석이 가능한 범주형 변수 변경 방법 : 리커트 척도

원래 [그림 4–22]를 범주형 변수 형태로 만들면 다음과 같습니다.

귀하는 현재 보유한 휴대전화의 어떤 기능에 만족하십니까?
① 휴대전화 크기 ② 색깔 ③ 액정 크기 ④ 통화 품질 ⑤ 인터넷 속도
⑥ 부가 기능

그림 4–23 | 원래의 설문 문항 예시

[그림 4–23]의 예시를 리커트 척도를 사용하여 연속형 변수로 바꾸면, [그림 4–22]의 예시처럼 '전혀 그렇지 않다=1, 그렇지 않다=2, 보통이다=3, 그렇다=4, 매우 그렇다=5'로 설정하여 점수화할 수 있습니다. 이렇게 설문지를 만들면 더 다양하게 분석할 수 있습니다. 이에 대해서는 Section 05에서 자세히 설명하겠습니다.

사실, [그림 4–22]나 [그림 4–23]의 예시에도 실수한 부분이 있습니다. 먼저, 보기의 '휴대전화 크기'와 '액정 크기'에 대해 생각해봅시다. 대부분 액정이 크면 휴대전화도 크지 않나요? [그림

4-16]처럼 중복된 요소가 약간은 포함되어 있습니다. 둘째, 보기에 하드웨어 요소와 소프트웨어 요소가 섞여 있습니다. 하드웨어 요소는 '휴대전화 크기, 색깔, 액정 크기'이고, 기능과 서비스가 중심이 되는 소프트웨어 요소는 '통화 품질, 인터넷 속도, 부가 기능'으로 구분할 수 있습니다. 따라서 [그림 4-23]처럼 "귀하는 현재 보유한 휴대전화의 어떤 기능에 만족하십니까?"라고 휴대전화 기능을 물어보기보다는 "다음은 휴대전화에 대한 전반적인 만족도를 묻는 질문입니다. 가장 만족하는 요인에 체크해주세요."라고 하드웨어와 소프트웨어 요소를 모두 포함하는 휴대전화 만족도 요인에 대해 물어보는 것이 더 좋습니다. [그림 4-22]처럼 연속형 자료로 물어볼 때는 "다음은 휴대전화에 대한 전반적인 만족도를 묻는 질문입니다. 만족하는 정도에 따라 1~5점으로 체크해주세요."로 문항을 변경할 수 있습니다. 즉 휴대전화 기능이 아니라, 현재 휴대전화를 사용하면서 만족했던 요인을 물어봐야 합니다. 향후, 하위요인으로 소프트웨어 요소와 하드웨어 요소를 세부적으로 분석하여 어느 요인이 더 만족도가 높은지도 알아볼 수 있습니다. 이제 설문지를 혼자서 만들 수 있겠죠?

03 _ 연구 계획서 작성 : 많이 사용된 척도와 가설을 선택한다

PREVIEW

3단계 논문 쓰기 핵심 전략 : 많이 사용된 척도와 가설을 선택한다.

- 검색했던 선행 논문 중에서 오랫동안 사용되었고, 많은 사람들이 쉽게 응답할 수 있는 주제와 설문지 문항을 선택한다.
- 연구 주제와 가설, 설문지 문항이 포함되어 있는 연구 계획서를 2~3개 정도 준비하여, 지도 교수님이 선택할 수 있는 옵션을 제공한다.
- 이 주제를 선정하기 위해 여러 선행 논문을 참고했음을 엑셀 시트를 활용하여 교수님께 어필한다.

선행 논문을 전략적으로 통독하여 연구 주제와 설문지 문항을 선정했다면, 이를 토대로 연구 계획서를 작성합니다. 연구 계획서는 연구의 목적과 필요성, 주제와 가설, 조사 계획과 분석 방법, 설문지 설계를 근거로 한 선행 논문의 이론적 배경 및 척도, 설문지 등을 중심으로 구성합니다. 서론과 이론적 배경을 무작정 '복사–붙여넣기'하기보다는 연구 주제와 가설, 선행 논문을 근거로 한 설문지 문항을 연구 계획서에 넣는 것이 중요합니다. 또한 Section 02에서 설명한 '주제 선정의 어려움을 해결하는 방법'을 이용한다면 2~3개 정도의 연구 계획서는 생각보다 빠르게 만들 수 있습니다. 또한 이 2~3개의 연구 계획서를 지도 교수님에게 들고 가 검토를 통해 확인 받는 작업이 매우 중요합니다.

연구 주제에 대한 지도 교수님의 동의를 빠르게 이끌어내려면, 지도 교수님과 선배 동문들의 논문 주제를 활용하여 연구의 확장성을 얻고, 교수님의 배경지식을 활용해야 한다고 설명했습니다. 이외에 중요한 조건이 한 가지 더 있는데, 바로 선행 연구자들이 많이 이용한 검증된 척도를 선택하는 일입니다. 연구자들이 많이 사용한 척도는 지도 교수님이 알 가능성이 높은 척도일 뿐 아니라 향후 연구를 진행할 때 분석 결과가 유의하게 나올 가능성이 높고 신뢰도가 높은 척도입니다. 구체적인 예시를 통해 살펴보겠습니다.

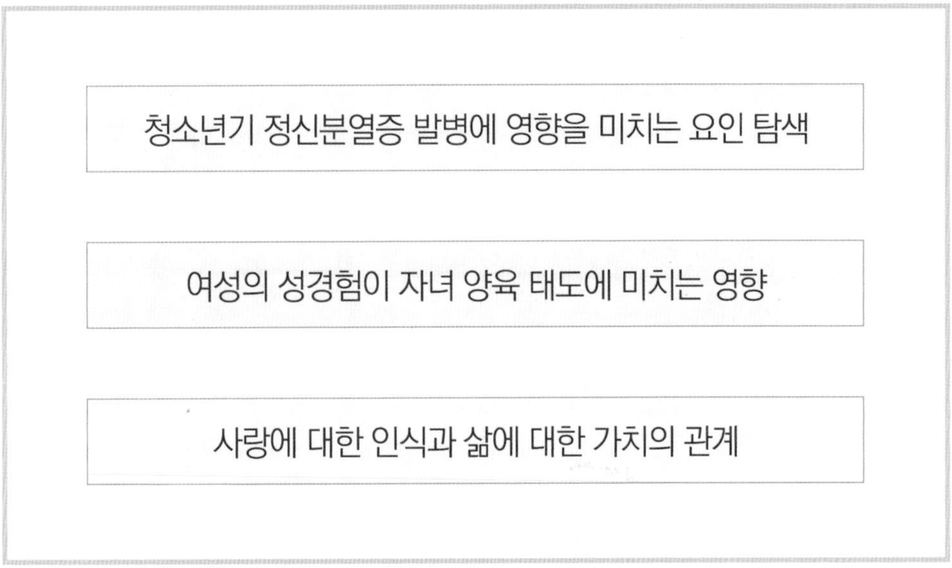

청소년기 정신분열증 발병에 영향을 미치는 요인 탐색
여성의 성경험이 자녀 양육 태도에 미치는 영향
사랑에 대한 인식과 삶에 대한 가치의 관계

그림 4-24 | 초보 연구자가 진행하기 어려운 논문 주제 예시

[그림 4-24]에 열거한 주제는 연구할 만한 가치가 있는 주제들입니다. 하지만 연구를 진행하는 데 어려움을 겪을 수 있습니다. 그럼 하나씩 어떤 어려움이 있는지 살펴보죠.

청소년기 정신분열증 발병에 영향을 미치는 요인 탐색
연구 대상 접촉 어려움

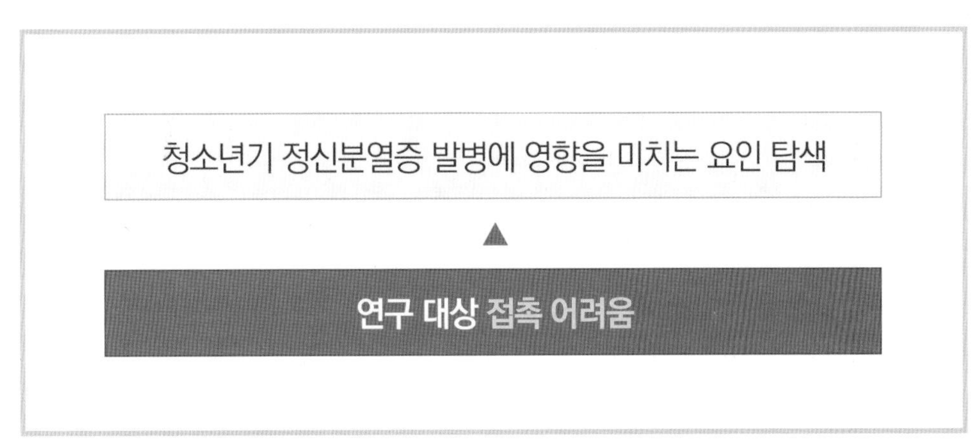

그림 4-25 | 진행하기 어려운 이유 (1)

[그림 4-25]는 청소년 정신분열증을 주제로 잡은 경우입니다. 청소년 중 정신분열증이 있는 응답자를 대상으로 연구를 진행해야 하기 때문에 연구 대상과 접촉하기 어렵습니다. 대상자 수가 매우 적기 때문입니다. 이런 경우에는 응답 기간에 많은 시간이 소요될 수 있습니다.

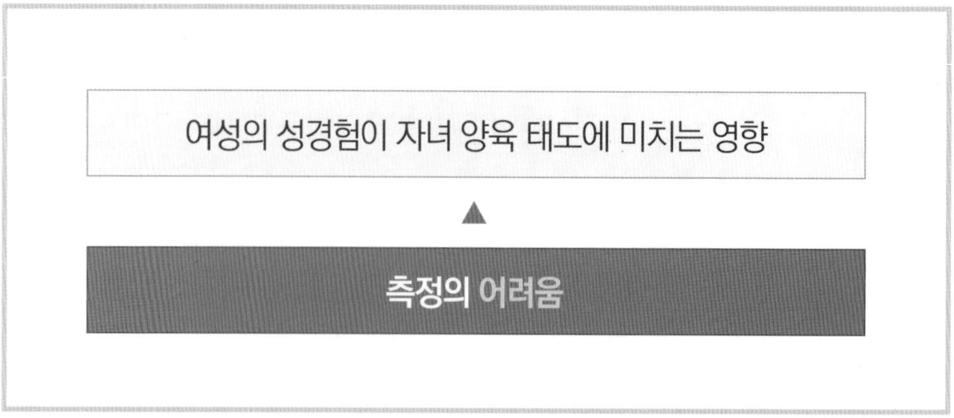

▲

측정의 어려움

그림 4-26 | 진행하기 어려운 이유 (2)

[그림 4-26]은 여성의 성경험을 독립변수로 설정했습니다. 하지만 이렇게 민감한 주제는 설문 응답자들이 잘 응답하지 않거나 응답 내용이 왜곡될 수 있습니다. 따라서 분석 결과가 잘 안 나올 가능성이 높습니다.

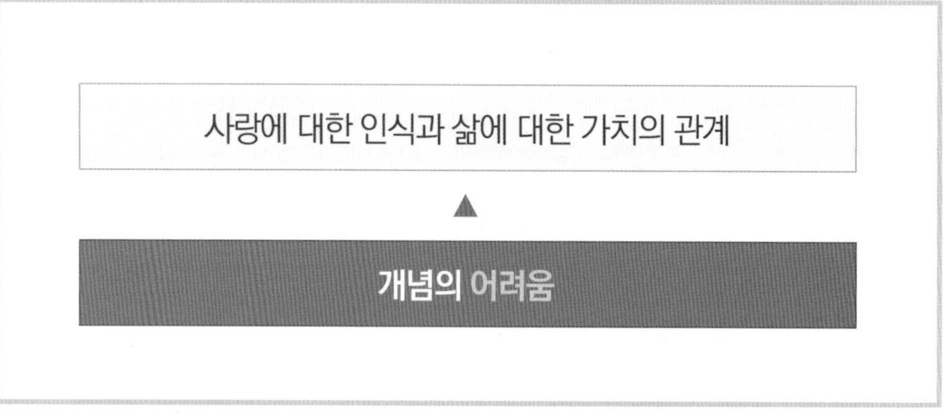

그림 4-27 | 진행하기 어려운 이유 (3)

[그림 4-27]은 '사랑에 대한 인식'을 독립변수로, '삶에 대한 가치'를 종속변수로 설정한 경우입니다. 하지만 '사랑에 대한 인식'과 '삶에 대한 가치'를 측정할 수 있는 척도가 개발되어 있지 않을 가능성이 높습니다. 또한 설문 응답자들이 이 개념을 어렵게 느끼거나 개념에 대해 각자 생각하는 정도가 다를 수 있습니다. 그러면 응답하기도 어렵고 서로 다른 주관적인 기준에 따라 체크하기 때문에 설문의 신뢰도가 떨어질 가능성이 높습니다.

그림 4-28 | 초보 연구자가 진행하기 쉬운 논문 주제 예시

따라서 [그림 4-28]과 같이 연구 대상과 접촉하기 쉽고, 응답자에게 부담을 주지 않으며, 선행 연구자들이 많이 사용하고 측정 가능한 연구 주제를 선정하는 것이 좋습니다. 그래야 연구를 좀 더 수월하게 진행할 수 있고, 연구 주제에 대한 지도 교수님의 허락도 빠르게 받을 수 있습니다.

그러면 이제 교수님에게 허락 받는 작업이 남았죠? 지도 교수님에게 검토를 받을 때도 전략적인 접근이 필요합니다. Section 02에서 언급했지만, 교수님은 여러 가지 업무로 바쁘시기 때문에 교수님이 연구 계획서를 봤을 때 한눈에 들어오고 검토할 가치가 있다고 느낄 수 있는 연구 계획서를 가져가야 합니다. 또한 지도 교수님을 뵐 수 있는 기회가 자주 오지 않기 때문에 그 자리에서 주요 사항들이 결정될 수 있도록 환경을 설정해야 합니다.

그림 4-29 | 연구 주제를 빠르게 허락 받는 방법 (1)

[그림 4-29]처럼, 교수님이 연구 계획서 A를 보고 약간 미진하다고 느낄 경우 연구자는 연구 계획서 B를 제시하여 교수님이 수정하고 선택할 수 있는 옵션을 제공해야 합니다. 그래야 지도 교수님에게서 "혹시 조금 더 선행 논문을 찾아줄 수 있나요?", "이 주제는 이론적인 근거가 약한 것 같아요"와 같은 언급과 함께 다시 새로운 연구 주제를 찾아야 하는 상황을 막을 수 있습니다.

또한 연구자 편에서도 연구 계획서 때문에 교수님과 다시 한 번 약속을 잡아야 하는 부담이 줄어듭니다. 교수님과 시간을 조율하는 과정도 연구자에게는 큰 스트레스죠. 따라서 교수님을 만난 그 자리에서 연구 주제를 수정하고, 최종 확정하는 것이 좋습니다. 그러려면 교수님이 현장에서 바로 수정할 수 있도록 자료를 제공해야 합니다.

그림 4-30 | 연구 주제를 빠르게 허락 받는 방법 (2)

앞에서 배운, 참고 논문을 엑셀 시트로 정리하는 작업 역시 교수님과 협업할 수 있는 자료를 제공하여 현장에서 연구 주제를 수정하고 확정하려는 목적이 있습니다. 만약 교수님이 연구 계획서 A, B에 대해 미진하다고 판단한 경우, 연구자와 교수님은 정리된 엑셀 시트를 통해 빠르게 검색하여 수정된 연구 주제를 함께 도출할 수 있기 때문입니다.

또한 정리된 엑셀 시트는 연구자가 이 주제를 위해 얼마나 노력했는지를 증명하는 도구도 됩니다. 지도 교수님은 자신의 제자가 논문을 진행하면서 많은 공부를 하길 원합니다. 논문을 졸업 요건으로 한다는 것은 연구자가 선택한 전공 분야에 대한 이해를 가장 높일 수 있고 전문성을 부여할 수 있는 방법 중 하나이기 때문입니다. 논문을 준비하다보면, 연구 주제만 공부하는 것이 아니라, 그 연구 주제를 뒷받침하기 위한 수많은 이론들을 파악할 수 있습니다.

엑셀 시트로 정리한 자료를 교수님과 함께 검토하면, 지도 교수님은 제자가 이 연구를 위해 공부를 많이 했다는 사실을 알게 됩니다. 따라서 연구자에게 논문을 더 읽어보라고 하기보다는 교수님의 배경지식과 엑셀 시트를 바탕으로 연구 주제를 수정하려고 노력할 것입니다. 실제로 논문통계팀에서 연구자들을 대상으로 실험했을 때, 정리된 엑셀 시트로 교수님에게 검토 받은 연구자들이 그렇지 않은 연구자들보다 연구 주제를 빠르게 결정하고 진행한 경우가 더 많았습니다. 물론 이 책을 읽은 교수님이 계시다면, 그 후에는 결과가 달라질 수도 있겠죠?

04 _ 설문조사 : 접근하기 쉽고, 연구자의 의도를 잘 파악할 수 있는 대상을 선택한다

PREVIEW

4단계 논문 쓰기 핵심 전략 : 접근하기 쉽고, 연구자의 의도를 잘 파악할 수 있는 대상을 선택한다.

- 논문 주제를 가장 잘 이해할 수 있는 대상을 선정하고, 응답에 따른 보상과 유인 요소를 제공한다.
- 온라인보다는 오프라인 설문조사를 진행하는 것이 좋다.
- 응답자와 함께 설문조사를 바로 진행하여, 설문조사 중 응답자의 의문 사항에 바로 답변한다.
- 설문지를 수령한 후, 설문지에 번호를 '꼭' 매긴다.

연구 계획서 검토를 통해 설문지 최종본이 결정되면, 바로 설문조사를 진행합니다. 그렇다면 설문조사는 누구에게, 어떻게 진행하면 될까요?

1 결과가 잘 나올 가능성이 높은 연구 대상

설문조사 대상은 연구 주제와 조사 방법에 따라 결정되는 경우가 많습니다. 만약 '대학생의 해외 경험이 직업 선택에 미치는 영향'이 연구 주제라면 '대학생'을 주 대상으로 하여 설문조사를 진행해야 합니다. 앞에서 예로 든 '지도 교수 특성이 연구자의 논문 통과와 투입 시간에 미치는 영향'이 연구 주제라면, '졸업할 때 논문을 쓴 석·박사생'을 대상으로 설문조사를 진행해야 합니다. 즉 좀 더 수월하게 설문조사를 진행할 수 있고 논문 주제에 대해 이해도가 높은 대상을 선택해야 합니다. 이는 연구 주제를 선정할 때 설문조사 대상을 고려해야 한다는 뜻이기도 합니다.

논문 주제를 가장 잘 이해할 사람을 선정하고, 유인 요소를 제공한다.
(대학생, 고3, 2540 직장인)

그림 4-31 | 연구자의 의도를 잘 파악하는 응답자 유형

연구자의 논문 주제를 잘 이해할 수 있는 대상은 누구일까요? 주요 논문 검색 사이트를 살펴보면, 대학생을 대상으로 한 논문이 상당히 높은 비율을 차지하고 있습니다. 그 이유는 석·박사생들이 가장 접근하기 쉬운 대상이기도 하지만, 대학생이 형, 오빠, 언니, 누나들의 논문 주제에 대한 이해가 빠르기 때문입니다. 대학생은 연구자가 왜 이 연구 주제를 선택했는지 그 의도를 정확하게 파악하고, 가능한 정확하게 응답해주려고 노력합니다. 대학생들은 이 같은 설문조사 방식에 익숙한 사람들이고, 연구자의 연구 분야를 이해할 가능성이 높은 사람들이기 때문입니다.

만약 여러분이 보편적인 논문 주제를 선택하고 Section 02에서 설명한 '주제 선정의 어려움을 해결하는 방법'에 근거하여 '대상 집단'을 변경할 때, 이미 '대학생'을 대상으로 한 연구가 있다면 어떻게 하겠습니까? 아마도 다른 대상 집단을 찾으려고 노력하겠죠. 그렇다면 '대학생'처럼 연구자의 논문 주제를 잘 이해할 수 있는 다른 대상 집단에는 누가 있을까요? '고3'과 '25~40세 미만 직장인'들입니다. 이들 역시 설문조사 형태의 문제 풀이에 익숙하고, 연구자의 의도를 정확하게 파악할 수 있는 대상이기 때문입니다. 또한 이 집단에 대한 연구가 가장 흥미롭고, 많기도 합니다. 그래서 이들 집단에 대해 우리는 '응답의 신뢰도가 높은 집단'이라 부르며, 연구 주제를 선정할 때 이들 집단에 대한 연구가 있는지 우선적으로 확인하는 편입니다. 따라서 여러분도 연구 주제를 선정할 때 고3 학생과 2540 직장인 집단을 대상으로 한 설문조사가 가능한지 파악하여 연구 설계 및 설문지 설계를 진행하는 것이 좋습니다.

'대학생, 고3, 2540 직장인' 집단을 설문 대상자로 하면 좋지만, 그럴 수 없는 상황이라면 연구자의 논문을 가장 잘 이해할 수 있는 집단이 누구일지 고려하여 선택해야 합니다. 설문 대상자를 잘 선택하는 것은 설문조사의 신뢰성을 높이고, 분석 결과가 유의하게 나올 가능성을 높일 수 있는 전략입니다.

설문조사를 진행할 때는 응답자에게 금전적인 보상이나 커피 상품권 같은 유인 요소를 제공하는 것이 좋습니다. 그래야 응답자들이 한 줄로 찍거나 건성으로 대답하지 않고 성실하게 응답할 가능성이 높습니다.

연구자의 논문이 중요하다고 해서, 응답자들도 그 논문이나 설문을 중요하게 여길 것이라 생각한다면 오해입니다. 응답자들 역시 바쁜 사람들이기 때문에, 자신에게 유인 요소나 보상이 없다면 성실하게 응답할 의무가 없습니다. 여러분의 선배 연구자들은 대부분 지인 등의 인맥 관계를 이용해서 설문조사를 요청했습니다. 지인의 지인에게 요청하는 경우도 있습니다. 오랫동안 연락 없이 지내다가 설문조사 때문에 연락을 받은 지인들이 성실하게 응답해줄 가능성은 얼마나 될까요? 지인에게 맛있는 것을 사주며 지인의 친구들이나 직장 동료들에게 할당량을 주어 부탁한다고 해서, 지인의 지인들 역시 바쁜 가운데 그 설문지에 성실하게 응답할 필요는 없을 것입니다. 응답자들이 성실하게 응답하지 않으면, 연구 결과가 잘 나오지 않는 것은 당연한 이치겠죠?

그래서 수집 인원수를 설정하여 설문지에 응답한 사람들에게 '기프티콘(예 : 커피, 음료수, 문화상품권, 영화 티켓)'을 선착순으로 전송하는 방식이나 응답자 모두에게 '작은 선물(예 : 포스트잇, 물티슈)'을 주는 방식으로 진행하는 것이 좋습니다. 단, 너무 싼 선물이나 응답자에게 불필요한 선물을 하면 오히려 역효과가 날 수 있으니 주의해야 합니다.

2 결과가 잘 나올 가능성이 높은 설문조사 방법

그림 4-32 | 결과가 잘 나올 가능성이 높은 설문조사 방법

설문 대상자가 결정되면 설문조사 방식을 결정합니다. 설문조사는 오프라인 설문조사를 선택해서 현장에서 바로 진행하여 수거하는 방식이 좋습니다. 질적 연구에서는 인터뷰나 실험 방식으로 진행하기도 합니다.

최근 구글 설문지나 네이버폼 같은 온라인 설문지 프로그램이 개발되었습니다. 설문조사 업체에서도 연구자가 직접 설문지를 작성해 링크를 만들 수 있게끔 진행하며, 빠르게 응답을 받을 수 있도록 패널(응답자)을 대여해주기도 합니다. 패널은 업체가 연령, 성별, 직업 등으로 나눈 잠재적인 응답자 집단으로서, 연구자의 요청에 따라 업체는 패널을 선별합니다. 그리고 해당 패널들에게 포인트나 가상머니 등을 제공하는 방식으로 신뢰성 있고 빠른 응답을 유도합니다.

구글 설문지나 네이버폼 등은 무료로 사용할 수 있습니다. 업체의 온라인 프로그램을 사용한다면 설문지 프로그램은 무료로 사용할 수 있고, 패널 대여 비용은 대상 집단, 인원수, 설문 길이에 따라 달라집니다. 그래서 시간이 없는 연구자들은 직접 설문조사를 진행하지 않고, 온라인 설문지를 만들어서 그 설문 링크를 지인들에게 문자나 카카오톡 같은 SNS 형태로 전송하거나 돈을 들여 패널을 대여해 진행하기도 합니다.

저희가 분석한 바에 따르면 온라인 설문조사는 오프라인 설문조사보다 응답률이 떨어지고, 응답 문항에 대한 신뢰도가 상대적으로 낮게 나타납니다. 왜 그럴까요? 온라인 설문조사는 답변할 때 설문에 집중하기가 어렵기 때문입니다. 설문에 답변하다가도 카카오톡이 오면 답장해야 하고, 전화가 오거나 급한 일이 생기면 설문 응답을 멈추고 그 일을 진행합니다. 응답자에게는 설문조사에 응답하는 일이 주요 우선순위가 아니기 때문입니다. 또한 온라인 응답자는 설문 문항에 대해 궁금한 점이 발생해도 바로 질문하여 답변을 얻을 수 없기 때문에 중단하거나 대충 응답하게 되는 경향이 있습니다.

하지만 오프라인 설문조사를 선택해 현장에서 진행하면, 응답자는 그 자리에서 바로 응답해줍니다. 또 응답하다가 모르는 부분이 생기면 담당자에게 바로 물어볼 수 있기 때문에 응답을 중단하거나 애매하게 응답하는 일도 거의 없습니다. 저도 강의를 진행하면 현장에서 바로 설문조사를 진행하는 편입니다. 이때 집에 가서 해오겠다는 수강자들도 있는데 실제로 해오는 분은 10명 중 1~2명 정도입니다. 현장에서 응답하지 않으면, 응답을 제대로 해주지 않습니다.

정리하자면, 연구자가 설문조사를 진행할 경우 오프라인 설문조사를 현장에서 직접 진행하는 방법을 추천합니다. 그리고 설문 응답에 대한 보상을 적절하게 해주어야 합니다.

3 결과가 잘 나올 가능성이 높은 설문지 수집 방법

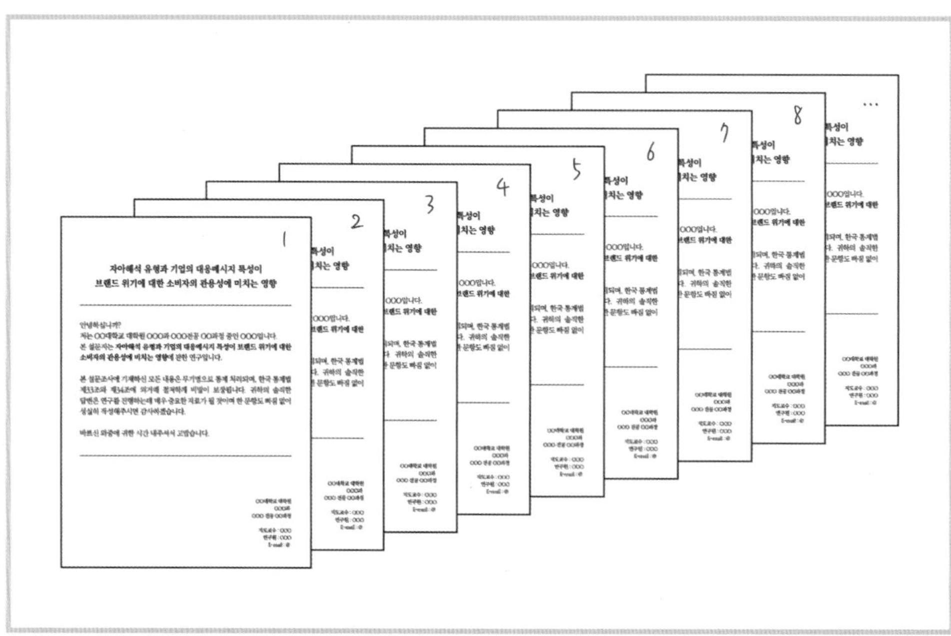

그림 4-33 | 결과가 잘 나올 가능성이 높은 설문지 수집 방법 : 설문지 번호 매기기

받은 설문지를 결과가 잘 나올 수 있게 수집하는 작업도 중요합니다. 설문조사를 잘 진행하는 전략은 [그림 4-33]처럼 설문지에 번호를 부여하는 것입니다. 이 작업을 진행해야 데이터 코딩이 잘못된 것을 찾아낼 수 있고, 분석 결과도 유의하게 나올 가능성이 높아집니다.

9. 조리사 자격증 소지 여부는?	① 있다　② 없다

SPSS 출력결과

조리사 자격증 소지여부						
		빈도	퍼센트	유효 퍼센트	누적퍼센트
유효	1	60	38.0	38.0	38.0
	2	97	61.4	61.4	99.4
	3	1	.6	.6	100.0
	합계	158	100.0	100.0	

그림 4-34 | **설문지 번호 매기는 작업의 중요성 (1)**

대부분의 연구자들은 시간에 쫓깁니다. 그러다보니 설문지를 수령하면 시트에 설문 응답 내용을 입력하는 데이터 코딩을 바로 진행합니다. 하지만 사람이 하는 일에는 실수가 생길 수 있습니다.

예를 들어, [그림 4-34]처럼 조리사 자격증 소지 여부를 '1 = 있다'와 '2 = 없다'로 질문했을 때, '3'이라는 답변은 나올 수 없습니다. 그런데 빈도분석을 진행하면 엉뚱하게도 '3'이라는 숫자가 등장할 때가 있습니다. 이건 빠르게 코딩하다가 입력할 때 실수한 경우입니다. 이런 작은 입력 실수 때문에 분석 결과가 달라지는 경우를 종종 보게 됩니다.

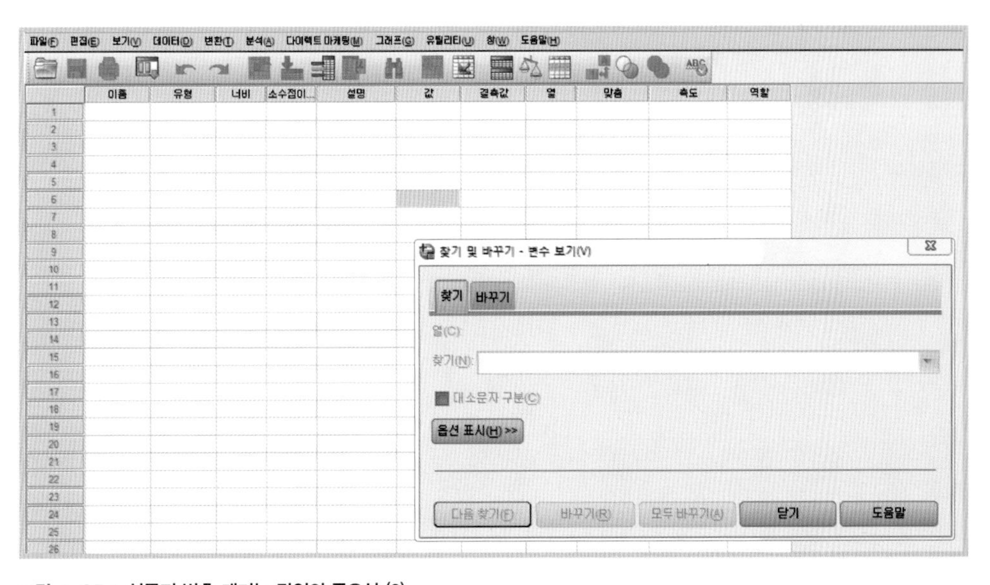

그림 4-35 | **설문지 번호 매기는 작업의 중요성 (2)**

설문지를 수령하면 설문지마다 번호를 부여하고, 부여한 번호에 따라 가로로 코딩을 진행하세요. 그 후 빈도분석을 통해 [그림 4-34]와 같이 오류가 발견되면, SPSS의 찾기 기능을 통해 '3'을 검색합니다. 'CTRL+F(Find의 약자)'를 누르면 [그림 4-35]와 같은 [찾기 및 바꾸기-변수 보기(V)] 화면이 뜹니다. 이 화면의 빈 박스에 오류 코딩 숫자 3을 입력해주면 됩니다. 그러면 몇 번 설문지의 조리사 자격증 여부를 묻는 문항에서 3을 기입했는지 쉽게 발견할 수 있습니다. 이제 해당 번호의 설문지를 찾아, 원래 응답자가 체크한 번호가 '1'인지 '2'인지 확인하여 3을 수정하기만 하면 되죠.

05 _ 서론과 전체 목차 작성 : 서론 작성은 설문조사 기간에 한다

PREVIEW

5단계 논문 쓰기 핵심 전략 : 서론 작성은 설문조사 기간에 한다.

- 서론 작성은 연구 계획서를 최종 컨펌 받은 후, 설문조사를 수거하는 기간에 진행하여 시간을 단축한다.
- 목차는 최근에 나온 지도 교수님과 선배 동문들의 논문을 참고하고, 그 양식에 맞게 진행한다.

직접 현장에서 진행하는 설문조사는 수거했으나 더 많은 표본을 수거하기 위해 온라인이나 지인을 통해 설문조사를 진행하는 경우에는 수거하는 기간이 길어집니다. 또는 시·공간적인 한계로 직접 진행하지 못하고 기관 담당자나 지인을 통해 전국이나 특정 기관에서 진행할 경우에도 상당한 시간이 소요됩니다. 그래서 연구자는 설문조사 수집 기간 동안 서론과 논문의 전체 목차를 작성해야 합니다.

설문조사를 모두 직접 진행하거나 수집이 빨리 끝난다면, 설문조사 후에 서론을 작성하면 됩니다. 설문조사를 진행하며 응답자의 다양한 의견을 수렴한 상태여서 연구 목적과 필요성, 연구 설계 등을 쓸 때 기존 방식인 서론을 맨 먼저 쓰는 경우보다 더 쉽게 작성할 수 있습니다.

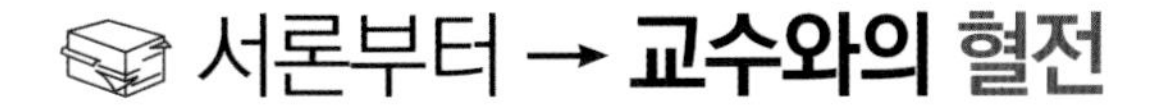

설계부터 → 교수와의 협력

그림 4-36 | 전략적인 서론 작성 시기 선택의 장점

Section 02와 Section 03에서 입에 침이 마르도록 설명한 내용, 기억하나요? 서론부터 작성하면 판단 기준이 모호하기 때문에, 지도 교수님과 수많은 조율 작업을 거쳐야 합니다. 반면 연구 설계를 통해 연구 계획서를 작성하여 연구 주제를 확정한 후 서론을 작성하면, 빠르게 조율 작업이 진행될 수 있어 시간을 절약할 수 있다고 설명했습니다. 논문을 쓰는 시간을 절약을 위해 서론 작성을 조금 미루는 센스, 잊지 마시길! 학과 내 흐름에 따라 목차를 설계하는 방법은 Section 03에서 이미 설명했으니 참고하기 바랍니다.

06 _ 이론적 배경 : 간접 인용을 통해 '잘' 붙여 넣는다

PREVIEW

6단계 논문 쓰기 핵심 전략 : 간접 인용을 통해 '잘' 붙여 넣는다.

- 정리했던 엑셀 시트를 참고하여, 인용하려는 논문과 이론을 체크한다.
- 연구자가 진행하는 논문과 비슷하고 이론적 배경이 탄탄한 키(Key) 논문을 선정하고, 자투리 시간을 활용해 반복하여 정독한다.
- 정독한 키 (Key) 논문 내용을 바탕으로, 간접 인용을 통해 '잘' 붙여 넣는다.

연구 계획서 작성을 통해 연구 주제와 가설, 설문지가 만들어지면서 연구자가 사용하는 측정 도구나 설문 문항의 이론적 배경이 이미 결정됩니다. 이제 연구 주제와 설문 문항을 왜 선택했는지 역사적인 이론들과 선행 연구 모형들을 중심으로 이론적 배경을 작성하면 됩니다. 선행 논문을 참고하여 문장을 작성하기 때문에 인용 방법을 많이 사용하게 됩니다.

문장을 고심 끝에 만들어야 한다?

그림 4-37 | 이론적 배경 작성에 대한 연구자들의 생각

이론적 배경을 쓸 때 문장을 고심 끝에 작성해야 한다고 생각하는 연구자들이 많습니다. 당연히 논문의 모든 문장은 고심 끝에 작성해야 하겠죠? 하지만 이론적 배경은 고민만 한다고 좋은 문장이 써지는 것은 아닙니다.

실제로 논문 관련 업체나 교수님들의 '논문 작성법' 강좌를 들어보면, 책을 많이 읽거나 문장력을 키우라는 이야기를 많이 합니다. 그건 제한된 시간에 논문을 써야 하는 연구자에게는 논문을 포기하라는 이야기나 다름없습니다.

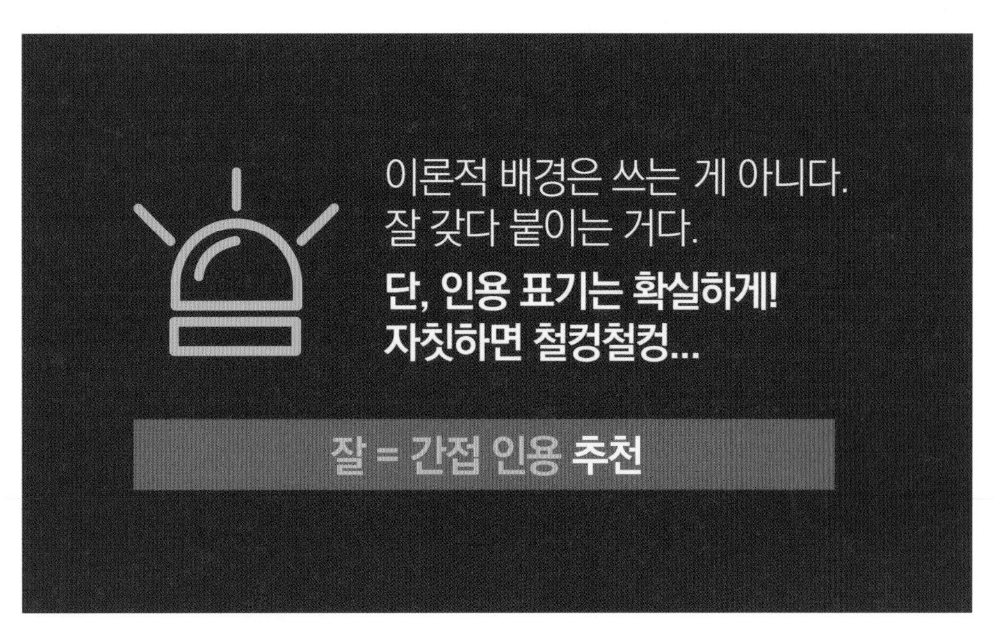

그림 4-38 | 이론적 배경을 쓰는 좋은 방법 : 간접 인용

그렇다면 제한된 시간에 이론적 배경을 잘 쓸 수 있는 방법은 없을까요? 있습니다. 바로 좋은 논문을 잘 가져다 쓰는 것입니다. 그런데 그냥 가져다 쓰면 선행 연구자의 논문 내용을 허락 없이 훔치는 것입니다. 이 행위를 '표절'이라고 부릅니다. 청문회에서 주요 고위 인사들이 논문 표절 문제로 곤욕을 겪는 모습을 본 적이 있을 겁니다. 상대방의 물건을 훔치는 것을 '절도 행위'라고 하는데, 선행 연구자의 아이디어를 마치 자신의 아이디어인 것처럼 이야기하는 것은 '지식'의 '절도 행위'입니다. 따라서 논문 심사에서 표절은 엄격하게 금지하고 있으며, 요즘은 표절을 판단하는 프로그램까지 개발되어 있습니다.

'표절' 행위를 하지 않으면서 좋은 선행 논문을 참고해 좋은 문구를 쓸 수 있는 방법이 있는데, 그 방법을 '인용'이라고 합니다. 인용 표기 방법에는 '직접 인용'과 '간접 인용', '재인용'이 있습니다.

표절 피하는 법 : 인용 표기

직접 인용

· Copy & Paste
· 인용 부호(" ") 표기, 출처 표기

원문(김성은, 2017)
연구 수행에 있어서 통계분석기법을 올바르게 활용하는 것이 중요하다는 인식이 일반화되어 있음에도 불구하고 연구자들이 통계분석기법을 활용하는 데 어려움을 겪고 있는 이유는 대학 및 교육기관에서 실습 중심의 교육이 이루어지지 않고 있기 때문이다.

직접 인용
연구자들이 통계기법 활용에 어려움을 겪고 있는 이유에 대해 김성은(2017)은 "대학 및 교육기관에서 실습 중심의 교육이 이루어지지 않고 있기 때문"이라고 언급하였다.

그림 4-39 | **인용 표기 방법 (1) : 직접 인용**

직접 인용은 가져오려는 문구 앞에 연구자 이름과 발행 연도를 기술하고, 선행 논문의 좋은 문구를 그대로 가져와 붙인 다음 그 문구의 앞뒤로 큰따옴표(" ")를 붙여 표기하는 방식입니다. [그림 4-39]는 직접 인용의 예를 잘 보여줍니다.

그런데 직접 인용을 하게 되면 몇 가지 한계가 있습니다. 사람마다 자기만의 성격과 생김새가 있듯이, 문체도 사람마다 다릅니다. 그래서 여러 논문을 직접 인용해서 가져오면, 여러 사람이 쓴 느낌을 받게 되어 글이 잘 읽히지 않습니다. 이 때문에 논문 심사자는 논문이 논리적이지 않다고 생각할 수 있습니다. 또한 여러 문구를 그대로 가져오기 때문에 통일성이 없고, 인용한 문구들에 맞춰 문장을 만들다보니 의도치 않게 글이 길어지거나 불필요한 언급을 하게 됩니다. 또한 표절을 확인하는 프로그램이 직접 인용을 완벽하게 걸러내지 못하기 때문에 표절을 하지 않았는데도 표절률이 높아질 가능성이 있습니다.

표절 피하는 법 : 인용 표기

간접 인용

· 말 바꿔쓰기, 내 언어로 녹여내기
· 출처 표기

원문(김성은, 2017)
연구 수행에 있어서 통계분석기법을 올바르게 활용하는 것이 중요하다는 인식이 일반화되어 있음에도 불구하고 연구자들이 통계분석기법을 활용하는 데 어려움을 겪고 있는 이유는 대학 및 교육기관에서 실습 중심의 교육이 이루어지지 않고 있기 때문이다.

간접 인용
김성은(2017)은 연구자들이 통계 분석 기법을 활용하는 데 어려움을 겪는 이유를 대학이나 교육기관이 실습 중심의 통계 교육을 실시하고 있지 않다는 점에서 찾고 있다.

그림 4-40 | 인용 표기 방법 (2) : 간접 인용

그래서 직접 인용보다는 간접 인용을 더 추천합니다. 연구자가 인용하고자 하는 논문이나 문장을 반복하여 정독한 후, 그대로 인용하는 것이 아니라 연구자의 고유의 언어로 변경하여 기술하는 것이 간접 인용입니다. 그래서 간접 인용은 직접 인용과 달리, 큰따옴표를 붙이지 않고 저자 이름과 발행 연도만 언급하여 진행합니다. [그림 4-40]을 보면 연구자가 김성은의 2017년 논문을 읽고 인용하려는 문장을 충분히 이해한 후, 그 문장을 요약하여 자신의 언어로 표현한 것을 확인할 수 있습니다.

강의를 진행할 때 가장 많이 드는 예가 'K팝스타'입니다. 저는 개인적으로 K팝스타에 나왔던 케이티 킴이라는 가수를 좋아합니다. 케이티 킴은 오디션 내내 부진했지만, YG 양현석 심사위원의 배려를 받아 극적으로 Top 10에 합류합니다. Top 10에 들어간 후 케이티 킴이 불렀던 노래가 god의 '니가 있어야 할 곳'이라는 곡이었습니다. 케이티 킴은 매우 소울풀(soulful)하고 느리게 리듬을 타는 가수인데 god의 '니가 있어야 할 곳'은 매우 빠른 곡이어서 가수와 곡이 잘 안 어울린다고 생각했습니다. 그런데 케이티 킴이 그 곡을 부른 후, JYP 박진영 심사위원은 기립박수를 치고 YG 양현석 심사위원은 눈물을 보였습니다. 카메라에는 엄청나게 감동을 받은 청중들의 모습도 잡혔습니다. 이때 박진영 심사위원이 했던 말이 '간접 인용'과 매우 비슷했습니다.

"심사 불가다. K팝스타 4년 동안 했던 무대 중에 최고의 무대였다. 케이티 킴이 어떻게 부를지 걱정했는데, 마치 god의 노래를 피 속까지 흡수했다가 케이티의 언어로 뱉어내는 느낌이었다."

나중에 가수 케이티 킴이 인터뷰하는 장면을 보니, 이민 생활을 하는 동안 친구가 없었는데 우연히 듣고 간 한국 가요 테이프 중에 god 노래가 있어서 힘들 때마다 반복해서 들었다고 하더군요. 그리고 이 노래를 들으면서 힘을 냈다고 말했습니다.

간접 인용을 어떻게 해야할지 모르는 분들이라면 바로 여기에 힌트가 있습니다. 원래 첫 번째 전략에서 논문은 통독하라고 말씀드렸습니다. 하지만 이론적 배경 작성을 위해 논문 통독을 통해 엑셀 시트로 정리한 참고 논문 50~60편 중에서 자신의 논문 주제와 비슷하고 설문지에 인용했던 척도가 들어간 논문 1~2개 정도는 키(Key) 논문으로 삼아 가수 케이티 킴처럼 반복해서 정독해보세요. 책상에 앉아서 정독하기보다는 지하철이나 버스로 이동하는 자투리 시간을 이용해 반복해서 읽어보세요. 그러면 논문을 쓸 때 억지로 말을 바꿔 쓰거나 문장의 변화를 주지 않아도 자기 문장이 자연스럽게 나오게 될 겁니다. 그리고 자신도 모르게 자기 논문에 사용했던 이론적 배경을 정확하게 이해하고 교수님에게 설명할 수 있게 됩니다. 시간이 없고 논문을 처음 쓰는 연구자는 이 방법을 사용하길 추천합니다.

표절 피하는 법 : 인용 표기

재인용

· 인용한 내용을 인용(2차 인용)
· 1차 문헌 확인 건너뛰기(원문 못 찾은 경우 사용)
· 재인용 표기, 참고문헌에 1, 2차 문헌 모두 표기
 – 규정마다 상이

> 1차 문헌 원문 : 김재홍(1990)
> 효율적으로 논문을 작성하기 위해서는 연구 절차 전반에 대한 이해가 선행되어야만 한다.

> 2차 문헌 원문 : 김성은(2017)
> 김재홍(1990)에 따르면 "효율적으로 논문을 작성하기 위해서는 연구 절차 전반에 대한 이해가 선행되어야만 한다"

> 재인용
> 김재홍(1990; 김성은, 2017에서 재인용)에 따르면 "효율적으로 논문을 작성하기 위해서는 연구 절차 전반에 대한 이해가 선행되어야만 한다"

그림 4-41 | **인용 표기 방법 (3) : 재인용**

세 번째 인용 방법은 '재인용'입니다. 재인용은 원문이 오래되어 찾기가 힘들거나 연구자가 인용한 문장이 다른 논문에서 이미 인용한 문장일 때 사용하는 방법입니다. 원래는 1차 문헌을 확인하는 것이 원칙입니다.

재인용 표기 방법은 직접 인용과 비슷합니다. 먼저 원문의 저자와 발행 연도를 적고 세미콜론(;)을 사용한 후, 2차 문헌의 저자와 발행 연도를 기록한 다음 '재인용'이라고 언급해줍니다. 이어서 직접 인용과 마찬가지로 큰따옴표를 표기하여 인용한 문장이나 문구를 기록하면 됩니다. 예를 들어, [그림 4-41]과 같이 연구자가 1990년에 김재홍이 발행한 1차 원문을 찾지 못하고 김성은이 2017년에 발행한 논문을 읽었다면, 재인용은 "김재홍(1990; 김성은, 2017에서 재인용)에 따르면"이라고 언급하고 큰따옴표를 넣어 인용한 문장을 기록하면 됩니다.

인용하는 방법에 대해서는 Part 02의 Section 08(논문 작성 방법)을 통해 좀 더 자세히 설명하겠습니다. 여기서는 이론적 배경을 작성할 때 키 논문을 반복적으로 정독해 간접 인용해서 잘 붙여 넣는 것만 기억해두세요.

07 _ 통계분석 : 자신이 잘 모르는 분석 방법은 사용하지 않는다

PREVIEW

7단계 논문 쓰기 핵심 전략 : 자신이 잘 모르는 분석 방법은 사용하지 않는다.

- 데이터 코딩과 빈도분석을 무시하지 말고 연구자 스스로 진행할 수 있도록 노력하며, 사용한 척도에 대한 역채점 문항은 '꼭' 확인한다.
- 연구자가 잘 모르는 분석 방법은 사용하지 않으며, 연구자 가설에 맞지 않는 분석은 진행하지 않는다.

1 연구자가 꼭 해야 할 분석 기초 1 : 데이터 코딩

서론과 이론적 배경을 쓰는 동안 설문조사가 최종 완료되면 설문지에 번호를 매기는 작업을 합니다. 그 후 데이터 코딩을 진행합니다. 마지막으로 연구자의 가설에 맞는 통계분석 작업을 진행합니다. 질적 연구도 조사한 자료를 바탕으로 내용 분석을 진행하는 편입니다. 분석 결과가 올바르게 나오려면 연구 가설에 맞는 분석 방법을 사용하고 데이터 코딩에 오류가 나지 않아야 합니다. 또 측정 도구의 쓰임새에 맞게 분석을 진행하는 것이 중요합니다.

Ⓣ **가로 입력**

	A	B	C	D	E	F	G	H	I	J
1	NO	나이	연령대구분	성별	학력	직업	SNS이용정도	정보확인주체	커뮤니케이션진정성_1	커뮤니케이션진정성_2
2	1									
3	2									
4	3									
5	4									
6	5									
7	6									
8	7									
9	8									
10	9									
11	10									
12	11									
13	12									
14	13									
15	14									
16	15									
17	16									
18	17									
19	18									
…	…									

그림 4-42 | 데이터 코딩 시트 견본

3장에서 설명했듯이, 데이터 코딩을 할 때는 가로로 입력합니다. 또한 응답자 특성, 집단, 독립변수, 종속변수에 따라 [그림 4-42]처럼 색깔을 달리해 진행하면, 코딩할 때 구분이 쉽고 향후 분석을 진행할 때도 좋습니다. 예전에는 한글 입력 시 오류가 있었는데, 최근에 업데이트된 통계 패키지 버전들은 한글도 잘 인식하기 때문에 굳이 영문으로 바꾸어 입력할 필요가 없습니다. 다만 띄어쓰기는 인식이 안 될 수 있으니, 밑줄문자(underscore, _)를 사용하여 공백을 없애주면 오류를 방지할 수 있습니다.

2 연구자가 꼭 해야 할 분석 기초 2 : 빈도분석

그림 4-43 | SPSS를 활용한 빈도분석 실행 메뉴 화면

코딩을 완료하면 빈도분석을 진행합니다. SPSS라는 통계 프로그램에서 빈도분석을 진행할 때는 '분석 – 기술통계량 – 빈도분석' 메뉴를 클릭하면 됩니다. 앞서 설명했듯이, 코딩 오류가 있다면 '찾기 기능(CTRL+F)'을 활용해 해당되는 설문지 번호와 문항을 찾아 수정하면 됩니다.

5. 귀하의 1일 총 근무시간은?	________ 시간 (점심시간 제외한 총 근무시간)

SPSS 출력결과

근무시간					
		빈도	퍼센트	유효 퍼센트	누적퍼센트
유효	~~0~~	~~42~~	~~26.6~~	~~27.5~~	~~27.5~~
	1	11	7.0	7.2	34.6
	2	16	10.1	10.5	45.1
	3	4	2.5	2.6	47.7
	4	7	4.4	4.6	52.3
	5	15	9.5	9.8	62.1
	6	14	8.9	9.2	71.2
	7	8	5.1	5.2	76.5
	8	5	3.2	3.3	79.7
	9	14	8.9	9.2	88.9
	10	9	5.7	5.9	94.8
	11	8	5.1	5.2	100.0
	합계	153	96.8	100.0	
결측	시스템 결측값	5	3.2		
합계		158	100.0		

무응답자
→ 그룹 1
→ 그룹 2
→ 그룹 3

그림 4-44 | 빈도분석을 활용한 그룹 분류 방법

빈도분석의 또 다른 장점은 어떻게 범주를 설정해야 할지 몰라 주관식으로 물어본 문항의 변수에 대해 '비율(퍼센트)'을 확인하여 범주화할 수 있다는 점입니다. 예를 들어, [그림 4-44]처럼 '1일 총 근무시간'에 대해 주관식으로 물어본 후 그에 대한 응답을 빈도분석하면, 0시간을 응답한 사람을 제외하고 비슷한 비율로 책정해 그룹을 설정하여, 새로운 집단 범주 변수를 만들 수 있습니다. 총 근무시간이 1~4시간인 응답자는 약 25%이고, 5~8시간인 응답자는 약 28%입니다. 마지막으로 9시간 이상 근무자는 20% 정도 됩니다. 그렇다면 근무시간이 1~4시간, 5~8시간, 9시간 이상인 3그룹의 응답자에 따라 종속변수의 차이를 보는 분석을 진행하여 현상을 파악할 수 있습니다.

빈도분석만으로도 코딩 오류를 발견하고, 새로운 집단을 설정하고, 논문 주요 가설에 도움이 되는 분석 결과를 만들어낼 수 있기 때문에 빈도분석과 기술통계 정도는 스스로 분석할 수 있는 힘을 키워야 합니다. 복잡하게 데이터를 다루는 것이 아니라, 단지 전체 코딩 데이터에 대해 빈도분석 메뉴만 클릭하면 되기 때문에 초보 연구자에게도 어렵지 않습니다.

3 연구자가 꼭 해야 할 분석 기초 3 : 역채점

Ⅱ. 다음은 직무만족에 관한 질문입니다. 각 항목별로 귀하의 생각에 따라 표시 (√) 하여 주십시오.

항 목	전혀 그렇지 않다	그렇지 않은 편이다	보통 이다	그렇다	매우 그렇다
1. 현재 병원급식 일이 만족스럽다.	①	②	③	④	⑤
2. 현재 담당하고 있는 업무량에 만족한다.	①	②	③	④	⑤
3. 병원급식 조리원의 역할은 사회적으로 인정을 받고 있다고 생각한다.	①	②	③	④	⑤
4. 내가 하고 있는 일은 흥미롭다.	①	②	③	④	⑤
5. 내가 하고 있는 일은 늘 똑같고 판에 박힌 업무이다.	①	②	③	④	⑤
6. 내가 병원에서 맡은 일은 매우 중요한 업무이다.	①	②	③	④	⑤
7. 현재 내가 하고 있는 일이 적성에 맞다.	①	②	③	④	⑤
8. 내 업무는 건강에 도움이 된다.	①	②	③	④	⑤
9. 내 업무는 단순하고 반복적이다.	①	②	③	④	⑤
10. 내가 맡은 업무는 싫증이 난다.	①	②	③	④	⑤
11. 현재 담당하고 있는 업무는 육체적인 노동이 심하다.	①	②	③	④	⑤
12. 위생 및 조리 관련 지식이 잘 이해되지 않아 업무수행에 자신이 없다.	①	②	③	④	⑤
13. 나의 일은 지식과 기술 습득을 통한 지속적인 변화가 필요하다.	①	②	③	④	⑤
14. 내가 만든 음식을 직원 또는 환자가 먹을 때 보람을 느낀다.	①	②	③	④	⑤

그림 4-45 | 직무 만족 척도에 관한 역채점 문항 예시

분석하기 전에 역채점 문항을 확인하여, 변수를 변환해주는 작업도 필요합니다. [그림 4-45]는 병원 근무자에게 직무에 대해 얼마나 만족했는가를 묻는 '직무만족'에 대한 척도입니다. '매우 그렇다=⑤'를 많이 체크할수록 직무만족도가 높다고 해석할 수 있습니다. 그런데 빨간색으로 표시한 5번 문항을 살펴볼까요?

> 내가 하고 있는 일은 늘 똑같고 판에 박힌 업무이다.

5번 문항에서 '매우 그렇다=⑤'를 체크하면, 직무 만족도가 높은 것이 아니라, 낮다고 해석할 수 있습니다. 9~12번 문항도 마찬가지입니다.

이러한 이유로 선행 논문 척도 설계와 설문지 문항을 보면서 '역채점 문항'을 확인한 후, 통계 프로그램을 잘 사용하는 주변 지인에게 부탁하여 변수를 변환하거나 스스로 변경하여 분석을 진행해야 합니다. 그렇게 하지 않으면 원래 유의하게 나올 수 있었던 분석 결과 값이 유의하게 나오지 않거나 잘못 산출되는 오류를 범할 수 있습니다.

파일(F) 편집(E) 보기(V) 데이터(D) 변환(T) 분석(A) 다이렉트 마케팅(M) 그래프(G) 유틸리티(U) 창(W) 도움말(H)

변수 계산(C)...
Programmability 변환...
케이스 내의 값 개수(O)...
값 이동(F)...
같은 변수로 코딩변경(S)...
다른 변수로 코딩변경(R)...
자동 코딩변경(A)...
더미변수 작성
시각적 구간화(B)...
최적의 구간화(I)...
모델링을 위한 데이터 준비(P)
순위변수 생성(K)...
날짜 및 시간 마법사(D)...
시계열변수 생성(M)...
결측값 대체(V)...
난수 생성기(G)...
변환 중지(T) Ctrl+G

	Q1	Q2_1	Q2_2	Q2_3	Q2_4	Q2_5	Q2_6	Q2_7
1	2				3	3	3	3
2	1				3	3	3	3
3	2				4	4	4	4
4	3				2	2	3	3
5	3				3	3	4	4
6	1				2	3	4	3
7	3				3	3	4	3
8	1				4	4	4	4
9	2				4	4	5	3
10	2				4	4	4	4
11	1				5	5	5	4
12	3				3	2	3	3
13	1				3	3	4	4
14	2				3	3	3	3
15	2				4	4	4	5
16	1				4	4	4	4
17	2	5	5	5	5	4	4	4
18	2	2	2	2	2	2	3	3
19	2	2	2	2	2	2	3	2
20	2	3	2	1	1	2	4	4

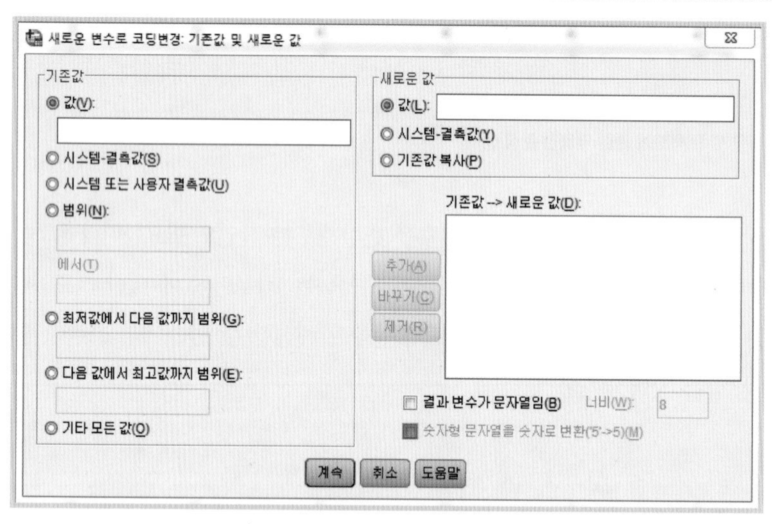

그림 4-46 | **SPSS를 활용한 역채점 문항 변경 방법**

역채점 문항의 변수를 변환하는 방법은 다음과 같습니다. 우선 [그림 4-46]과 같이 SPSS 통계 프로그램에서 '변환-다른 변수로 코딩 변경-기존값 및 새로운 값'을 클릭합니다. 기존값에 5를 넣고 새로운 값에 1, 기존값에 4를 넣고 새로운 값에 2를 넣은 다음 '추가' 버튼을 누르면 변수가 변경됩니다. 이때 다른 변수로 코딩 변경을 했기 때문에 기존 변수는 그대로 있는 상태에서 새로운 변수가 생성됩니다.

이 책은 SPSS 통계 프로그램을 다루는 책이 아니고, 꼭 SPSS를 사용해서 변수 변환을 진행해야 하는 것도 아니기 때문에 개괄적으로만 말씀드렸습니다. 더 자세히 알고 싶은 연구자들은 〈한번에 통과하는 논문 : SPSS 결과표 작성과 해석 방법〉 책이나 인터넷 검색 등을 통해 좀 더 자세히 공부할 수 있습니다. 기술통계, 빈도분석, 변수 변환 등의 분석 기초는 블로그나 동영상을 통해 무료로 공개된 자료가 많으니 굳이 비용을 지불하지 않고도 공부할 수 있습니다.

사회적 회피 및 불안 척도 (Social Avoidance and Distress Scale: SADS)

변수	하위요인	문항번호	문항수	Cronbach's α
사회불안	사회적 회피	2, 4*, 8, 9*, 13, 17*, 18, 19*, 21, 22*, 24, 25*, 26, 27*	14	.879
	불안	1*, 3*, 5, 6*, 7*, 10, 11, 12*, 14, 15*, 16, 20, 23, 28*	14	.893
	전체		28	.936

* 역문항

그림 4-47 | 선행 논문에 적혀있는 역채점 견본 : 사회적 회피 및 불안 척도

선행 논문에서 역채점 문항을 확인하는 방법은 [그림 4-47]과 같습니다. 잘 구성된 설문 척도는 그 문항의 하위 요인이나 역채점, 신뢰도 등의 구체적인 정보를 제시하고 있습니다. 특히 역채점 문항은 문항 번호 위에 별표(*)가 붙어있고, 아래에 '역문항'이라고 표기합니다. 그러면 별표가 붙은 설문 문항을 부록에 있는 설문지를 통해 맞는지 확인하고 연구자의 논문에서도 똑같이 적용하여 코딩한 후 변수를 변환하면 됩니다.

그림 4-48 | 전문가에게 논문 분석을 맡길 때, 반드시 요청해야 할 사항

만약 연구자가 통계 분석을 지인이나 통계 프로그램을 잘 다루는 분석가에게 맡긴다면, 연구자는 분석가가 척도 중에 역채점 문항이 무엇인지 알 수 있도록 [그림 4-47]과 같은 선행 논문의 척도를 보내주어 변수를 변경할 수 있게 해야 합니다. 그렇지 않으면 전문가는 받은 데이터대로 분석하기 때문에 결과가 달라질 수 있습니다.

그런데 이처럼 역채점 문항을 사용하는 이유는 무엇일까요? 역채점 문항은 '불성실한 응답자를 골라내기 위한 장치'라고 생각하면 됩니다.

예를 들어, 아이스크림을 얼마나 좋아하는지를 1~5점 리커트 척도로 물어본다고 가정합시다. 이때 '나는 아이스크림을 좋아한다.'라는 문항을 1번 문항에 배치하고, '나는 아이스크림을 좋아하지 않는다.'라는 문항을 2번 문항에 배치합니다. 응답자가 1번 문항에 대해서 '5 = 매우 그렇다'로 응답하였는데, 2번 문항에 대해서 '3 = 보통이다 / 4 = 그렇다 / 5 = 매우 그렇다'로 응답했다면 이 응답자는 아이스크림을 좋아하는지에 대한 논리적인 일관성이 없다고 볼 수 있습니다. 문제를 성실히 읽지 않고 응답하였거나 질문 내용을 이해하지 못하는 응답자일 가능성이 높습니다. 이런 불성실한 응답자를 추출하면 분석 결과가 더 정확해질 수 있기 때문에 연구자들은 일명 'fake 문항'으로 불리는 역채점 문항 방식을 사용하는 편입니다.

또한 모든 현상과 상황에 대해서 긍정적으로만 질문할 수 없는 경우가 존재합니다. 이때 부정적인 문항을 사용하게 되는데, 이 문항 역시 역채점 문항으로 불립니다. 이처럼 부정적인 문항이 존재함에도 불구하고 일관되게 한 줄로 체크하는 응답자를 종종 보게 됩니다. 부정적인 문항은 이러한 응답자를 찾아서 걸러내는 방법으로 사용할 수 있습니다.

4 연구자가 꼭 해야 할 분석 기초 4 : 논문에서 자주 사용하는 통계 기법

7단계 '통계분석'의 핵심 전략은 '자신이 모르는 통계 기법을 사용하지 않고, 연구자의 주제와 가설에 맞게 분석을 진행하는 것'입니다. 최신 통계 기법이나 어려운 통계분석 방법을 사용하는 것이 과연 좋을까요?

표. 노인차별이 심리적 안녕감에 미치는 영향의 회귀분석 결과

(N=292)

	모형 A-1			모형 A-2		
	B	β	SE	B	β	SE
성별+	1.84***	.183	.496	1.76***	.175	.462
연령	-.053	-.067	.038	-.025	-.032	.036
유배우자++	-.483	-.051	.488	-1.048	-.11	.463
학력	.332**	.134	.126	.233*	.094	.119
주관적 건강상태	[illegible]	[illegible]	[illegible]	[illegible]	.227	.287
주관적 경제상태	[illegible]	[illegible]	[illegible]	[illegible]	.246	.305
노인차별경험				-2.668***	-.327	.403
R^2	.426			.503		
F값	35.389***			41.13***		
(자유도)	(6, 292)			(7, 292)		
R^2 변화량				076		
F 변화량				43.8***		

*p<.05 **p<0.1 ***p<001

위계적 회귀분석?

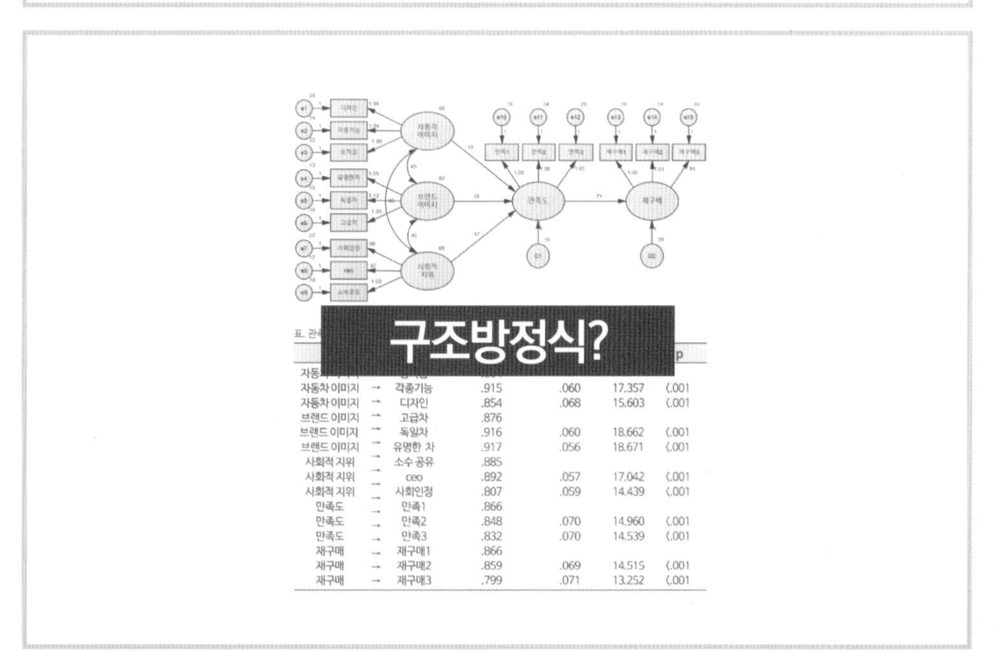

						p
자동차 이미지	→	[illegible]	[illegible]			
자동차 이미지	→	각종기능	.915	.060	17.357	<.001
자동차 이미지	→	디자인	.854	.068	15.603	<.001
브랜드 이미지	→	고급차	.876			
브랜드 이미지	→	독일차	.916	.060	18.662	<.001
브랜드 이미지	→	유명한 차	.917	.056	18.671	<.001
사회적 지위	→	소수 공유	.885			
사회적 지위	→	ceo	.892	.057	17.042	<.001
사회적 지위	→	사회인정	.807	.059	14.439	<.001
만족도	→	만족1	.866			
만족도	→	만족2	.848	.070	14.960	<.001
만족도	→	만족3	.832	.070	14.539	<.001
재구매	→	재구매1	.866			
재구매	→	재구매2	.859	.069	14.515	<.001
재구매	→	재구매3	.799	.071	13.252	<.001

그림 4-49 | 자주 사용하지 않거나 어렵다고 느끼는 분석 방법 예시

처음 논문을 쓰는 연구자가 사용하기 어려운 분석 방법으로는 위계적 회귀분석, 구조방정식, 요인분석, 조절된 매개효과 등 여러 가지가 있습니다. 특히 구조방정식은 변수의 효과성을 한꺼번에 확인할 수 있고, 모형을 도출할 수 있어서 교수님과 연구자들에게 각광받고 있는 분석 방법이기도 합니다.

그림 4-50 | 연구 주제에 맞는 통계 분석 선정 시, 고려해야 할 점

하지만 구조방정식은 최근에 도출되는 분석 방법이어서 논문 심사를 담당하는 교수님 중에는 RESEA, TLI, 개념타당도 등과 같은 구조방정식에서 사용하는 용어가 생소할 수 있습니다. 따라서 연구자가 구조방정식을 분석 방법으로 사용한다면 심사자들은 논문 결과와 가설에 대해 질문하기보다는 생소한 용어나 분석 방법에 대해 집중해서 물어볼 가능성이 큽니다.

구조방정식 같은 고급 분석 방법은 한 학기나 1년 정도 공부해서 이해하고 분석할 수 있는 영역이 아닙니다. 한데 연구자가 단순히 새롭고 어려운 분석 방법이기 때문에 사용했다면 가뜩이나 떨리는 논문 심사장에서 그 분석 방법에 대해 깊이 설명할 수 있을까요? 어떻게 설명하느냐에 따라 논문 통과 여부가 결정될 수도 있는데 말이죠. 논문 심사의 핵심은 '연구자가 이 논문에 대해 깊이 이해하고, 스스로 논문을 진행하였는가?'에 대한 질문부터 시작된다는 것을 기억하세요.

어떤 연구자는 논문의 페이지 수를 늘리기 위해 어려운 분석 방법을 사용하고, 자신의 연구 주제나 가설과 관계없이 설문지 문항에 대한 가능성 있는 모든 분석을 진행하는 경우도 있습니다. 그러면 논문 심사자들은 왜 이 논문에 이 분석 방법을 사용하였는지 물어봅니다. 따라서 무조건 어려운 연구 방법을 사용하여 논문 분량을 늘리기보다는 연구자가 설명할 수 있고 주제와 가설에 맞으며 심사자에게도 익숙한 통계분석 방법을 사용하는 것이 좋습니다.

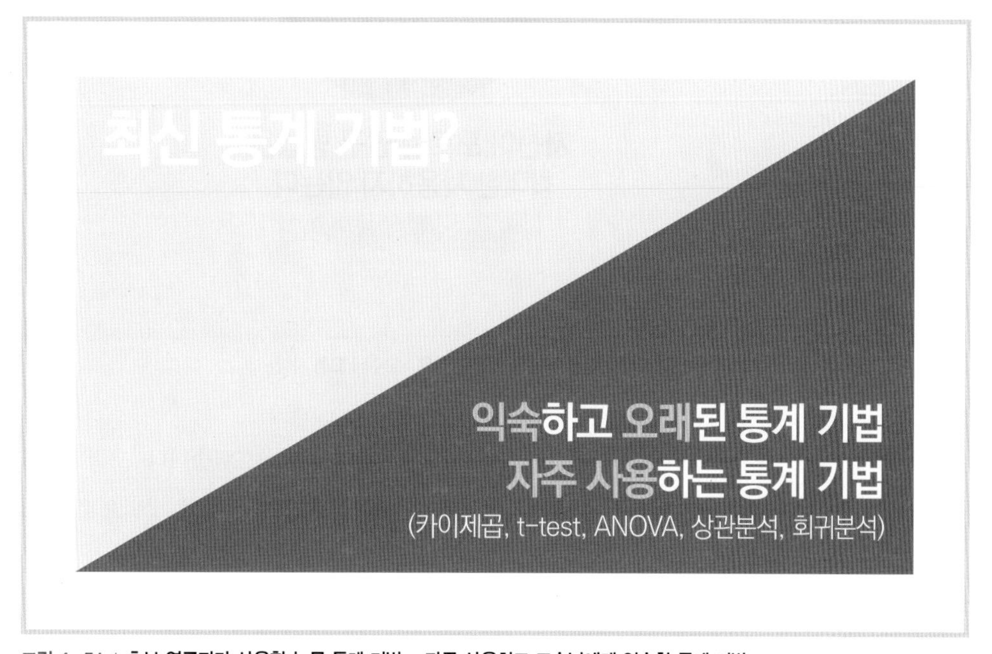

그림 4-51 | 초보 연구자가 사용할 논문 통계 기법 = 자주 사용하고 교수님에게 익숙한 통계 기법

심사자에게 익숙하고, 선행 연구자들이 오랫동안 많이 사용한 통계분석 방법을 분류해보니, [그림 4-51]과 같이 다섯 가지 통계분석 방법으로 추릴 수 있었습니다. 빈도분석과 기술통계, 신뢰도 분석은 분석을 진행하기 전에 당연히 진행하는 분석 방법이기 때문에 여기서는 제외했습니다. 처음 연구를 진행하는 연구자의 가설 중 약 80~90% 정도는 이 다섯 가지 분석 방법으로 전부 진행할 수 있습니다.

이 다섯 가지 분석 방법에 대해서는 Section 05에서 자세히 설명하겠습니다. 이외의 분석 방법에 대해서는 Part 02에서 연구 모형을 통해 설명하겠습니다.

그림 4-52 | 어렵거나 생소한 통계 기법을 사용해야 하는 경우 : 교수님 요청 사항

지금까지 연구자가 모르는 분석 방법은 사용하지 말라고 말씀드렸습니다. 그런데 예외가 있습니다. 지도 교수님이 위계적 회귀분석이나 구조방정식 등의 고급 통계 방법으로 진행해보라고 제안하는 경우입니다.

교수님이 고급 통계 방법을 제안했을 때는 그만한 이유가 있습니다. 그 분석 방법이 연구자의 가설을 잘 뒷받침하는 분석 방법이라고 판단했기 때문입니다. 이런 경우라면 어렵더라도 교수님이 제안한 분석 방법으로 진행하는 것이 좋습니다. 그래야 논문이 빠르게 통과될 수 있습니다.

저 자 생 각

통계분석을 진행할 때, 연구자가 스스로 분석을 진행하기가 어렵다는 것을 알게 되었습니다. 연구자들은 저명한 교수님 강의나 사설 업체의 통계 프로그램 사용법 강의를 들어도 자신이 진행한 설문조사 데이터를 바탕으로 가설에 맞게 분석을 진행하는 것이 너무 어렵다고 토로합니다. 그래서 통계분석을 잘하는 지인이나 논문 통계 업체에 의뢰하곤 합니다.

그런데 대부분 기업과 연구자가 모두 바쁜 시기에 통계분석이 이루어지다보니, 연구 가설이나 주제에 대해 명확하게 검토하지 않은 상태에서 지도 교수님과 상의 없이 분석을 진행하곤 합니다. 결국 분석을 다시 진행하고, 추가 비용을 부담하는 경우가 생깁니다. 몇몇 업체들은 자신들이 분석했던 로데이터를 연구자에게 주지 않는 경우도 있습니다. 통계분석을 진행할 때는 반드시 분석할 변수와 분석 방법 범위에 대해 지도 교수님과 상의하는 것이 좋습니다.

분석을 진행하기 전에 [그림 4-53]과 같이 엑셀 시트를 활용해 분석 방법과 독립변수, 종속변수, 주요 가설 및 체크 사항을 정리해서 검토하는 것이 좋습니다. 만약 어떤 방법으로 분석을 진행해야 할지 몰라 지인이나 업체에 의뢰하려고 한다면, 연구자는 [그림 4-53]의 맨 위 가로 시트에 적혀있는 요소들을 꼭 정리해달라고 부탁하고 확인을 거쳐야 합니다.

	A	B	C	D	E
1	NO	분석방법	독립변수	종속변수	연구가설 / 주요 체크사항
2	2	빈도분석	응답자특성 (1~7번)		설문유형분류 (집단)별로 나눠서 표 제작 요청
3	3	신뢰도분석	사회적거리감		사회적거리감 (7문항)
4	4	신뢰도분석	다문화가정형용사 전체, 하위요인 2개		감정척도 (다문화가정형용사 1번~6번) : 6문항 고정관념척도 (다문화가정형용사 7~17번) : 11문항
5	6	ANOVA	설문유형구분 (3집단) 1) 한국부모님 2) For Australian Parents 3) 호주에 거주하는 한국 부모님	사회적거리감	사회적 거리감은 한국부모, 호주부모, 호주에 거주하는 한국부모에 따라 어떠한 차이가 있는가?
6	8	ANOVA	설문유형구분 (3집단) 1) 한국부모님 2) For Australian Parents 3) 호주에 거주하는 한국 부모님	이주민에 대한 위협인식 (7문항)	이주민에 대한 위협인식은 한국부모, 호주부모, 호주에 거주하는 한국부모에 따라 어떠한 차이가 있는가?
7	12	카이제곱검정	설문유형구분 (3집단) 1) 한국부모님 2) For Australian Parents 3) 호주에 거주하는 한국 부모님	응답자특성 (6번, 7번) : 접촉경험	한국부모, 호주부모, 호주에 거주하는 한국부모의 다문화관련교육경험과 다문화집단 접촉경험은 다문화인식에 어떠한 영향을 미치는가? → 가설수정 : 한국부모, 호주부모, 호주에 거주하는 한국부모의 다문화관련교육경험과 다문화집단 접촉경험에 따라 다문화인식에 차이가 있는가?

그림 4-53 | 전문가나 논문 관련 업체 분석 의뢰 시, 작성 예시 견본

통계 업체에 의뢰하게 된다면, '로데이터 제공에 대한 동의서를 받거나 계약을 하고 진행'하는 것이 좋습니다. 여기서 말하는 **로데이터는 '설문 응답에 대한 데이터 코딩과 세팅이 된 데이터'**를 뜻합니다. 몇몇 업체는 처음에 매우 낮은 가격을 제시하며 연구 주제나 가설에 대한 별 확인 없이 분석을 진행합니다. 그러다보니 지도 교수님의 추가 분석 요청이 있을 경우, 업체는 추가 분석 비용을 더 많이 요구합니다. 이런 업체들은 의뢰인에게 로데이터를 제공하지 않습니다. 그래야만 의뢰인이 다시 의뢰를 하고, 이를 통해 수익을 낼 수 있기 때문입니다. 이렇게 사기당해서 저희에게 오는 경우도 종종 보았습니다. 다시 말씀드리지만, 업체에 의뢰할 때는 반드시 로데이터를 제공받을 수 있도록 계약해야 합니다. 그래야 업체가 부당한 비용을 청구할 때 그 로데이터로 다른 업체나 교수님에게 도움을 청할 길이 생깁니다.

이처럼 연구자의 절박한 상황을 볼모 삼아 돈을 버는 업체들이 있으므로 조심해야 합니다. 통계분석을 의뢰하려면 교수님이 소개하는 조교나 믿을 만한 박사님들에게 부탁하고, 함께 분석 과정을 지켜보면서 진행하는 것이 좋습니다. 그래야 심사장에서 분석 결과에 대해 조금은 자연스럽게 설명할 수 있습니다. 또 최근에는 로데이터를 논문 심사 때 제출하라고 요청하는 경우도 있으니 이 부분도 신경 쓸 필요가 있습니다.

저희가 8년 동안 논문 관련 업계에 있으면서 가장 안타까웠던 부분 중 하나여서 꼭 공유하고 싶었습니다.

08 _ 결론 작성과 수정 및 마무리 : 심사 기준 요소만 신경 쓴다

PREVIEW

8단계 논문 쓰기 핵심 전략 : 심사 기준 요소만 신경 쓴다.

- 결론과 논의, 제언을 작성할 때, 한 가지 사실을 확대 해석하는 '성급한 일반화의 오류'를 범하지 않고 통계분석 결과에 근거하여 작성한다.
- 퇴고를 통해 논문을 수정할 때, 심사 기준 요소를 중점적으로 확인하고, 크게 수정하기보다는 미흡한 점에 대한 이유를 고민한다.
- 초록(Abstract)은 1페이지 분량을 넘기지 않도록 노력한다.

7단계인 통계분석이 완료되면 결론과 제언, 퇴고를 통해 논문 수정 및 마무리를 진행합니다. 결론을 작성할 때 연구자들이 가장 많이 범하는 실수가 '성급한 일반화의 오류(Fallacy of hasty generalization)'입니다.

분석 결과로 나온 몇 가지 사실을 확대 해석하거나 모든 상황에 적용하는 모습을 흔히 볼 수 있었습니다. 물론 '하나를 보아 열을 안다'는 옛 속담이 있지만, 분석 결과는 연구자가 그 분석 방법을 설계할 때 여러 가지 상황을 통제하고 변수를 제한했기 때문에 나올 수 있는 결과입니다. 다음 연구자나 연구자 자신이 '연구의 확장성'을 염두에 두고 더 진행해야 하는 문제인데, 그 한두 가지 사실만으로 전체를 판단하는 결론을 쓰지 않도록 주의해야 합니다. 연구자가 가장 많이 하는 실수 중 하나입니다.

앞서 예로 든 연구 주제인 '지도 교수님의 성향이 논문 통과율과 투입 시간에 미치는 영향 연구'의 분석 결과가 '지도 교수 특성 중에 긍정적 성향이 높을수록 투입 시간이 낮아진다.'로 나타났다고 가정해볼까요? 이 분석 결과로 '지도 교수님을 선택할 때 무조건 긍정적인 성향의 교수님을 선택하면, 논문 투입 시간이 낮아지고 연구자는 빠르게 현업으로 돌아갈 수 있을 것이다.'라는 결론을 내릴 수 있을까요? 없습니다.

이 분석 결과에는 연구자의 특성과 최소 투입 시간이 포함되어 있지 않습니다. 연구자가 논문을 쓸 때 진행해야 하는 최소 투입 시간이 없는데, 지도 교수님이 아무리 긍정적인 성향이라고 해서 논문이 빨리 통과될 수 있을까요? 그렇지 않겠죠? 또 교수님의 성향 중에는 긍정적·부정적 성향뿐 아니라 많은 성향들이 있는데, 다른 변수들은 동일하다는 가정 아래 분석을 진행했다는 점도 고려해야 합니다. 심지어 1개 학교만 대상으로 조사했다면, 그건 그 학교 지도 교수님만의 특성일 수도 있습니다.

따라서 결론을 작성할 때는 통계분석 결과에 대한 요약과 왜 이런 결과가 나타나게 되었는지에 대한 객관적인 언급을 해야 합니다. 제언은 성급한 제안보다는 아쉬웠던 점을 기록하고, 분석한 결과를 중심으로 기술하는 게 좋습니다.

위에서 예로 든 연구 주제의 결론을 좀 더 객관적으로 바꾸면 다음과 같습니다.

"조사했던 히든대학교 지도 교수 특성 중에서 긍정적 성향이 0.82 증가할수록 논문 투입 시간은 0.34 감소하는 것으로 나타났다. 또한 전공 관련성이 높은 교수 집단이 그렇지 않은 교수 집단보다 연구자의 논문 통과율이 높아 집단 간 차이를 보였다. 결국 연구자가 논문에 투입할 최소 시간이 어느 정도인지 파악하고, 연구자와 교수의 전공 관련성이 높다면, 긍정적 성향이 강한 교수님께 지도를 받는 것이 빠른 논문 통과에 조금 더 효과적일 수 있다."

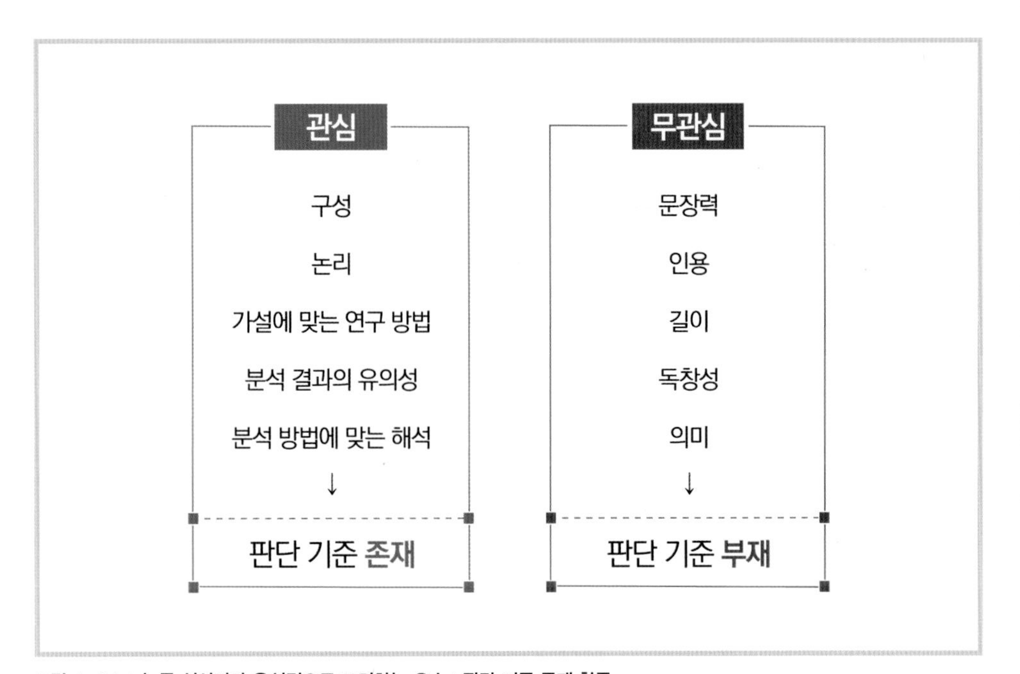

그림 4-54 | 논문 심사자가 우선적으로 고려하는 요소 : 판단 기준 존재 항목

이렇게 분석 결과에 따라 결론과 제언을 작성하면, 논문은 대략 완성됩니다. 이후에는 전체 논문에 대한 수정 작업을 거치게 되는데, 이때 논문 심사 기준에 따라 판단 기준이 존재하는 요소에 집중하여 수정하는 것이 중요합니다. 심사자들은 '논문 주제와 가설에 맞게 연구 방법을 선정하였는가? 그 분석 결과가 유의한가? 그에 따른 객관적인 결론과 해석을 하였는가?'에 집중하여 심사를 진행합니다.

연구 주제 : 지도 교수님의 성향이 논문 통과율과 투입 시간에 미치는 영향 연구

연구 가설 ≠ 설문지 ≠ 통계분석 결과

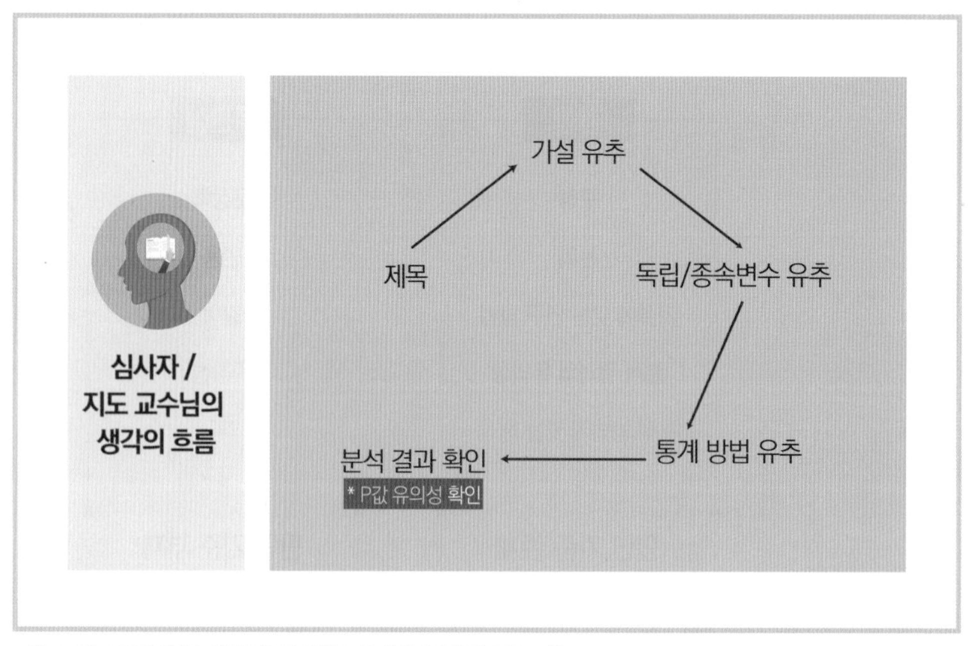

그림 4-55 | 연구 주제 논리성 파악을 위한 논문 심사자의 생각 흐름 도식

다시 말해 심사자는 '논문이 [그림 4-55]처럼 한 흐름으로 구성되었는가?'를 가장 눈여겨봅니다. 우리가 1단계 핵심 전략에서 배웠던 '논문 통독 방법'을 사용하여 논리성을 평가하는 것이죠. 그런데 대부분의 연구자는 '논문의 분량과 길이, 독창성, 인용 방법, 형식' 등에 더 많은 시간을 투자합니다. 아무리 깔끔한 문장과 인용으로 길게 쓴 논문이라 해도 한 구성으로 진행되지 않고 그에 대한 분석 결과가 명확하지 않다면, 그 논문은 심사에서 탈락할 가능성이 높습니다.

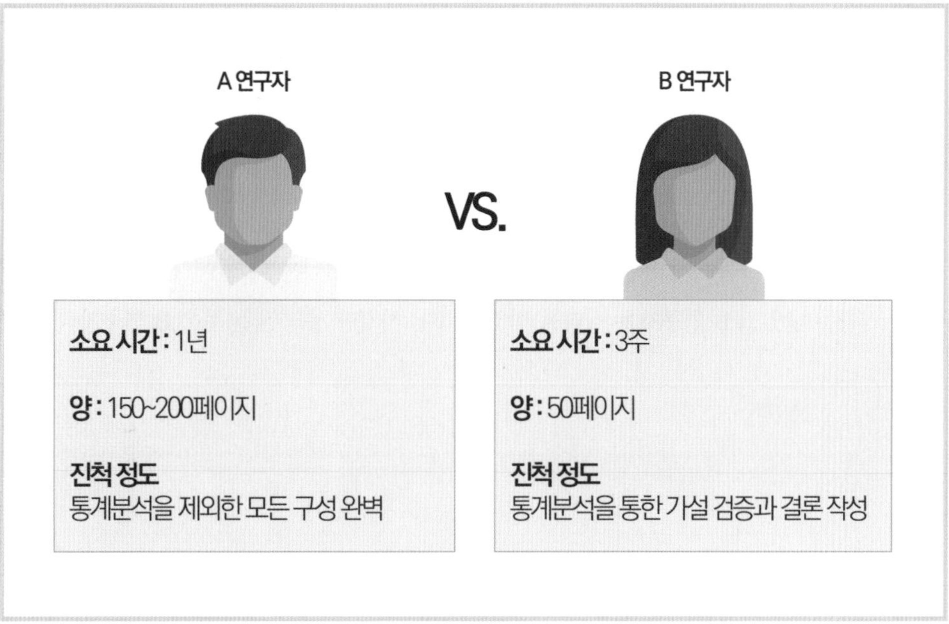

A 연구자

B 연구자

VS.

소요 시간 : 1년

양 : 150~200페이지

진척 정도
통계분석을 제외한 모든 구성 완벽

소요 시간 : 3주

양 : 50페이지

진척 정도
통계분석을 통한 가설 검증과 결론 작성

그림 4-56 | 판단 기준이 존재하는 논문 심사 요소 우선 작업의 중요성

논문통계팀에서 같은 대학원, 같은 전공에 소속되어 있고, 동일한 지도 교수님과 논문을 진행하는 두 명의 연구자를 동시에 관찰한 적이 있습니다. A 연구자는 독창적인 아이디어로 1년 이상 논문을 준비했지만 시간이 약간 모자라서 분석 결과를 제외한 전체 논문을 최종 심사 때 제출했습니다. B 연구자는 급하게 논문을 작성해야 하는 상황이었습니다. 우리는 B 연구자에게 8단계 논문 쓰기 프로세스를 기초로 분석을 빠르게 진행하는 방법을 제안했습니다. B 연구자는 전략적인 논문 쓰기 순서에 따라 연구 주제와 가설을 연구 계획서 형태로 만들어 지도 교수님에게 최종 확인을 받고, 서론과 이론적 배경을 거의 쓰지 못한 채 설문조사와 분석을 진행하였습니다. B 연구자는 도출한 분석 결과를 중심으로 결론과 제언을 작성하여 논문을 겨우 제출했습니다.

우리는 당연히 A 연구자가 통과될 거라고 생각했습니다. 그런데 놀랍게도 B 연구자의 논문이 통과되었습니다. 심사를 한 교수님은 두 연구자에게 다음과 같이 말씀하셨다고 합니다.

> "A 선생님께서는 너무 고생 많으셨습니다. 문장도 깔끔하고 참고문헌 및 인용도 잘 정리되어 있네요. 그런데 A 선생님께서 세운 가설에 대한 분석 결과를 저희가 확인할 수 없기 때문에 논문을 심사할 수 없습니다. 이 주제를 가지고 다음 학기에 진행하시거나 이를 토대로 분석을 진행하셔서 저희가 심사할 수 있도록 도와주세요. 현재로서는 통과시키기가 어렵습니다.

그리고 B 선생님, 매우 많이 부족하다는 것은 아시죠? 아마 수정 작업이 매우 고되실 겁니다. 시간도 없고. 하지만 B 선생님이 제시한 연구 가설에 대한 분석 결과가 매우 의미 있고 타당한 것 같습니다. 통과는 시켜드릴 테니, 서론과 이론적 배경 및 전체 살을 붙이셔서 지도 교수님께 한 번 더 검토 받으시고 논문 제본을 제출하시면 될 것 같습니다."

물론 연구자들에게 들은 내용을 각색한 것이지만, 핵심은 다 들어가 있습니다. A 연구자는 칭찬을 받았고 B 연구자는 질타를 받았습니다. 하지만 통과된 논문은 B 연구자의 것이었습니다.

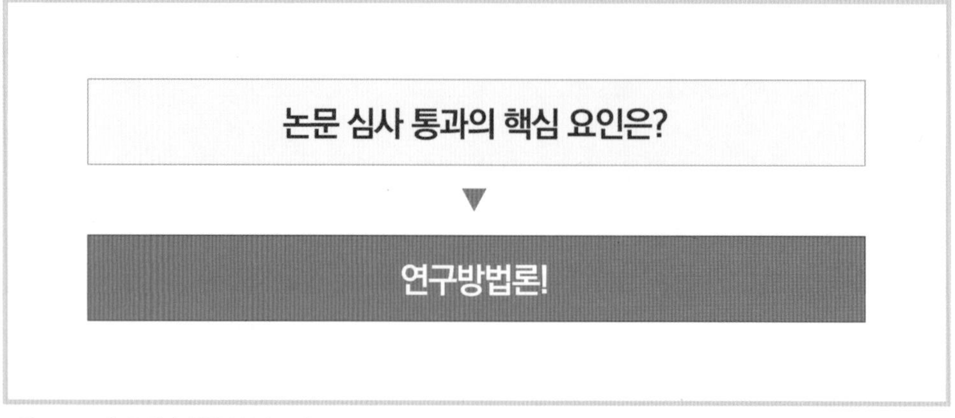

그림 4-57 | 논문 심사의 핵심 통과 요인

결국 논문 심사의 핵심 통과 요인은 '주제에 맞는 가설과 설문지, 그리고 연구방법론에 따른 결과'였던 것입니다. 만약 B 연구자처럼 논문 쓸 시간이 제한적이라면, 분석 결과와 논리적인 구성 설계에 집중하고 그 외 부수적인 요소들은 전체적인 논리가 완성된 후에 작업하는 것이 좋습니다. 나중에 시간이 부족해 A 연구자와 같은 상황이 발생할 수도 있기 때문입니다.

마지막으로 수정 작업에 대해 말씀드리겠습니다. 수정을 진행하다보면 더 좋은 이론적 배경이나 설문 척도, 선행 논문에 있는 알맞은 인용 문구가 생겨날 수 있습니다. 이때 욕심이 생겨서 기존에 작성했던 내용을 버리고 새로운 내용으로 수정하면 논리 구성이 더 어그러질 수 있습니다. 따라서 논문 구성의 큰 흐름에 문제만 없다면 기존 구성에 가능한 손을 대지 말고 미흡한 부분은 따로 체크하는 것이 좋습니다. 심사자들이 미흡한 부분에 대해 질의하면 미리 준비한 방어 논리나 추가 참고 자료를 근거로 말씀드리면 됩니다. 그래야 시간을 절약할 수 있습니다. 초록(Abstract)을 작성할 때는 1페이지 분량을 넘기지 않고, 영문 번역 시 전공 단어가 영문으로 어떻게 쓰이는지 확인하는 것이 중요합니다.

지금까지 효율적으로 논문을 쓰는 단계와 핵심 전략에 대해 Section 03과 Section 04에 걸쳐 살펴보았습니다. Section 05에서는 논문 심사 기준 중에 가장 중요한 요소이고, 논문 통과 여부에 가장 많은 영향을 미치며, 연구자들이 어려워하는 연구방법론에 대해 자세히 살펴보겠습니다. 양적 논문에서 많이 쓰이는 통계 방법을 중심으로 설명하겠습니다.

SECTION

05

양적 연구에서 자주 사용하는 통계 방법

가이드라인 동영상

bit.ly/onepass-skill8

PREVIEW

- 변수의 특성과 위치에 따라 논문에서 자주 사용하는 분석 방법이 결정된다.
- 연구방법론은 크게 집단을 비교하는 분석과 변수 간의 상관성을 검증하는 분석 방법으로 나뉜다.
- 분석 방법을 결정할 때는 설문지 문항을 항상 떠올린다.

논문을 쓰는 전 과정에서 가장 핵심이 되는 것은 연구방법론입니다. 특히 양적 연구에서는 통계라는 도구를 통해 자신의 논문을 증명해야 하는데, 이 때문에 통계를 접하지 않은 연구자에게는 어려움이 많습니다. 대부분의 대학원 커리큘럼에는 '연구방법론' 수업이 있습니다. 이 수업을 들은 연구자들 대부분은 통계분석 기법을 배울 때 숫자와 결과표, 그래프를 보는 순간 절망감을 느낀다고 합니다. 결국 수업을 듣는다 해도 연구자의 논문 주제와 설문지, 그리고 통계분석 기법이 어떻게 연결되는지 감을 잡지 못하는 경우가 많습니다.

양적 논문 연구 방법에서 가장 중요한 것은 연구자가 알고자 하는 변수와 설문지가 머릿속에서 연결되어야 한다는 것입니다. 또 설문지의 어떤 문항을 비교하여 분석하면 어떤 연구 방법을 적용하게 되는지 예측할 수 있어야 합니다.

이 절의 목표는 양적 연구에서 자주 사용하는 통계 방법을 명확하게 아는 것입니다. 통계분석 기법을 연구자의 가설과 설문지 문항에 연결할 수 있도록, 향후 대학원 수업에서 파생되는 양적 연구방법론을 쉽게 이해할 수 있도록 안내하겠습니다. 무료 특강에서 이 부분을 강의할 때는 만약 이 강의를 통해 이해가 되지 않는다면 통계 기법 적용을 통한 양적 논문 연구는 포기하라고 농담하기도 합니다. 그만큼 처음 논문을 쓰거나 양적 연구방법론을 처음 접하는 분들도 쉽게 이해할 수 있도록 구성하였으니, 이번 절의 내용을 꼭 이해하고 논문 쓰기를 권유합니다. 자, 시작해봅시다!

01 _ 숫자 2를 기억하라

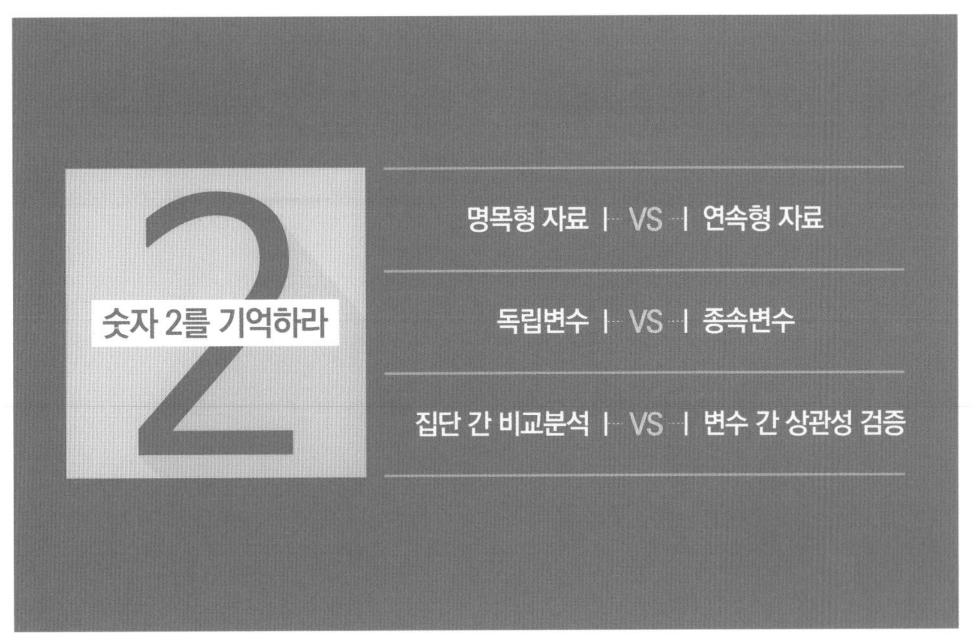

그림 5-1 | 양적 연구 방법 개요 : 숫자 2 기억하기

대학원에서 연구방법론 수업 중 통계 분석 기법에 대한 강의를 들으면, 변수의 종류와 방법에 대해서 하나씩 깊게 배웁니다. 그런데 처음부터 이렇게 깊게 배우면, 자신이 무엇을 배웠는지도 헷갈리고 어떻게 적용할지도 막막하죠. 저희도 컨설팅을 진행하며 연구자들과 상담할 때 같은 경험을 하곤 했습니다. 분명히 이 변수로는 이런 분석 방법이 적용되지 않는데 연구자에게는 그에 대한 이해가 없었습니다. 또한 서열척도, 명목척도 등의 어려운 용어를 사용해 연구자에게 설명해보니 이해하기 어려워했고 연구자와 소통이 잘 되지 않았습니다.

그래서 어떻게 하면 통계 기법을 쉽게 설명할 수 있을지 고민하게 되었고, 그 결과가 [그림 5-1]입니다. 연구방법론을 떠올릴 때 숫자 2만 기억하면 됩니다.

여러분들이 설문지에서 주로 사용하는 유형은 명목형 자료와 연속형 자료로 2유형으로 구별할 수 있습니다. 각각 원인과 결과가 되는 독립변수와 종속변수도 2개입니다. 이러한 독립변수와 종속변수가 범주형 변수인지, 연속형 변수인지에 따라 '집단 간 비교분석'과 '변수 간 상관성 검증'이라는 2개의 분석 방법으로 나눌 수 있습니다. 이제 구체적으로 살펴볼까요?

1 '자료의 유형'에 따른 구분 : 명목형 자료와 연속형 자료

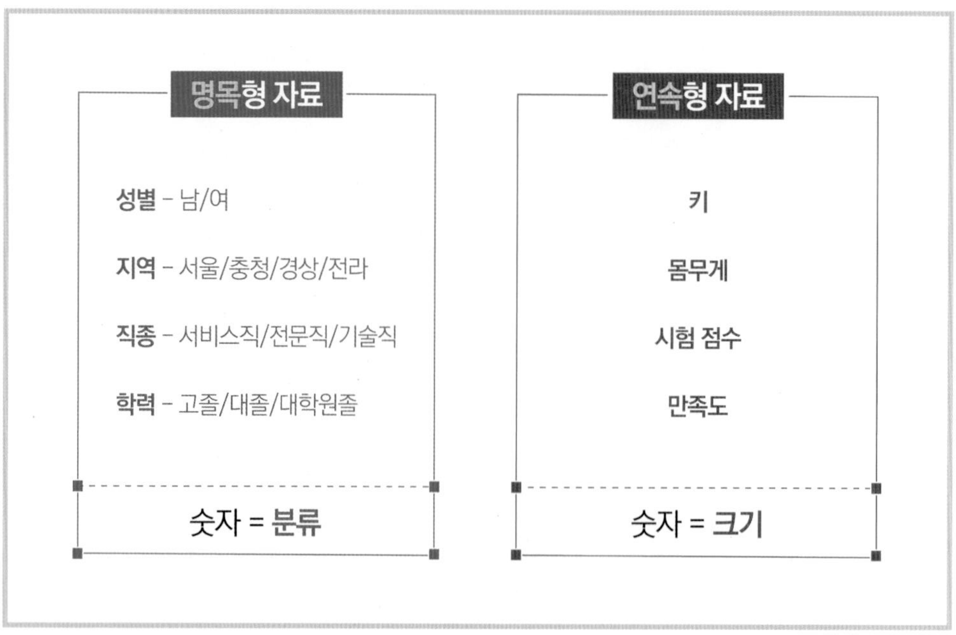

그림 5–2 | 기억해야 할 첫 번째 숫자 2 : 명목형 자료와 연속형 자료

자료는 크게 명목형 자료와 연속형 자료로 구분할 수 있습니다.

명목형 자료는 설문지 문항에서 응답하는 숫자에 아무런 의미가 없고, 단지 분류하기 위해 부여하는 변수입니다. 예를 들어 '성별'이라는 변수를 설문지에서 물어보고 싶을 때 남자와 여자를 구분하여 물어볼 수 있습니다. 이 변수에 대한 설문 문항을 만들면, [그림 5–3]과 같습니다.

그림 5–3 | '성별' 변수를 설문지로 만든 예시 : 명목형 변수

[그림 5-3]에서 '남자=1, 여자=2'로 숫자를 부여했습니다. 그렇다면 여자가 남자보다 능력이 2배 더 뛰어난가요? 혹은 여자가 남자보다 2배 더 인구가 많나요? 그런 게 아니죠? 여기서 설문 문항에 부여된 숫자는 분류 외에는 아무런 의미가 없습니다. 그래서 명목형 자료를 '범주형(category) 자료'라고도 부릅니다.

다른 예를 들어보겠습니다. [그림 5-2]에 제시된 '지역'을 설문지 문항으로 바꿔볼까요?

귀하가 거주하고 있는 지역은 어디입니까?
① 서울　② 충청　③ 경상　④ 전라

이 예시에서는 '서울=1, 충청=2, 경상=3, 전라=4'로 체크하고 있습니다. 그렇다면 서울이 충청도보다 더 좋은 도시인가요? 경상도는 서울보다 땅이 3배 더 넓나요? 그렇지 않습니다. 숫자는 분류 외에는 아무런 의미가 없습니다.

그렇다면 연속형 자료는 무엇일까요? 연속형 변수는 우리가 많이 보아온 자료입니다. 키, 몸무게, 시험 점수, 만족도 등은 숫자에 의미가 있고, 크고 작음을 숫자로 비교할 수 있습니다.

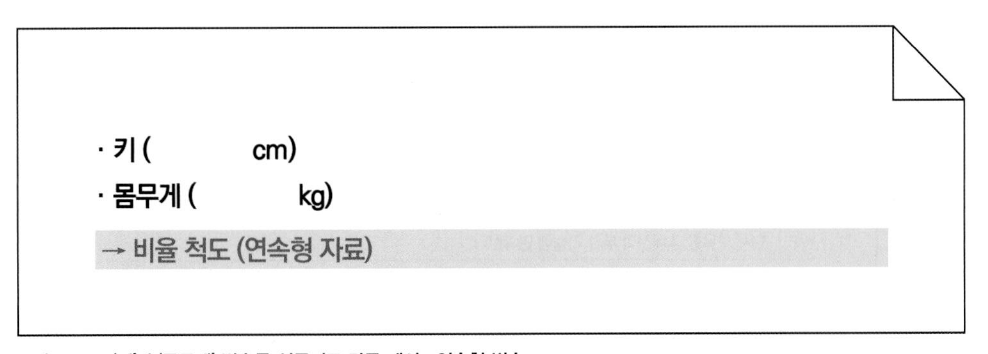

그림 5-4 | '키'와 '몸무게' 변수를 설문지로 만든 예시 : 연속형 변수

[그림 5-4]에서 키가 180cm인 사람은 170cm인 사람에 비해 10cm가 더 크다고 이야기할 수 있습니다. 몸무게가 60kg인 사람은 70kg인 사람보다 10kg 작다고 이야기할 수 있죠.

그러면 [그림 5-2]의 만족도는 연속형 자료로 어떻게 물어볼 수 있을까요?

귀하는 사용하고 계신 휴대전화에 만족하십니까?

① 매우 불만족　② 불만족　③ 보통　④ 만족　⑤ 매우 만족

→ 서열 척도 (범주형 자료)

그림 5-5 | '휴대전화 만족도' 변수를 설문지로 만든 예시 : 범주형 변수

원래 '만족도'는 [그림 5-5]처럼 범주형 자료로 표현됩니다. '1 = 매우 불만족'이 '5 = 매우 만족'보다 5배 더 만족하는 것이 아니기 때문입니다. 하지만 사회과학 분야 연구자들이 이런 주관적인 척도를 수치화하여 좀 더 많은 분석 기법을 적용하길 원했습니다. 대표적인 예가 구간을 통해 점수를 부여하는 '리커트 척도'입니다. 대부분 5점, 7점, 10점 척도로 많이 사용하죠.

6개 문항을 통합해서, 휴대폰 만족도 측정　　등간 척도 (연속형 자료)

구분	문항	전혀 그렇지 않다	그렇지 않다	보통이다	그렇다	매우 그렇다
1-1	현재 보유한 휴대전화 크기에 만족한다.					
1-2	현재 보유한 휴대전화 색깔에 만족한다.					
1-3	현재 보유한 휴대전화 액정 크기에 만족한다.					
1-4	현재 보유한 휴대전화 통화 품질에 만족한다.					
1-5	현재 보유한 휴대전화 인터넷 속도에 만족한다.					
1-6	현재 보유한 휴대전화 부가 기능에 만족한다.					

그림 5-6 | '휴대전화 만족도' 변수를 연속형 변수 설문지로 바꾼 예시

그래서 [그림 5-5]의 휴대전화 만족도를 [그림 5-6]과 같이 세분화하고, 그에 대한 응답을 '1점 = 전혀 그렇지 않다 / 2점 = 그렇지 않다 / 3점 = 보통이다 / 4점 = 그렇다 / 5점 = 매우 그렇다'라는 리커트 척도로 물어보게 되면, 휴대폰 만족도의 평균값을 구할 수 있습니다. 휴대전화 만족도를 1~5점으로 수치화하면 크고 작음을 비교할 수 있기 때문에 연속형 변수로 사용할 수 있습니다. 또한 각 항목의 숫자에도 의미가 생깁니다. 예를 들어 '현재 보유한 휴대전화 크기에 만족한다.' 문항에 대해 1점으로 응답한 사람은 5점으로 응답한 사람보다 휴대전화 크기에

대한 만족도가 적다고 말할 수 있습니다. 1점은 5점보다 작기 때문입니다.

이제 명목형 자료와 연속형 자료를 판단할 수 있겠죠? 마지막으로 남자들이 좋아하는 주제로 한 번 더 질문하겠습니다.

> 축구선수의 등번호는 **명목형 자료**일까요, **연속형 자료**일까요?

만약 축구선수 등번호가 연속형 자료라면 숫자로 대소관계를 나타내는 의미를 지녀야 합니다. 즉 '실력'을 나타낼 수 있도록 숫자로 대소관계를 표시해줘야겠죠? 그런데 박지성 선수의 국가대표 등번호는 7번이었고, 차범근 선수의 국가대표 등번호는 11번이었습니다. 둘 다 한국 국가대표 레전드였기 때문에 만약 등번호가 연속형 변수라면 1번을 부여하거나 99번을 부여해야겠죠? 혹은 총 선수 인원이 22명이니까 22번 정도? 하지만 축구선수 등번호는 그 선수를 분류하기 위한 '명목형 변수'입니다. 따라서 차범근 선수와 박지성 선수는 각각 공격수와 미드필더의 번호를 부여 받은 것이죠. 남성 독자들에게는 좀 더 쉽게 다가올 수 있는 예시가 아니었을까 생각합니다.

2 '변수의 특성'에 따른 구분 : 독립변수와 종속변수

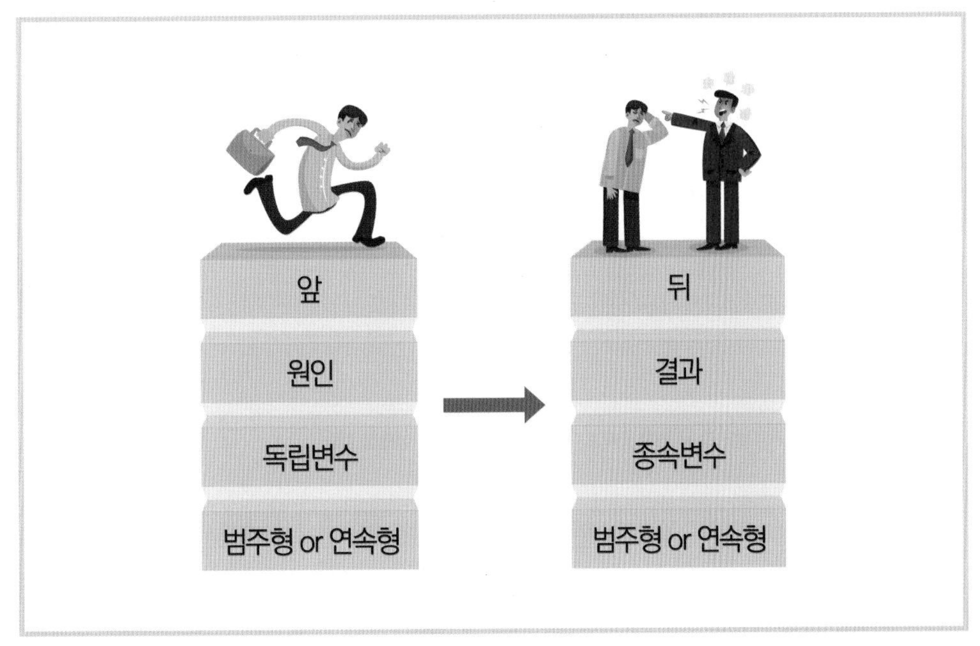

그림 5-7 | 기억해야 할 두 번째 숫자 2 : 독립변수와 종속변수

지금까지 변수의 종류에 따라 설문 문항이 어떻게 구성되는지 살펴보았습니다. 변수의 종류가 결정되면, 이 변수를 원인이 되는 독립변수로 설정할 것인지, 종속변수로 설정할 것인지는 선행 논문을 참고해서 정하면 됩니다. 앞서 Section 03에서 독립변수와 종속변수에 대해 설명했습니다. 기억하고 있나요?

연구 주제와 가설을 보고 쉽게 독립변수와 종속변수를 확인하려면 변수의 위치를 살피면 됩니다. 앞에 있는 변수가 대부분 독립변수, 뒤에 있는 변수가 대부분 종속변수라고 말씀드렸습니다. 특히 연구 주제를 볼 때는 거의 다 그렇다고 생각하면 됩니다. 독립변수와 종속변수를 연구 주제만 보고 판단할 수 없을 경우에는 논문에서 연구 모형이 있는 부분을 살펴보면 쉽게 판단할 수 있습니다. 결국 독립변수와 종속변수가 명목(범주)형 자료인지 연속형 자료인지에 따라 양적 논문에서 사용하는 분석 방법이 결정됩니다.

3 **분석 방법 구분** : 집단 간 비교분석과 변수 간 상관성 검증

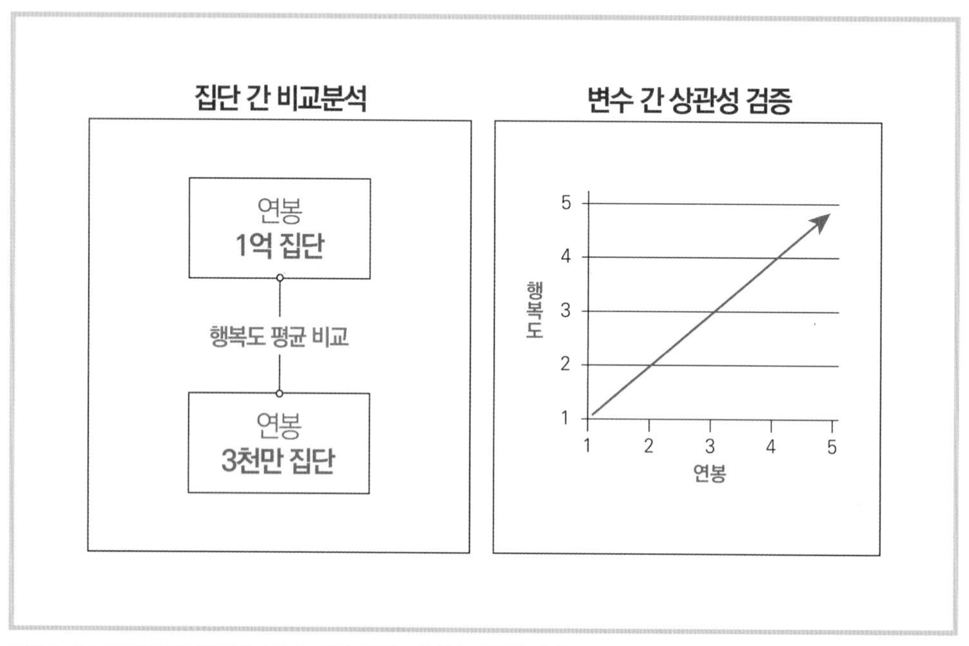

그림 5-8 | 기억해야 할 세 번째 숫자 2 : 집단 간 비교와 변수 상관성 검증

마지막으로, 원인인 독립변수와 결과가 되는 종속변수가 설문지에서 숫자로 분류만 하는 명목형 자료인지 숫자로 크고 작음을 비교할 수 있는 연속형 자료인지에 따라 분석 방법이 결정됩니다. 크게 '집단을 비교하는 분석 방법'과 '변수 간의 관계나 연속성을 검증하는 분석 방법'으로 나뉩니다. 새로운 분석 방법들이 생겨나고 있지만 대부분 이 두 가지 방법을 벗어나지 않

습니다. 결국 양적 논문에서는 크게 보아 '집단의 차이를 비교'하거나 '변수 간의 연관성을 검증'하는 것을 다양한 분석 방법으로 표현한다고 생각하면 됩니다.

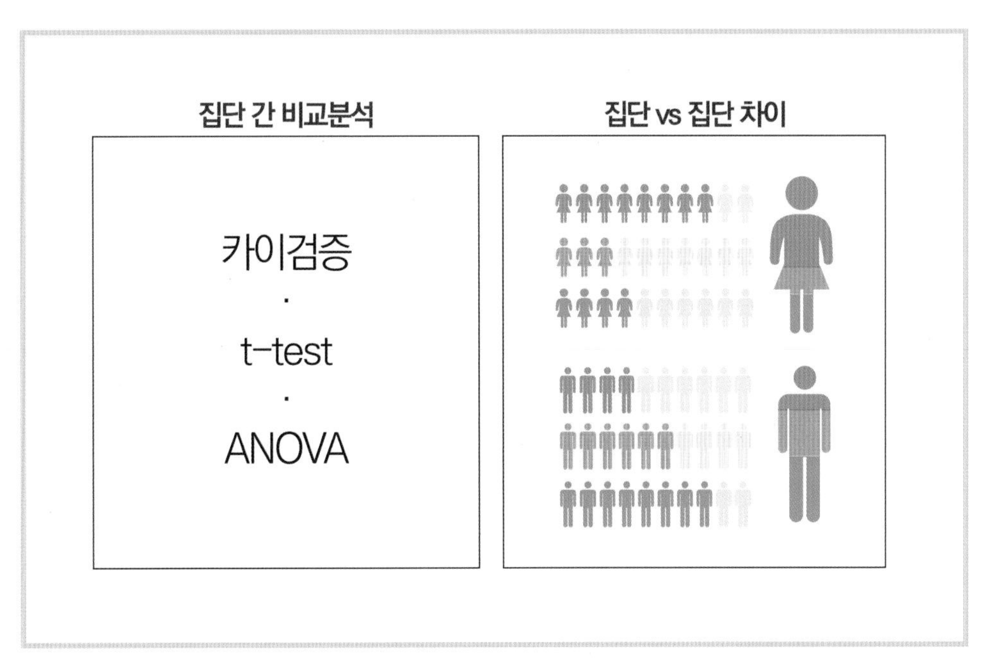

그림 5-9 | 집단 간 차이를 비교하는 분석 방법 : 카이검증, t-test, ANOVA

양적 논문에서 많이 사용되는 분석 방법 중 '집단 간 차이를 비교하는 분석 방법'에는 카이검증, t-test, ANOVA(ANalysis Of VAriance)가 있습니다. 카이검증은 독립변수와 종속변수가 둘 다 명목(범주)형 자료일 때 사용하는 분석 방법입니다. t-test와 ANOVA는 독립변수가 명목(범주)형 자료이지만, 종속변수는 숫자로 대소관계를 나타낼 수 있는 연속형 자료일 때 사용하는 분석 방법입니다.

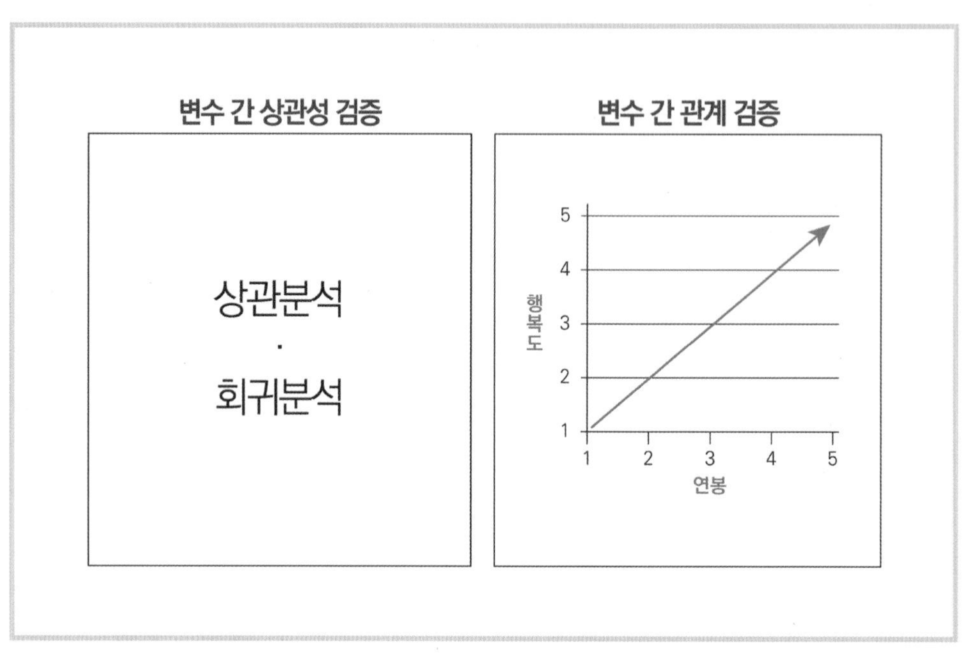

그림 5-10 | 변수 간 상관성 검증 방법 : 상관분석, 회귀분석, 로지스틱 회귀분석

그렇다면 '변수 간 상관성을 검증하는 분석 방법' 중에 논문에서 많이 쓰는 분석 방법으로는 무엇이 있을까요? 상관관계 분석과 회귀분석이 대표적입니다. 상관관계 분석과 회귀분석은 독립변수와 종속변수 모두 숫자로 크기를 비교할 수 있는 연속형 자료일 때 사용합니다. 양적 논문 연구의 모든 분석이 원인이 되는 독립변수와 결과가 되는 종속변수의 인과관계를 확인하는 분석 기법이지만, 특히 독립변수와 종속변수 모두 연속형 변수로 이루어진 이 분석 기법들은 그 인과관계가 얼마나 되는지 숫자로 확인할 수 있어서 연구자들이 많이 애용하는 분석 방법입니다.

마지막으로 독립변수가 연속형 자료이고, 종속변수가 명목(범주)형 자료일 때 사용하는 대표적인 분석 방법으로는 로지스틱 회귀분석이 있습니다. 하지만 이 분석 방법은 의료 분야에서 많이 쓰이고, 일반 사회과학 논문에서는 많이 쓰이지 않기 때문에 이 책에서는 다루지 않겠습니다.

집단 간 비교분석	카이검증	명목형 자료 → 명목형 자료
	t-test, ANOVA	명목형 자료 → 연속형 자료
변수 간 상관성 검증	상관분석, 회귀분석	연속형 자료 → 연속형 자료
	로지스틱 회귀분석	연속형 자료 → 명목형 자료

그림 5-11 | 양적 연구에서 많이 사용되는 통계 방법 분류표

지금까지 명목(범주)형 자료와 연속형 자료가 독립변수인지 종속변수인지에 따라 크게 집단을 비교하는 분석과 변수 간 상관성을 검증하는 방법으로 나뉘는 것에 대해 알아보았습니다. 결국 2개의 변수 특성과 2개의 변수 위치에 따라 달라지기 때문에 설문지 문항을 보고 네 가지 경우의 수를 떠올려 그에 맞는 분석 방법을 예측하면 됩니다.

이제 간단한 예시를 통해 위에서 배운 내용을 적용해보겠습니다. 논문 쓰기에서 가장 중요한 것은 연구자의 가설 유형에 따라 설문지가 어떻게 설계되는지 떠올릴 수 있어야 한다는 점입니다. 설문 문항을 통해서 변수의 종류를 유추하고 이를 통해 분석 방법을 파악하는 연습을 해보도록 하겠습니다.

(성별)에 따라 (선호하는 휴대폰 브랜드)에 차이가 있다.

그림 5-12 | 가설 유형 (1) : 성별(명목형 자료)과 선호하는 휴대폰 브랜드(명목형 자료)의 비교 분석

연구자의 가설 유형이 [그림 5-12]와 같다고 가정해봅시다. 연구자는 변수의 종류와 그 변수가 원인인지 결과인지 바로 파악해보고 설문지 유형을 떠올리는 연습을 해야 합니다. 성별은 '1 = 남자, 2 = 여자'로 구분할 수 있는 명목(범주)형 자료이고, 선호하는 휴대폰 브랜드 역시 휴대폰 브랜드를 분류해주는 명목(범주)형 자료입니다. 또한 '성별에 따라 선호하는 휴대폰 브랜드에 차이가 있을까?'에 대한 가설이므로, 성별은 원인이 되는 독립변수, 선호하는 휴대폰 브랜드는 결과가 되는 종속변수가 됩니다.

설문지 예시

1. 선호하는 휴대폰 브랜드는?

① 삼성 ② LG ③ 베가 ④ 기타

2. 귀하의 성별은?

① 남 ② 여

그림 5-13 | 가설 유형 (1)에 따른 설문지 도출

[그림 5-12]의 가설 유형에 근거하여 설문지를 머릿속으로 떠올리면, [그림 5-13]처럼 구성할 수 있습니다. 2개의 설문 문항을 비교하면 연구자가 설정한 가설을 검증할 수 있습니다. 이 분석 방법은 바로 다음에 배우겠지만, 원인이 되는 변수도 명목(범주)형 자료, 결과가 되는 변수도 명목(범주)형 자료이므로, '카이검증'이라는 분석 방법을 사용합니다.

(휴대폰 브랜드)에 따라 (휴대폰 만족도)에 차이가 있다.

그림 5-14 | 가설 유형 (2) : 휴대폰 브랜드(명목형 자료)와 휴대폰 만족도(연속형 자료)의 비교 분석

하나 더 연습해봅시다. [그림 5-14]와 같은 가설 유형이라면 어떨까요? 휴대폰 브랜드는 앞의 예시에서처럼 휴대폰 브랜드 종류를 골라야 하기 때문에 명목(범주)형 자료입니다. 휴대폰 만족도는 점수화하여 '1 = 전혀 그렇지 않다 / 2 = 그렇지 않다 / 3 = 보통이다 / 4 = 그렇다 / 5 = 매우 그렇다'로 나타낼 수 있는 연속형 자료입니다.

설문지 예시

1. 현재 사용하고 있는 휴대폰 브랜드는?

① 삼성 ② LG ③ 베가 ④ 기타

2. 다음은 휴대전화의 전반적인 만족도에 대한 질문입니다. 만족하는 정도에 따라 1~5점으로 체크(V표)해주세요.

1점=전혀 그렇지 않다 2점=그렇지 않다 3점=보통이다 4점=그렇다 5점=매우 그렇다

구분	문항	전혀 그렇지 않다	그렇지 않다	보통이다	그렇다	매우 그렇다
1-1	현재 보유한 휴대전화 크기에 만족한다.					
1-2	현재 보유한 휴대전화 색깔에 만족한다.					
1-3	현재 보유한 휴대전화 액정 크기에 만족한다.					
1-4	현재 보유한 휴대전화 통화 품질에 만족한다.					
1-5	현재 보유한 휴대전화 인터넷 속도에 만족한다.					
1-6	현재 보유한 휴대전화 부가 기능에 만족한다.					

그림 5-15 | 가설 유형 (2)에 따른 설문지 도출

그렇다면 [그림 5-15]와 같이 '휴대폰 브랜드'에 대해서는 사용하는 휴대폰 브랜드를 명목(범주)형 자료로 물어볼 수 있고, '휴대폰 만족도'에 대해서는 각각의 만족하는 요소에 대해 1~5점 리커트 척도로 물어보는 연속형 자료로 설문 문항을 제작하거나 떠올릴 수 있습니다. 또한

휴대폰 브랜드라는 명목(범주)형 자료가 원인이 되는 독립변수이고, 휴대폰 만족도라는 연속형 자료가 결과가 되는 종속변수이므로 'ANOVA'라는 분석 방법을 사용합니다.

이런 방식으로 접근하면 명목형 자료와 연속형 자료가 원인이 되는 독립변수인지 결과가 되는 종속변수인지에 따라 '집단을 비교'하는 분석 방법인지, '변수 상관성을 검증'하는 분석 방법인지 파악할 수 있고, 설문 문항을 도출해낼 수 있습니다. 그 반대로 선행 논문의 설문 문항을 보면서 범주형 자료인지, 연속형 자료인지 판단할 수 있고, 연구 모형을 검토하여 독립변수와 종속변수를 찾아낼 수 있습니다.

앞으로 연구 주제와 가설을 보면, 숫자 2를 떠올리며 앞에서 연습한 작업을 해보세요. 이 방법이 선행 논문을 가장 빨리 이해할 수 있는 방법입니다.

지금부터 앞에서 언급한 분석 방법에 대하여 자세히 설명하겠습니다. 가설을 보고 변수의 종류와 위치를 떠올리고 그에 따라 설문지를 유추하는 작업을 계속 연습할 겁니다. 이러한 훈련을 통해 연구자들이 적어도 선행 논문의 분석 방법을 이해하고, 자신의 논문 가설에 어떻게 적용해야 하는지를 알 수 있도록 설명하겠습니다.

02 _ 카이검증 : 집단 간 비율 비교

그림 5-16 | 집단 간 비교분석 (1) : 카이검증 개요

'집단 간 비교 분석'의 첫 번째 분석인 카이검증에 대해 알아보겠습니다. 원인이 되는 독립변수가 명목형 자료이고 결과가 되는 종속변수도 명목형 자료일 때, 카이검증이라는 분석 방법을 사용합니다. 다른 말로 '교차분석'이라고도 합니다. 이 분석 방법을 이해하기 쉽게 '집단 간 비율 비교' 분석 방법이라고 이야기합니다.

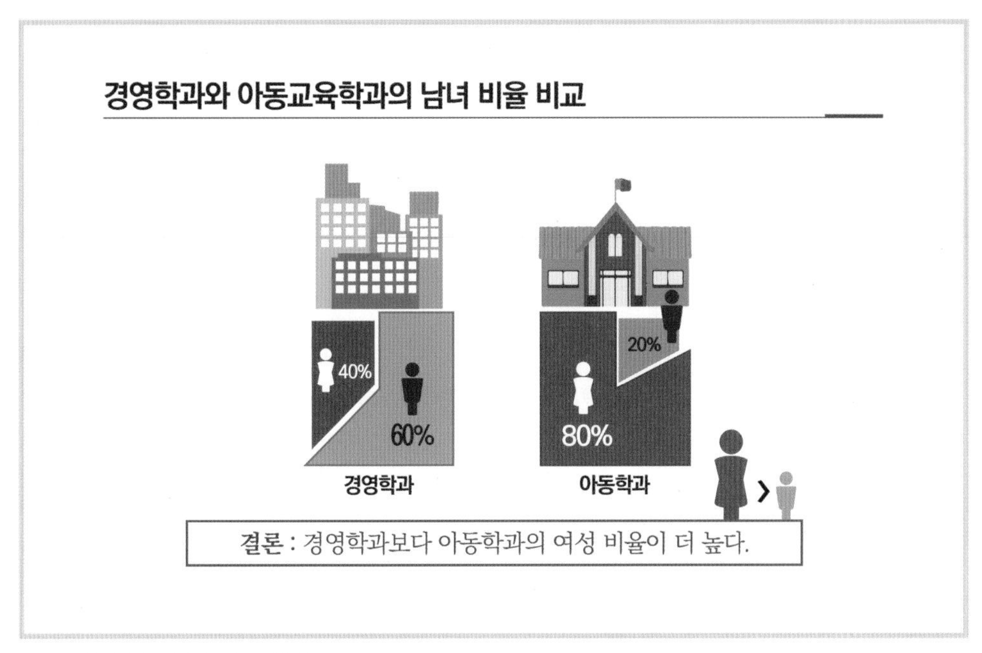

그림 5-17 | 분석 결과 예시 : 카이검증

[그림 5-17]과 같은 결론을 이끌어내기 위해 '경영학과보다 아동학과의 여성 비율이 더 높을 것이다.'라는 가설을 검증한다고 가정해보겠습니다. 자, 자료의 종류와 변수의 특성을 파악하고 설문지를 떠올려보겠습니다.

먼저 경영학과와 아동학과는 학과를 물어보는 질문이며, 원인이 되는 독립변수일 것입니다.

Q. 귀하의 소속 학과는?
① 경영학과　② 아동학과

학과는 명목형 자료입니다. '경영학과=1, 아동학과=2'라고 해서 경영학과가 첫 번째로 좋은 학과이거나 아동학과의 인원이 2배 더 많은 것은 아닙니다. 이 숫자는 단지 '분류'를 해주는 변수이기 때문입니다.

여성의 비율은 '성별'로 물어볼 수 있습니다.

Q. 귀하의 성별은?
① 남자 ② 여자

성별은 우리가 많이 연습했던 변수입니다. 명목형 자료죠.

원인이 되는 변수도 명목형 자료, 결과가 되는 변수도 명목형 자료입니다. 그렇다면 '카이검증'이라는 집단 간의 비율을 비교하는 분석을 사용합니다. 선행 논문의 설문지를 보면서, 선행 연구자의 가설을 역으로 유추해볼 수도 있습니다.

만약 이 가설이 검증되어서 p값이 0.05보다 적어 유의하게 나타난다면 이건 무슨 뜻일까요? 실험을 100번 진행했을 때 95번 이상은 경영학과보다 아동학과의 여성 비율이 더 높게 나타날 것이라고 유추할 수 있습니다. 다시 말해서 A 대학교 아동학과의 여학생 숫자가 남학생보다 더 많고, B 대학교도 마찬가지로 여학생 비율이 더 높다는 이야기입니다. 이 결과를 바탕으로 연구자는 "각 대학교에서 경영학과보다 아동학과의 여성 비율이 더 높으므로, 만약 경영학과와 아동학과가 같은 건물을 쓰고 있다면 여성 화장실을 더 늘려야 효율적으로 학교 운영을 할 수 있습니다."와 같은 정책 제안을 할 수 있습니다.

카이검증 (교차분석) : 집단 간 비율 검증

〈연구문제〉

_20대와 60대는 야당과 여당을 지지하는 사람의 비율에서 차이**가 있을까?**
_성별**에 따라서** 맥주를 좋아하는 사람과 소주를 좋아하는 사람의 비율**이 다를까?**
_출신 지역**에 따라서** 특정 야구팀을 선호하는 사람의 비율**이 다를까?**
_전공**에 따라서** 액션영화와 멜로영화를 좋아하는 사람의 비율**이 다를까?**

그림 5-18 | 연구문제 예시 : 카이검증

[그림 5-18]을 통해 더 연습해보겠습니다. 첫 번째 〈연구문제〉를 봅시다. 20대와 60대는 '연령'이라는 변수이고, 야당과 여당을 지지하는 사람의 비율은 '정치 성향' 혹은 '특정 당 지지 여부'라는 변수로 생각해볼 수 있겠죠?

그럼 설문지를 떠올려봅시다. 20대와 60대는 다음과 같이 질문할 수 있습니다.

Q. 귀하의 연령대는?
① 20대 ② 60대

연령대는 명목형 자료죠? 정치 성향은 다음과 같이 나타낼 수 있습니다.

Q. 귀하가 지지하는 당은?
① 야당 ② 여당

마찬가지로 분류를 하는 변수이므로, 명목형 자료죠? 결국 원인이 되는 명목형 자료가 결과가 되는 명목형 자료의 비율을 비교하고 있으니까, '집단 간의 비율을 비교'하는 '카이검증'을 사용할 수 있습니다.

게다가 이 가설은 유의하게 나올 가능성이 높습니다. 지난 19대 대선이 대표적인 예입니다. 대선 얼마 전까지만 해도 당시 여당인 자유한국당은 '50~70대 유권자'를 위한 슬로건을 내세우고 전쟁을 실제로 경험한 세대에 맞는 전략과 언어를 사용했습니다. 더불어민주당은 '문재인 1번가'와 같은 정책 아이디어에서도 볼 수 있듯이 '20~30대 유권자'를 공략하는 전략을 사용했습니다. 실제로 당시 각 당의 선거본부에서는 유권자의 연령대에 따라 지지하는 당의 비율에 차이가 있다는 것을 카이검증 분석 방법을 통해 내부적으로 조사하여 적용한 것입니다.

설문지를 떠올리고 변수의 특성과 위치를 파악하는 것이 아직 익숙하지 않죠? 지금 이 연습이 분석 방법을 파악하고, 자신의 가설을 어떻게 설문지로 만들며, 어떤 분석 방법을 사용해야 하는지 알 수 있는 중요한 작업이기 때문에 한 번 더 해보겠습니다.

[그림 5-18]의 두 번째 〈연구문제〉인 '성별에 따라 맥주와 소주를 좋아하는 사람의 비율 차이'에 대해서 살펴보겠습니다.

성별에 대한 설문지를 한번 떠올려볼까요?

Q. 귀하의 성별은?
① 남자　　② 여자

무슨 변수죠? 변수를 구분해주는 명목형 자료입니다. 그러면 맥주와 소주를 좋아하는 사람의 비율은 어떻게 설문지로 만들 수 있을까요?

Q. 귀하는 어떤 종류의 술을 좋아하세요?
① 맥주　　② 소주

이렇게 '주류 선호 종류'로 설문지를 만들 수 있고, 설문지를 만들고 보니 '명목형 자료'라는 것을 금방 확인할 수 있습니다. 그렇다면 원인이 되는 독립변수도 명목형 자료, 결과가 되는 종속형 변수도 명목형 자료이므로, '카이검증'이라는 분석 방법을 사용할 수 있겠죠.

혹시 여러분은 주류 광고를 보면서 이상한 점을 못 느꼈나요? 소주 광고에는 아이유나 이효리, 설현, 신민아 등 그 시대에 가장 유명하거나 예쁜 여배우들이 메인 모델로 출연하고, 맥주 광고에는 하정우, 이정재 같은 잘 생기고, 멋있는 남자 배우들이 나오죠. 아마 주류 회사들은 이미 카이검증을 사용해서 그에 대한 결과 값을 얻은 것 같습니다.

예측해보건대, 남자는 소주를 좋아하는 사람의 비율이 높고 여자는 맥주를 좋아하는 사람의 비율이 높게 나타났으며 이에 대한 p값이 유의하게 나타났을 겁니다. 그래서 남자가 좋아하는 비율이 높은 소주 광고에는 인기 많은 여자 연예인이 나오고, 여자가 좋아하는 비율이 높은 맥주 광고에는 멋있는 남자 연예인이 나오는 것이 아닐까요? 기업에서 더 많은 고객에게 그 주류에 대해 어필하려면 광고 전략을 짤 때 해당 주류를 좋아하는 잠재고객층이 좋아하거나 인지할 만한 연예인을 선택해야 하겠죠. 논문에 사용되는 분석이 현실과 동떨어진 분석이 아니라는 사실을 알 수 있겠죠?

대상자의 인구통계학적 특성 및 동질성 검증

표. 인구통계학적 특성에 대한 동질성 검증 결과

변수	항목	실험군 (N=20)	대조군 (N=20)	χ^2	p
직업유무	유	0(0%)	8(40%)	10	.002
	무	20(100%)	12(60%)		
종교	불교	8(40%)	2(10%)	4.985	.083
	기독교	2(10%)	2(10%)		
	없다	10(50%)	16(80%)		

실험군과 대조군의 인구통계학적 특성에 대한 차이를 알아보기 위해 인구통계학적 특성과 분류 집단을 독립변인으로 하여 카이검증을 실시하였다.

분석결과 실험군과 대조군의 직업 유무에 통계적으로 유의한 차이가 있는 것으로 나타났다 (x^2=10.00, p<.01). 실험군의 경우 모든 응답자가 직업이 없다고 응답한 반면 대조군의 경우 40%의 응답자가 직업이 있다고 응답했다. 따라서 실험군보다 대조군에서 직업을 가진 사람의 비율이 더 높다고 할 수 있다.

종교에 대한 두 집단 간 차이는 통계적으로 유의하지 않은 것으로 나타났다(p>.05). 따라서 두 집단의 종교 분포는 차이가 없다고 할 수 있다. 실험군의 경우 없다는 응답이 50%로 가장 많았고, 그 뒤로는 불교(40%), 기독교(10%)의 순으로 나타났다. 대조군도 없다는 응답이 80%로 가장 많았으며, 불교와 기독교가 각각 10%로 나타났다.

그림 5-19 | 분석 결과 표 예시 : 카이검증

카이검증 분석 결과를 표로 나타내면 [그림 5-19]와 같습니다. 만약 선행 논문에서 카이검증을 사용했는지 빠르게 확인해보고 싶다면, χ^2을 확인하면 됩니다. 그런데 이 값을 우리가 수학 시간에 배운 '엑스제곱'이라고 읽으면 안 됩니다. 이 χ^2값은 '카이스퀘어(Chi-squared)'라고 읽어야 합니다. 혹은 카이자승분포(χ^2-distribution)를 나타낸다고 해서 '카이제곱'으로 읽기도 합니다. 이 카이제곱 값을 확인하면 카이검증 분석 방법이 사용되었다는 것을 알 수 있고, 앞의 변수를 보면서 '모두 명목형 자료를 사용한 분석 방법이구나'라고 생각하며 논문을 읽을 수 있습니다.

03 _ t-test : 두 집단 간 평균 비교

그림 5-20 | 집단 간 비교분석 (2) : t-test 개요

집단을 비교하는 두 번째 방법은 t-test입니다. t-test는 원인이 되는 독립변수가 명목형 자료이고, 결과가 되는 종속변수가 연속형 자료일 때 사용합니다. 이때 독립변수는 2개의 집단만 비교할 수 있습니다. t-test는 다른 말로 t검증, 차이검증이라고도 합니다. 쉽게 '두 집단 간 평균 비교'라고 기억하면 됩니다.

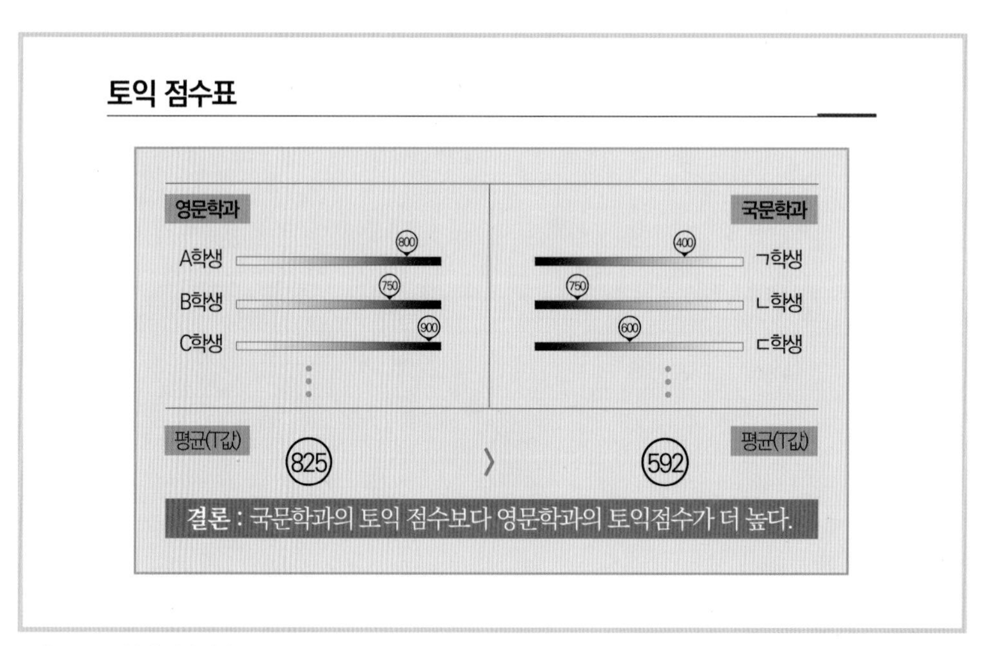

그림 5-21 | 분석 결과 예시 : t-test

예를 들어볼까요? [그림 5-21]을 보면, 국문학과와 영문학과의 토익 점수를 비교하고 있습니다. 앞에서 했던 것처럼 설문지를 한번 떠올려보죠.

Q. 귀하의 소속 학과는?
① 국문학과 ② 영문학과

무슨 자료죠? 명목(범주)형 자료입니다.

Q. 귀하의 토익점수를 적어주세요. ( )

무슨 자료죠? 숫자에 대소관계의 의미가 있는 연속형 자료입니다. 두 개 학과(명목형 자료)의 토익 점수(연속형 자료)를 비교하고 있으므로 t-test를 사용하는 것이죠.

만약 이 분석을 사설 토익 회사가 진행했는데 그 결과가 유의하게 나온다면 토익 회사는 어떤 전략을 사용할까요? 국문학과에 더 많은 토익 광고 포스터를 붙이거나 학과와 연계해서 영업을 진행할 수도 있습니다. 800점 달성 반 커리큘럼 광고는 국문학과 건물에, 900점 달성 반 커리큘럼 광고는 영문학과 건물에 붙여 차별적으로 영업을 진행할 수도 있겠죠.

t-test (t검증 / 차이검증) : 두 집단 간 평균 비교

〈연구문제〉
_서울 지역 고등학생과 부산 지역 고등학생 중 누구의 수능 점수가 더 높을까?
_남학생과 여학생은 지능검사 점수에서 차이가 있을까?
_무용학과 학생과 유아교육학과 학생 중 어떤 학과 학생들의 몸무게가 더 높을까?
_중학생과 고등학생이 한 달에 받는 용돈에는 차이가 있을까?

그림 5-22 | 연구문제 예시 : t-test

다른 가설을 통해 좀 더 연습해보겠습니다. [그림 5-22]의 첫 번째 〈연구문제〉를 살펴보죠. 서울 지역 고등학생과 부산 지역 고등학생은 무슨 자료일까요? 설문지를 떠올려봅시다.

Q. 귀하는 고등학생인가요?
① 예　　② 아니오

Q. 귀하가 거주하고 있는 지역은?
① 서울　　② 부산

고등학생 여부를 물어본 후 지역을 물어본다면, 향후 고등학생 여부에 '1 = 예'라고 응답한 설문지만 뽑아서 서울인지 부산인지 나눠보면 어느 지역 고등학생인지 알 수 있겠죠? 이제는 너무 쉽겠지만, 당연히 명목(범주)형 자료입니다.

그렇다면 수능점수는 무슨 자료일까요? 설문지를 다시 떠올려보세요.

Q. 귀하의 수능 점수를 적어주세요. (　　　　　　　　　　　　　　)

수능 점수는 숫자의 대소관계가 존재하므로 연속형 자료입니다. 따라서 서울과 부산 지역 고등학생이라는 두 집단의 명목형 자료를 수능 점수인 연속형 자료와 비교하고 있으니까, 두 집단의 점수 평균을 비교하는 't-test'가 되는 것입니다.

하나 더 연습해볼까요? [그림 5-22]의 두 번째 〈연구문제〉를 살펴보겠습니다. 남학생과 여학생은 어떤 자료인가요? 이 자료는 많이 해봤으니 설문지가 바로 떠오를 겁니다. 명목형 자료죠.

그럼 지능검사 점수는 어떤 자료일까요? 설문지를 떠올려보세요.

Q. 귀하가 최근에 조사했던 IQ를 적어주세요. (　　　　　　　　　　　　　　)

IQ가 높고 낮음에 따라, 지능이 '높다'와 '낮다'로 결정되기 때문에 숫자가 대소관계를 나타내므로 연속형 자료입니다. 그렇다면 남, 여 2개 집단의 연속형 자료를 비교하고 있으니, 't-test'라는 분석 방법을 통해 그 가설을 검증할 수 있는 것입니다.

임산부 요가 실시 여부에 따른 분만 통증의 차이

표. 실험군과 대조군의 분만통증에 대한 차이검증 결과(N=40)

종속변수	집단	평균	표준편차	t	p
분만통증	실험군	3.80	.40	-16.404	<.001
	대조군	8.10	1.10		

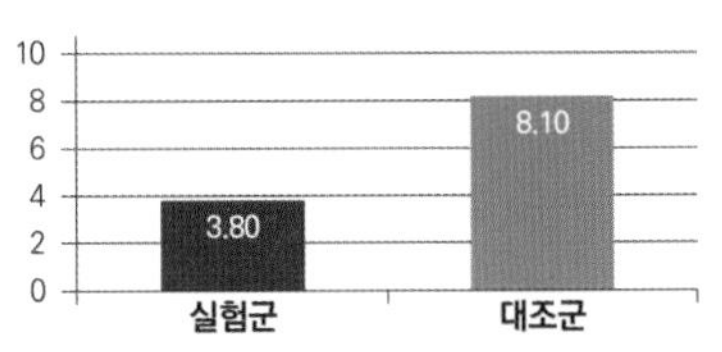

그림. 실험군과 대조군의 분만통증 차이

임산부 요가가 분만통증에 미치는 영향을 알아보기 위하여 요가 실시 여부를 독립변인으로, 분만통증을 종속변인으로 하여 차이검증을 실시하였다. 분석 결과 분만통증은 임산부 요가 실시 여부에 따라 통계적으로 유의한 차이를 보이는 것으로 나타났다(t=-16.404, p<.001). 분만통증 은 대조군이 평균 8.10인데 반해 실험군은 3.80으로 나타나 대조군보다 실험군의 분만통증이 더 낮은 것으로 나타났다.

그림 5-23 | 분석 결과 표 예시 : t-test

[그림 5-23]은 '임산부가 출산하기 전에 요가를 하면, 출산할 때 통증이 줄어들지 않을까?'에 대한 요가 선생님의 의문에서 연구가 진행된 예입니다. 연구자는 임산부를 대상으로 1개 집단은 요가를 진행하고, 다른 1개 집단은 요가를 진행하지 않은 후에 출산할 때 통증이 얼마나 심했는지 1~10점까지 리커트 척도로 구성해서 평가하게끔 연구를 설계하였습니다.

그렇다면 한번 설문지를 떠올려볼까요?

Q. 귀하는 임신 당시, 요가를 진행하셨나요?
① 예　　② 아니오

무슨 자료인가요? 명목형 자료입니다. 이때 요가를 한 집단을 '실험군'이라 명명하고, 요가를 하지 않은 집단을 '대조군'이라고 설정하였습니다.

그렇다면 출산할 때의 통증은 어떻게 설문지로 구성할 수 있을까요?

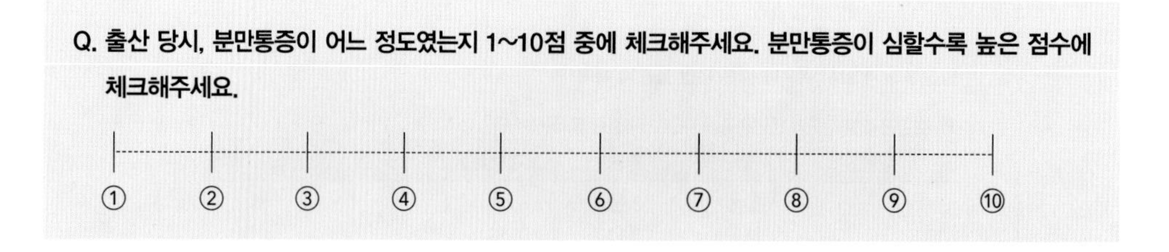

설문지 구성을 보면 알 수 있듯이, 분만통증은 숫자로 대소관계를 나타낼 수 있는 연속형 자료입니다.

결국 실험군과 대조군의 2개 집단에 따라 분만통증이라는 연속형 자료의 평균값을 비교해보는 't-test'를 사용하여 가설을 검증했고, p값이 0.001 미만으로 매우 유의하게 나타났습니다. 따라서 이 실험을 진행한 요가 선생님은 임산부에게 다음과 같이 권유할 수 있습니다.

"요가를 하면 출산할 때 통증이 줄어듭니다. 출산할 때 아픈 게 싫으시면, 같이 요가해요."

선행 논문에서 카이제곱 값이 표에 있는 것을 확인하면 카이검증 분석 방법이 사용된 것을 알 수 있듯이, 논문 표에 t값이 있으면, t-test 분석 방법이 사용된 겁니다. 물론 회귀분석에서도 t값이 쓰이지만 베타값(B, β)과 같이 쓰이므로 구별할 수 있습니다.

04 _ 변량분석 : 여러 집단 간 평균 비교

그림 5-24 | 집단 간 비교분석 (3) : 변량분석

또 다른 집단 간 비교분석 방법으로 변량분석이 있습니다. ANOVA(ANalysis Of VAriance)라고도 부릅니다. t-test와 변수의 특성과 위치는 똑같습니다. 단 t-test가 2개 집단이나 범주형 자료를 비교했다면, ANOVA는 3개 이상의 집단이나 범주형 자료를 비교하는 분석 방법입니다. 그래서 t-test와 마찬가지로 원인이 되는 독립변수는 명목(범주)형 자료, 결과가 되는 종속변수는 연속형 자료로 설문지와 연구 모형을 구성합니다. '여러 집단 간 평균 비교'로 기억하면 좋습니다.

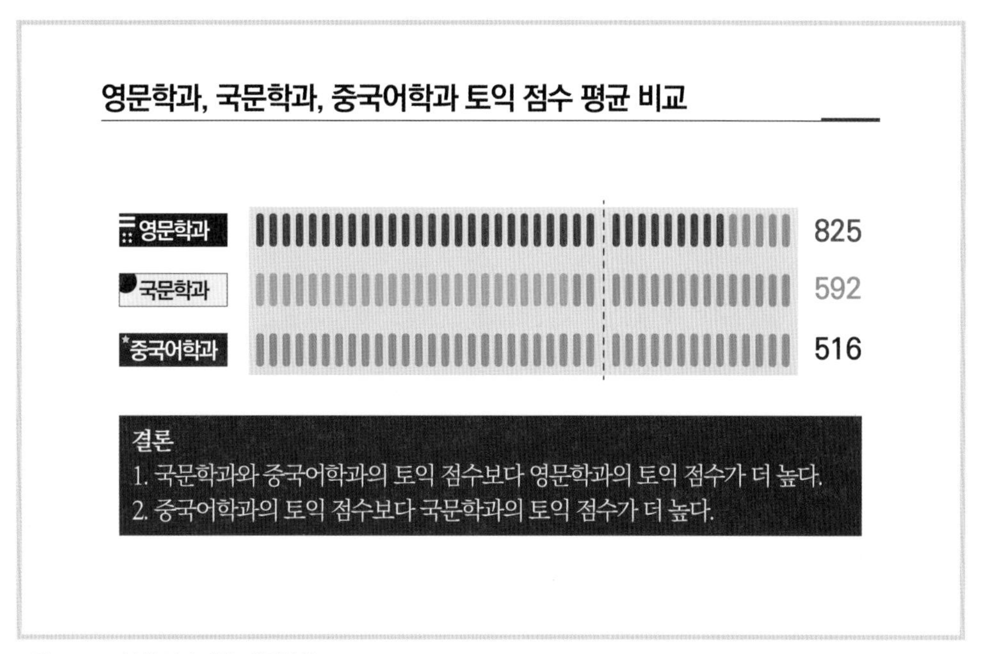

그림 5-25 | 분석 결과 예시 : 변량분석

[그림 5-25]는 t-test의 예시였던 [그림 5-21]에서 중국어학과를 추가한 것입니다. 이 예시에서 설문지를 떠올리면, 다음과 같이 구성되겠죠?

Q. 귀하의 소속 학과는?
① 국문학과 ② 영문학과 ③ 중국어학과

Q. 귀하의 토익점수를 적어주세요. (   )

결국 국문학과, 영문학과, 중국어학과라는 3개 집단에 따라 토익 점수인 연속형 자료의 차이가 어떻게 나타나는가에 관한 가설을 검증하는 작업이 '변량분석(ANOVA)'입니다.

변량분석 (ANOVA) : 여러 집단 간 평균 비교

〈연구문제〉

_20대, 30대, 40대 간에 패스트푸드에 대한 선호도의 차이가 있을까?

_사무직, 기술직, 서비스직 간에 연봉의 차이가 있을까?

_초, 중, 고, 대학생 간에 지능검사 점수의 차이가 있을까?

그림 5-26 ㅣ **연구문제 예시 : 변량분석**

변량분석을 사용할 수 있는 다른 예시를 들어볼까요? [그림 5-26]의 첫 번째 〈연구문제〉를 살펴보죠. 20대, 30대, 40대는 '연령대'라는 변수로 나타낼 수 있고, 설문지로 표현하면 다음과 같습니다.

Q. 귀하의 연령대는?

① 20대 ② 30대 ③ 40대

명목형 자료겠죠? 패스트푸드 선호도는 1~5점 리커트 척도로 수치화해서 나타낼 수 있습니다.

Q. 패스트푸드 선호도

아래 문장들을 읽고, 자신의 생각과 같거나 동의하는 정도에 따라 V표로 체크해주세요.

① 전혀 아니다 ② 아니다 ③ 보통이다 ④ 그렇다 ⑤ 매우 그렇다

문항					
1. 나는 햄버거 먹는 것을 좋아한다.	①	②	③	④	⑤
2. 나는 피자 먹는 것을 좋아한다.	①	②	③	④	⑤

이렇게 설문지가 구성된다면, 패스트푸드 선호도는 연속형 자료죠?

연령대에 따른 패스트푸드 선호도의 차이를 검증하는 가설이고, 연령대로 나눈 집단이 3개 집단이기 때문에 '변량분석'을 사용할 수 있습니다.

학년에 따른 의사소통 삶의 질의 차이

표. 학년에 따른 의사소통 삶의 질에 대한 변량분석 결과

종속변수	항목	N	평균	표준편차	F	p	사후비교
의사소통 효능감	초	58	4.14	.55	6.162	.002	초>고
	중	94	3.91	.61			
	고	120	3.81	.60			
생활 및 관계 만족	초	58	4.21	.50	9.809	.001	초>중,고
	중	94	3.86	.56			
	고	120	3.82	.59			
생활에 대한 적극성	초	58	4.04	.62	5.222	.006	초>중,고
	중	94	3.79	.56			
	고	120	3.76	.55			
의사소통 적극성	초	58	3.98	.59	5.529	.004	초>고
	중	94	3.77	.60			
	고	120	3.67	.57			

일반아동의 의사소통 삶의 질이 학년에 따라 차이가 있는지를 알아보기 위하여 변량분석을 실시하였다.

분석 결과 의사소통 효능감은 학년에 따른 차이가 통계적으로 유의한 것으로 나타났다(F=6.162, $p<.01$). 구체적인 학년 간 차이를 알아보기 위해서 사후검증(scheffe)을 실시한 결과 초등학생의 의사소통 효능감(4.14)이 고등학생(3.81)보다 더 높은 것으로 나타났다.

생활 및 관계만족은 학년에 따른 차이가 통계적으로 유의한 것으로 나타났다(F=9.809, $p<.01$). 구체적인 학년 간 차이를 알아보기 위해서 사후검증(scheffe)을 실시한 결과 초등학생의 생활 및 관계만족(4.21)이 중학생(3.86)과 고등학생(3.82)보다 더 높은 것으로 나타났다.

생활에 대한 적극성은 학년에 따른 차이가 통계적으로 유의한 것으로 나타났다(F=5.222, $p<.01$). 구체적인 학년 간 차이를 알아보기 위해서 사후검증(scheffe)을 실시한 결과 초등학생의 생활에 대한 적극성(4.04)이 중학생(3.79)과 고등학생(3.76)보다 더 높은 것으로 나타났다.

의사소통 적극성은 학년에 따른 차이가 통계적으로 유의한 것으로 나타났다(F=5.529, $p<.01$). 구체적인 학년 간 차이를 알아보기 위해서 사후검증(scheffe)을 실시한 결과 초등학생의 의사소통 적극성(3.98)이 고등학생(3.67)보다 더 높은 것으로 나타났다.

그림 5-27 | 분석 결과 표 예시 : 변량분석

선행 논문에서 변량 분석 방법을 확인하려면, F값과 사후비교 항목이 표에 있는지 확인하면 됩니다. F값은 t-test의 t값과 마찬가지로 집단 간의 차이를 나타내는 값이고, 이 값에 따라 *p*값이 유의한지 아닌지가 결정됩니다. 사후비교는 사후검증이라고도 불리는데, 대표적인 사후검증 방법으로는 Scheffe, Duncun, Turkey, Bonferroni 등과 같은 방식이 있습니다. 사후검증은 그 방법마다 공식이 다르지만, 집단 간에 어떤 집단이 구체적인 차이를 보이는지 집단 수에 맞춰 경우의 수로 진행해주는 것이 공통점입니다.

예를 들어 [그림 5-27]의 초·중·고등학생을 비교한다면, *p*값이 5% 미만으로 유의하면 초·중·고등학생 중에 집단 간의 차이가 있다고 판단합니다. 하지만 구체적으로 어떤 집단 간의 차이가 있는지는 잘 모릅니다. t-test는 2개 집단만 비교하므로 바로 어떤 집단에서 차이가 나타나고 어떤 집단의 평균값이 높은지 확인할 수 있는데, 변량분석은 그냥 여러 집단 중에 2개 집단만 유의해도 *p*값이 5% 미만으로 도출될 수 있어서 어떤 집단이 구체적으로 유의한지 알 수 없습니다. 그래서 사후검증을 통해 초등학생과 중학생 한 번, 초등학생와 고등학생 한 번, 중학생와 고등학생 한 번, 이렇게 총 세 번의 경우의 수를 거칩니다. 그 결과에 따라 의사소통 효능감에서 '초등학생이 고등학생보다 의사소통 효능감이 높았다'라고 이야기할 수 있는 것입니다.

05 _ 상관분석 : 변수 간의 관계성 검증

자주 쓰는 연구방법론

상관분석

변수 간의 관계성 검증

연속형 자료 (독립변수) → 연속형 자료 (종속변수)

그림 5-28 | 변수 간 상관성 검증 (1) : 상관분석

지금까지 논문에서 자주 쓰는 '집단을 비교하는 분석 방법'에 대해서 알아보았습니다. 이제는 '변수 간의 인과 관계'를 검증하는 분석 방법에 대해 살펴보겠습니다.

앞에서, 원인이 되는 변수는 연속형 자료인데 결과가 되는 변수가 명목형이거나 연속형일 때 '변수 간의 상관성'을 검증하는 로지스틱 회귀분석, 상관분석, 회귀분석'을 사용한다고 말씀드렸습니다. 또 종속변수가 명목형 자료인 로지스틱 회귀분석은 주로 의학 논문에서 많이 사용되는 분석 방법이므로 이 책에서는 다루지 않는다고 했습니다. 그렇다면 남은 것은 상관분석과 회귀분석입니다. 두 가지 분석 방법 모두 독립변수와 종속변수가 연속형 자료일 때 사용하는 분석 기법입니다.

상관분석부터 구체적으로 살펴봅시다. 상관분석(Correlation Analysis)은 '상관관계 분석'으로도 불립니다. 이 분석 방법은 변수 간의 일대일 관계성을 검증하는 분석 방법입니다.

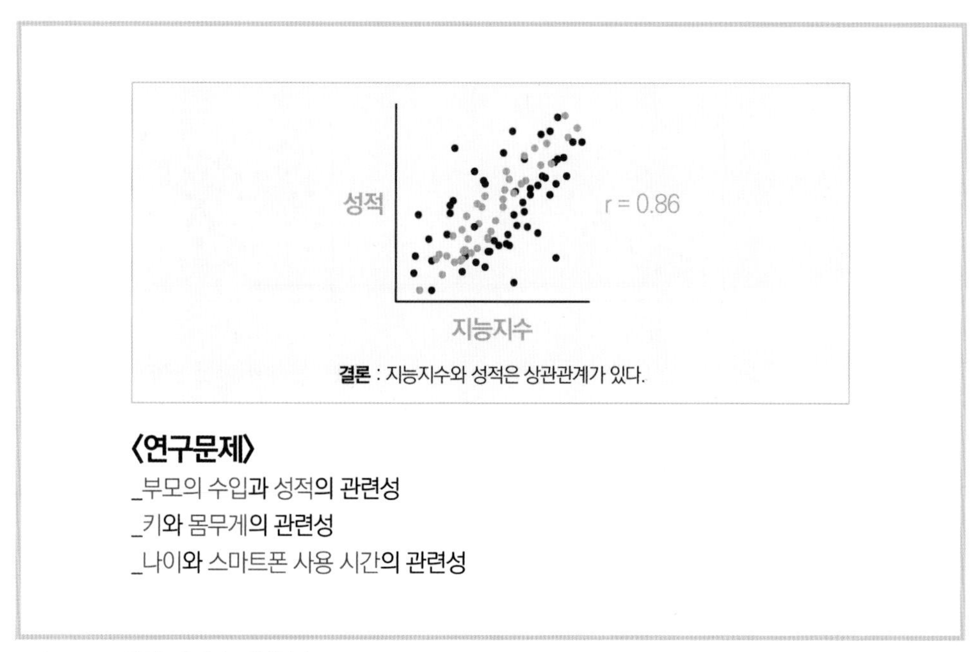

그림 5-29 | 연구문제 예시 : 상관분석

집단 간 비교분석 방법을 배울 때처럼 이번에도 연습을 통해 익혀보겠습니다. '성적과 지능지수 간에는 어떠한 관계가 있을까?'라는 가설이 있다면 어떻게 해야 할까요? 성적과 지능지수 변수를 모두 설문지로 떠올리는 작업을 해야겠죠?

Q. 귀하의 지난 중간고사 성적 평균은 몇 점인가요? (   )

Q. 귀하의 최근 IQ는 얼마였나요? (   )

둘 다 연속형 자료이고 변수의 관계성에 대한 검증을 진행하므로, '상관분석'을 사용하면 됩니다. [그림 5-29]의 표를 보면 알 수 있듯이, 상관관계가 있고 p값이 유의하면 일정한 경향성을 나타내는 도표가 그려집니다. 도표를 보면, 지능지수가 높을수록 성적도 높은 양(+)의 경향성을 확인할 수 있습니다. 따라서 연구자는 '지능지수와 성적은 양(+)의 상관관계가 있다'라고 해석할 수 있습니다.

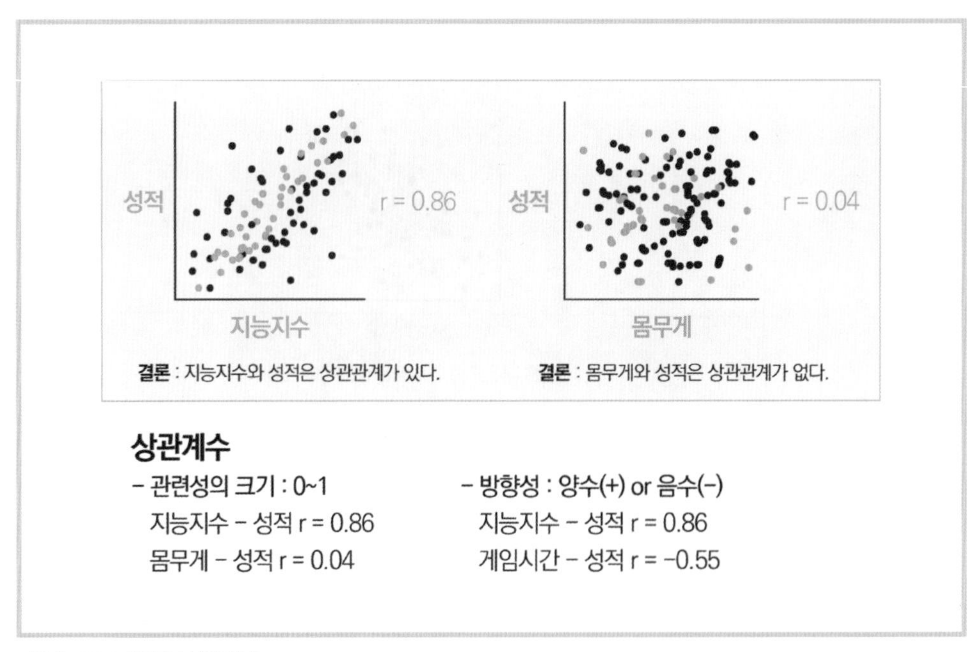

그림 5-30 | **상관계수(r)의 의미**

여기서 r은 '상관계수'라 불리는데, 변수 간의 관련성 정도를 나타냅니다. 변수 간에 관련성이 높을수록 r값이 높게 나타나죠. r값은 0에서 1사이의 값을 지닙니다. 하지만 r값이 아무리 높아도 *p*값이 유의하지 않다면 그 관계성은 유의하지 않습니다. 물론 r값이 높으면 두 변수 간의 관계성이 유의하다고 나올 가능성이 높습니다. 반대로 관계성이 유의하지 않다면 [그림 5-30]의 성적과 몸무게처럼 양(+)이나 음(-)의 관계성이 있는지 파악할 수 없고, 변수가 일관성 없이 흩어져 있기 때문에 r값도 작게 나타날 수밖에 없습니다.

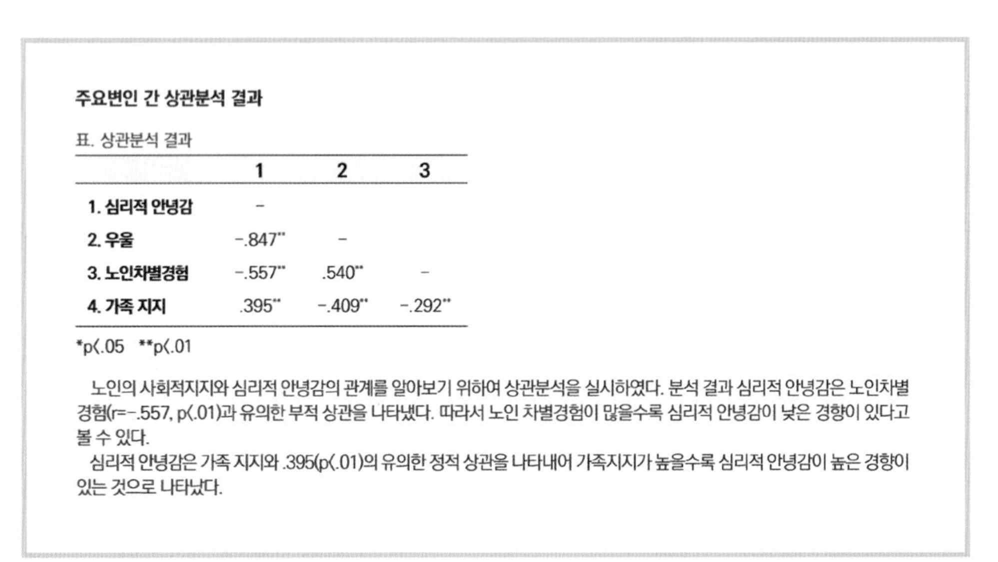

주요변인 간 상관분석 결과

표. 상관분석 결과

	1	2	3
1. 심리적 안녕감	-		
2. 우울	-.847**	-	
3. 노인차별경험	-.557**	.540**	-
4. 가족 지지	.395**	-.409**	-.292**

*p<.05 **p<.01

노인의 사회적지지와 심리적 안녕감의 관계를 알아보기 위하여 상관분석을 실시하였다. 분석 결과 심리적 안녕감은 노인차별경험(r=-.557, p<.01)과 유의한 부적 상관을 나타냈다. 따라서 노인 차별경험이 많을수록 심리적 안녕감이 낮은 경향이 있다고 볼 수 있다.

심리적 안녕감은 가족 지지와 .395(p<.01)의 유의한 정적 상관을 나타내어 가족지지가 높을수록 심리적 안녕감이 높은 경향이 있는 것으로 나타났다.

그림 5-31 | **분석 결과 표 예시 : 상관분석**

그래서 상관분석을 사용한 선행 논문에는 [그림 5-31]과 같이 상관계수(r) 값과 그 방향성에 따른 부호가 적혀있고, *p*값이 유의한지 유의하지 않은지가 별표(*)로 표기되어 있습니다. [그림 5-31]의 경우, 심리적 안녕감과 우울은 음(-)의 상관관계가 있고, 심리적 안녕감과 가족 지지는 양(+)의 상관관계가 있다고 해석할 수 있습니다.

06 _ 회귀분석 : 변수 간의 영향력 검증

그림 5-32 | 변수 간 상관성 검증 (2-1) : 회귀분석

상관분석이 변수 간의 관계성을 검증했다면, 회귀분석은 변수 간의 영향력을 검증하는 분석 방법입니다. 회귀분석은 변수 간의 인과관계에 따른 영향력을 확인하며, 인과관계에 따른 영향력이 얼마나 되는지 숫자로 표현하여 미래에 같은 상황이 발생했을 때 예측하고 대응할 수 있게 해줍니다. 이 때문에 회귀분석은 기관 분석에서 머신러닝, 네트워크 분석 등 고급분석의 기초 알고리즘으로 중요하게 활용되며, 양적 논문 분석에서 거의 빠지지 않고 핵심적으로 사용되고 있습니다.

한편, 회귀분석에서 위계적 회귀분석, 조절효과, 매개효과, 구조방정식 등이 파생되었습니다. 회귀분석은 인과관계를 수치화하여 향후 똑같은 상황에 대해 예측할 수 있고 그에 대한 대안을 제시할 수 있기 때문에 많은 연구 방법으로 파생되었고, 지금도 계속 발전하고 있습니다.

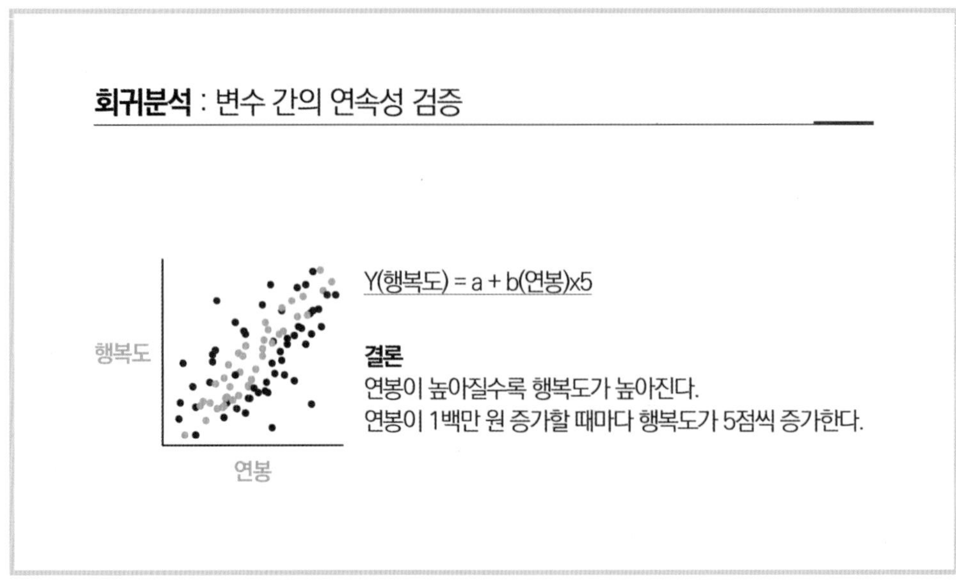

그림 5-33 | 연구문제 예시 : 회귀분석 (1)

회귀분석(Regression Analysis) 중에서 1개의 연속형 독립변수와 1개의 연속형 종속변수로 진행하는 분석 방법을 '단순회귀분석'이라고 합니다. 예를 들어 '연봉이 높아질수록 행복도가 과연 얼마나 높아질 것인가?'에 대한 의문이 생겼다고 가정해봅시다. 이때 연봉을 독립변수로 두고 행복도를 종속변수로 설정하여 가설을 검증하게 됩니다.

'단순회귀분석' 방법을 사용하여 분석을 진행해서 p값이 5% 미만으로 유의하면, 변수의 베타값을 통해 인과관계에 대한 정도를 예측할 수 있습니다. [그림 5-33]과 같이, 인과관계를 예측할 수 있는 방정식은 우리가 고등학교 때 배웠던 1차 함수식으로 그려집니다. 여기서 베타값은 기울기인 5이며, 이에 따라 연봉이 1단위 증가할 때 행복도가 얼마나 변하는지와 그 증가폭이 양수(+)인지, 음수(-)인지 알 수 있습니다. 이 예시에서 연봉 단위 1을 100만 원이라고 설정하면, 100만 원 증가했을 때 행복도는 5점 증가한다고 볼 수 있습니다. 또한 연봉이 행복도에 양(+)의 영향을 준다고 이야기할 수 있습니다.

만약 이 결과를 토대로 친구에게 현재 행복도를 물어봤는데 100점 만점에 95점으로 나타났다면, 연구자는 이 회귀분석 결과 값을 근거로 다음과 같이 친구에게 조언해줄 수 있습니다.

"준형아. 100만 원만 더 연봉을 늘려봐. 그러면 너의 행복도가 100점이 될 거야."

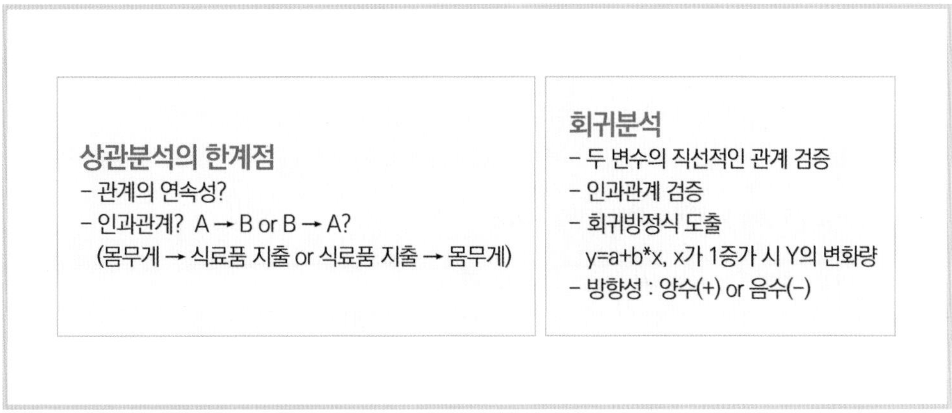

상관분석의 한계점
- 관계의 연속성?
- 인과관계? A → B or B → A?
(몸무게 → 식료품 지출 or 식료품 지출 → 몸무게)

회귀분석
- 두 변수의 직선적인 관계 검증
- 인과관계 검증
- 회귀방정식 도출
y=a+b*x, x가 1증가 시 Y의 변화량
- 방향성 : 양수(+) or 음수(-)

그림 5-34 | 상관분석과 회귀분석의 차이점

이처럼 단순회귀분석은 두 변수의 관계를 선형으로 나타낼 수 있고, 그에 대한 인과관계를 검증하여 방정식을 통해 그 변화량과 방향성을 도출해내어 같은 상황에 적용할 수 있습니다. 대부분의 연구자들은 상관분석을 통해 변수 간의 관계성을 각각 파악한 후, 그중 관계성이 있는 변수들만 추려서 회귀분석을 진행합니다. 회귀분석을 효과적으로 진행하기 위한 검증 방법으로 상관분석을 사용하는 거죠.

회귀분석 : 변수 간의 연속성 검증

〈연구문제〉
_부모의 수입이 성적에 미치는 영향
_키가 몸무게에 미치는 영향
_나이가 스마트폰 사용 시간에 미치는 영향

그림 5-35 | 연구문제 예시 : 회귀분석 (2)

그럼 회귀분석을 사용할 수 있는 〈연구문제〉를 살펴볼까요? [그림 5-35]의 첫 번째 〈연구문제〉인 '부모의 수입이 성적에 얼마나 영향을 미칠까?'라는 가설을 검증하려고 합니다. 그렇다면 부모의 수입과 성적이 어떤 자료인지 확인해야겠죠? 설문지를 떠올려보죠.

Q. 부모님의 월 평균 급여가 얼마입니까? (   )

Q. 귀하의 지난 중간고사 평균은 몇 점입니까? (   )

2개 변수 모두 연속형 자료입니다. 그리고 월 평균 급여가 중간고사 평균에 얼마나 영향을 미치는지 알아보는 분석 방법을 사용해야 합니다. 상관 분석은 얼마나 영향을 미치는지는 알 수 없고, 서로 관계가 있는지만 파악할 수 있습니다. 결국 이 연구문제는 상관분석이 아닌 회귀분석을 사용해서 가설을 검증해야겠죠?

회귀분석을 진행하면 [그림 5-33]처럼 '부모의 월 급여가 100만 원 증가할 때, 자녀의 성적이 5점 증가할 것이다.'라는 결과가 나올 수 있고, 부모의 급여가 자녀의 중간고사 성적에 얼마나 영향을 미치는지에 대해 알 수 있습니다. 만약 자녀가 평균 85점이라는 성적을 받았다면, 자녀가 평균 95점 이상의 성적을 받기 위해서는 급여를 200만 원 올려야겠다고 부모가 다짐할 수 있겠죠. 이렇게 회귀분석은 '변수 간의 연속성'을 파악하여 얼마나 영향을 미치는지에 관한 인과관계를 수치화할 수 있으므로 매우 자주 사용되는 분석 방법입니다.

학교 교육 만족도가 EBS 의존도에 미치는 영향

표. 학교 교육 만족도가 EBS 의존도에 미치는 영향에 대한 회귀분석 결과

변수	B	표준오차	베타	t	유의확률
(상수)	2.019	.284		7.110***	<.001
학교 교육 만족도	.310	.104	.253	2.988**	.003

R^2 =.064

학교 교육 만족도가 EBS에 대한 의존도에 미치는 영향을 알아보기 위하여 학교 교육 만족도를 독립변인으로, EBS 의존도를 종속변인으로 하여 회귀분석을 실시하였다. 분석 결과 학교 교육 만족도가 EBS 의존도에 미치는 영향이 통계적으로 유의한 것으로 나타났다(B=.310, p<.01). 따라서 학교 교육 만족도가 증가함에 따라 EBS 의존도가 증가한다고 볼 수 있다.

그림 5-36 | 분석 결과 표 예시 : 단순회귀분석

[그림 5-36]은 학교 교육 만족도를 독립변수로 두고, EBS 방송을 통한 공부 의존도를 종속변수로 두어 단순회귀분석을 진행하였고, 그 결과가 유의하게 나타났습니다. 즉 학교 교육 만족도가 증가하면 EBS 의존도가 증가함을 알 수 있습니다. 따라서 이 결과를 토대로 교육부에서 정책을 만들 때, 학생들이 수학능력시험에 대비하기 위해 사교육이 아닌 EBS 중심으로 공부하도록 유도하려면 학교 교육 만족도를 높일 수 있는 방안을 연구해야 합니다.

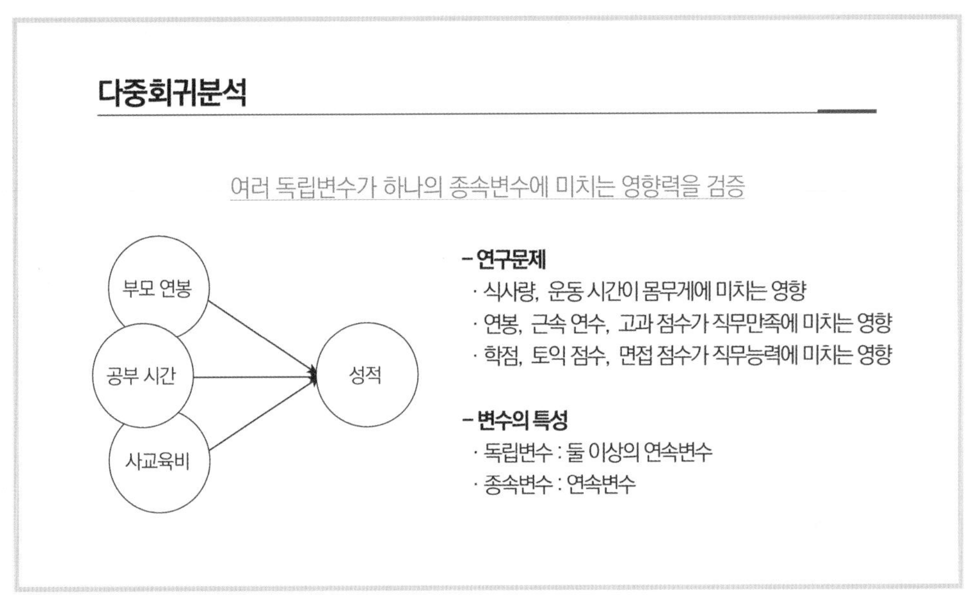

그림 5-37 | **변수 간 상관성 검증 (2-2) : 다중회귀분석**

지금까지 하나의 독립변수가 하나의 종속변수에 영향을 미치는지를 알아보는 '단순회귀분석'을 중심으로 설명했습니다. 이번에는 두 개 이상의 독립 변수가 하나의 종속 변수에 영향을 미치는지를 알아보는 '다중회귀분석'에 대해 살펴보겠습니다.

어떤 현상에 영향을 미치는 요인이 딱 한 개일 수만은 없겠죠? 다중회귀분석은 영향을 미치는 여러 변수 중에서 어떤 변수가 가장 많은 영향력을 미치는지를 검증하는 분석 방법입니다. [그림 5-37]의 예시를 보면 '성적'을 종속변수로 두고, 성적에 영향을 미치는 독립변수를 '부모 연봉', '공부 시간', '사교육비'로 설정했습니다. 이 독립변수들 중 어떤 변수가 성적에 가장 많은 영향을 미치는지를 알아보는 것이 '다중회귀분석'입니다.

위의 예시에서 분석 결과가 성적에 가장 많이 영향을 미치거나 유의하게 나타난 요인이 '부모 연봉'인 것으로 나타났다고 가정한다면, 이 연구 결과를 본 입시 컨설턴트는 다음과 같이 상담해줄 수 있을 겁니다.

어머님, 자녀가 얼마나 오랫동안 공부하는지 신경 쓰거나 사교육에 돈을 투자하시기보다는 빨리 커리어를 쌓아서 연봉을 높이세요. 연봉이 100만 원 늘어날수록 자녀의 평균 성적이 8점 증가한다는 유의미한 연구 결과가 있습니다. 자녀의 미래를 위해 연봉이 많은 좋은 직장으로 옮기실 것을 권유합니다.

만약 분석 결과에서 성적에 가장 많은 영향을 미치거나 유의하게 나타난 요인이 '공부 시간'이라고 도출된다면, 입시 컨설턴트는 다음과 같이 상담해주겠죠.

어머님, 괜히 사교육비 같은 데 헛돈 쓰지 마세요. 그리고 연봉을 올리기 위해 직장에 너무 오래 계시지 마세요. 오히려 자녀와 함께 지내면서 자녀가 책상에 앉아있는 시간이 늘어날 수 있도록 도와주세요.

다중회귀분석

사교육 학습 기간과 EBS 학습 기간이 영어 모의고사 등급에 미치는 영향

표. 사교육 학습 기간과 EBS 학습 기간이 영어 모의고사 등급에 미치는 영향에 대한 회귀분석 결과

변수	B	표준오차	베타	t	유의확률
사교육 학습 기간	-.124	.035	-.311	-3.520***	<.001
EBS 학습 기간	-.052	.091	-.051	-.578	.565

R^2 =.102

사교육 학습 기간과 EBS 학습 기간이 영어 모의고사 등급에 미치는 영향을 알아보기 위해서 사교육과 EBS를 통해 영어공부를 해온 기간(년)을 독립변인으로, 영어 모의고사 등급을 종속변인으로 하여 회귀분석을 실시 하였다.

분석결과 사교육 학습 기간이 영어 모의고사 등급에 미치는 영향력이 통계적으로 유의한 것으로 나타났다 (B=-.124, p<.001). 따라서 사교육 학습기간이 증가할수록 영어 모의고사 등급이 상승한다고 볼 수 있다. 반면 EBS 학습 기간이 영어 모의고사 등급에 미치는 영향력은 통계적으로 유의하지 않은 것으로 나타났다(p>.05).

따라서 사교육의 경우 학습 기간이 늘어날수록 영어 성적이 증가하지만 EBS는 학습기간이 영어 성적에 영향 을 미치지 않는다고 볼 수 있다.

그림 5-38 | 분석 결과 표 예시 : 다중회귀분석

[그림 5-38]은 사교육 영어 강사가 영어 사교육과 EBS 교육 중에 실제로 학생들의 영어 모의고사 성적에 영향을 미치는 요인은 무엇인지 알아보기 위해 진행한 연구입니다. 영어 모의고사 성적에 대한 등급을 종속변수로 두고, 이에 영향을 미치는 독립변수를 사교육 학습 기간과 EBS 학습 기간으로 설정하였습니다. 분석 결과 사교육 학습 기간은 영어 모의고사 등급에 유의한 영향을 미치는 것으로 나타났는데, EBS 학습 기간은 유의하지 않은 것으로 나타났습니다. 그리고 모의고사 등급은 낮을수록 좋기 때문에 베타 값은 음수(-)로 나왔습니다.

이 분석 결과를 바탕으로 영어 강사는 학생들과 학부모들에게 다음과 같이 이야기할 수 있겠죠.

어머님, 제가 가르치는 학생과 지역을 중심으로 연구·분석한 결과, 아이들이 EBS로 공부하는 것보다 저를 통해 영어 공부를 하는 것이 영어 모의고사 등급 상승에 더 효과적인 것으로 나타났습니다. 한번 믿고 맡겨주시지 않겠습니까?

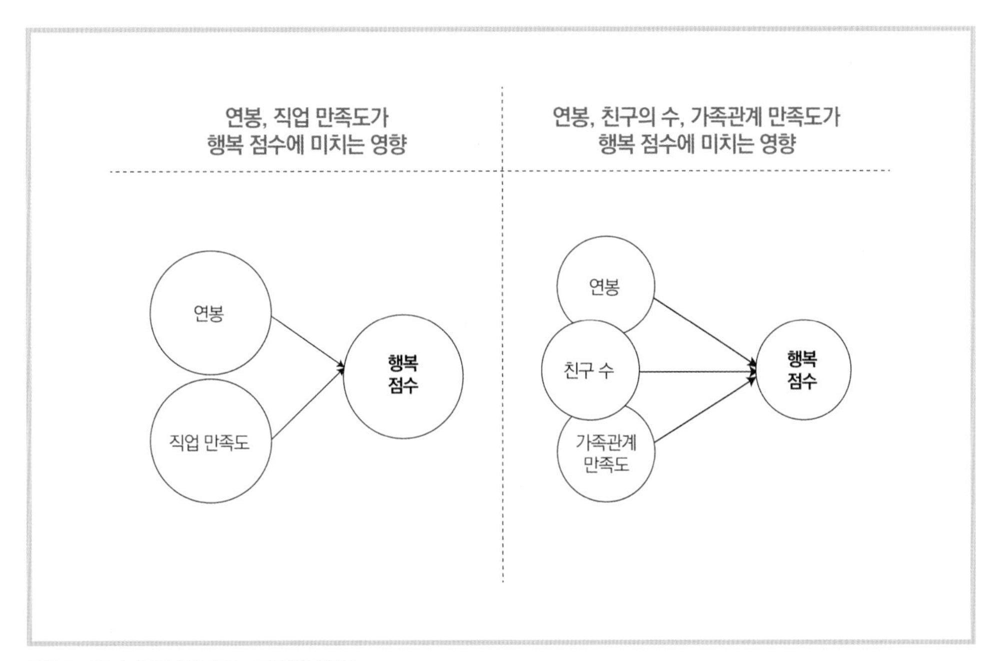

그림 5-39 | 연구문제 예시 : 다중회귀분석

결국 다중회귀분석을 통해 어떤 현상에 영향을 미치는 다양한 변수를 예측해볼 수 있습니다. 그래서 논문에서 자주 사용됩니다.

정리 : 변수 종류와 위치에 따른 분석 방법 정리표

독립변수 (원인) → 종속변수 (결과)		
집단 간 비교분석	카이검증	명목형 자료 → 명목형 자료
	t-test, ANOVA	명목형 자료 → 연속형 자료
변수 간 상관성 검증	상관분석, 회귀분석	연속형 자료 → 연속형 자료
	로지스틱 회귀분석	연속형 자료 → 명목형 자료

그림 5-40 | 논문에서 자주 사용하는 분석 방법 정리

지금까지 양적 논문에서 자주 사용하는 분석 방법들을 차례대로 살펴보았습니다. 한번 정리해 보겠습니다.

먼저 숫자 2를 기억하라고 말씀드렸죠? 자료는 크게 명목형 자료와 연속형 자료 두 가지로 나눌 수 있습니다. 설문지에서 부여된 숫자에 분류의 의미가 있는 것은 명목(범주)형 자료이고, 부여된 숫자를 통해 크고 작음을 비교할 수 있는 변수는 연속형 자료입니다. 명목형 자료와 연속형 자료가 원인이 되는 독립변수인지, 결과가 되는 종속변수인지에 따라 크게 '집단을 비교하는 분석'과 '변수 간 상관성을 검증하는 분석'으로 나눌 수 있습니다. 또한 명목형 자료와 연속형 자료는 설문지 문항, 측정 도구, 코드북 등을 통해 그 유형을 확인할 수 있습니다.

집단을 비교하는 분석에는 원인과 결과가 모두 명목형 자료인 카이검증이 있습니다. 카이검증은 집단 간의 비율을 비교하는 분석입니다. 원인이 명목형 자료, 결과가 연속형 자료일 때는 t-test와 ANOVA를 사용합니다. t-test는 2개 집단을 비교할 때 사용하고, ANOVA는 3개 이상의 집단을 비교할 때 사용합니다. 또한 ANOVA는 세부적인 집단 비교를 위해 사후검증을 진행합니다.

변수 간의 상관성 검증에는 원인과 결과가 되는 변수 모두 연속형 자료를 사용하고 있는 상관분석과 회귀분석이 있습니다. 상관분석은 변수 간에 어떤 관계가 있는지만 알 수 있기 때문에

얼마나 영향을 미치는지에 대한 인과관계 정도를 알 수 없습니다. 결국 분석을 진행할 때는 상관분석을 통해 관계가 있는 변수를 추려내고, 추려낸 변수를 중심으로 회귀분석을 진행해 얼마나 영향력을 미치는지를 도출할 수 있습니다. 예를 들어 '연봉이 행복도에 미치는 영향'을 회귀분석을 통해 분석한다면, 다음과 같이 이야기할 수 있습니다.

> **"회귀분석을 진행해보니, 연봉이 100만 원 증가할수록 행복도가 5점 증가하는 것을 알 수 있었습니다. 현재 당신의 행복도는 90점으로 조사되었으니, 연봉을 200만 원 올리면 당신의 행복도는 100점이 되어 만족스러운 삶을 살 수 있을 것입니다."**

이렇게 회귀분석은 그 결과를 통해 상대방에게 해법을 제시하는 분석 방법이기 때문에 논문에서 가장 많이 쓰입니다. 한편 여러 변수를 독립변수로 두어, 1개의 종속변수에 얼마나 영향을 미치는지 알아보는 다중회귀분석 방법도 있다고 알려드렸습니다.

정리 : 분석 방법에 따른 다양한 통계 기법

독립변수	종속변수	분석 방법
명목형	명목형	카이제곱 검정
명목형	연속형	독립표본 t-검정 (두 개 집단 비교) 대응표본 t-검정 (사전-사후 비교) 일원배치 분산분석 (세 개 이상 집단 비교) 이원배치 분산분석 (독립변수가 두 개) 다변량분산분석 (종속변수가 여러 개) 반복측정분산분석 (시간적 개념 포함) 비모수통계 (표본 수가 적을 때)
연속형	연속형	회귀분석 (종속변수 한 개) 구조방정식 (종속변수 여러 개)
연속형	명목형	로지스틱 회귀분석

그림 5-41 | **학습한 분석 방법을 토대로 파생되는 연구 방법 정리**

이렇게 전체적으로 이해한 후에 대학원에서 연구방법론 수업을 들으면, 자신의 연구 주제와 설문지를 떠올리며 좀 더 재미있게 공부할 수 있을 겁니다. 수업을 통해 많은 분석 방법을 배우지만, 결국 [그림 5-41]처럼 명목형 자료와 연속형 자료가 독립변수인지 종속변수인지에 따라서 분석 방법이 좀 더 세밀해지는 차이밖에 없으며, 큰 틀은 같습니다. 따라서 큰 틀을 이해하고 있으면, 새로운 분석 방법이 나와도 집단을 비교하는 분석 방법인지, 변수 간 상관성을 검증하는 분석 방법인지 생각해보고 그 분석 방법을 빠르게 이해할 수 있습니다.

마지막으로, 현재 논문을 쓰고 있다면 자신의 연구문제를 보고 설문지 문항을 떠올리는 연습을 해보세요. 그리고 연구문제에 따라 설계할 설문지 문항이 명목형 자료인지, 연속형 자료인지 파악해보세요. 또 선행 논문을 통해 설문지의 어떤 문항을 사용하여 분석을 진행하고, 어떤 분석 방법을 사용하였는지 읽어보세요. 이런 연습을 계속 하다보면 연구 주제와 연구 모형을 정하기가 한결 수월해집니다. 또 쓸데없는 설문 문항을 만들지 않고, 연구문제에 꼭 필요한 설문지를 만들 수 있습니다. 그러면 연구문제에 따른 분석 방법이 생각나고, 그 분석 결과를 미리 예측해볼 수 있습니다.

분석 방법에 대해 아직 잘 이해되지 않는다면 이번 절 뒤에 붙인 '5분 만에 이해하는 논문 통계분석'에서 소개하는 5분 동영상을 시청하길 권합니다. 지하철이나 버스로 이동하는 자투리 시간에 하나씩 챙겨본다면, 지금까지 알려드린 분석 방법을 복습할 수 있고, 설명하지 않은 새로운 분석 방법도 배울 수 있으며, 여러분이 쓸 논문에도 적용할 수 있습니다.

한 가지 밝혀둘 것이 있습니다. 이번 절에서 예시로 제시한 분석 결과 표 양식은 히든그레이스 논문통계팀 양식에 기초한 것입니다. 따라서 본문에 나온 표 양식이 정답은 아닙니다. 학교나 전공, 지도 교수님에 따라 표 양식과 결과 기입 방법이 바뀔 수 있다는 점은 참고하기 바랍니다.

저 자 생 각 : 양적 연구와 질적 연구

이 책에서는 양적 논문에서 많이 사용하는 분석 방법 위주로 설명했습니다. 양적 연구는 실증주의에 기반을 둔 학문으로 '보편성'이 핵심입니다. 과학적인 근거를 통해 연구 결과가 보편성을 지니므로 다른 상황에도 적용됩니다. 이 때문에 다양한 정책에서 그 근거 자료로 사용되어 왔습니다.

하지만 옳고 그름을 따지는 합리성의 시대를 지나 다양성을 추구하는 포스트모더니즘 시대를 지나면서 연구자들은 다양성을 검증하기 위한 연구 방법을 고민하게 되었습니다. 그에 따라 발전된 연구 방법이 질적 연구입니다.

질적 연구는 한 사람의 삶을 옆에서 관찰하며 연구한다든가, 주된 현상이나 반복되는 상황에 의문을 품고 해당 경험이 있는 집단을 인터뷰하여 왜 그 현상이 일어나게 되었는지를 고찰하는 등의 연구 방법을 취합니다. 그러다 보니, 하나의 연구 사례가 다른 사례에 적용되기 힘듭니다. 즉 사례와 집단과 연구마다 결과가 다 다릅니다. 그래서 실증주의 개념을 바탕으로 양적 논문을 주로 쓰는 연구자들에게 많은 비판을 받습니다. 하지만 질적 연구 방법으로도 의미 있는 결과를 도출할 수 있습니다.

이 책에서는 여러분이 논문을 쓸 때 보편성을 지닌 연구 주제를 선정하여 확장해야 하며 그 주제가 지도 교수님이나 선배 동문들의 논문이었으면 좋겠다고 계속 말씀드렸습니다. 그래야 논문이 보편성을 갖추고, 많은 사례에 적용할 수 있는 결과가 나올 가능성이 높기 때문입니다.

하지만 한편으로는 '이게 과연 연구자로서 옳은 연구인가?'라는 마음도 있습니다. 혹시 이 책을 읽고 양적 연구를 여러 차례 진행한 연구자라면 추후 질적 연구로 진행하여 특정 사례에 대해 깊이 연구해보길 추천합니다. 질적 연구를 통해 연구의 색다른 재미를 느낄 수 있으리라 확신합니다.

07 _ 깜짝 시험 : 함께 풀어보는 양적 연구 방법

그림 5-42 | 가설 유형과 분석 방법 연결 : 복습 시험

여러분이 지금까지 배운 내용을 얼마나 잘 이해했는지 깜짝 시험을 보도록 하겠습니다. [그림 5-42]가 시험 문제입니다. 제시한 가설을 검증하는 데 적합한 분석 방법을 연결해보세요. 문제를 풀다보면 지금까지 배운 내용이 머릿속에서 새록새록 떠오를 것입니다. 설명회 때도 이 시간에 같이 문제를 풀어보면서 배운 내용을 복습할 수 있어서 좋았다는 의견이 많았습니다. 위에서부터 차례대로 문제를 풀어보도록 하겠습니다.

첫 번째 문제인 '남학생보다 여학생의 지능지수가 더 높을 것이다.'라는 가설은 어떤 분석 방법을 사용할까요? 알려드린 것처럼, 설문지를 떠올려보세요.

Q1. 귀하의 성별은?
① 남자 ② 여자

Q2. 귀하의 IQ는? ( )

Q1은 명목형 자료이고, Q2는 연속형 자료입니다. '성별'이라는 2개의 집단을 원인이 되는 독립변수로 두고, '지능지수'라는 연속형 자료를 종속변수로 두어 비교하고 있으니까 답은 2개 집단의 평균(연속형 자료)을 비교하는 t-test 분석 방법입니다.

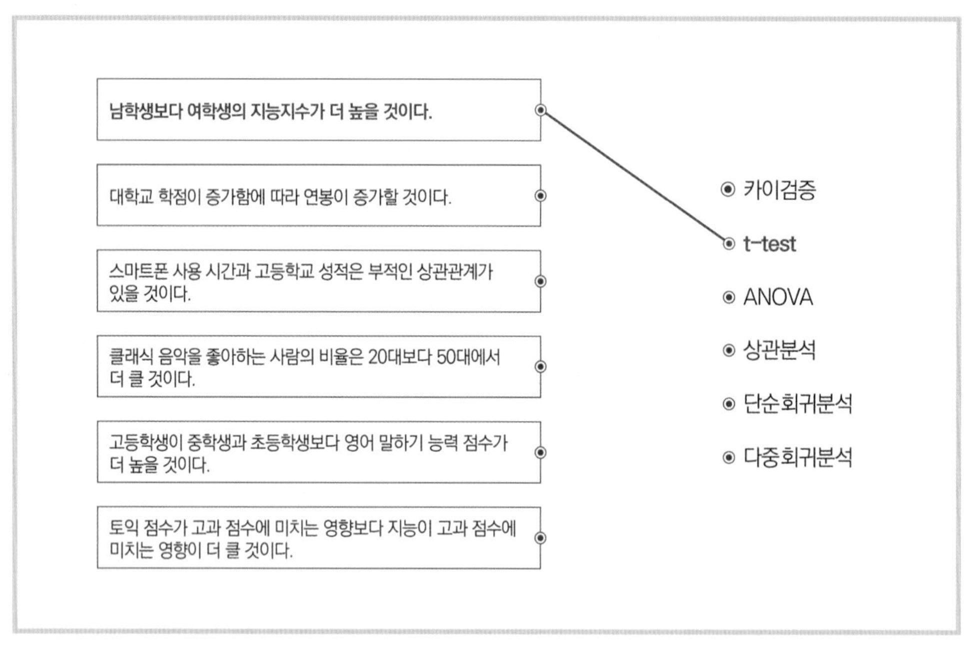

그림 5-43 | 첫 번째 가설 유형에 대한 분석 방법 : t-test

두 번째 문제는 대학교 학점과 연봉의 관련성을 묻고 있습니다. 설문지를 떠올려보면 대학교 학점과 연봉 모두 연속형 자료입니다.

Q1. 귀하의 대학교 평균 학점은? (   )

Q2. 귀하의 올해 연봉은? (   )

원인과 결과 변수가 모두 연속형 자료이면, 상관분석과 회귀분석을 사용합니다. 그런데 상관분석은 '~에 따라 ~가 증가할 것이다'와 같은 인과관계를 나타낼 수 없고, 관계성만 나타낼 수 있습니다. 따라서 이 가설 유형에 어울리는 분석 방법은 회귀분석입니다. 또한 1개의 독립변수가 1개의 종속변수에 영향을 미치고 있으니, 단순회귀분석이겠죠?

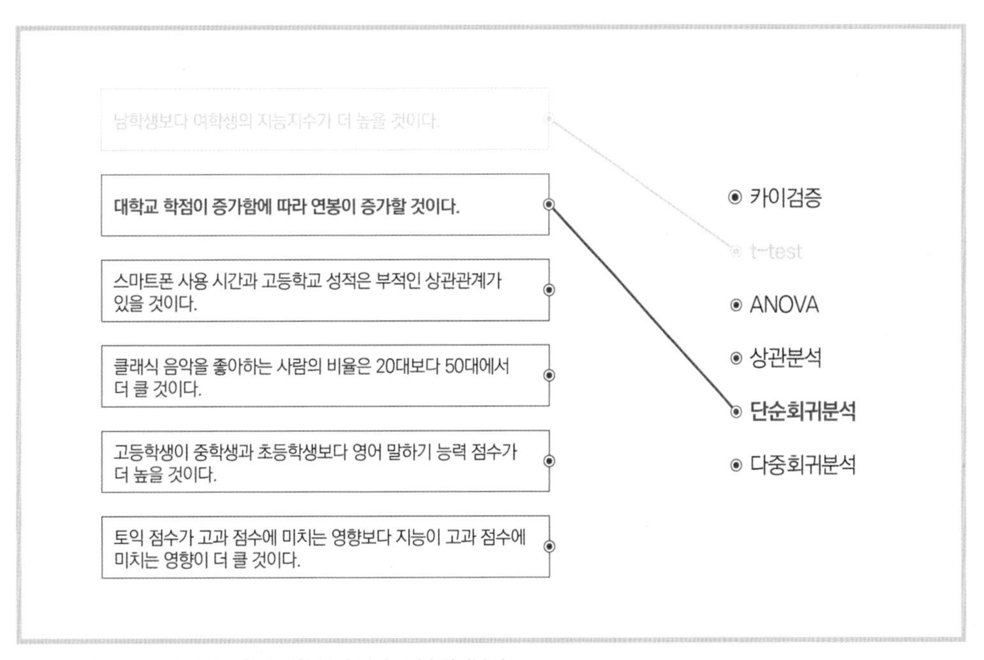

그림 5-44 | 두 번째 가설 유형에 대한 분석 방법 : 단순회귀분석

세 번째 문제는 스마트폰 사용 시간과 고등학교 성적이 변수입니다. 설문지를 떠올려볼까요?

Q1. 귀하의 하루 스마트폰 사용 시간은? (   )

Q2. 귀하의 최근 기말고사 평균 성적은? (   )

둘 다 연속형 자료입니다. 그런데 두 변수는 부적인 상관관계가 있을 거라고 적혀있네요. 그렇다면 스마트폰 사용 시간이 증가할수록 성적은 감소하는 음(-)의 상관관계를 가지고 있지만, 얼마나 영향력을 미치는지는 알 수 없으므로, 변수의 상관성을 검증하는 상관분석이 정답입니다.

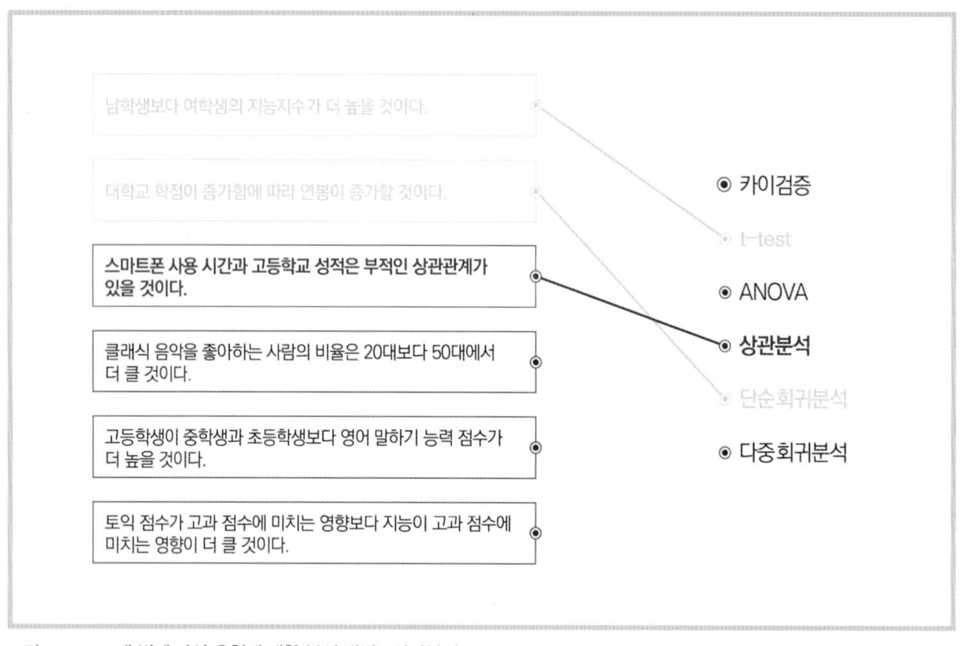

그림 5-45 | 세 번째 가설 유형에 대한 분석 방법 : 상관분석

네 번째 문제는 클래식 음악을 좋아하는 사람 비율과 20대와 50대라는 연령을 비교하고 있습니다. 이 가설 유형을 설문지로 도출해볼까요?

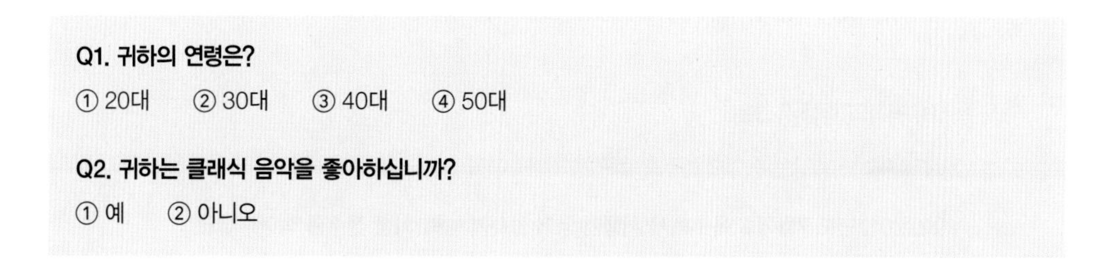

Q1. 귀하의 연령은?

① 20대 ② 30대 ③ 40대 ④ 50대

Q2. 귀하는 클래식 음악을 좋아하십니까?

① 예 ② 아니오

'연령'과 '클래식 음악의 선호 여부' 모두 명목형 자료입니다. 따라서 명목형 자료끼리 비교하고, 집단 간 비율의 차이를 비교하는 카이검증이 정답입니다.

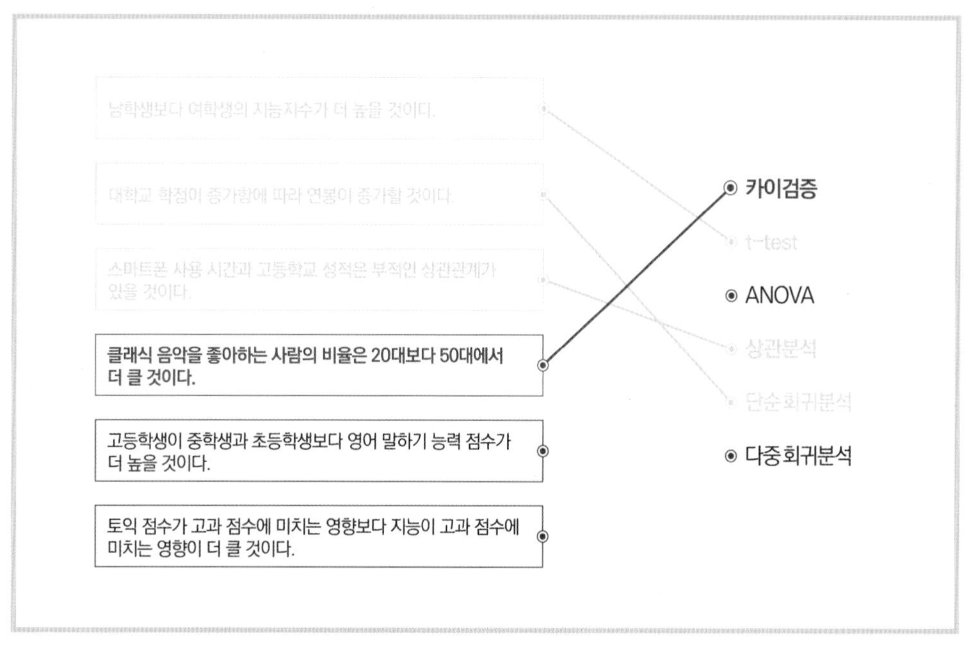

그림 5-46 | 네 번째 가설 유형에 대한 분석 방법 : 카이검증

다섯 번째 문제는 고등학생과 중학생, 초등학생이라는 학생 유형 변수가 있고, 영어 말하기 능력 점수 변수가 있습니다. 설문지를 떠올려보면, 학생 유형은 명목형 자료이고, 영어 말하기 능력 점수는 숫자 간의 대소 관계가 있는 연속형 자료입니다.

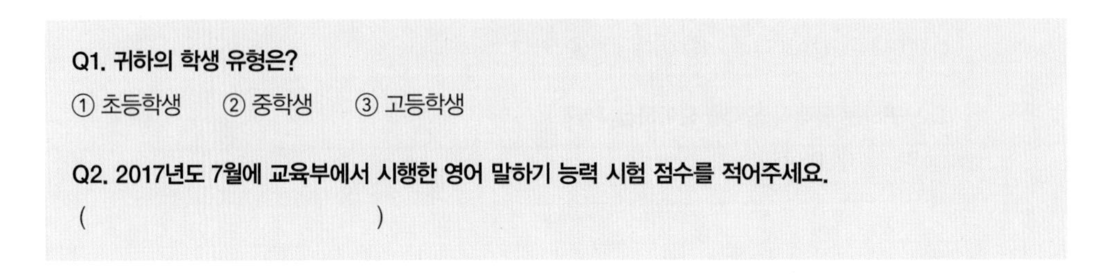

Q1. 귀하의 학생 유형은?

① 초등학생 ② 중학생 ③ 고등학생

Q2. 2017년도 7월에 교육부에서 시행한 영어 말하기 능력 시험 점수를 적어주세요.

( )

따라서 학생 유형이라는 3개 집단에 따른 영어 말하기 능력 점수를 비교하고 있으므로, ANOVA(변량분석)가 정답입니다.

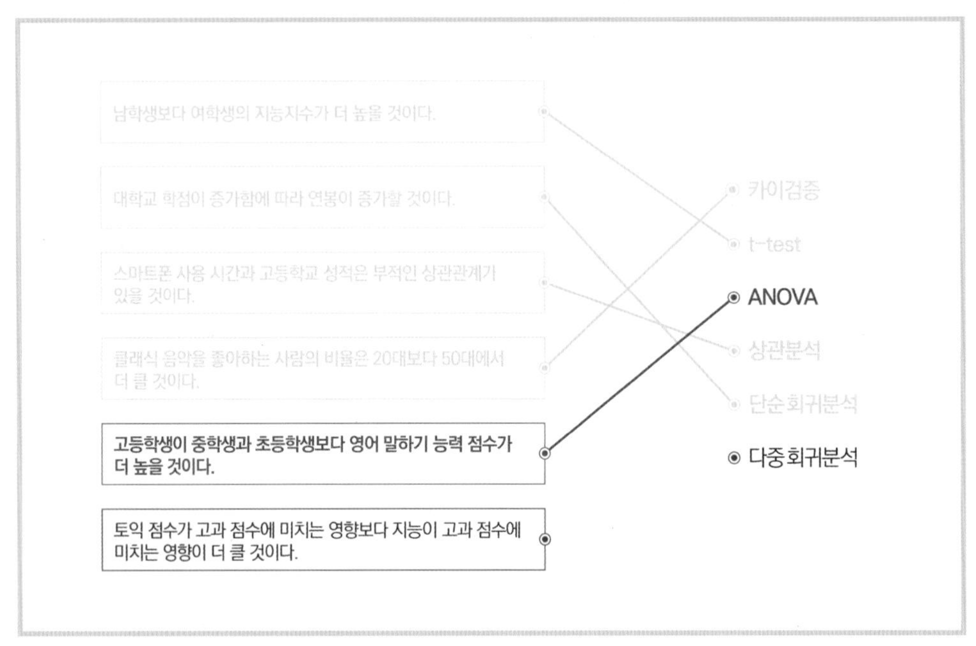

그림 5-47 | 다섯 번째 가설유형에 대한 분석 방법 : ANOVA

마지막 문제는 조금 어렵긴 하지만, 같이 생각하면서 풀어보겠습니다. 토익 점수와 고과 점수, 지능이 있습니다. 설문지를 떠올려 볼까요?

Q1. 귀하가 입사할 때 제출한 토익(TOEIC) 성적은? (   )

Q2. 귀하가 작년에 받은 고과점수는? (   )

Q3. 귀하의 IQ는? (   )

물론 더 세밀하게 설문지를 만들어야겠지만, 기본적으로 토익 점수나 고과 점수, IQ는 모두 숫자의 크고 작음을 비교할 수 있는 연속형 자료입니다. 이제 어떤 설문지 문항이 독립변수인지 종속변수인지 확인해봐야겠죠? 토익 점수가 고과 점수에 미치는 영향을 보는 것이니까, 토익 점수는 독립변수, 고과 점수는 종속변수가 됩니다. 여기에 지능이 고과 점수에 미치는 영향을 보는 것이니 지능은 독립변수, 고과 점수는 종속변수가 됩니다.

그렇다면 토익 점수와 지능이라는 2개의 독립변수가 고과 점수라는 1개의 종속변수에 얼마나 영향을 미치는지를 보는 분석 방법이므로, 회귀분석 중에서 여러 원인이 되는 요인 중에 종속변수에 가장 많은 영향을 미치는 요인이 무엇인지 검증하는 다중회귀분석 방법이 정답입니다.

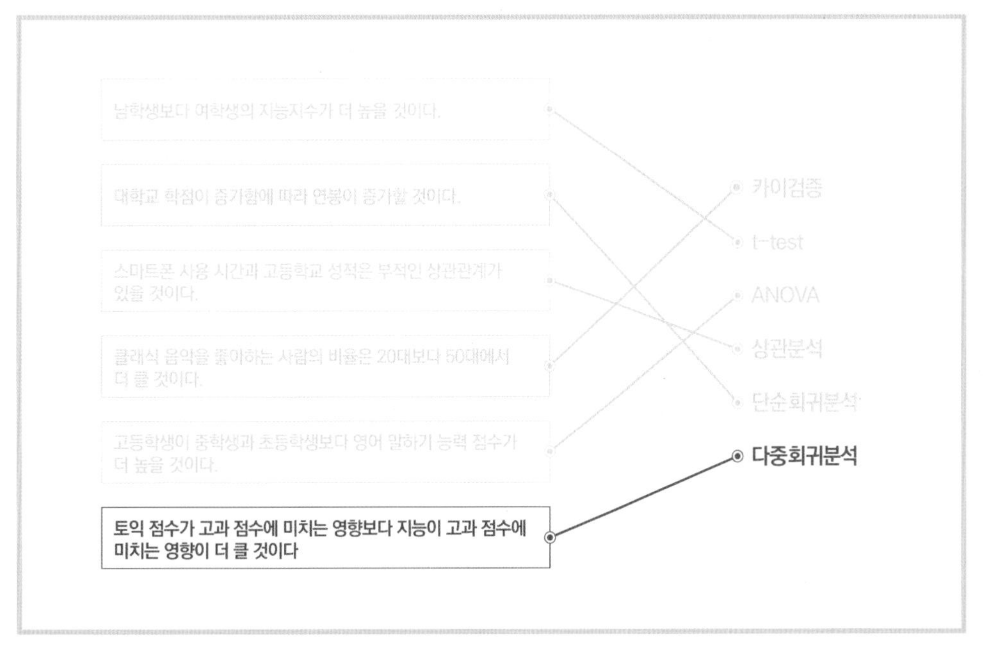

그림 5-48 | 여섯 번째 가설 유형에 대한 분석 방법 : 다중회귀분석

문제를 잘 풀어보았나요? 지금까지 논문 시장의 현황을 살펴보고, 논문이 왜 어렵게 느껴지는지 분석해보았습니다. 또한 논문 심사에서 한 번에 통과하기 위한 효율적인 논문 쓰기 순서와 전략에 대해 8단계로 구분하여 살펴보았습니다. 마지막으로 논문 통과의 핵심이 되는 연구 방법을 양적 논문에서 잘 사용하는 분석 방법을 중심으로 쉽게 접근해보았습니다.

Part 02에서는 Part 01에서 설명하지 못한 이론들과 구체적인 논문 작성 방법을 차례대로 살펴보고, 변수의 이해나 IRB 심사, 학술지 작성 등의 기초 지식에 대해서 꼼꼼하게 짚고 넘어가는 시간을 갖도록 하겠습니다.

이제 논문 쓰기에 대한 두려움은 상당히 줄어들었을 겁니다. Part 02로 넘어가기 전에 Part 01에서 배운 방식에 따라 연구 주제와 가설을 잡고 설문지를 만들어보세요. 그러면 Part 02의 내용이 훨씬 더 직접적으로 다가올 것입니다.

5분 만에 이해하는 논문 통계

Section 05에서 양적 논문을 진행할 때 통계분석을 적용한 연구 방법이 얼마나 중요한지 알려드렸습니다. 하지만 아직 이해가 되지 않거나 복습이 필요한 분들도 있을 것입니다. 그리고 책을 천천히 살펴보기 어려운 바쁜 직장인 연구자들도 있습니다. 이런 분들을 위해 5~7분 정도의 동영상을 분석 방법별로 준비했습니다.

책상에 앉아서 보기보다는 지하철과 버스 이동 시간이나 자투리 시간을 이용하여 영상을 반복해서 본다면, 자신의 가설에 따른 연구방법론을 정확하게 적용하실 수 있을 것이라 생각합니다.

❶ 텍스트 자료

강의명	링크	추천여부
카이제곱 검정	bit.ly/5minute001	
t-검정	bit.ly/5minute002	
분산분석	bit.ly/5minute003	
상관분석	bit.ly/5minute004	○
회귀분석	bit.ly/5minute005	○
요인분석	bit.ly/5minute006	○
신뢰도 분석	bit.ly/5minute007	○
구조방정식 모형	bit.ly/5minute008	○

❷ 동영상 자료

강의명	링크	추천여부
척도와 분석 방법	bit.ly/5minute009	
카이제곱 검정	bit.ly/5minute010	
t-검정	bit.ly/5minute011	○
분산분석	bit.ly/5minute012	○
회귀분석	bit.ly/5minute013	○
구조방정식	bit.ly/5minute014	
로지스틱 회귀분석	bit.ly/5minute015	
비모수통계	bit.ly/5minute016	
군집분석	bit.ly/5minute017	

강의명	링크	추천여부
상관분석	bit.ly/5minute018	
기술통계	bit.ly/5minute019	
빈도분석	bit.ly/5minute020	
판별분석	bit.ly/5minute021	
연구주제 설계	bit.ly/5minute022	
설문지 설계	bit.ly/5minute023	
통계분석	bit.ly/5minute024	
발표 및 번역	bit.ly/5minute025	

PART 02

CONTENTS

히든그레이스 논문통계팀

게을러질 거면 죽어버려라

정규형 강사

- (주)히든그레이스 전문 강사 (2016~2018)
- 연구방법 및 통계프로그램(SPSS/Amos/Stata) 강의 (2014~현재)
- 600여 건의 논문 컨설팅 진행
- '나는 대한민국 대학원생이다' 페이스북 페이지 운영

제대로 쓰는 논문

실전편

Part 02는 저자의 논문 저술 경험을 바탕으로 기술되어 있어 이론과 실전이 잘 섞여 있고, Part 01을 이론적으로 뒷받침하고 보충해줍니다. 좋은 논문을 쓰고 싶은 연구자나 학술논문 등재를 원하는 분들에게 유익한 내용이 될 것입니다. Section 06에서는 연구 주제를 선정하여 연구 모형과 변수를 설계하는 방법에 대해 설명하고, 그 과정을 토대로 연구 계획서 작성법을 살펴봅니다. Section 07에서는 좋은 설문지 문항을 선택하는 방법과 작성법을 알아보고, 척도에 대해 살펴봅니다. Section 08에서는 실제 논문 사례를 통해 논문 구성 요소와 작성법을 자세히 기술하였습니다. Section 09에서는 연구윤리의 의미와 IRB 심사 기준 및 제출 서류에 대해, Section 10에서는 학술논문과 학회지 관련 사항들에 대해 정리하였습니다.

SECTION 06

연구 계획서 작성 방법

가이드라인 동영상

bit.ly/onepass-skill9_

PREVIEW

- 논문 및 다양한 자료를 통해 연구 주제 선정 방법을 설명한다.
- 연구 모형을 통한 변수의 의미와 종류를 살펴본다.
- 논문 검색과 공공 데이터 활용을 통해 연구 계획서 작성 방법을 알아본다.

01 _ 연구란 무엇인가?

PREVIEW

연구란 무엇인가

- 집을 짓는 것
- 집 : 모든 정보를 집대성한 것
- 벽돌 : 하나의 연구

연구를 진행할 때 주의할 점

- 집 전체를 짓는 행위가 아니다.
- 처음 벽돌을 올리는 행위가 아니다.

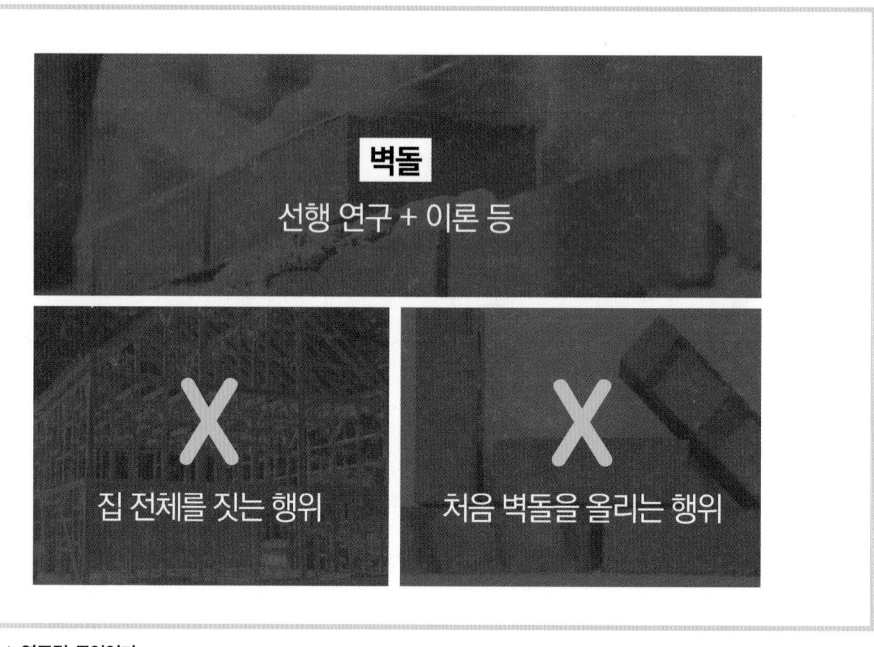

그림 6–1 | 연구란 무엇인가

'연구란 무엇인가?'에 대해서 논한다는 건 참 어려운 일입니다. 그럼에도 불구하고 연구가 무엇인지 가늠해보자면, 집을 짓는 것이라고 말할 수 있겠습니다. 예를 들어 '우울'에 대해서 연구한다고 했을 때, 우울에 대한 모든 정보를 집대성한 것이 바로 하나의 집이 되는 것이지요. 우울이라는 집을 짓기 위해 쌓는 벽돌 1개가 하나의 연구인 것입니다. 이런 연구들이 모여 결국 우울이라는 집이 완성되겠죠. 이제 벽돌을 하나 올리려고 합니다. 이미 기존에 쌓여있는 벽돌이 보이는데 그것이 바로 선행 연구와 이론들입니다.

처음부터 집 전체를 지으려는 행위가 가능할까요? 처음부터 혼자 집을 지을 수 있을까요? 간혹 거창한 연구를 할 때 사람들은 이런 말을 합니다. '온 세상을 혼자 구하려는 논문을 쓴다.' 이처럼 처음부터 모든 것을 다 담을 수 있는 연구는 하기 어렵습니다.

또 선행 연구나 이론 없이 처음부터 벽돌을 올리려는 분들이 있습니다. 선행 연구나 이론이 없는 것에 대해서 오히려 이렇게 말하기도 하죠. "아무도 하지 않았으니까 제가 먼저 해야죠." 그렇다면 왜 연구자들이 그 연구를 하지 않았는지 생각해봐야 합니다. 처음 논문을 쓰려는 분들은 알겠지만 기존에 하지 않은 연구가 없는 것처럼 보입니다. 이런 상황에서 왜 유독 그 연구가 안 되어 있을까요? 물론 탐색적 연구로 질적 연구를 하는 것이라면 이해하지만 양적 연구라면 처음 벽돌을 올리는 행위는 쉽지 않을 겁니다.

이처럼 집 전체를 짓는 행위나 처음 벽돌을 올리는 행위는 지양해야 합니다. 즉 어느 정도 선행 연구와 이론에 근거해야 벽돌을 올릴 수 있다는 것입니다. 물론 이게 정답은 아니지만 논문을 처음 쓰는 분들에게는 꼭 필요한 말입니다. 이렇다보니 벽돌 하나 올리는 것도 쉽지가 않습니다. 하지만 스스로 할 수 있게 충분히 도와드릴 테니 걱정 마세요!

02 _ 연구 주제 선정 방법

PREVIEW

주제 선정 경로

- 관심 있는 이슈를 주제로 선정한다.
- 자신의 과거 경험이나 현재 일어나는 일을 주제로 선정한다.
- 책이나 인터넷 등을 통해 알아낸 사실을 토대로 주제를 선정한다.

주제 선정 기준

- 관심 분야, 충분한 선행 연구, 전공 관련성, 현실성, 차별성(독창성), 최신 트렌드, 윤리성

연구 주제 쉽게 정하기

- 기존 연구와 지역, 대상, 시대를 달리하라.
- 지역과 대상을 비교하거나 세분화하라.

1 주제 선정 경로

논문을 작성하고자 할 때 가장 먼저 해야 할 일은 주제 선정입니다. 주제를 선정하는 일은 어렵습니다. 주제를 선정한 것만으로도 논문의 절반이 끝났다고 말할 수 있을 정도니까요. 그렇다면 주제 선정에 대한 아이디어를 어디서 얻을 수 있을까요?

관심 있는 이슈를 주제로 선정할 수 있습니다.
예를 들어 '자살 문제'에 대해 관심이 있었는데, A라는 지역에서 자살률이 유독 높다는 뉴스를 보고 그 원인에 대해서 찾아보는 논문을 작성할 수 있겠죠.

자신의 과거 경험이나 현재 일어나고 있는 일을 주제로 선정할 수 있습니다.
예를 들어 청소년기에 부모님에게 학대를 받았는데, 친구들의 지지로 이겨냈다면 부모 학대와 또래집단의 지지, 자아탄력성 등의 관계를 살펴보는 연구를 생각해볼 수 있겠죠.

책이나 인터넷 등을 통해 알아낸 사실을 토대로 주제로 선정할 수도 있습니다.
예전에 심리학자 브루스 알렉산더가 쥐를 이용해서 약물 중독을 실험한 유투브 동영상을 본 적이 있습니다. 핵심 내용은 기존에 진행된 약물 중독 실험은 실험실 안에 쥐 한 마리만 넣고 했는데, 실험실 안에 쥐가 여러 마리 있다면 약물 중독이 일어나지 않는다는 것이었습니다. 그 동영상을 보고 사회적 자본(구성원 간의 규범, 신뢰 등)과 중독의 관계에 대해서 살펴보는 것이 의미가 있겠다고 판단했습니다.

이처럼, 어떤 연구 주제를 선정할지 아이디어가 떠오르지 않는다면 관심 이슈, 자신의 경험, 책이나 인터넷 등을 살펴보는 것은 어떨까요?

2 주제 선정 기준

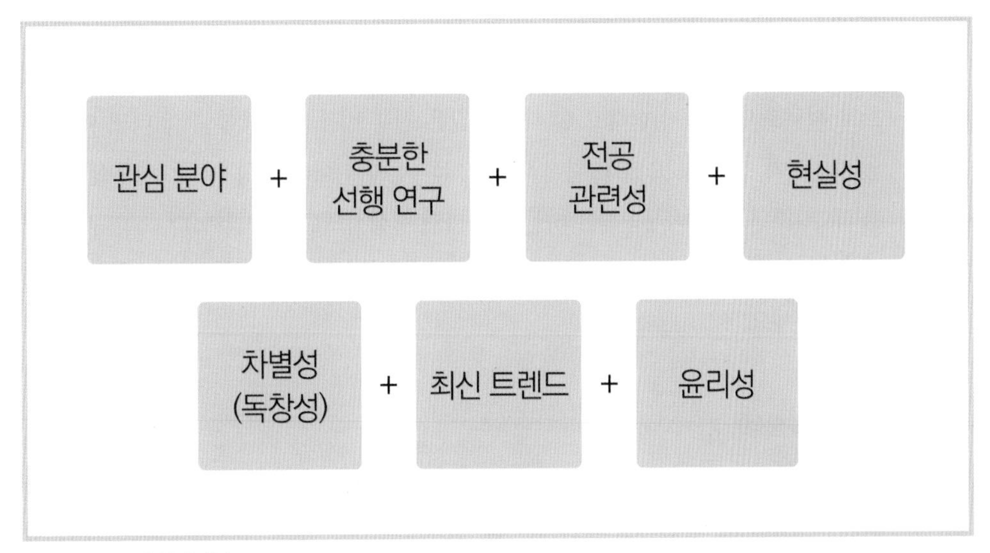

그림 6-2 | 주제 선정 기준

연구 주제를 선정할 때 다음과 같은 기준을 고려하여 정해보길 바랍니다.

관심 분야

자신이 선정한 주제에 관심이 없다면 그 연구를 진행할 수 있을까요? 결국 그 주제를 포기하게 됩니다. 포기하지 않고 논문을 쓰기도 하는데 뜬구름 잡듯 쓸 가능성이 큽니다. 실제로 그런 분들을 많이 봤습니다. 만약 자신이 정한 연구 주제에 호기심이나 관심이 생기지 않는다면 하지 않는 것이 좋습니다.

충분한 선행 연구

선행 연구와 이론이 어느 정도 쌓여있어야 자신의 연구가 진행될 수 있습니다. 선행 연구나 이론이 없거나 부족하면, 자신의 연구 근거를 찾기가 쉽지 않습니다. 즉 이론적 배경을 작성할 때부터 이미 막히기 시작합니다. 물론 선행 연구나 이론이 없어도 논문을 작성할 수 있지만, 학문적으로 혹은 사회적으로 선행 연구나 이론 없이 작성된 논문이 인정받기가 쉽지 않습니다. 그러므로 주제를 선정할 때 선행 연구를 꼼꼼하게 살펴보아야 합니다.

전공 관련성

자신이 선정한 주제가 전공과 관련이 있어야 합니다. 만약 그렇지 않다면 지도 교수님에게 '왜 이 연구를 하는 거죠?'라는 질문을 받을 수 있기 때문입니다.

현실성

자신이 선정한 주제로 연구를 진행할 때 드는 비용과 시간, 인력 등 현실적인 부분을 고려해야 합니다. 예를 들어 자신이 선정한 주제를 진행하기 위해 전국에 거주하는 노인 1만 명을 대상으로 설문조사를 해야 한다고 할 때, 이 같은 진행 비용을 충당할 수 없다면 이 연구는 할 수 없는 연구가 됩니다. 또 2018년에 이루어지는 정책에 대해서 평가하는 연구를 주제로 선정했을 때 2017년 안에 마무리해야 하는 연구라면 현실적으로 가능할까요? 즉 연구 주제를 고려할 때 아무리 좋은 연구라고 할지라도 현실성을 고려하지 않으면 진행할 수 없습니다. 꼭 현실성을 생각해주세요.

차별성(독창성)

자신이 선정한 주제가 이미 나온 연구 주제와 차별성이 없다면 진행할 수 있을까요? 논문 심사위원이 "기존에도 똑같은 연구가 있는데, 왜 이 연구를 하는 건가요?"라는 질문을 할 수 있습니다. 만약 답할 수 없다면 그 연구 자체가 무의미해지죠. 즉 자신의 연구가 다른 연구와 어떠한 차이가 있는지를 명확하게 이야기할 수 있어야 합니다. 그 차이점이 여러 개가 아니어도 상관은 없습니다. 한 가지라도 차이점은 꼭 있어야 합니다.

최신 트렌드

자신이 선정한 주제가 최근 5년 안에 이슈화되었거나 많은 사람들에게 지속적으로 관심을 갖게 한 내용이라면 시기적절하다는 긍정적인 평가를 받을 수 있습니다. 그러므로 뉴스 기사와 선행 연구를 보면서 자신이 선정한 연구 주제가 최근에도 기사화되고 논문으로 나오는지 확인해보아야 합니다. 아울러 자신의 연구에서 참고한 연구가 대부분 10년 전 혹은 20년 전 연구들이라면 최근 연구 동향을 반영하고 있지 못하다고 지적을 받을 수 있습니다.

윤리성

사회에 혁신적인 영향을 미칠 수 있는 연구 주제라 할지라도 윤리성 즉 연구에 참여한 대상자들에게 피해를 주거나 불법행위를 할 수 있는 연구라면 사회적 기여를 떠나 좋은 연구라고 볼 수 없습니다. 실제 이런 연구들은 IRB(기관생명윤리위원회)를 통해 제재받기 때문에 진행할 수 없습니다.

표 6-1 | 논문 심사평가 보고서

논문 심사평가 보고서 1	논문 심사평가 보고서 2
1. 제목과 내용의 일치성 여부	1. 제목과 연구 목적, 내용의 일치 여부
2. 연구의 체계와 구성의 타당도	2. 연구 방법의 적정성
3. 연구의 독창성	3. 연구의 내용의 타당성
4. 최근까지의 연구 동향 반영도	4. 최근까지의 연구 동향 반영도
5. 연구의 학문적 기여도	5. 연구 결과의 기여도
6. 참고문헌 표기의 정확성	6. 기타 및 총평

학술지에 논문을 투고하면 심사 결과를 받게 되는데요. 각 논문 심사평가 보고서에서 제시한 심사 내용을 보면 주제를 선정할 때 무엇을 주의해야 할지 생각할 수 있습니다. 즉 주제를 선정할 때 전반적인 연구 체계를 생각하면서, 연구 방법은 무엇을 써야 하는지, 그 연구 방법이 실현 가능한지, 이 연구가 다른 연구와 차별성이 있는지, 연구에 대한 타당성이 있는지, 최근 연구 동향을 잘 반영하고 있는지, 이 연구의 함의는 무엇인지, 또 그 함의가 의미 있는지까지 고려해야 좋은 연구 주제를 잡을 수 있습니다.

이 중에서 가장 중요하게 고려해야 하는 것이 무엇이냐고 묻는다면 단연코 '함의'입니다. 함의는 연구의 필요성과 밀접하게 연결되어 있죠. 결국 연구 주제를 고려할 때 가장 먼저 고려해야 할 점은 '왜 이 연구를 해야 하지?'입니다. 이것마저 자기 자신을 설득할 수 없다면 그 연구 주제는 좋은 주제가 아닙니다.

지금까지 연구 주제를 어떻게 선정해야 하는지 살펴보았는데, 어떤가요? 주제를 쉽게 잡을 수 있나요? 사실 저도 주제를 잡는 데 빠르면 일주일 늦으면 1년 넘게 걸리기도 합니다. 그만큼 쉬운 일은 아닙니다.

3 연구 주제 쉽게 정하기

[학술논문] 서비스업 종사 직장여성의 직무 스트레스와 **우울이 자살생각에 미치는 영향** KISTI 2014년

Influence of Job Stress and Depression on Suicide Ideation of Women-workers in Service Industries Purpose: The purpose of this study was to identify the relationship of job stress, depression and to identify factors influencing suicide ideation of women-workers. Methods: The research was a cross-sec

산업공학 | 이현주 외 1 명 | 한국직업건강간호학회 / 한국직업건강간호학회 (KCI 등재 ?)

KISTI(무료) 선문대학교 외 41곳

[학위논문(박사)] 노인의 고독감, 생활스트레스, **우울이 자살생각에 미치는 영향** : 사회활동참여 국회도서관 2014년

표제지 목차 국문초록 9 I. 서론 11 1. 연구의 필요성 11 2. 연구목적과 연구문제 15 II. 이론적 배경 17 1. 노인 **자살생각**의 이해 17 1) 노인의 **자살생각** 개념 17 2) 노인**자살** 관련 이론 19 3) 우리나라 노인의 **자살**현황 및 **자살**예방 정책

사회학 | 박정남 | 서울기독대학교

국회도서관(무료)

그림 6-3 | 내가 진행하려는 연구를 이미 다른 사람이 진행했다?

이제 막 연구를 시작하려는 분들에게 연구 주제를 정하는 것이 어려운 이유는 내가 하고자 하는 연구 주제를 이미 다른 사람이 했기 때문입니다. 좋은 아이디어라고 생각해서 연구 주제로 정하려고 봤는데 이미 다른 연구자가 했다면 허탈한 느낌이 들 겁니다. 예를 들어 뉴스 기사를 통해 아이디어를 얻어 '우울이 자살에 미치는 영향'으로 연구 주제를 선정했다고 가정해보겠습니다. 그런데 막상 논문을 검색해보니 국내 논문만 890건이나 있다는 것을 확인했습니다. 이런 경우 어떻게 해야 할까요? 방법이 있습니다. 같은 연구 주제(연구 모형)일지라도 지역, 대상, 시대를 달리하면 좋은 논문이 될 수 있습니다.

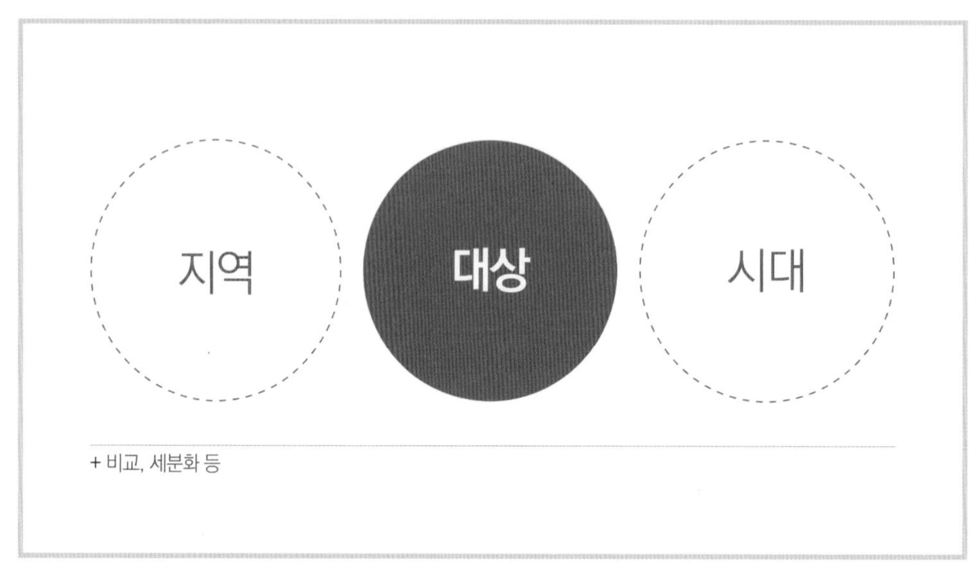

그림 6-4 | 연구 주제 쉽게 정하기

기존 연구와 지역이나 대상, 시대를 달리함으로써 비교적 연구 주제를 쉽게 정할 수 있습니다.

지역을 달리하라

예를 들어 '우울이 자살에 미치는 영향'에 관한 연구를 모두 검토했는데, 전부 도시 지역을 대상으로 연구가 이루어졌다면 농촌 지역을 연구해보는 것도 하나의 방법입니다. 물론 이 연구가 의미 있어야겠죠. 만약 농촌 지역의 우울과 자살 비율이 도시 지역보다 통계적으로 높다면 이 연구의 필요성은 확보한 것입니다.

대상을 달리하라

예를 들어 '우울이 자살에 미치는 영향'에 대해서 살펴본 연구가 모두 청소년만을 대상으로 했다면 노인을 연구 대상으로 삼는 것만으로도 좋은 연구 주제가 될 수 있습니다. 청소년을 대상으로 우울이 자살에 미치는 영향을 살펴보았다면 분명 그 연구 모형을 설명할 수 있는 선행 연구나 이론이 있을 겁니다. 그 선행 연구와 이론에 기반을 두고 노인을 대상으로 연구할 수 있겠죠.

시대를 달리하라

만약 '우울이 자살에 미치는 영향'을 살펴본 연구가 1970년대에만 이루어졌다면, 현재 똑같은 연구 주제로 해보는 것도 한 방법입니다. 1970년대와 현재는 여러 상황이 다르기 때문에 연구 모형의 결과가 충분히 다를 수 있습니다. 즉 시간의 변화에 따라 연구 결과가 다른지 확인하는 것입니다.

이외에도 비교와 세분화 방법을 통해 연구 주제를 쉽게 정할 수 있습니다.

비교하라

'우울이 자살에 미치는 영향'을 살펴본 연구들이 도시와 농촌 지역을 대상으로 이미 이루어졌다면, 한 논문에서 도시와 농촌을 비교하는 것도 좋은 연구가 될 수 있습니다. 기존 연구에서 도시와 농촌의 우울이 자살에 미치는 영향에 대한 연구 결과가 어떻게 나왔는지 모르겠지만 한 논문에서 연구 방법과 절차를 같이한 상태에서 도시와 농촌을 비교한다면, 연구 결과에 따라 어느 지역에 더 초점을 맞춰 정책을 펼쳐야 하는지 기초 자료를 제공해줄 수 있겠죠.

세분화하라

연구자의 연구 관심사가 노인 우울과 자살인데, '우울이 자살에 미치는 영향'을 살펴본 연구들이 노인을 대상으로 이미 이루어졌다면 세분화하는 방법을 활용할 수 있습니다. 즉 보통 65세 이상을 노인이라고 하는데, 전기노인(65세 이상 75세 미만)과 후기노인(75세 이상)으로 세분화하여 전기노인을 대상으로 연구할 수 있다는 것입니다. 노인을 대상으로 해서 나온 연구 결과와 전기노인이나 후기노인만을 대상으로 한 연구 결과가 충분히 다를 수 있습니다.

이렇듯 기존 연구에서 지역, 대상, 시대를 달리하고 비교, 세분화 방법을 활용한다면 비교적 쉽게 연구 주제를 잡을 수 있을 겁니다. 게다가 기존 연구를 통해서 연구 주제를 잡는 것은 선행 연구나 이론을 충분히 고려했다는 의미이므로 나중에 이론적 배경을 작성할 때도 도움이 됩니다.

기존 연구를 통해서 연구 주제를 선정할 때는 다음과 같은 전제 조건이 필요합니다. 연구자가 관심을 둔 주제여야 하고 의미가 있는 연구여야 하며, 연구자가 그 주제에 대해서 전문가여야 합니다. 관심도 없는데 좋은 연구가 나올 수 없고, 의미 없는 연구는 굳이 할 필요도 없겠죠. 아울러 연구를 해서 논문으로 나온다는 것은 그 분야에서만큼은 자기가 전문가라는 의미입니다. 지역, 대상, 시대, 비교, 세분화는 비교적 쉽게 연구 주제를 잡는 데 활용할 수 있는 팁이지 연구자로서의 도리를 지키지 말라는 것이 아님을 명심해야 합니다.

03 _ 연구 시작 방법

PREVIEW

연구 시작 방법

- 사회적 이슈(뉴스 등)나 현장에서 들은 이야기를 통해 문제의식을 갖는 것으로 시작하자!

문제의식의 중요성

- 서론, 이론적 배경, 결론 파트의 내용이 심도 있고 풍부해진다.
- 현실적인 내용을 작성할 수 있다. (단순한 양적 증가 X)

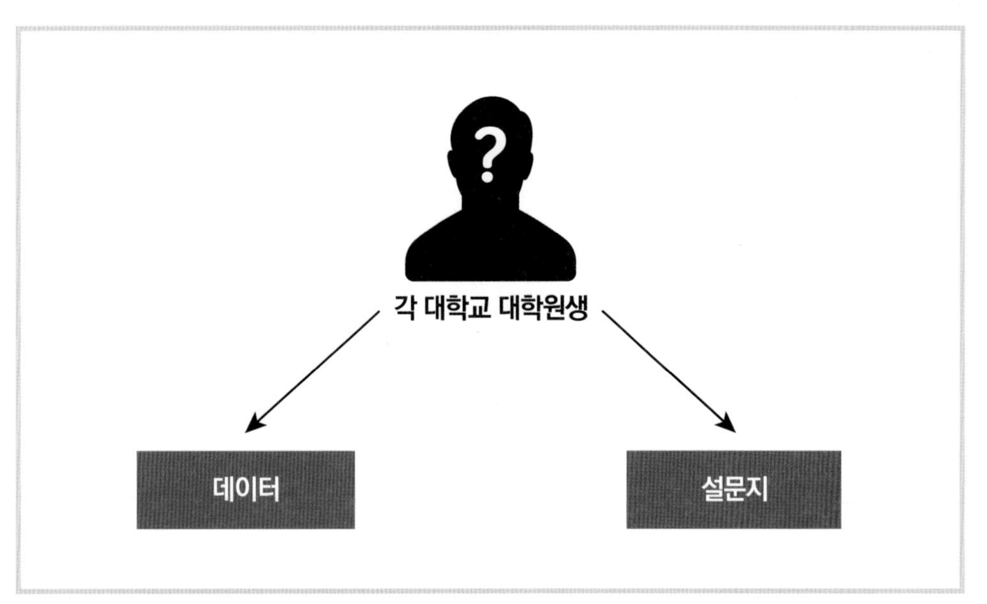

그림 6-5 | 다수 대학원생들이 연구를 시작하는 방법

연구를 어떻게 시작할까요? 지금까지 저희가 연구자들과 논문을 함께 진행하거나 주변 대학원생들을 관찰한 결과, 이들 중 80% 이상이 데이터나 설문지만 보고 연구 주제를 잡는다는 것을 알게 되었습니다. 이를테면 데이터 안에 있는 우울과 자살이라는 변수를 보고 우울이 자살에 미치는 영향을 살펴보면 좋겠다고 판단하는 것입니다. 이 방법이 무조건 잘못됐다고는 말할 수 없지만 이렇게 시작하는 연구는 질이 떨어집니다.

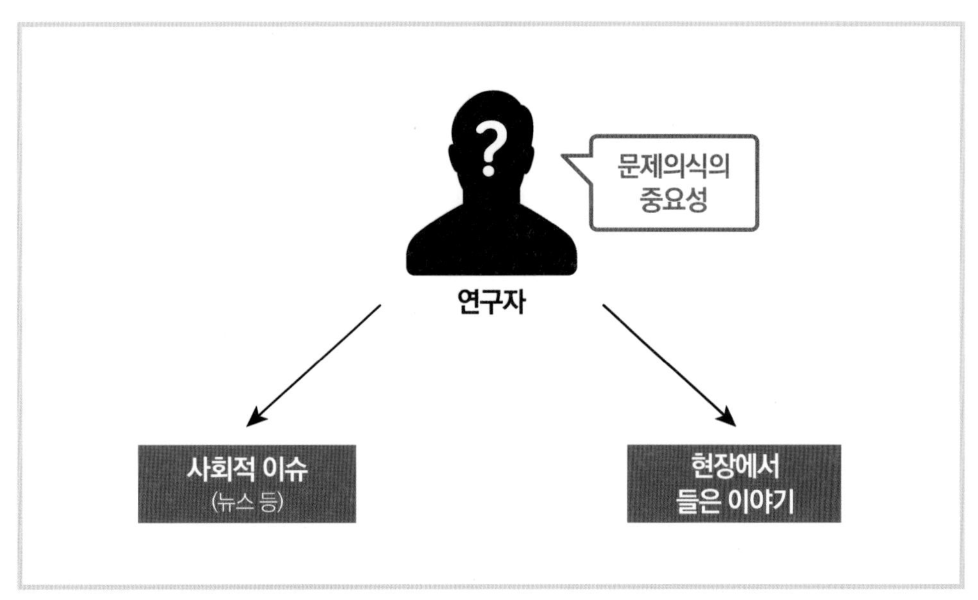

그림 6-6 | 연구의 시작, 문제의식의 중요성

그렇다면 어떻게 시작하는 것이 좋을까요? 문제의식에 기반을 두고 연구를 시작해야 합니다.

사회적 이슈(뉴스 등)를 보고 문제의식이 생겨 그것을 아이디어로 연구를 시작할 수 있습니다. 다음 이야기는 2012년에 실제로 있었던 일입니다.
저는 한 임대아파트에서 노인이 자살했다는 뉴스를 봤습니다. 2주일 뒤에도, 3개월 뒤에도 임대아파트에서 노인이 자살했다는 뉴스가 나왔습니다. 이렇게 임대아파트에서 노인이 자살하는 뉴스가 자주 나오자 저는 '임대아파트에 뭔가 문제가 있다', '임대아파트는 어떤 곳이기에 이렇게 노인들이 자살을 하는 것인가?' 등 문제의식을 갖기 시작했습니다. 임대아파트와 관련된 각종 정보를 파악하기 위해 보건복지부에 전화를 걸기도 하고 임대아파트에 몇 번이나 찾아가보았습니다. 이렇게 해서 '임대아파트의 특성이 자살에 미치는 영향'에 대해서 연구를 시작할 수 있었습니다.

현장에서 들은 이야기를 통해 문제의식이 생겨 연구로 진행할 수도 있습니다.
한번은 어머니 안색이 나빠서 무슨 일이 있느냐고 여쭤보았습니다. 그러자 평소 말벗하러 자주 찾아뵌 독거노인이 자살을 했다는 것입니다. 어머니는 2개월 정도 바빠서 그 독거노인을 찾아뵙지 못했는데, 그 때문에 죄책감을 느끼고 계셨습니다. 이 이야기를 듣고 '사회적 관계와 자살이 서로 연관이 있을까?'라는 문제의식이 생겼습니다. 저는 더 구체적으로 파악하고자 독거노인의 주변 사람들을 인터뷰했습니다. 인터뷰를 기반으로 '독거노인의 사회적 관계망이 자살에 미치는 영향'에 대해서 연구를 시작할 수 있었습니다.

데이터를 보면서 변수들의 관계를 유추할 때보다 이렇게 사회적 이슈와 현장에서 들은 이야기를 통해 문제의식을 가진 상태에서 연구를 시작한다면 논문의 서론, 이론적 배경, 결론 파트를 작성할 때 내용이 심도 있고 풍부해질 수 있습니다. 또한 현실적인 내용을 작성할 수 있습니다.

데이터만 보고 변수의 관계를 설정해 논문을 쓰면 결론에 '~에 대한 ~를 증가시켜야 한다', '~에 대한 예산이 필요하다', '~에 대한 관심이 필요하다'와 같이 단순한 양적 증가에 초점을 둔 제언을 쓰게 됩니다. 즉 교과서적이고 비현실적인 이야기를 하게 됩니다. 하지만 직접 현장에서 이야기를 듣고 관심을 가진 후에 결론을 작성한다면 더욱 현실적으로 작성할 수 있을 겁니다. 연구를 시작하려면 문제의식을 가져야 한다는 점을 잊지 않았으면 좋겠습니다.

04 _ 변수의 의미와 각종 연구 모형 개괄

PREVIEW

통제변수의 의미

- 선행 연구 및 이론을 통해서 종속변수에 영향을 미친다고 검증된 변수
- 독립변수가 진정 종속변수에 영향을 주는지 확인하기 위해 분석 시 포함하는 변수

독립변수와 종속변수의 의미

- 독립변수 : 종속변수의 원인이 되는 변수
- 종속변수 : 독립변수의 결과가 되는 변수

독립변수와 종속변수의 설정

- 독립변수와 종속변수 모두 객관성을 띠는 변수가 좋음.
- 독립변수, 종속변수 모두 주관적 변수일 경우 시간만이라도 선행되게 설정함.
- 독립변수는 여러 개여도 상관없음.
- 종속변수는 1개인 것이 좋음.

매개변수의 의미

- 독립변수와 종속변수를 매개하는 변수 : 교량적 역할을 하는 변수
- 매개변수는 기존의 독립변수에서 종속변수로 가는 경로(이론)를 더욱 구체화하기 위한 목적을 지님.

조절변수의 의미

- 독립변수가 종속변수로 가는 영향력을 조절하는 변수
- 조절변수는 조절변수와 관련 있는 사업이나 정책의 효과성을 살펴보는 데 주된 목적이 있음.

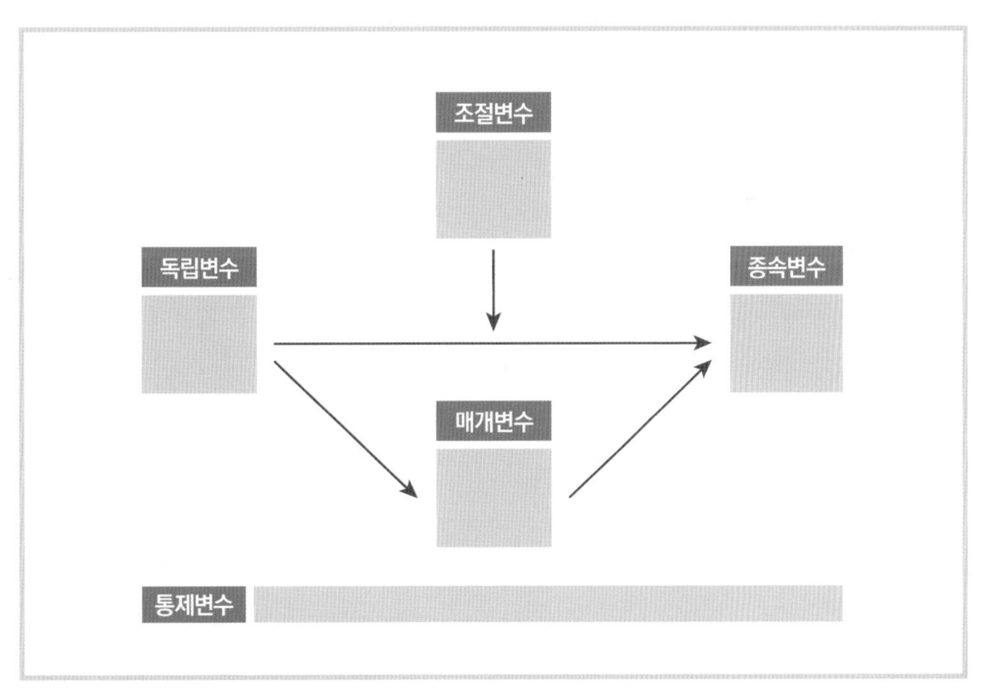

그림 6-7 | 각 변수의 의미 : 각종 연구 모형 개괄

양적 연구를 진행할 때 기본적으로 알아둬야 할 것들 중 하나가 바로 각종 변수의 의미입니다. 논문을 보다 보면 연구 방법이나 연구 결과에 통제변수, 독립변수, 종속변수, 매개변수, 조절변수 등의 용어가 쓰이는 것을 종종 보게 됩니다. 그러니 이 용어들이 무엇을 의미하는지 정확하게 알아야겠죠?

수없이 많은 연구 모형이 있지만 통제변수, 독립변수, 종속변수, 매개변수, 조절변수를 안다면 기본적인 연구 모형을 이해할 수 있습니다. 가장 많이 활용하는 연구 모형으로 단순회귀모형, 다중회귀모형, 매개모형, 조절모형 등이 있는데, 위에 제시한 변수로 모두 설명이 가능합니다.

1 통제변수

전공이나 지도 교수에 따라 통제변수를 연구에 넣기도 하고 넣지 않기도 합니다. 하지만 독립변수와 종속변수가 존재하는 연구 모형이라면 통제변수를 넣어야 더욱 정확한 값을 도출할 수 있습니다.

통제변수는 선행 연구 및 이론을 통해서 종속변수에 영향을 미친다고 이미 검증된 변수를 말합니다. 또 독립변수가 진정 종속변수에 영향을 주는지 확인하기 위해서 분석 시 포함하는 변수입니다.

독립변수와 통제변수, 종속변수의 관계를 쉽게 설명하면 [그림 6-8]과 같습니다. 종속변수 B에게 독립변수 A가 달려가기로 했습니다. 혼자 달리면 종속변수 B에게 충분히 도달할 수 있겠죠. 그런데 통제변수 C, D, E… 들이 이 경기에 낀다면 이야기는 달라질 것입니다. 통제변수 C, D, E… 들과 독립변수 A는 종속변수 B에 닿으려고 치고받고 경쟁을 해서 달려가야 합니다. 그 경쟁에 밀려 독립변수 A는 종속변수 B에게 끝내 도달하지 못할 수도 있습니다. 즉 독립변수만 있는 경우에는 종속변수에 영향을 줄 수도 있지만 통제변수가 있는 경우에 영향을 주지 못할 수도 있습니다.

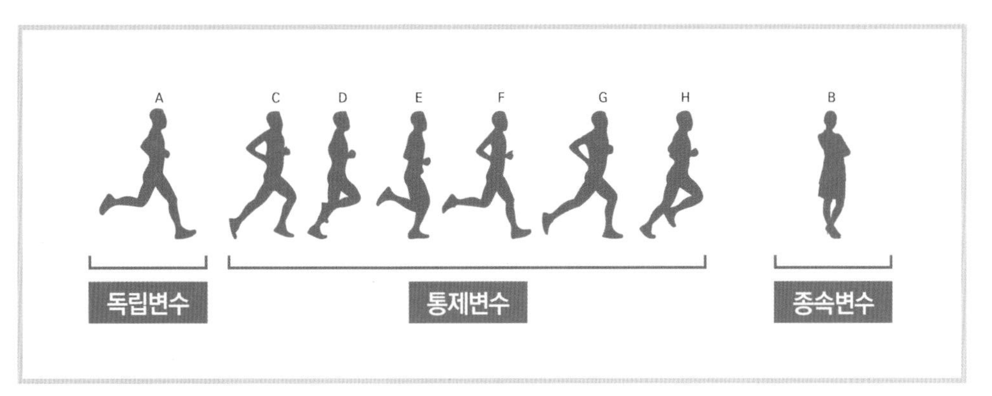

그림 6-8 | 통제변수의 의미

인과관계가 있다는 것은 쉽게 말해 독립변수의 숫자가 커질수록 종속변수의 숫자가 커지거나 작아진다는 것입니다. 통제변수가 포함되었다는 것은 통제변수들의 값을 평균으로 고정했을 때에도 독립변수의 숫자가 커지면 종속변수의 숫자가 커지거나 작아지는지 보겠다는 것입니다. 즉 통제변수를 넣었을 때 독립변수와 종속변수의 관계를 더 명확하게 파악할 수 있죠.

통제변수의 역할이 이렇다 보니 이미 종속변수에 영향을 미친다고 검증이 된 변수를 활용해야 합니다. 독립변수와 같이 달리기하는데 애초에 무의미한 통제변수를 선수로 넣을 수는 없겠죠. 종속변수에 강력한 영향을 미치는 통제변수가 연구 모형에 포함될수록 인과관계에 대한 결과값의 타당성이 높아집니다. 그래서 아무 변수나 통제변수로 활용할 수 없다는 것입니다.

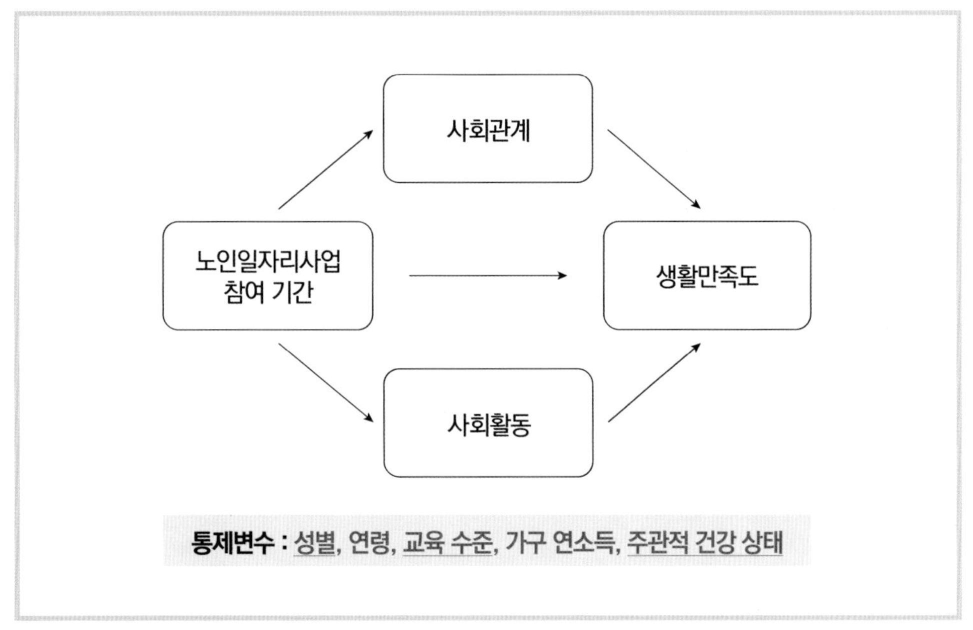

그림 6-9 | 통제변수의 예시

그런데 기존 논문들을 보면 인구사회학적 특성에 해당하는 변수들이 주로 통제변수로 사용되는 것을 확인할 수 있습니다. [그림 6-9]를 보면 통제변수를 성별, 연령, 교육 수준, 가구 연소득, 주관적 건강 상태로 설정했습니다. 전부 인구사회학적 특성에 해당하는 변수이지요. 여기서 두 가지 질문을 하겠습니다.

질문 1 **통제변수에는 왜 인구사회학적 특성에 해당하는 변수가 많은가?**

우울에 영향을 주는 요인에 대해서 연구하고자 할 때, 최초로 시도되는 연구라면 무엇을 가장 먼저 확인해보고 싶나요? 처음부터 사회적 자본 같은 것을 독립변수로 넣지 않겠죠? 가장 기본적인 변수들 즉 성별, 연령, 학력 등을 먼저 살펴볼 것입니다. 대부분의 연구가 이렇게 시작되었습니다. 그렇다 보니 성별이나 연령, 학력 등과 같은 인구사회학적 특성들이 이미 어떤 연구를 하든 독립변수로 활용되었지요.

통제변수가 무엇인가요? 선행 연구 및 이론을 통해서 종속변수에 영향을 미친다고 이미 검증된 변수를 말합니다. 인구사회학적 특성에 해당하는 변수들이 이미 검증되었기 때문에 통제변수로 활용될 수 있는 것입니다.

질문 2 **인구사회학적 특성이 아닌 변수는 통제변수가 될 수 없는가?**

결론부터 말하자면 인구사회학적 특성이 아니더라도 통제변수가 될 수 있습니다. 통제변수의 의미를 다시 한 번 확인해볼까요? 통제변수는 종속변수에 영향을 미친다고 이미 검증이 된 변수입니다. 즉 인구사회학적 특성이 아니더라도 충분히 통제변수가 될 수 있겠지요. 그런데도 왜 논문에는 인구사회학적 특성 외의 변수들이 통제변수로 잘 안 쓰일까요? 그 이유는 바로 인구사회학적 특성만큼 통제변수로서 강력하지 않기 때문입니다. '강력하다'는 의미는 기존 연구에서 종속변수에 영향을 미치는 변수로 수없이 많이 검증된 변수라는 뜻입니다.

인구사회학적 특성만큼 종속변수에 영향을 미치는 변수로 많은 연구에서 검증되었다면 통제변수로 활용할 수 있습니다. 이것은 인구사회학적 특성도 마찬가지겠죠. 즉 인구사회학적 특성이라고 해서 무조건 통제변수가 되는 건 아닙니다. 기존 연구들을 통해서 검증이 된 인구사회학적 특성만 통제변수로 활용할 수 있습니다.

그렇다면 논문의 어떤 부분에서 통제변수를 가장 먼저 작성할까요? 연구 방법의 측정 도구 파트일까요? 아닙니다. 이론적 배경입니다. 이론적 배경과 연구 방법, 연구 결과에서 통제변수를 잘 작성한 논문[1]이 있어 예시로 살펴보면서 진행하겠습니다.

예시 6-1

이론적 배경의 통제변수

2. 노년기 생활만족도

생활만족도 개념은 Neugarten 외(1961)가 활동이론과 분리이론을 검증하기 위해 생활만족도를 종속변인으로 사용하면서부터 일반화되기 시작하였고, 그 후 많은 연구자들에 의해 다양하게 정의되어져 왔다.

… (중략) …

실제 생활만족도와 노인일자리사업 관련 선행 연구를 살펴보면, 노인일자리사업 참여에 따른 삶의 질 또는 생활만족도 향상으로 노인일자리사업의 효과성을 도출해 낸 여러 연구들은 활동이론에 근거하고 있다(서수오, 2007; 이문국·조준행, 2008; 김옥희, 2009). 이들의 연구에서 드러난 노인의 생활만족에 영향을 미치는 구체적인 요인을 정리해보면, 노인의 성별, 연령, 학력, 경제 수준, 주관적 건강 상태 등의 인구사회학적 특성(권중돈·조주연, 2000; 이정의, 2010; 윤명숙·이묘숙, 2011; 장명숙, 2011)과 육체적, 정신적 건강 수준, 경제활동 및 경제 수준, 사회적 관계, 생산적 활동, 여가생활, 종교 활동 등이 있다(김미령, 2008; 한형수, 2008; 최현석·하정철, 2012).

예시 6-2

연구 방법과 연구 결과의 통제변수

4 _ 통제변수

본 연구에서는 기존의 연구 결과에 대한 검토를 통하여 생활만족도에 영향을 미치는 요인으로 성별, 연령, 교육 수준, 가구 연소득, 주관적 건강 상태를 살펴볼 수 있었고, 이러한 인구사회학적 요인들을 통제변수로 설정하였다.

성별은 '남성'을 1, '여성'은 0으로 더미화하였고, 연령은 연속변수로 활용하였다. 교육 수준은 '무학'은 1, '초등학교 졸업'은 2, '중학교, 고등학교 졸업'은 3, '대학 이상'은 4로 구분하였다. 가구 연소득은 연속변수로 활용하였고, 주관적 건강 상태는 '전혀 건강하지 않음'은 1, '건강하지 않은 편'은 2, '보통'은 3, '건강한 편'은 4, '매우 건강함'은 5로 구분하였다.

1 본 논문은 '정규형, 최희정(2016). 농촌 지역 노인일자리사업 참여기간이 생활만족도에 미치는 영향: 사회관계와 사회활동의 매개효과를 중심으로. 사회복지 실천과 연구, 13(1), 5-38.'에 게재된 내용을 기초로 하였음. [예시 6-1], [예시 6-2]가 이에 해당함.

〈표 1〉 농촌 지역 노인일자리사업 참여 기간이 생활만족도에 미치는 영향과 사회관계 및 사회활동의 매개효과

구분		Model 1	Model 2	Model 3	Model 4
		참여 기간→ 생활만족도	참여 기간→ 사회관계	참여 기간→ 사회활동	참여 기간→ 사회관계·사회활동 →생활만족도
		B(sig)	B(sig)	B(sig)	B(sig)
	상수	3.460***	5.588***	11.295	3.305***
통제변수	성별	.109	1.271	-.876	.095
	연령	-.014*	-.077	-.135	-.013*
	교육 수준	.124***	1.670***	1.700	.088*
	가구 연소득	.000	.000	.000	.000
	건강 상태	.064*	.551	-1.227	.063*
독립변수	참여 기간	.063***	.849***	1.951***	.038*
매개변수	사회관계				.014**
	사회활동				.006*
R^2		.200	.179	.194	.251
F(sig.)		11.930***	10.336***	9.751***	11.828***

* : $p<.05$. ** : $p<.01$. *** : $p<.001$

이 논문의 통제변수는 성별, 연령, 교육 수준, 가구 연소득, 주관적 건강 상태입입니다. 중요한 것은 이론적 배경과 연구 방법, 연구 결과에 통제변수가 똑같이 있어야 한다는 점입니다.

이 논문의 이론적 배경을 보면 "이들의 연구에서 드러난 노인의 생활만족에 영향을 미치는 구체적인 요인을 정리해보면, 노인의 성별, 연령, 학력, 경제 수준, 주관적 건강 상태 등의 인구사회학적 특성"과 같이 기존 연구를 통해서 인구사회학적 특성 중 어떤 변수들이 종속변수(생활만족도)에 영향을 주는지 기술되어 있습니다. 이처럼 이론적 배경에서부터 어떤 변수를 통제변수로 활용할 것인지 작성해야 합니다. 기존 연구가 없어서 이론적 배경에 통제변수를 작성할 수 없다면 어떻게 해야 할까요? 통제변수로서 역할을 할 수 없으므로 제외해야겠죠.

논문에서 보는 바와 같이 이론적 배경에서 작성한 통제변수들은 연구 방법과 연구 결과에서 똑같이 사용하고 있음을 확인할 수 있습니다. 즉 이론적 배경, 연구 방법, 연구 결과에서 쓰는 통제변수가 차이가 나면 안 된다는 것입니다.

아무도 가르쳐주지 않는 Tip

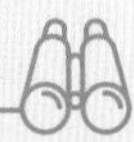

이론적 배경에서 통제변수에 대한 내용을 작성할 때 기존 연구들을 보면서 종속변수에 영향을 미치는 모든 변수를 적는 게 아닙니다. 통제변수로 활용할 변수만 적는 것입니다. 만약 이론적 배경에 작성한 통제변수들을 연구 방법 및 연구 결과와 대조했을 때 더 많거나 적으면 100% 지적받을 만한 사항입니다.

2 독립변수, 종속변수

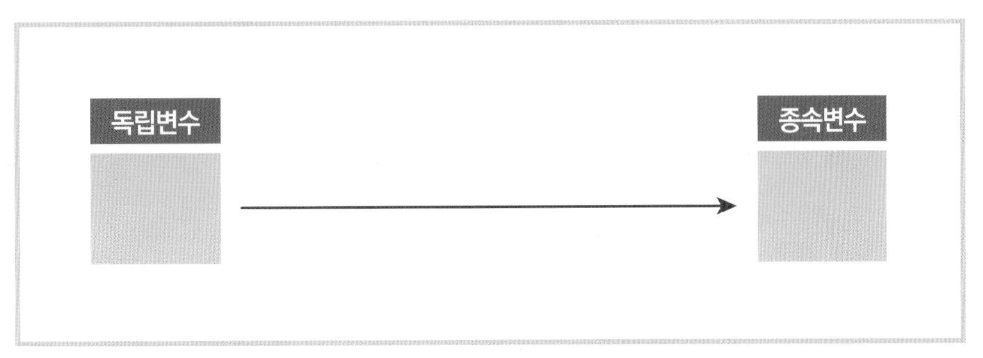

그림 6-10 | 독립변수와 종속변수

독립변수(원인변수, 예측변수, 설명변수, 가설변수)와 종속변수(결과변수, 피예측변수, 피설명변수, 준거변수)는 연구 모형에서 기본 중의 기본이기 때문에 무조건 알고 있어야 합니다.

독립변수는 종속변수의 원인이 되는 변수입니다. 종속변수는 독립변수의 결과가 되는 변수입니다. 물론 이 정도는 쉽게 이해하거나 이미 알고 있는 내용일 겁니다. 하지만 연구 모형을 그릴 때 종종 잊어버리곤 합니다. 왜 그런지 하나하나 살펴보겠습니다.

일단 독립변수와 종속변수는 그 인과관계를 살펴보는 게 가장 기본이 되는 틀입니다. 그렇기 때문에 인과관계 추론의 조건에 부합해야 하는데, 조건은 총 3가지입니다. 사건 A를 원인이 되는 사건으로 설정하고 사건 B를 결과가 되는 사건으로 설정하겠습니다.

사건 A는 사건 B보다 시간적으로 선행되어야 한다

사건 A가 원인이니까 당연히 사건 B보다 시간적으로 선행되어야겠죠. 하지만 막상 연구 모형을 잡을 때 실수를 많이 합니다. 특히 횡단연구에서 이런 문제가 발생합니다. [예시 6-3]을 보세요.

[문11]을 독립변수로 두고 [문14]를 종속변수로 두었다면 무엇이 문제일까요? 독립변수는 지난 1주일간의 행동이지만 종속변수는 지난 1년 동안 있던 행동입니다. 종속변수에 해당하는 [문14]가 시간적으로 선행되었죠. 회귀분석(인과관계를 확인하기 위한 분석)을 진행해서 [문11]이 [문14]에 영향을 주는 것으로 나온다고 하더라도 그 값을 신뢰할 수 없을 겁니다.

예시 6-3 **인과관계 추론의 조건 : 시간적 선행 문제**

문11 _ 지난 1주일간 학생의 평소 행동에 대한 질문입니다. 다음 각 문항에 대하여 자신에게 해당되는 항목에 응답해 주십시오.

나는 ···	매우 그렇다	그런 편이다	그렇지 않은 편이다	전혀 그렇지 않다
1. 칭찬을 받거나 벌을 받아도 금방 다시 주의가 산만해진다.	①	②	③	④
2. 문제를 풀 때 문제를 끝까지 읽지 않는 편이다.	①	②	③	④

문14 _ 지난 1년 동안 다음과 같은 행동을 한 경험이 있습니까? 경험이 있다면 얼마나 자주 경험했는지 그 횟수를 써 주십시오.

1) 담배 피우기 : 지난 1년 동안 몇 번 피워 본 정도의 수준이면 “지난 1년 동안 (   )회”에, 습관적으로 거의 매일 피우는 정도이면 “하루에 (   )회”에 해당 횟수를 써 주십시오.

2) 술 마시기 : 지난 1년 동안 몇 번 마셔 본 정도의 수준이면 “지난 1년 동안 (   )회”에, 주기적으로 자주 마시는 경우는 “한 달 평균 (   )회”에 해당 횟수를 써 주십시오.

	경험 여부	경험 횟수
1. 담배 피우기	① 있다	지난 1년 동안 ( )회 또는 하루에 ( )회
	② 없다	

사건 A와 사건 B는 상관관계가 있어야 한다

인과관계를 알아보기 전에 사건 A와 사건 B 간에 상관관계가 있는지 확인하는 것이 우선입니다. 사건 A와 사건 B 간에 상관관계가 없다면 당연히 인과관계도 없겠죠. 만약 사건 A와 사건 B 간에 상관관계가 있다면 그 관계가 인과관계로 발전할 수 있는지 확인할 수 있습니다. 회귀분석을 하기 전에 상관관계분석을 하는 이유가 바로 여기에 있습니다.

사건 A와 사건 B 사이에 혼재변수의 개입이 없어야 한다

혼재변수(혼입변수 또는 잡음변수)는 연구에서 종속변수에 대한 독립변수의 효과에 대하여 대안적인 해석을 가능하게 하는, 설계 시 포함되지 않는 변수입니다. 사실 혼재변수의 개념 자체가 어려울 수 있는데, 지금부터 쉽게 설명해보겠습니다.

A라는 연구자가 몇몇 학생을 조사해본 결과 IQ와 몸무게가 관계있을지도 모른다고 판단했습니다. 정말 그런지 연구하기 위해 300명을 모아서 설문지를 돌리고 IQ를 독립변수로, 몸무게를 종속변수로 설정한 후 회귀분석을 돌렸습니다. 애초에 IQ가 몸무게에 영향을 준다는 게 말이 되나요? 그런데 회귀분석 결과는 아이러니하게도 영향을 준다고 나왔습니다. 이게 어찌된 일일까요? 독립변수의 점수가 높아질수록 종속변수의 점수도 높아지면 인과관계가 있다는 뜻입니다. 하지만 상식적으로도 IQ가 몸무게에 영향을 준다는 것은 말이 안 된다는 것을 알고 있습니다. 그럼 도대체 어디에서 문제가 발생한 것일까요?

바로 학년이라는 혼재변수를 고려하지 않았기 때문에 발생한 문제였습니다. 즉 학년이 높을수록 IQ와 몸무게가 높아지는 것으로 파악할 수 있습니다. IQ와 몸무게는 둘 다 종속변수였는데 IQ를 독립변수로, 몸무게를 종속변수로 설정하는 바람에 이런 문제가 생긴 것입니다. 만약 학년을 1학년으로 통제(1학년만 조사)했다면, IQ와 몸무게가 관계있는 것으로 나왔을까요?

만약 잘 이해가 안 된다면 이것만 기억해두세요. 자신이 설정한 독립변수와 종속변수 모두 종속변수는 아닌지 고민해보세요. 둘 다 종속변수인지 아닌지 모르겠다면 적절한 통제변수를 넣어 오류를 줄여야 합니다.

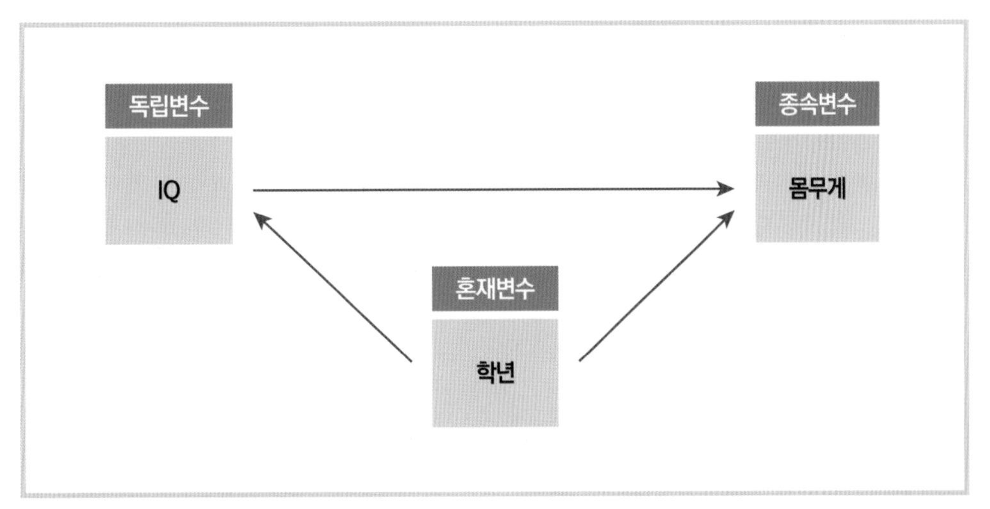

그림 6-11 | 혼재변수의 예시

아무도 가르쳐주지 않는 Tip

독립변수와 종속변수를 설정하는 게 쉽지 않다는 것을 느꼈을 겁니다. 그래서 두 가지 팁을 드리겠습니다.

[독립변수와 종속변수의 설정 팁 1 : 객관성]

- **최선 : 독립변수와 종속변수 모두 객관성을 띠는 것이 좋다.**

  예를 들어 하루 걸음 양이 몸무게에 미치는 영향을 연구한다고 했을 때 걸음 양과 몸무게 모두 객관적인 변수입니다. 상식적으로 생각해도 전혀 문제될 것이 없죠. 하지만 독립변수와 종속변수 둘 다 주관적인 변수라면 문제가 있습니다. '스트레스가 우울에 미치는 영향', '우울이 스트레스에 미치는 영향' 어떤가요? 독립변수와 종속변수를 거꾸로 해도 말이 됩니다. 사실 주관적 변수는 주로 심리 상태와 관련된 척도가 많은데, 심리 상태는 어떤 것이 원인이고 어떤 것이 결과인지 가늠하기가 쉽지 않습니다. 그래서 독립변수와 종속변수를 거꾸로 해도 말이 되는 것이죠.

- **차선 : 독립변수만이라도 객관성을 띠는 변수로 한다. 이것도 어렵다면 독립변수가 시간적으로 선행되게 설정한다.**

  사실 자연과학을 제외한 나머지 학문에서는 주로 주관적인 변수를 통해 연구를 진행합니다. 그래서 주관적인 변수를 안 쓸 수가 없는데, 차선책으로 독립변수만이라도 객관적인 변수를 활용하자는 겁니다. 그러면 독립변수와 종속변수가 뒤바뀌는 일은 없을 겁니다. 그런데 이것마저도 쉽지 않죠. 만약 독립변수와 종속변수 둘 다 주관적 변수라면 독립변수가 종속변수보다 시간적으로 선행되게 설정해야 합니다. 이것도 어렵다면 부정적인 심사평을 피하기 어려울 겁니다.

[독립변수와 종속변수의 설정 팁 2 : 변수 개수]

- **독립변수는 여러 개여도 상관없다.**

  독립변수가 1개든, 2개든, 3개든 문제없습니다. 만약 4개 이상이면 공통 변수를 카테고리화하는 것이 좋습니다. 예를 들어 독립변수를 운동 시간, 운동 횟수, 운동 주기, 자기효능감, 우울이라고 했을 때 이렇게 늘어놓으면 독립변수로서 정리가 안 되는 것처럼 보입니다. 따라서 운동 특성(운동 시간, 운동 횟수, 운동 주기), 심리 특성(자기효능감, 우울)과 같이 2개의 카테고리로 묶을 수 있습니다.

  또 독립변수가 많아도 상관없지만 연구의 초점을 흐리지 않는 선에서 독립변수 간 공통성이 있어야 합니다. 이를테면 연구 주제를 '심리적 특성이 자살에 미치는 영향'으로 설정했을 때 독립변수에 화장실 가는 빈도를 넣을 수 있을까요? 즉 독립변수 간에 어느 정도 공통성이 있어야 한다는 것입니다.

- **종속변수는 1개인 것이 좋다.**

  종속변수는 주로 자신의 연구에서 강조하고자 하는 변수가 됩니다. 그렇다 보니 2개 이상이면 초점을 흐릴 수 있기에 1개인 것이 좋습니다. 만약 2개 이상으로 진행하고 싶다면, 변수들 간에 공통성이 있어야 합니다. 예를 들어 종속변수를 사회적 노후 준비, 경제적 노후 준비, 신체적 노후 준비, 정서적 노후 준비 이렇게 총 네 가지로 해도 노후 준비라는 공통성이 있기 때문에 논리상으로는 문제가 없습니다.

저 자 생 각

정규형 강사가 석사 학위논문을 작성할 때 겪었던 일입니다. (이해하기 쉽게 조금 각색했습니다.)

독립변수로 부담감, 종속변수로 스트레스를 설정한 후 이론적 배경과 연구 방법, 연구 결과를 작성해놓은 상태에서 교수님께 보여드렸습니다. 교수님은 쭉 보시더니 연구 모형에 문제가 있다고 지적하셨습니다. 그래서 정규형 강사가 "이렇게 이론적으로 백업했는데도 문제가 있나요?"라고 여쭙자 교수님께서 "부담감이 스트레스에 미치는 영향을 살펴본다고 했지만 거꾸로 해도 말이 되지 않나요?"라고 하셨습니다. 그 말을 듣고 정규형 강사는 충격을 받았습니다. 실제로 스트레스가 부담감에 영향을 미친다고 하더라도 말이 되기 때문입니다. 이러한 문제가 발생한 이유는 독립변수와 종속변수 둘 다 주관적인 변수이기 때문입니다. 그 이후로 정규형 강사는 눈물을 머금고 엄청난 수정을 한 끝에 졸업할 수 있었습니다.

3 매개변수

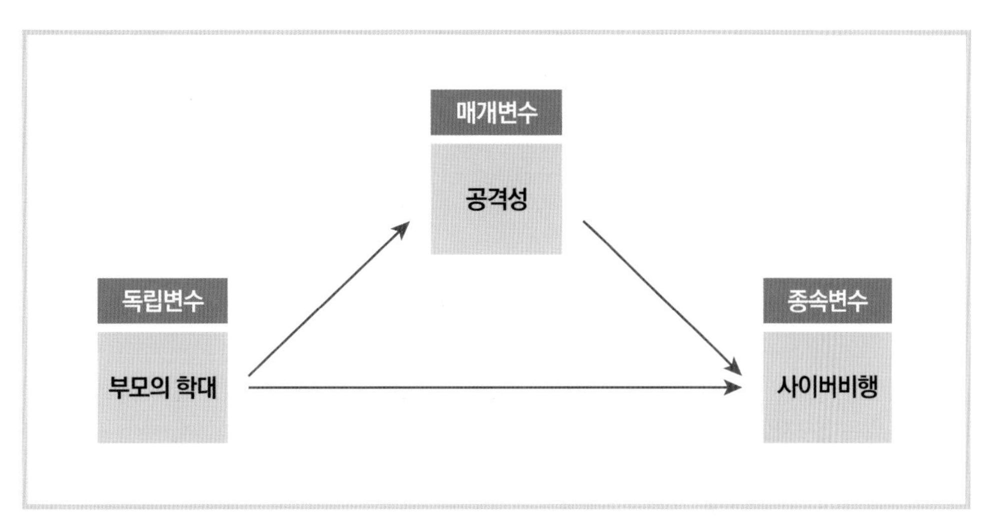

그림 6-12 | 매개변수의 예시

매개변수는 독립변수와 종속변수를 매개하는 변수로 교량적인 역할을 합니다. 쉽게 말해, 독립변수가 종속변수로 가는 길목에 매개변수가 있다는 것입니다. 독립변수가 매개변수에 영향을 주고 매개변수가 종속변수에 영향을 준다는 결과를 얻고 싶을 때 사용합니다.

매개변수를 활용하는 목적은 독립변수에서 종속변수로 가는 경로(이론)를 더욱 구체화하기 위함입니다. 즉 기존 논문과 이론에서 독립변수에서 종속변수로 가는 직접적인 경로만 살펴보았다면 독립변수가 매개변수를 거쳐 종속변수로 간다는 간접적인 경로도 있다는 것을 밝혀내는 것입니다. 이런 측면에서 매개변수는 이론을 구체화하는 것이기에 이론과 밀접한 관련이 있습니다.

매개변수의 조건으로는 독립변수에서 종속변수로 가는 선행 연구가 많거나 이론이 탄탄해야 한다는 것입니다. 매개변수를 활용한다는 것은 독립변수에서 종속변수로 가는 직접적인 경로를 확인하겠다는 것이 아니라 이미 기존 연구와 이론을 통해 검증된 상태에서 추가 경로를 살펴본다는 의미입니다. 그러므로 독립변수가 종속변수에 미치는 직접적인 경로는 이미 수십 번 검증되어서 논외가 되어야겠죠.

'독립변수→매개변수', '매개변수→종속변수' 이 경로 또한 선행 연구와 이론이 다수 있어야 합니다. 이외에도 인과추론의 조건에 합당해야겠죠.

저 자 생 각

매개변수를 활용해서 논문을 작성할 때 독립변수와 종속변수 간의 경로에 대한 선행 연구가 없다면 매개변수를 넣어서 살펴볼 것이 아니라 독립변수와 종속변수의 관계를 살펴보는 연구를 하시기 바랍니다.

한번은 논문 컨설팅을 의뢰한 연구자가 불필요하게 매개변수를 넣었기에 왜 이 변수를 넣었는지 물었더니 독립변수와 종속변수만 살펴보는 것은 너무 단순하기 때문이라고 답하더군요. 만약 선배나 교수님이 "매개변수나 조절변수를 넣어야 하지 않겠느냐"라고 했더라도 단지 모형이 단순하다는 이유로 매개변수를 억지로 넣지 않는 게 좋습니다. 그러다 논문이 산으로 가는 경우를 많이 봐왔기 때문입니다.

이제 매개변수에 대해 이해가 좀 되셨나요? 이해를 돕기 위해 질문 3개를 던지겠습니다.

질문 1

많은 연구자들이 매개변수를 활용해서 논문을 쓰는 이유는 무엇인가?

인터넷 검색창에 매개변수 또는 매개효과라고 쳐보세요. 매개변수를 활용한 엄청난 양의 논문이 있음을 가늠할 수 있습니다. 왜 이렇게 많을까요? 여러 이유가 있겠지만 그중 하나는 변수들 간의 관계가 유의미하게 잘 나오기 때문입니다. 독립변수와 종속변수 간의 관계를 살펴보는 것만으로는 아쉽고, 복잡하거나 고차원적인 분석을 하자니 어렵고, 매개변수를 넣는 것은 그럴 듯하면서 단순해 보이지 않기 때문에 넣었는데 생각보다 그 관계가 유의미하게 나오므로 많이 활용합니다. 매개효과를 살펴보는 게 한때 트렌드였지만 무의미한 매개변수를 넣으면 논문 심사장에서 지적을 받을 수 있으니 주의하세요.

질문 2 모든 경로에 대한 선행 연구가 있어도 제대로 백업이 안 되는 이유는 무엇인가?

정규형 강사가 석사 4학기 때 있었던 일입니다. 저명한 학술대회에 참여하게 되었는데, 아무나 참여할 수 있는 학술대회가 아니었기에 발표자로 초대되었던 정규형 강사는 스스로 자랑스러워 했습니다.

매개효과 모형을 적용한 정규형 강사의 논문 발표가 끝나자 토론자가 심사한 결과를 말해주는데, 연구 모형이 제대로 백업이 안 되어 있으므로 이론적 배경을 더 보충하라는 것이었습니다. 그래서 정규형 강사는 '독립변수→종속변수', '독립변수→매개변수', '매개변수→종속변수' 이 경로 모두 선행 연구로 충분히 백업을 했다고 말했습니다. 그러자 토론자는 선행 연구가 그렇게 충분한데도 왜 다른 연구자가 그 주제를 다루지 않았는지 생각해보라고 했습니다.

정규형 강사는 그 말을 듣고 자신이 너무 자만했다는 생각이 들었습니다. 다른 연구자들이 다루지 않을 만큼 논리적으로 문제가 있다는 것을 의미했으니까요. 하지만 그 당시 정규형 강사는 이렇게 물어보았습니다. "그렇다면 어떻게 해야 제대로 백업할 수 있나요?" 토론자는 "이론으로 백업하라"고 답했습니다. 매개효과를 살펴본다는 것은 이론을 구체화하는 것입니다. 따라서 선행 연구뿐 아니라 이론을 통해서도 백업을 해야 제대로 된 백업이 됩니다.

질문 3 매개변수의 개수는 몇 개가 적당한가?

매개변수의 개수는 독립변수처럼 여러 개여도 상관없습니다. 다만 매개변수 개수가 많다면 변수들 간에 공통성이 있어야 합니다. 뜬금없는 변수가 있으면 안 되겠죠?

4 조절변수

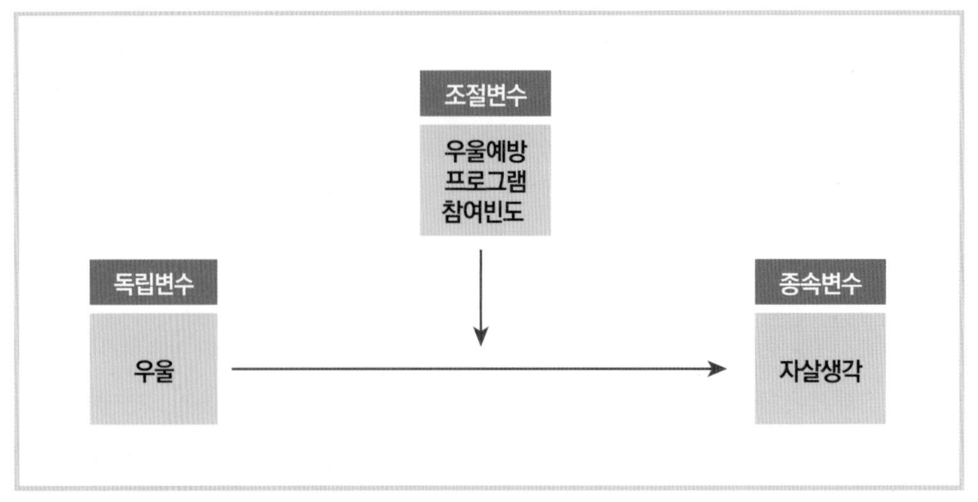

그림 6-13 | 조절변수의 예시

조절변수는 독립변수와 종속변수로 가는 영향력을 조절하는 변수입니다. 쉽게 말해, 독립변수인 우울이 종속변수인 자살생각에 미치는 영향력이 본래 50이라고 가정했을 때, 우울예방프로그램에 참여한 빈도가 늘어날수록 '우울 → 자살생각' 영향력이 25, 5로 점점 줄어들거나, 오히려 100, 200으로 늘어나는 것을 말합니다.

조절변수는 보통 조절변수와 관련이 있는 사업이나 정책의 효과성을 살펴보는 데 주된 목적이 있습니다. 그래서 조절변수는 현장과 밀접한 관련이 있습니다.

조절변수의 조건은 무엇일까요? 첫째, 매개변수의 조건과 마찬가지로 독립변수에서 종속변수로 가는 선행 연구가 많거나 이론이 탄탄해야 합니다. 그 이유는 앞서 매개변수 항목에서 설명한 바와 같습니다. 즉 독립변수에서 종속변수로 가는 경로가 이미 많은 연구들을 통해서 검증되었는데 그 외에 추가 경로가 궁금하기 때문에 조절변수를 살펴보는 것입니다. 둘째, 독립변수에서 종속변수로 가는 경로에서 조절변수의 역할을 설명할 수 있는 선행 연구나 이론이 있어야 합니다.

조절변수는 객관적일수록, 현장 관련성이 높을수록, 외부로부터의 개입과 관련된 것일수록 좋습니다. 객관성, 현장 관련성, 개입 관련성이 조절변수의 특징이라고 생각하면 좋겠습니다. 간혹 조절변수를 매개변수와 헷갈리는 분들이 있는데, 매개는 이론, 조절은 현장 이렇게 생각하면 쉽게 이해할 수 있습니다.

조절변수와 관련한 추가 정보는 질문을 통해 알아보겠습니다.

질문 1 **조절변수를 논문에서 비교적 적게 사용하는 이유는?**

조절변수를 활용한 논문이 적지는 않지만 매개변수를 활용한 논문보다는 적습니다. 그 이유는 매개효과의 경우 값이 유의미하게 잘 나오지만 조절효과는 유의미하지 않은 경우가 많기 때문입니다. 물론 연구하려는 주제와 관련해 애초에 매개모형이 많았을 수 있겠지만, 조절모형에서 값이 유의미하게 나오지 않아 연구 모형 자체를 바꾼 경우를 많이 봤습니다.

질문 2 **조절변수가 통계적으로 유의미하지 않는 경우 어떻게 해야 하는가?**

조절변수가 유의미하지 않은 경우, 선행 연구자들처럼 연구 모형을 쉽게 바꿔야 할까요? 이런 태도는 연구자로서 옳지 않습니다. 조절변수가 유의미하지 않아도 결과 값을 그대로 적고 받으시는게 좋습니다. 연구 방법과 절차가 틀리지 않았다면 그 결과가 현상을 잘 반영하고 있는 것일 겁니다. 현상이 그러한데, 변수를 조작하거나 연구 모형을 바꿀 이유가 있을까요? 오히려 이런 행동은 현상을 조작하는 것입니다.

질문 3 **조절변수의 개수는 몇 개가 적당한가?**

조절변수의 개수는 독립변수, 매개변수와 마찬가지로 여러 개여도 상관은 없습니다. 중요한 건 공통성에 기반을 두어야 한다는 점입니다. 공통성 없는 조절변수들이 난무하다면 연구의 초점을 흐릴 수 있습니다.

지금까지 각종 변수들을 살펴보았습니다. 독립변수와 종속변수가 있다면 회귀분석, 매개변수가 있다면 매개효과분석, 조절변수가 있다면 조절효과분석을 한다고 볼 수 있겠습니다. 물론 이외에도 로지스틱 회귀분석(독립변수는 연속변수, 종속변수는 명목변수인 경우), 다중회귀분석(독립변수의 수가 2개 이상인 경우), 위계적 회귀분석(여러 독립변수의 영향력을 비교하는 데 목적이 있는 경우), 구조방정식 모형분석(종속변수가 2개 이상이거나 매개효과를 정확하게 파악하고 싶은 경우), 다층모형분석(독립변수의 레벨을 개인과 집단으로 구분하여 살펴볼 경우) 등이 있지만 너무 겁먹지 않아도 됩니다.

이 모든 분석이 결국 인과관계를 추론하는 데 목적이 있기 때문에 모두 독립변수와 종속변수가 있고 결국 회귀분석에 근간을 두고 있습니다. 달리 말해, 양적 연구를 하는 이유는 결국 인과관계를 분석하기 위함이라고 생각하면 좋겠습니다.

그렇다면 왜 이렇게 많은 분석이 필요할까요? 모든 분석이 인과관계를 추론하는 것은 맞지만 그 추론 값을 더 정확하게 하기 위해 분석을 달리하는 것입니다.

아무도 가르쳐주지 않는 Tip

1. 결과 값이 유의미하지 않아도 절대 쫄지 마!

정규형 강사의 경우, 논문에서 조절변수가 유의미한 값으로 나오지 않았지만 연구 방법과 절차가 틀리지 않았다고 판단했기 때문에 학술지에 투고한 적이 있습니다. 그리고 게재가 되었습니다. 결과 값이 유의미하지 않았다고 해서 잘못된 것은 아닙니다. 또 오히려 결과 값이 유의미하지 않아서 의미가 있는 경우도 있습니다.

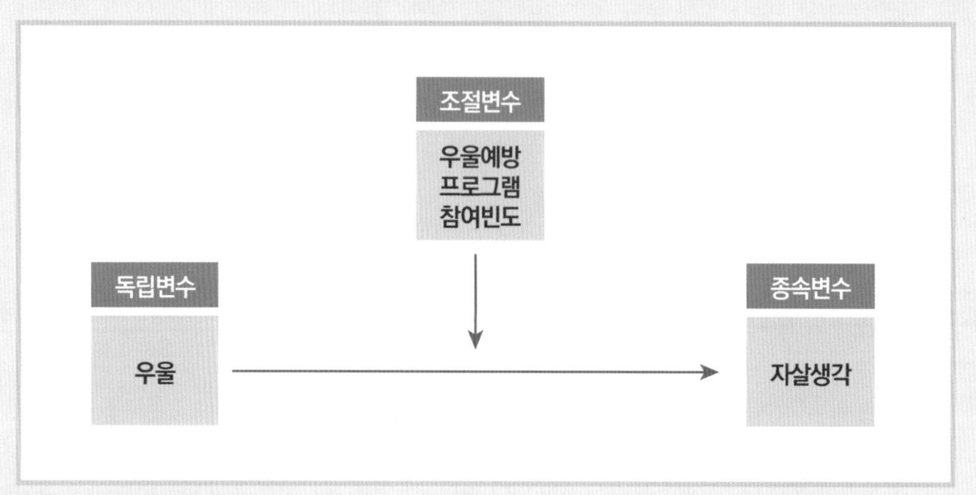

그림 6-14 | 연구 모형의 예시

[그림 6-14]의 연구 모형을 보세요. 만약 우울예방프로그램 참여빈도라는 조절효과가 유의미하지 않았다면 어떤 결론을 낼 수 있을까요? 우울이 자살생각에 미치는 영향력을 줄이기 위해 엄청난 예산을 들여 우울예방프로그램을 진행하고 있는데 이 프로그램을 폐지하도록 기초 자료를 제공할 수 있는 겁니다. 이 연구를 통해 예산 낭비를 막을 수 있다는 것이죠. 어떤가요? 결과 값이 유의미하지 않다고 연구 모형을 바꿀 건가요?

2. 이론을 튼튼이 공부하자!

자신이 설정한 연구 모형을 백업할 때 논문을 처음 쓰는 분들은 대부분 RISS나 KISS, 구글 스칼라 등에서 선행 연구만 엄청 베껴 이론적 배경을 작성합니다. 단언컨대 선행 연구 100개를 작성하는 것보다 이론

1개를 작성하는 힘이 더 큽니다. 본래 선행 연구들이 모여 이론이 되는 것이기 때문입니다. 자질구레하게 선행 연구를 많이 적을 필요는 없습니다. 이론 하나만으로 충분하기 때문이죠. 그렇기 때문에 이론을 충분히 많이 아는 것이 중요합니다.

3. 책을 활용하자!

이런 질문을 할 수 있습니다. 이론을 어디서 보나요? 전공 책을 한번 살펴보기 바랍니다. 그 책들에 이론은 물론 선행 연구도 잘 정리되어 있을 겁니다. 예를 들어 노인에 대해 연구한다면 《노년학 개론》, 《노인복지학 개론》, 《노인심리학》 등 참고할 만한 책들이 매우 많습니다. 저희도 연구를 시작할 때 RISS, KISS, 구글 스칼라로 선행 연구를 모으기보다는 먼저 책을 통해서 자료를 찾습니다.

4. 회귀분석 연구 모형을 설정하기 전에 척도의 형태를 정확하게 알자!

양적 연구에서 진행하는 대부분의 연구 모형은 회귀분석을 이해한다면 커버가 될 것입니다. 회귀분석에 대해 이해하는 것이 중요한데 그러려면 먼저 척도의 형태를 정확하게 인식하고 있어야 합니다. 이것은 바로 뒤에 이어지는 '05_척도 형태 구분과 연구 모형 설정 방법'에서 구체적으로 설명하겠습니다.

05 _ 척도 형태 구분과 연구 모형 설정 방법

PREVIEW

회귀분석 시 사용 가능한 척도와 회귀분석 해석

- 회귀분석 시 사용 가능한 척도 형태 : 등간척도, 비율척도
- 회귀분석 해석 : ~할수록 ~하다

척도 형태

- 명목척도 : 부여한 숫자를 바꿔도 무관한 척도 (예 : 1. 남자 2. 여자)
- 서열척도 : 부여한 숫자가 커질수록 간격은 일정하지 않지만 점점 커지거나 작아지는 척도 (예 : 매우 만족, 만족, 보통, 불만족, 매우 불만족)
- 등간척도 : 간격이 같은 척도 (예 : IQ, 온도)
- 비율척도 : 숫자 0이 존재할 수 없는 척도 (예 : 키, 몸무게)

  ⇒ 비율척도가 가장 많은 정보를 지니므로 통계에서 가장 좋은 변수이다.

가장 기본적인 연구 모형은 회귀모형입니다. 만약 자신의 연구 모형이 회귀모형인지 아닌지 궁금하다면 이렇게 해석해보면 됩니다. '독립변수의 점수가 높아질수록 종속변수의 점수가 높아진다(혹은 낮아진다).' 이렇게 해석이 되지 않는다면 인과관계를 살펴볼 수 없다고 생각하면 됩니다.

예를 들어 독립변수를 우울, 종속변수를 자살생각 빈도라고 하면 '우울할수록 자살생각을 더 많이 한다'라는 해석이 가능하기 때문에 충분히 회귀모형으로 진행할 수 있습니다. 그런데 독립변수를 종교, 종속변수를 자살생각 빈도라고 하면 어떤가요? 해석이 가능한가요? 해석이 불가능한 이유는 종교가 명목척도이기 때문입니다. 회귀모형에서는 등간척도와 비율척도만 활용할 수 있습니다. 명목척도와 서열척도는 회귀모형에서 활용할 수 없죠. 그렇다 보니 명목척도인 종교는 회귀모형에 적합하지 않고, 그래서 해석도 불가능합니다.

결국 회귀모형을 만들려면 명목척도, 서열척도, 등간척도, 비율척도를 정확하게 아는 것이 중요합니다. Section 05(양적 논문에서 자주 사용하는 연구 방법)에서 이미 다루었지만 다시 한 번 쉽고 간단하게 확인해보겠습니다.

명목척도

명목척도는 부여한 숫자를 바꿔도 무관한 척도입니다. '당신의 성별은 무엇입니까?'라고 했을 때 보기로 1이라는 숫자를 부여한 남자, 2라는 숫자를 부여한 여자가 있다면, 2를 남자로, 1을 여자로 해도 상관없죠. 이런 척도가 명목척도입니다. 대표적인 예로는 성별, 종교, 출신 지역 등이 있습니다.

서열척도

서열척도는 부여한 숫자가 커질수록 간격은 일정하지 않지만 점점 커지거나 작아지는 척도를 말합니다. '당신의 만족도는 어느 정도입니까?'라고 했을 때 '1. 매우 불만족, 2. 불만족, 3. 보통, 4. 만족, 5. 매우 만족'의 보기가 서열척도입니다. 즉 점점 숫자가 커질수록 만족하는 것으로 해석할 수 있지만 매우 불만족과 불만족, 불만족과 보통의 간격이 같다고 할 수 있나요? 사람의 심리와 관련된 것이기 때문에 간격이 정확히 같다고 할 수는 없습니다. 대표적인 예로는 선호도, 학력(초중고) 등이 있습니다.

등간척도

등간척도의 '등간'은 '같을 등(等)', '사이 간(間)'으로 간격이 같은 척도라고 생각하면 쉽습니다. IQ의 경우 보기를 'IQ 100, 101, 102, 103, …'과 같이 든다면 모두 1이라는 동일한 간격을 두고 커집니다. 이와 같은 척도를 등간척도라고 합니다. 그 외 대표적인 예로는 온도, 서기 연도 등을 들 수 있습니다.

비율척도

비율척도는 등간척도와 마찬가지로 간격이 일정한 척도이지만 숫자 0의 존재 유무에 따라 달라집니다. 많은 연구자들이 등간척도와 비율척도의 차이를 구분하는 걸 가장 어려워하는데요. 숫자 0만 잘 기억하면 금방 이해될 겁니다. 대표적인 비율척도의 예로 키나 몸무게를 들 수 있습니다. 키가 0cm라고 하면 존재 자체가 없는 것이죠. 몸무게가 0kg이어도 마찬가지입니다. 즉 비율척도는 0이 정말 존재하지 않는 것을 의미하는데, 등간척도는 다릅니다. 온도가 0도이면 어떤가요? 이건 존재하는 거죠. 등간척도의 숫자 0은 인간이 임의로 설정한 것입니다.

그런데 다행스럽게도 통계 프로그램을 활용해서 논문을 작성할 때 등간척도와 비율척도의 차이는 몰라도 됩니다. 등간척도와 비율척도는 둘 다 연속형 변수로 설정해서 활용하기 때문입니다. 지금까지 공부한 척도를 제대로 알고 있는지 확인하기 위해 문제를 풀어보겠습니다.

다음 척도는 무엇입니까?

Q1 학생은 자신의 학교 성적에 대해 얼마나 만족합니까?

① 매우 만족한다 ② 만족하는 편이다
③ 만족하지 않는 편이다 ④ 전혀 만족하지 않는다

Q2 지난 일주일 간 학교 체육 시간에 땀을 흘리며 운동한 시간은 몇 시간 정도입니까?

① 없다 ② 1시간 ③ 2시간 ④ 3시간 ⑤ 4시간 이상

Q3 현재 학교에 다니고 있습니까?

① 학교에 다니고 있다(정학, 휴학은 학교에 다니는 것으로 간주)
② 학교를 그만두었다(자퇴, 제적 등으로 학교 소속이 없는 상태)

Q4 (성인 매체 이용 경험이 있는 사람만 응답) 학생의 성인 매체 이용에 대한 질문입니다. 다음 각 문항에 대하여 자신에게 해당되는 항목에 응답해주십시오.

문항	매우 그렇다	그런 편이다	그렇지 않은 편이다	전혀 그렇지 않다
1. 처음 마음먹었던 것보다 더 오래 이용하게 된다.	①	②	③	④
2. 성인 매체를 이용하느라 해야 할 일이나 학업을 소홀히 한다.	①	②	③	④
3. 골치 아픈 생각을 잊기 위해 이용한다.	①	②	③	④
4. 다시 이용하고 싶은 충동을 느낄 때가 많다.	①	②	③	④

Q1과 Q2는 '서열척도'입니다. Q2의 경우, 1씩 일정하게 커지는 것처럼 보여서 자칫 등간척도라고 판단할 수 있는데 '⑤ 4시간 이상'이 있기 때문에 간격이 일정하지 않습니다. 그러므로 서열척도입니다. Q3은 '명목척도'입니다. Q4는 '등간척도로 간주한 서열척도'입니다. Q4에서는 리커트 척도를 사용했습니다. 리커트 척도는 여러 개의 문항을 하나의 척도로 묶은 것을 말합니다. '1=매우 그렇다, 2=그런 편이다, 3=그렇지 않은 편이다, 4=전혀 그렇지 않다'는 사실 서열척도입니다. 따라서 정답을 서열척도로 생각한 분들이 많겠지요. 하지만 등간척도로 보는 것이 더 맞습니다. 서열 척도를 여러 개 묶어 리커트 척도를 만들었고 이 리커트 척도를 등간척도로 간주하기 때문입니다. 여기서 중요한 건 서열척도는 회귀분석에서 사용할 수 없지만 서열척도를 여러 개 묶은 것은 등간척도로 보기 때문에 이 척도를 회귀분석에서 활용할 수 있다는 사실입니다.

저 자 생 각

이번 저자 생각은 히든그레이스 논문통계팀에서 많이 질문 받는 리커트 척도에 대해 이야기하려고 합니다. 리커트 척도가 어떻게 만들어졌는지 알면 척도를 개발하거나 이해하는 데 도움이 될 겁니다. 이해하기 쉽게 각색했습니다.

사람들이 심리적인 부분에 대해서 관심을 갖게 되었고 그것을 변수로 만들어 측정하게 되었습니다. 예를 들어, 우울에 대해서 측정하고 싶다면 어떻게 했을까요?

1. 당신은 우울하십니까?
① 매우 그렇다 ② 그렇다 ③ 보통이다 ④ 아니다 ⑤ 전혀 아니다

이렇게 단일 문항으로 물어보는 서열척도 형식이었습니다. 그런데 이렇게 묻다 보니 하나의 문항만으로는 오류가 많다는 것을 알게 되었습니다. 심리적인 부분이 얼마나 복잡한데 하나의 문항으로 우울을 파악할 수 있겠어요. 게다가 서열척도만으로는 상관분석이나 회귀분석을 돌릴 수 없다는 통계적 한계점에도 부딪히게 되었죠.

결국 연구자들이 모여 합의를 합니다. '서열척도 한 문항만으로 인간의 우울을 파악하는 것은 무리이므로 검증된 여러 개 문항을 묶어 우울 척도라고 하자'라고 결정합니다. 이렇게 만들어진 척도가 리커트 척도입니다. 리커트 척도를 서열척도가 아닌 등간척도로 간주함으로써 상관분석이나 회귀분석에서 활용할 수 있게 합의를 본 것이죠.

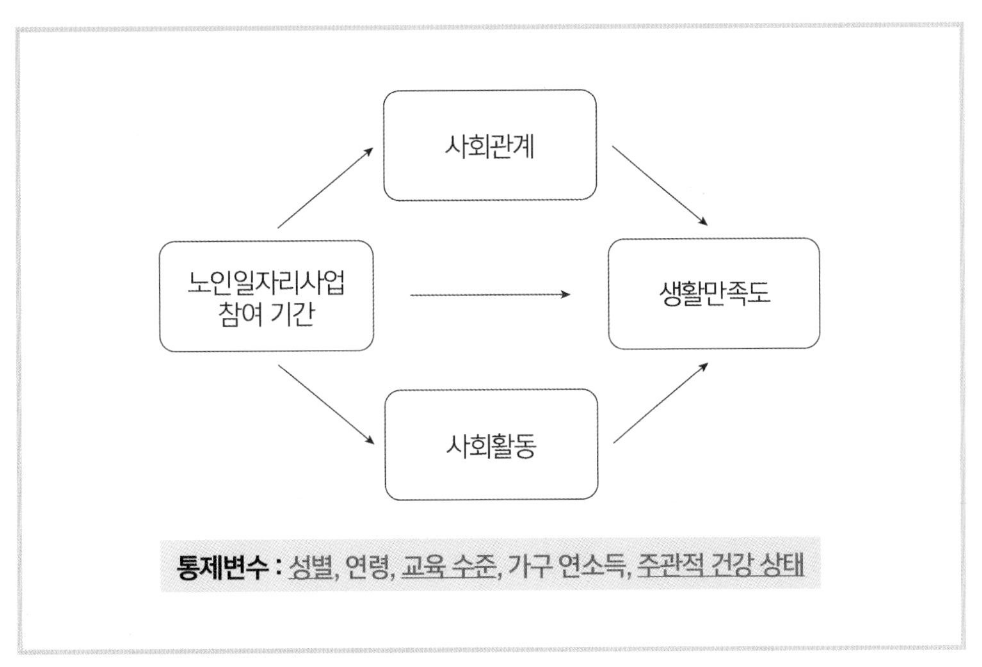

그림 6-15 | 회귀분석에서 명목척도와 서열척도 활용하기

그런데 [그림 6-15]의 연구 모형을 한번 살펴보기 바랍니다. 명목척도와 서열척도는 회귀분석에서 활용하기 어렵다고 했는데, 통제변수로 성별(명목척도), 교육 수준(서열척도), 주관적 건강 상태(서열척도)가 사용된 것을 알 수 있습니다. 명목척도와 서열척도도 회귀분석에서 활용할 수는 있습니다.

명목척도는 본래 회귀분석에서 활용할 수 없지만 더미변수로 변환한다면 사용할 수 있습니다. 더미변수란 명목척도를 비율척도화한 변수를 말합니다. 비율척도화했다는 말은 0과 1로 리코딩했다는 것을 의미합니다. 즉 '1. 남자, 2. 여자'를 '0. 남자, 1. 여자'로 변환하면 더미변수가 됩니다. 그렇다면 회귀분석에 대한 해석은 어떻게 될까요? 위의 연구 모형으로 해석하면 '여자일수록 생활만족도가 높은 것으로 나타났다'로 해석하면 됩니다.

서열척도도 회귀분석에서 활용하는 것은 맞지 않습니다. 더미변수로 만들어야 회귀분석에서 사용할 수 있겠죠. 그런데 전공에 따라 조금 다르기는 하지만 서열척도를 회귀분석에 활용하기도 합니다. 그것이 옳다는 것은 아니지만 자연과학을 제외한 나머지 학문에서는 등간척도와 비율척도만으로 연구하기는 어렵기 때문에 묵인해주는 경우도 더러 있습니다.

아무도 가르쳐주지 않는 Tip

[명목척도와 서열척도를 더미변수로 만드는 방법]

더미변수는 0과 1로만 코딩하는 것입니다. 예를 들어 보기가 '1. 남자, 2. 여자'라면 '0. 남자, 1. 여자'로 변환하면 되겠지요. 그런데 종교나 학력처럼 보기가 여러 개인 경우에는 어떻게 해야 할까요? 종교(천주교=1, 개신교=2, 불교=3, 종교 없음=4)를 예로 들어서 살펴보겠습니다.

보기가 총 4개인데요. 총 3개의 더미변수를 만들어야 합니다. 만약 보기가 5개였다면 더미변수 4개를 만들어야 하겠죠. 그리고 기준이 되는 보기를 설정해야 합니다. 어떤 것을 기준으로 설정해도 상관없지만 비교적 쉽게 기준을 정하려면 가장 많이 응답한 보기를 기준으로 설정하면 됩니다. 여기서는 '종교 없음'을 기준으로 설정해보겠습니다.

- **더미변수1** – 종교 없음=0, 개신교=1, 불교=0, 천주교=0
- **더미변수2** – 종교 없음=0, 개신교=0, 불교=1, 천주교=0
- **더미변수3** – 종교 없음=0, 개신교=0, 불교=0, 천주교=1

총 3개의 더미변수를 만들 수 있고 '종교 없음'이 기준이라는 것은 어느 더미변수든 '종교 없음'을 0으로 설정한다는 것입니다. 각각의 더미변수를 독립변수로 설정해서 해석하면 다음과 같습니다.

- **더미변수1** – '개신교일수록(or 개신교가 아닐수록) ○○○이 높은 것으로 나타났다.'
- **더미변수2** – '불교일수록(or 불교가 아닐수록) ○○○이 높은 것으로 나타났다.'
- **더미변수3** – '천주교일수록(or 천주교가 아닐수록) ○○○이 높은 것으로 나타났다.'

이외에 더미변수로 만드는 방법이 하나 더 있는데, 종교 없음을 0으로, 종교 있음(개신교, 불교, 천주교에 체크)을 1로 해서 더미변수 1개로 만들 수도 있습니다.

[비율척도를 더미변수로 만드는 경우]

비율척도가 척도 중에서 가장 많은 정보를 담고 있고 모든 분석에서 활용할 수 있기 때문에 비율척도를 통계적 제한이 있는 더미변수로 바꾸는 일은 거의 없습니다. 그런데도 비율척도를 더미변수로 바꾸는 경우가 있다는 것을 알고 있다면 통계적 센스(?)를 한 단계 높이는 데 도움이 됩니다.

예전에 주거비 부담과 관련된 논문을 쓴 적이 있습니다. 종속변수는 주거비 부담(RIR: Rent to Income Ratio)이었고, 독립변수 중 하나가 가구원 수였습니다. 두 변수 다 비율척도이기 때문에 굳이 다른 척도로 바꿀 생각을 하지 않았습니다. 그런데 학술지 심사위원에게서 가구원 수를 '1인 가구, 2인 가구, 3인 가구, 4인 가구 이상'으로 바꾼 뒤 더미변수로 설정해서 다시 분석하라는 제안을 받았습니다.

만약 바꾸지 않고 해석한다면 '가구원 수가 많을수록(or 적을수록) 주거비 부담이 높아질 것이다' 등의 해석이 가능합니다. 하지만 심사위원은 1인 가구와 2인 가구가 늘어나고 있는 현재 각 가구별로 주거비 부담에 어떠한 영향을 주는지 파악하는 것이 더 중요하다고 판단한 것입니다. 통계적 논리 안에서만 생각할 게 아니라 실제 현상을 고려하면서 척도를 설정한다면 더 의미 있는 값을 얻을 수 있습니다.

이제 실제 척도를 보면서 연구 모형이 가능한지 살펴볼까요? [예시 6-4]의 [문13]은 생활만족도를 묻는 질문으로 리커트 척도이고, [문15]는 피해 경험 횟수를 묻는 질문이므로 비율척도입니다. 두 변수 다 충분히 회귀모형에서 활용할 수 있음을 알 수 있습니다.

예시 6-4

척도 형태 파악을 통한 연구 모형 설정

문13 _ 학생이 현재 자신의 생활에 대해 어떻게 생각하고 있는지에 대한 질문입니다.
다음 각 문항에 대하여 자신에게 해당되는 항목에 응답해 주십시오.

나는 · · ·	매우 그렇다	그런 편이다	그렇지 않은 편이다	전혀 그렇지 않다
1. 나는 사는 게 즐겁다.	①	②	③	④
2. 나는 걱정거리가 별로 없다.	①	②	③	④
3. 나는 내 삶이 행복하다고 생각한다.	①	②	③	④

문15 _ 지난 1년 동안 다른 청소년들로부터 다음과 같은 피해를 당한 경험이 있습니까?
경험이 있다면 얼마나 자주 경험했는지 그 횟수를 써 주십시오.

	경험 여부	경험 횟수
1. 심한 놀림이나 조롱당하기	① 있다	지난 1년 동안 ( )회
	② 없다	

이렇듯 설문지를 보면서 독립변수와 종속변수를 설정할 때 각 변수가 어떤 척도에 해당하는지 안다면, 금방 모형을 만들 수 있을 겁니다. 물론 독립변수와 종속변수가 관심 변수여야 하고 사전에 해당 주제에 대해 문제의식을 갖고 있어야 한다는 사실을 잊지 마세요.

06 _ 공공데이터 활용과 코드북 읽는 방법

PREVIEW

공공데이터의 의미

- 공공기관에서 조사를 진행해서 제공해주는 데이터

공공데이터 확인 방법

- 1단계 : 사이트 들어가기
- 2단계 : 데이터 관리 메뉴 찾기
- 3단계 : 원하는 연구조사 선택하기
- 4단계 : 조사 배경 및 목적 파악하기
- 5단계 : 조사표(설문지), 코드북 확인하기

코드북의 의미

- 설문지를 잘 요약해놓은 표

1 공공데이터 활용

양적 연구를 진행하는 방법에는 여러 가지가 있지만 대체로 설문지를 돌리거나 2차 데이터를 활용합니다. 2차 데이터는 이미 다른 조사자들에 의해서 수집된 자료를 말하는데, 양적 연구에서 가장 많이 활용하는 2차 데이터는 바로 공공데이터입니다. 공공데이터는 공공기관에서 조사를 진행해서 제공해주는 데이터를 말합니다.

설문지와 공공데이터의 장단점

설문지와 공공데이터를 활용할 때는 각각 장단점이 있는데요. 구체적인 내용은 아래와 같습니다.

표 6-2 | 설문지와 공공데이터의 장단점

구분	장점	단점
설문지	연구 목적에 맞는 변수 활용	인력, 시간, 비용이 많이 소요
공공데이터	자료 수집 시간이 적게 걸리고 비용이 저렴함	연구 목적에 맞는 변수를 찾기 어려움

설문지를 돌린다면 당연히 자신의 연구 목적에 맞는 변수를 설문조사하겠죠. 하지만 그만큼 시간도 많이 들고 비용도 만만치 않습니다. 설문조사를 돌릴 때 교통비, 인건비, 기념품비 등 돈 들어갈 곳이 많죠.

반면 공공데이터를 활용한다면 인터넷에 올라와 있는 데이터를 다운로드하거나 데이터 담당자에게 요청하면 되므로 자료 수집 시간과 비용 면에서 설문지를 활용하는 것보다 훨씬 경제적입니다. 또 공공기관에서 진행한 것이므로 전국적으로 조사를 진행하거나 각 지자체별로 조사를 진행했기 때문에 일반화하는 데에도 큰 무리가 없습니다. 게다가 개인이 설문조사를 진행할 때는 100명 이상 설문하는 것도 쉽지 않지만 공공데이터의 케이스는 보통 몇천 명에서 많게는 수십만 명에 이르기까지 엄청난 데이터양을 보유하고 있습니다. 하지만 자신의 연구 목적에 맞는 변수를 찾기 어렵죠. 또 찾는다고 하더라도 자신의 연구 대상자와 맞는지 등 확인할 것이 한두 가지가 아닙니다.

이처럼 공공데이터를 활용하는 데 따르는 단점들이 있지만 설문조사를 진행하는 것보다 긍정적인 측면이 많으므로 먼저 공공데이터를 확인하는 것이 좋습니다. 만약 공공데이터에 자신의 연구 목적과 맞는 변수가 없다면 그 뒤에 설문조사를 진행해도 늦지 않습니다.

공공데이터(실태조사 & 패널조사) 현황

공공데이터에는 여러 종류가 있지만 그중에서도 실태조사 자료와 패널조사 자료를 논문에서 많이 활용합니다. 실태조사와 패널조사 자료는 모두 공공데이터 포털(www.data.go.kr)에 들어가면 확인할 수 있습니다. 만약 더 최신 자료가 있는지 확인하고 싶다면, 공공데이터 포털에 들어가 자료명을 검색하고 이때 나오는 연구기관이나 지자체 홈페이지에 들어가서 요청하는 방법이 있습니다.

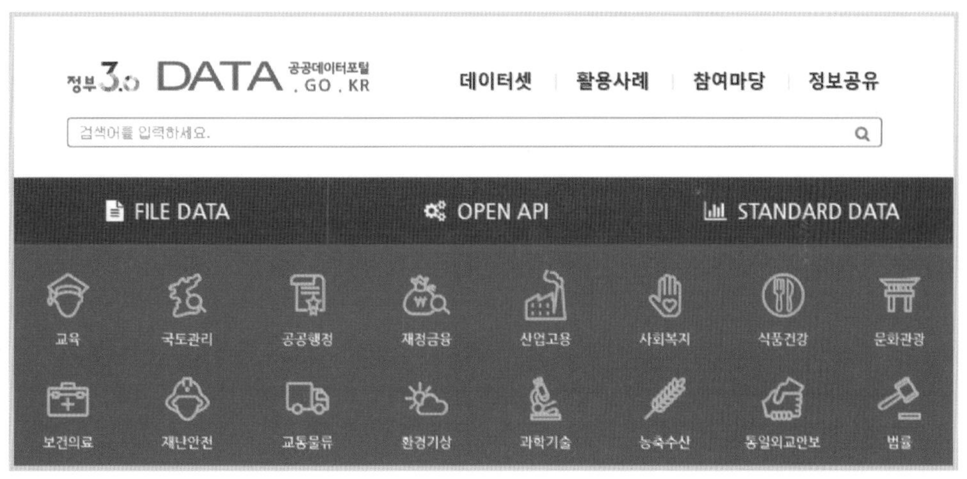

그림 6-16 | 공공데이터 포털

공공데이터 포털에 들어가면 엄청나게 많은 데이터에 놀랄 텐데요. 각종 데이터가 약 2만 개를 넘습니다. 주요 실태조사와 패널조사를 [표 6-3]과 같이 제시하니 참고하기 바랍니다.

표 6-3 | 주요 실태조사와 패널조사

구분	실태조사	패널조사
아동	아동종합실태조사	한국아동패널
청소년	아동청소년인권실태조사	한국아동청소년패널, 한국교육종단연구
청년	-	청년패널조사, 대졸자직업이동경로조사
중년	-	고령화연구패널
노년	노인실태조사	국민노후보장패널
그 외	장애인실태조사, 공연예술실태조사, 주거실태조사, 한부모가족실태조사, 가계동향조사, 인구총조사	한국복지패널, 장애인고용패널, 한국노동패널조사, 여성가족패널조사, 한국의료패널

공공데이터 확인 방법

이 중 한국아동청소년패널로 공공데이터를 어떻게 찾고 활용하는지 확인해보겠습니다.

그림 6-17 | 공공데이터 확인 방법 1단계 : 사이트 들어가기

한국아동청소년패널의 경우 공공데이터 포털로 들어가서 확인할 수도 있지만 한국청소년정책연구원에 직접 들어가서 확인할 수도 있습니다.

그림 6-18 | 공공데이터 확인 방법 2단계 : 데이터 관리 메뉴 찾기

한국청소년정책연구원에 들어가면 '데이터아카이브'가 있습니다. 이곳을 클릭합니다.

그림 6-19 | 공공데이터 확인 방법 3단계 : 원하는 연구조사 선택하기 (1)

'한국아동·청소년 데이터 아카이브'에 들어가면 NYPI 횡단조사와 NYPI 패널조사가 있는데 여기서는 한국아동청소년패널을 확인하기로 했으므로 'NYPI 패널조사'를 클릭합니다.

그림 6-20 | 공공데이터 확인 방법 3단계 : 원하는 연구조사 선택하기 (2)

왼쪽 단 중간의 '한국아동·청소년패널조사'라고 적혀있는 부분을 클릭합니다.

그림 6-21 | 공공데이터 확인 방법 4단계 : 조사 배경 및 목적 파악하기

오른쪽 단에는 '조사개요, 조사표/데이터/코드북, 학술대회자료집' 탭이 있는데, 먼저 '조사개요'를 읽어보고 어떤 목적과 배경으로 이 조사가 이루어졌는지 확인합니다. 그런 후에 '조사표/데이터/코드북' 탭을 클릭합니다.

전체 7건, 현재 페이지 1/1

번호	제목	작성자
7	[조사개요] KCYPS 개요	패널관리자
6	[코드북] KCYPS 제1-5차 조사 코드북	패널관리자
5	[유저가이드] KCYPS 제1-5차 조사 유저가이드	패널관리자
4	[조사표] KCYPS 제1-5차 조사 조사표	패널관리자
3	[데이터] KCYPS 초1 패널 제1-5차 조사 데이터	패널관리자

그림 6-22 | 공공데이터 확인 방법 5단계 : 조사표(설문지), 코드북 확인하기

이런 패널조사에는 대개 조사표(설문지)와 코드북이 있습니다. 그것을 먼저 꼼꼼히 살펴봐야 자신의 연구 목적에 맞는 변수를 찾을 수 있습니다.

2 코드북의 의미와 읽는 방법

코드북이란?

코드북은 코딩 작업을 할 때 사용하는 안내서입니다. 코드를 관리하고 정보 처리 시스템의 효율성을 높이는 데 필요한 안내서의 일종으로, 코드 사용이나 관리를 위한 대상이 되는 코드를 수록해놓았습니다. 쉽게 말해서 설문지를 잘 요약해놓은 표라고 생각하면 됩니다.

코드북을 읽는 방법

□ 중1 패널

조사영역			조사항목	변인명	변인수	제1차 (2010)	제2차 (2011)	제3차 (2012)	제4 (20
패널관리	패널관리	ID	ID : 표본	ID	1	■	■	■	■
			ID : 학교	SCLID	1	■	■	■	■
		데이터 구분	패널 구분	PANEL	1	■	■	■	■
			조사 차수	WAVE	1	■	■	■	■
		조사참여 여부	조사참여 여부: 청소년	SURVEY1	1	■	■	■	■
			조사참여 여부: 보호자	SURVEY2	1	■	■	■	■
		가중치	횡단면 가중치	WEIGHT1	1	■	■	■	■
			종단면 가중치	WEIGHT2	1	—	■	■	■
배경변인	기본속성	일반 신상	성별	GENDER	1	●	■	■	■
			[보호자]청소년과의 관계	PARENT	1	○	○	○	○
			출생년월	BRT1	2	●	■	■	■
			보호자 출생년도	BRT2	3	○	○	○	■
		지역	학교지역	ARA1	2	■	■	■	■

정서문제: 주의집중	칭찬을 받거나 벌을 받아도 금방 다시 주의가 산만해 진다	1 매우 그렇다
	문제를 풀 때 문제를 끝까지 읽지 않는 편이다	2 그런 편이다
	오랫동안 집중해야 하는 과제는 하고 싶지 않다	3 그렇지 않은 편이다
	연필이나 지우개 등, 학용품을 잘 잃어버린다	4 전혀 그렇지 않다
	주의를 기울이지 않아서 실수를 하거나 사고를 낸다	9 모름/무응답(m)
	공부할 때 차분하게 앉아 있기 힘들다	
	글자를 잘 빠뜨리고 쓰는 편이다	
정서문제: 공격성	작은 일에도 트집을 잡을 때가 있다	1 매우 그렇다
	남이 하는 일을 방해할 때가 있다	2 그런 편이다
	내가 원하는 것을 못 하게 하면 따지거나 덤빈다	3 그렇지 않은 편이다
	별 것 아닌 일로 싸우곤 한다	4 전혀 그렇지 않다
	하루 종일 화가 날 때가 있다	9 모름/무응답(m)
	아무 이유 없이 울 때가 있다	

그림 6-23 | **코드북 예시**

한국아동청소년패널의 코드북을 살펴보겠습니다. 먼저 조사영역과 조사항목, 변인명, 변인수, 조사 차수 등을 보여주고 있습니다. 또한 척도가 어떻게 구성되어 있는지 알 수 있도록 모든 문항을 보여주고, 보기(1. 매우 그렇다 ~ 4. 전혀 그렇지 않다)도 함께 제시하고 있습니다.

저희가 코드북을 보는 이유는 첫째, 활용하고자 하는 변수명이 정확하게 무엇인지 확인하기 위함입니다. 둘째, 활용할 변수가 몇 차부터 몇 차까지 조사되었는지를 가늠하기 위함입니다.

코드북을 활용하는 방법에 대해서 살펴보겠습니다. 관심 있는 변수가 부모님의 간섭이나 기대라고 한다면, 앞서 [예시 6-4]를 통해 살펴본 것처럼 먼저 설문지를 보고 적당한 문항이 있는지 확인합니다.

[문19] 학생이 부모님(부모님이 안 계신 경우에는 보호자)을 어떻게 생각하는지에 대한 질문입니다. 다음 각 문항에 대하여 자신에게 해당되는 항목에 응답해 주십시오.

	매우 그렇다	그런 편이다	그렇지 않은 편이다	전혀 그렇지 않다
1) 내가 방과 후에 어디에 가는지 알고 계신다.	1	2	3	4
2) 내가 시간을 어떻게 보내는지 알고 계신다.	1	2	3	4
3) 나의 의견을 존중해 주신다.	1	2	3	4
4) 부모님의 기대가 항상 내 능력 이상이어서 부담스럽다.	1	2	3	4
5) 보통 아이들이 할 수 있는 일도 불안해하시며 내게는 못 하게 하신다.	1	2	3	4
6) 나에게 무엇을 하든지 항상 이겨야 한다는 걸 강조하신다.	1	2	3	4
7) 나에 대한 걱정을 덜 하셨으면 좋겠다.	1	2	3	4

그림 6-24 | 설문지를 보면서 관심 있는 문항 확인 : 부모의 과잉간섭, 과잉기대

확인한 문항을 보고 코드북에 어떻게 변수명이 설정되어 있는지 파악합니다. 보통 코드북은 PDF 파일이나 엑셀 파일이므로 Ctrl+F를 눌러 관심 있는 변수의 키워드를 찾아봅니다. 저희가 실제 찾고자 했던 변수는 결국 과잉기대와 과잉간섭이었습니다. 이렇게 코드북으로 정확한 변수명을 찾을 수 있고 이 변수명은 논문 제목에 직접 활용될 수 있습니다.

간섭

	⑭ 손님이 오거나 외출했을 때, 나에 대한 부모님(보… 가 평소와 다르다	9 모름/무응답
양육방식 I : 과잉기대(*)	④ 부모님(보호자)의 기대가 항상 내 능력 이상이어서 부담스럽다	1 매우 그렇다
	⑦ 나에 대한 걱정을 덜 하셨으면 좋겠다	2 그런 편이다
	⑩ 나에 관한 한 다른 어떤 일보다 공부에 더 열성적이시다	3 그렇지 않은
	⑯ 나에게 모든 면에서 남보다 잘해야 한다고 강조하신다	4 전혀 그렇지 9 모름/무응답
양육방식 I : 과잉간섭(*)	⑤ 보통 아이들이 할 수 있는 일도 불안해 하시며 내게는 못 하게 하신다	1 매우 그렇다 2 그런 편이다
	⑥ 나에게 무엇을 하든지 항상 이겨야 한다는 걸 강조하신다	3 그렇지 않은
	⑰ 작은 일에 대해서도 '이래라', '저래라' 간섭하신다	4 전혀 그렇지
	⑳ 내가 원하는 일을 못 하게 하실 때가 많다	9 모름/무응답

그림 6-25 | 코드북을 보면서 관심 있는 문항 확인

07 _ 논문 검색 방법

PREVIEW

논문 검색 사이트

- 네이버 전문정보
- 구글 학술검색(구글 스칼라)
- RISS(한국교육학술정보원)
- 구글
- 대학교 중앙도서관

논문 검색 방법

- 연구 모형에 제시한 변수명을 검색한다.
- 관련 선행 연구가 없다면 주요 변수명을 포괄할 수 있는 키워드로 검색한다.

이미 이루어진 선행 연구에 무엇이 있는지 인터넷으로 확인하고자 할 때 어떻게 하나요? 네이버, 구글 스칼라, RISS 등 각종 사이트를 통해 검색하고, 필요하면 다운로드도 할 것입니다. 지금부터 논문을 검색할 때 주로 사용하는 사이트를 소개하고 그중 네이버 전문 정보를 통해 논문을 검색하는 방법에 대해 구체적으로 알아보겠습니다.

1 논문 검색 사이트

네이버 전문정보

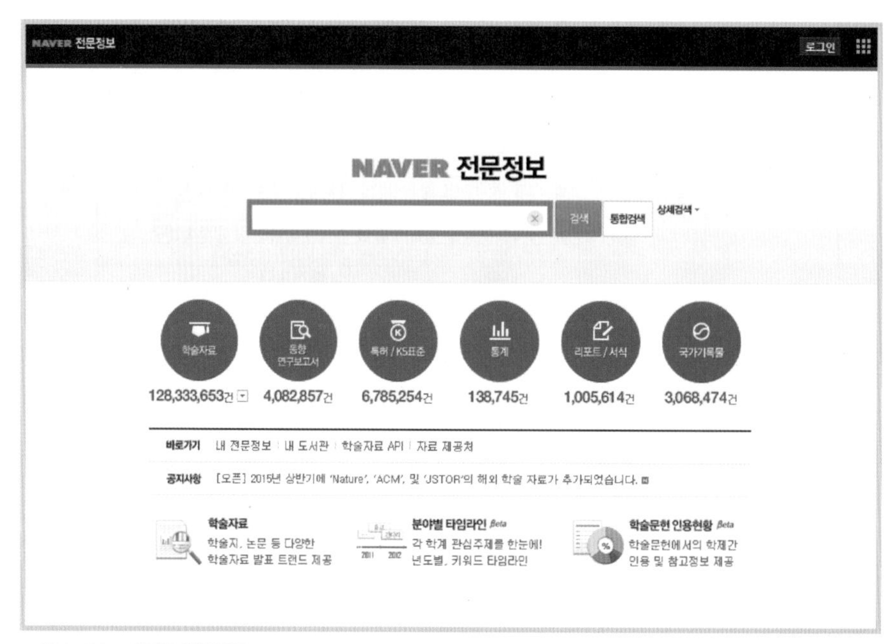

그림 6-26 | 네이버 전문정보

네이버 전문정보(academic.naver.com)는 검색 한 번으로 학술자료, 동향·연구보고서, 특허/KS표준, 통계, 리포트/서식, 국가기록물에 해당하는 자료를 이용할 수 있는 사이트입니다. 기존 논문을 빠르고 쉽게 파악할 수 있어서 주로 논문을 작성하기 전 주제 선정 때부터 많이 활용합니다. 자신의 연구와 관련된 기존 논문이나 연구보고서가 어느 정도 있는지, 어느 정도 수준인지 확인하기 위해 사용합니다. 보통 네이버 전문정보에서 확인한 논문을 RISS(한국교육학술정보원), KISS(한국학술정보), 대학교 도서관 홈페이지에 들어가 다운로드합니다.

구글 학술검색(구글 스칼라)

그림 6-27 | 구글 학술검색

구글 학술검색(scholar.google.co.kr)에서도 네이버 전문정보와 마찬가지로 검색 한 번으로 각종 학술 자료와 동향·연구보고서 등의 자료를 이용할 수 있습니다. 구글 학술검색을 이용하면 각종 유료 자료뿐 아니라 PDF 파일로 제공하는 공개 자료도 얻을 수 있습니다. 구글 학술검색의 가장 큰 특징은 '알림 만들기'라는 기능인데, 이는 자신이 원하는 키워드를 넣으면 그 키워드에 맞는 논문이 나올 때마다 이메일로 알려주는 기능입니다. 이 '알림 만들기' 기능을 활용하면 최신 논문을 놓치지 않을 수 있죠. 또 인용된 횟수도 손쉽게 확인할 수 있습니다. 저는 SSCI나 SCI급 논문을 개괄적으로 확인할 때 이 '알림 만들기' 기능을 사용합니다.

RISS(한국교육학술정보원)

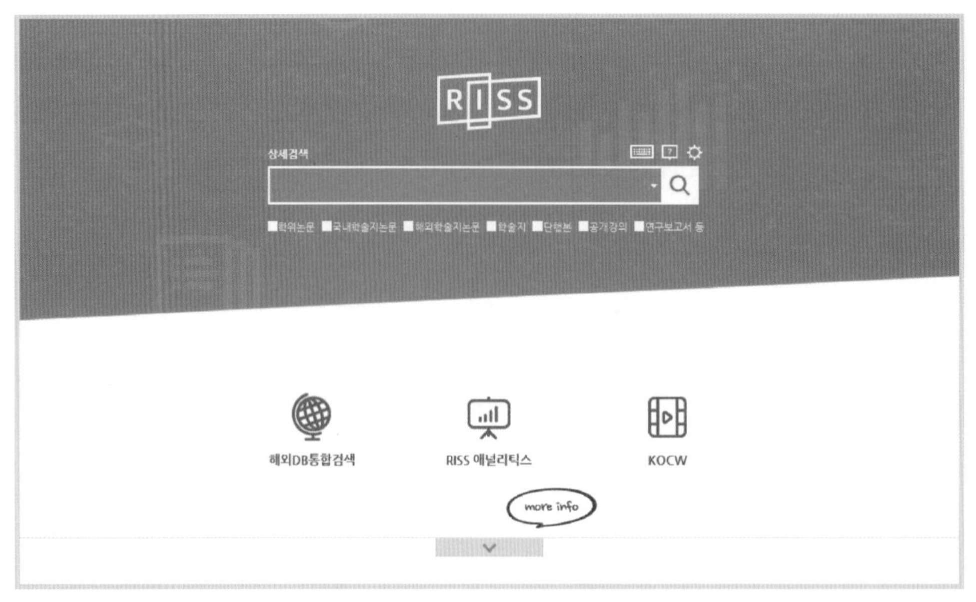

그림 6-28 | **RISS**

RISS(www.riss.kr)에서는 학위논문, 국내외 학술지논문, 단행본, 공개강의, 연구보고서 등의 자료를 이용할 수 있습니다. 저는 국내 관련 논문과 연구보고서를 확인하고자 할 때 주로 사용합니다. RISS는 국내에서 논문을 쓰는 분이라면 주로 사용하게 될 사이트 중 하나로, 국내에서 생산된 거의 모든 논문 자료를 담고 있다고 해도 과언이 아닙니다. 요즘에는 네이버 아이디로도 로그인을 할 수 있고 자료도 다운로드할 수 있어 접근성이 높아졌습니다.

구글

그림 6-29 | **구글**

구글(www.google.co.kr)은 전문 학술정보 검색기는 아니기 때문에 학술 자료를 제공해주지는 않습니다. 구글은 주로 공공기관에서 발간한 보고서나 뉴스 등을 확인할 때 사용합니다. 물론 구글 학술검색이나 RISS 등을 통해서도 각종 보고서를 확인할 수 있지만 최신 보고서를 담지 못하는 경우가 종종 있기 때문에 구글을 이용합니다. 아울러 자신의 연구 키워드와 관련된 뉴스를 한 번에 살펴볼 수 있기 때문에 논문을 작성할 때 자주 사용합니다.

대학교 중앙도서관

그림 6-30 | **대학교 중앙도서관**

대학교 중앙도서관 홈페이지의 검색기를 통해 각종 학술자료를 검색하고 다운로드해 소장할 수 있습니다. 자료 구입 비용이 들지 않으므로 네이버 전문정보나 구글 학술검색에서 검색한 논문을 대학교 중앙도서관 홈페이지에서 찾아 다운로드하는 것이 좋습니다.

지금까지 주로 사용하는 논문 검색 사이트에 대해서 알려드렸습니다. 이외에도 KISS(한국학술정보), DBpia, 교보문고 스콜라 등 주로 학술논문을 제공해주는 사이트가 많은데요. 대학교 중앙도서관 홈페이지나, RISS 등에서 자신의 연구 키워드를 검색하면 KISS, DBpia 등으로 알아서 이동하기 때문에 관련 설명을 생략했습니다. 학술 자료를 제공해주는 기타 사이트를 정리하면 [표 6-4]와 같습니다.

표 6-4 | **학술 자료 제공 사이트**

사이트 이름	사이트 주소
KISS	kiss.kstudy.com
DBpia	www.dbpia.co.kr
교보문고 스콜라	scholar.dkyobobook.co.kr
국회도서관	www.nanet.go.kr
국가전자도서관	www.dlibrary.go.kr

2 논문 검색 방법(네이버 전문정보)

각종 사이트 중 네이버 전문정보를 통해 논문을 검색하는 방법에 대해서 알아보겠습니다.

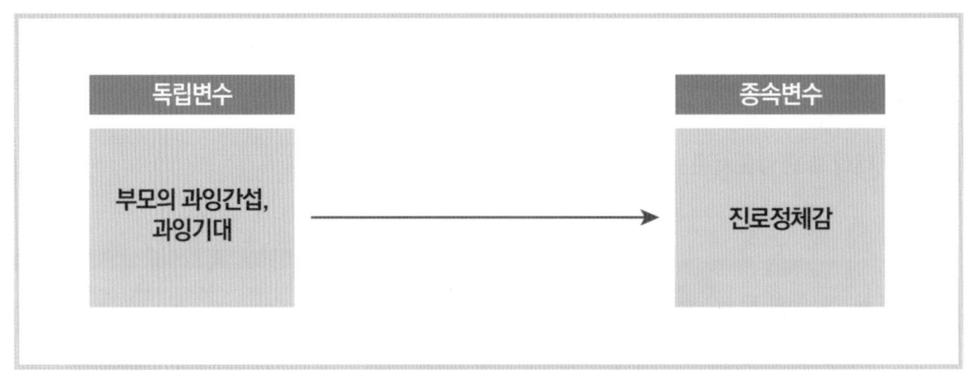

그림 6-31 | 논문 검색용 연구 모형 예시

[그림 6-31]과 같이 부모의 과잉간섭과 과잉기대를 독립변수, 진로정체감을 종속변수로 설정했다고 가정해봅시다. 이와 관련된 선행 연구가 어느 정도 되어있는지 네이버 전문정보를 통해 확인하고자 합니다.

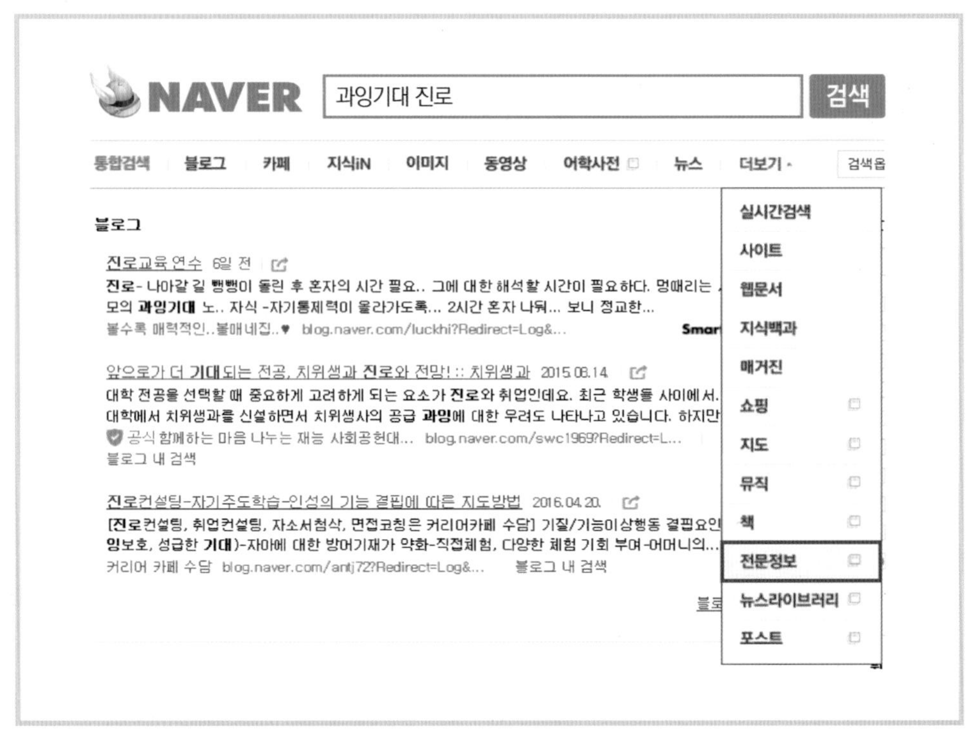

그림 6-32 | 네이버 전문정보를 통해 선행 연구 확인

먼저 자신의 연구 키워드에 해당하는 '과잉기대'와 '진로'를 네이버로 검색합니다. '더보기'를 클릭하면 '전문정보'가 나옵니다. '전문정보'를 클릭하세요.

전문정보 전체 (1-10 / 71건)

[학위논문(석사)] 지각된 부모의 양육태도가 자녀의 **진로**의식, 학업성취, 행복감에 미치는 효과 2012년
Influence of perceived parenting attitudes on happiness, career awareness and academic achievement 본 연구는 경기
재 인문계 고등학교 학생을 대상으로 하여 지각된 부모의 양육태도가 고등학생 자녀의 **진로**의식, 학업성취 및 행복감에 미치
학생지도 | 이평화 | 한신대학교
한국교육학술정보원(무료/네이버 아이디로 로그인)

[학위논문(석사)] 여학생이 지각하는 부모양육태도와 성역할정체감 및 **진로**포부의 관계 국회도서관 2005년
(The) relationships among parental attitudes perceived girl students, sex-role identity and career aspiration 본 연구는
이 지각한 부모양육태도와 성역할정체감 및 **진로**포부의 관계를 검증하는데 목적이 있다. 본 연구목적을 달성하기 위하여 다
학생지도 | 정행옥 | 전주대학교
국회도서관(무료)

그림 6-33 | 논문 검색 결과 예시

검색해서 나온 논문들을 한번 볼까요? [그림 6-33]과 같이 총 71건이 검색되기는 했지만 과잉기대와 진로의 관계를 살펴본 연구는 없었습니다. 그런데 검색해서 나온 논문들이 대부분 부모양육태도를 주된 키워드로 했는데요. 부모의 과잉기대와 과잉간섭을 양육태도의 한 형태로 볼 수 있으므로 양육태도와 진로 간의 관계에 대해서 살펴본 연구가 있는지 확인해보았습니다.

[학위논문(석사)] 중학생이 지각한 아버지의 **양육태도**가 **진로태도**성숙 및 **진로**포부에 미치는 영 2015년
본 연구는 청소년 초기의 중학생들을 대상으로 그들의 발달과업인 **진로태도**성숙 및 **진로**포부에 아버지의 **양육태도**가 성
한 영향을 미치는지를 밝혀 바람직한 아버지-자녀 관계를 위한 아버지 교육 프로그램의 기초연
총류 | 김예홍 | 고려대학교
한국교육학술정보원(무료/네이버 아이디로 로그인)

[학위논문(석사)] 대학생이 지각한 자아존중감과 부모**양육태도**가 **진로태도**성숙에 미치는 영향 국회도서관 2010년
횟수(2건)
표제지 감사의 글 목차 국문초록 8 Ⅰ. 서론 10 1. 연구의 목적 및 필요성 10 2. 연구 문제 14 Ⅱ. 이론적 배경 15 1. 자아존중
자아존중감의 개념 15 B. 자아존중감의 발달 16 2. 부모**양육태도** 18 A. 부모**양육태도**의 개념 18 B. 부모
학생지도 | 남수현 | 숙명여자대학교
국회도서관(무료)

그림 6-34 | 유사한 변수 관련 선행 연구 확인

부모양육태도와 진로태도의 상관관계를 살펴본 연구들이 보이는군요. 선행 연구를 통해 부모양육태도와 진로태도 간의 관계가 어떤지, 이 둘의 관계에 대해서 논하기 위해 어떤 논문을 활용했고 어떤 논리로 글을 작성했는지 파악할 수 있을 겁니다.

만약 진로와 관련하여 부모양육태도와 진로정체성의 상관관계에 한정해서 찾는다면 선행 논문을 찾지 못할 수도 있습니다. 즉 자신의 연구 키워드로만 찾는다면 연구를 백업할 만한 논문을 찾지 못할 수도 있습니다. 그러므로 자신의 연구 키워드를 포괄할 수 있는 키워드로 검색하는 것도 좋은 방법입니다.

08 _ 연구 계획서 작성 과정

PREVIEW

연구 계획서의 의미

- 자신의 연구에 대한 주제와 방향, 연구 방법, 연구 절차를 개괄적으로 정하기 위해 작성하는 계획서

연구 계획서 구성

- 연구 배경 : 이 연구 주제에 대해서 왜 관심을 갖게 되었는지, 어떻게 관심을 갖게 되었는지를 작성하는 파트
- 연구 목적 : 연구를 하는 이유에 대해서 작성하는 파트
- 연구 방법 중 연구 모형 : 자신의 연구 주제를 도식화한 파트
- 연구 방법 중 연구 대상 : 본 연구에서 초점을 맞춘 대상은 누구인지, 분석 대상의 케이스 수는 얼마나 되는지를 자세히 작성하는 파트
- 연구 방법 중 분석 방법 : 본 연구에서 진행하는 분석을 순서대로 작성하는 파트
- 기대효과 : 분석 결과를 통한 기여와 그 활용도에 대해서 작성하는 파트
- 연구 진행 일정 : 연구 계획 수립부터 학위논문 제출까지 연구의 전반적인 일정을 작성하는 파트
- 참고문헌 : 연구 계획서를 작성하면서 참고한 문헌을 작성하는 파트
- 설문지 : 연구에서 활용하는 인구사회학적 특성 변수 및 주요 변수에 대해서 어떠한 척도를 통해 측정하는지 확인하는 파트

연구 계획서는 자신의 연구에 대한 주제와 방향, 연구 방법, 연구 절차를 개괄적으로 정하기 위해 작성하는 계획서입니다. 보통 학위논문이나 논문공모전 등을 위해 연구 계획서를 작성합니다.

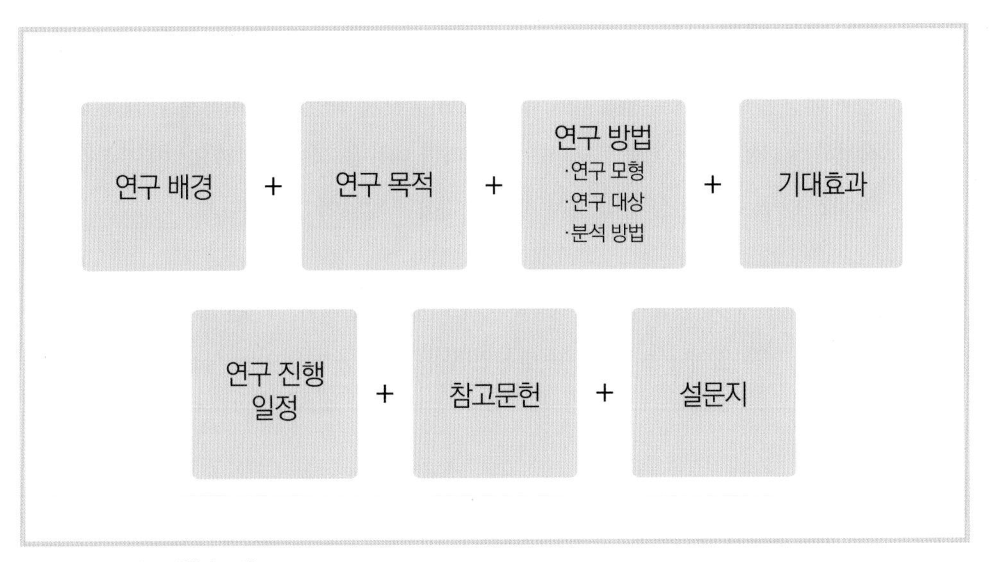

그림 6-35 | **연구 계획서 구성**

연구 계획서 구성은 대학원, 학회지마다 다르지만 공통적으로 연구 배경, 연구 목적, 연구 방법(연구 모형, 연구 대상, 분석 방법), 기대효과, 연구 진행 일정, 참고문헌, 설문지로 이루어져 있습니다. 예시를 통해 연구 계획서를 구성하는 방법에 대해 구체적으로 살펴보겠습니다.

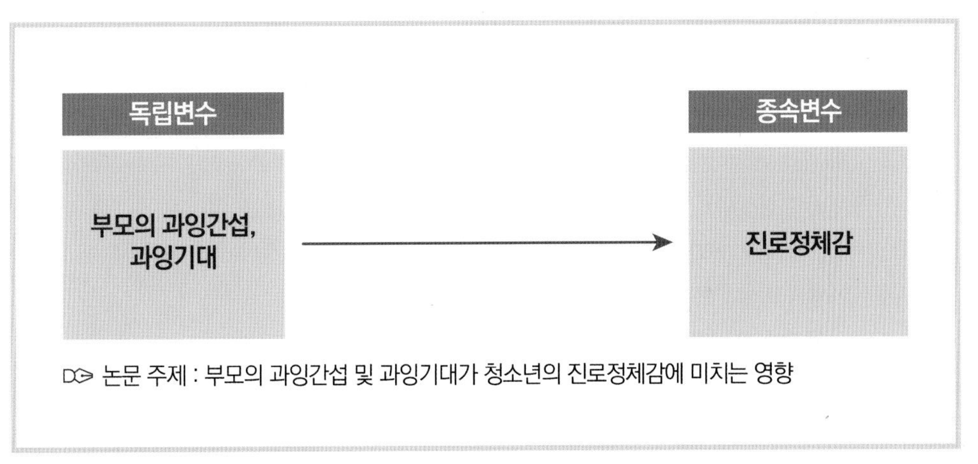

그림 6-36 | **연구 계획서용 연구 모형 예시**

[그림 6-36]과 같이 논문 주제를 '부모의 과잉간섭 및 과잉기대가 청소년의 진로정체감에 미치는 영향'이라고 설정하고 연구 계획서를 작성해보겠습니다.

1 연구 배경 작성

연구 배경은 이 연구 주제에 대해서 왜 관심을 갖게 되었는지, 어떻게 관심을 갖게 되었는지를 작성하는 파트입니다. 그럼 구체적으로 어떠한 내용을 적어야 할까요? 이 부분은 사실 이번 절의 '02_연구 주제 선정 방법'에서 제시한 내용과 맞닿아 있습니다.

앞에서 연구 주제 선정 방법을 총 세 가지로 설명했습니다. '1. 관심 있는 이슈, 2. 자신의 과거 경험이나 현재 일어나는 일, 3. 책이나 인터넷' 등을 통해 알아낸 사실을 연구 배경에 작성하면 됩니다.

2010년, 우리나라에서는 알파맘, 헬리콥터맘 등 각종 맘에 대한 신조어가 나왔다. 알파맘이란 아이의 재능을 발굴해서 탄탄한 정보력으로 체계적인 학습을 시키는 유형의 엄마를 말하고, 헬리콥터맘이란 평생을 자녀 주위를 맴돌며 자녀의 일이라면 무엇이든지 발 벗고 나서는 엄마들을 지칭한다.

2016년 현재 청소년을 자녀로 둔 어머니들은 2010년과 큰 차이를 보이지 않는다. 즉 자녀에 대해 과잉간섭하고 과잉기대하는 부모에 대한 이슈는 현재도 이루어지고 있다. 이러한 부모의 부정적 양육태도는 알파맘이나 헬리콥터맘이 그러하듯이 아이의 독립심이나 자립심을 상실케하고 자기효능감 등을 낮춘다는 지적을 받고 있다.

이러한 상황에서 고등학생 시기는 자신의 진로에 대해서 진지하게 고민하는 중요한 시기이다. 심리학자 Erikson은 청소년기에 대해서 자신의 정체감을 형성하는 데 중요한 시기라고 하였다. 진로정체감은 자신의 직업관을 형성하는 데 필요한 정체감으로, 직업에 대한 자신의 목표, 흥미, 능력에 대해서 얼마나 명확하고 안정된 상을 갖추고 있는지를 의미한다. 이와 같은 진로정체감은 청소년기에 형성해야 할 발달과업 중 하나로 볼 수 있다. 2015년에 초·중·고등학생을 대상으로 다양한 진로교육 기회를 제공하기 위한 목적으로 이루어진 진로교육법이 제정된 것은 청소년에게 진로 자체의 의미가 중요함을 시사하는 바이다.

이러한 진로정체감에 부모의 과잉간섭과 과잉기대는 부정적인 영향을 미칠 것으로 보인다. 실제 부모의 양육태도가 청소년의 진로태도에 영향을 준다는 연구가 매우 많은 것으로 나타나 부모의 양육태도와 진로정체감 간의 관계를 유추할 수 있다. 그러나 부모의 양육태도 중 과잉간섭과 과잉기대에 초점을 맞춰 구체적으로 살펴본 연구가 없고, 청소년의 진로정체감의 요인을 파악하는 연구 또한 전무한 것으로 보인다. 이에 부모의 과잉간섭과 과잉기대가 청소년의 진로정체감에 어떠한 영향을 미치는지 살펴보는 것은 큰 의미가 있다.

[그림 6-36]의 논문 주제에 대해 그 연구 배경으로 알파맘과 헬리콥터맘에 대한 이슈를 소개했습니다. 이어서 알파맘과 헬리콥터맘의 문제점, 청소년기 진로정체감의 중요성, 부모의 부정적 양육태도(과잉간섭, 과잉기대)가 진로에 미치는 영향에 대한 연구 부족을 기술하였습니다.

2 연구 목적

연구 목적은 연구를 하는 이유에 대해서 작성하는 파트입니다. 이 부분을 어려워하는 분들이 참 많습니다. 쉽게 작성하는 방법이 있는데요. 바로 분석 방법에 따라 작성하는 것입니다.

보통 최종 연구 모형이 회귀분석인 경우에는 '독립변수가 종속변수에 어떠한 영향을 미치는지 검증하고자 한다.'라고 작성하면 됩니다. 즉 독립변수와 종속변수 간의 관계를 규명하는 것이 본 연구의 최종 목적이기 때문입니다. 만약 성별을 비교하는 분석이 있다면 '성별에 따른 고등학생의 부모양육태도(과잉간섭, 과잉기대), 진로정체감의 특성을 비교하여 그 차이를 규명한다.'는 식으로 작성하면 됩니다. 만약 주요 변수에 대한 빈도분석과 기술통계분석이 있다면 '고등학생의 부모양육태도(과잉간섭, 과잉기대), 진로정체감의 실태를 파악한다.'라고 작성하면 됩니다. 결론적으로 자신이 어떠한 분석을 할 것인지 판단한 후 작성하면 됩니다.

> 본 연구에서는 고등학생의 부모양육태도(과잉간섭, 과잉기대), 진로정체감의 실태를 파악한다. 또한 고등학생이 인식한 부모의 양육태도가 진로정체감에 어떠한 영향을 미치는지 검증하고자 한다.

3 연구 방법

연구 모형(+연구문제)

연구 모형은 자신의 연구 주제를 도식화한 파트입니다. 전공에 따라 연구 모형을 생략하는 경우도 있기 때문에 자신의 학과나 학술지를 보고 연구 모형을 넣을지 판단하면 됩니다. 다만 연구 모형을 제시해주면 다른 사람이 연구 계획서를 볼 때 연구 주제를 쉽게 이해할 수 있습니다. 실제로 논문을 보는 사람은 보통 연구 제목과 함께 연구 모형을 먼저 봅니다.

연구 모형과 함께 연구문제(연구가설)를 같이 작성하기도 합니다. 연구문제란 연구에서 활용하는 주요 변수 사이에 어떠한 관계가 있는지를 의문문으로 작성한 것을 말합니다. 예를 들어 '고등학생이 인식한 부모의 과잉간섭(독립변수)과 과잉기대(독립변수)는 진로정체감(종속변수)에 어떠한 영향을 미칠 것인가?'와 같은 형태입니다. 물론 주요 변수 간의 관계에 대해 언급하는 것 외에도 '고등학생이 인식한 부모의 과잉간섭과 과잉기대, 그리고 진로정체감의 실태는 어떠한가?'와 같이 작성할 수도 있습니다. 한 가지 팁을 드릴게요. 연구 목적에 제시한 내용을 의문형으로 바꾸면 쉽게 작성할 수 있습니다.

연구가설은 주요 변수의 관계를 통계적 검증이 가능한 구체적인 형태의 문장으로 작성한 것을 말합니다. 연구가설과 연구문제를 헷갈려 하는 분들이 있는데요. 이 둘의 차이점을 쉽게 설명하면, '의문문으로 작성하느냐 마느냐'입니다. 즉 연구문제가 '변수 A가 변수 B에 어떠한 영향을 미치는가?'의 형식이라면, 연구가설은 '변수 A가 변수 B에 정적(+)인 영향을 미친다.' 또는 '변수 A가 변수 B에 부적(−)인 영향을 미친다.'라는 형태가 됩니다.

예시 논문 주제의 연구 모형과 연구문제를 기술하면 다음과 같습니다.

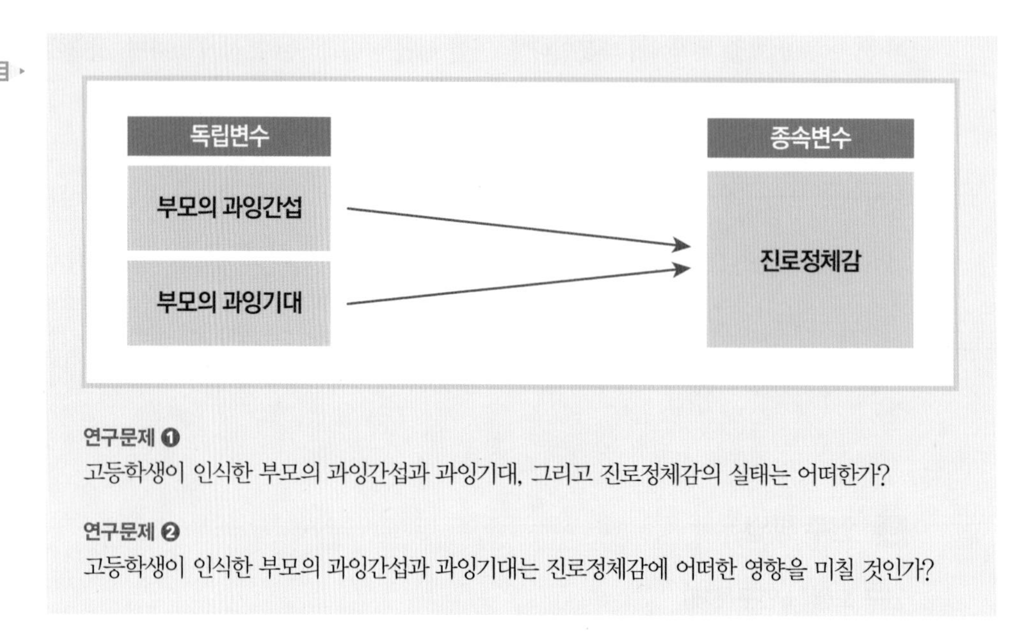

연구문제 ❶
고등학생이 인식한 부모의 과잉간섭과 과잉기대, 그리고 진로정체감의 실태는 어떠한가?

연구문제 ❷
고등학생이 인식한 부모의 과잉간섭과 과잉기대는 진로정체감에 어떠한 영향을 미칠 것인가?

연구 대상

연구 대상은 본 연구에서 초점을 맞춘 대상은 누구인지, 분석 대상의 케이스 수는 얼마나 되는지를 자세히 작성하는 파트입니다. 연구 방법은 2차 자료를 이용하는지, 아니면 직접 설문조사를 하는지에 따라 작성하는 방식이 조금씩 다릅니다.

2차 자료를 활용해서 연구 방법을 작성할 때는 주로 자료명, 자료 제공 기관명, 자료, 자료 제공 기관이 자료를 생성한 목적, 조사 기간, 분석 대상의 케이스 수를 활용합니다. 설문조사를 통해 연구 방법을 작성할 때는 주로 설문조사 대상, 설문조사 케이스 수, 표집 방법, 조사 기간을 작성합니다.

- **2차 자료를 활용하는 경우, 연구 대상 작성 방법**

본 연구는 한국청소년정책연구원에서 실시하고 있는 한국아동·청소년패널조사 자료를 활용하였다. 한국아동·청소년패널조사는 아동·청소년의 성장과 발달 양상을 종합적으로 파악할 목적으로 2010년에 전국 16개 시도의 초등학교 1학년, 초등학교 4학년, 중학교 1학년 7,071명을 대상으로 1차 조사를 진행했고, 조사 대상자를 매년 추적하여 2016년 7차 조사까지 진행된 대표적인 패널 자료이다. 본 연구에서는 2014년 중1 패널조사에 참가한 2,351명을 연구 대상으로 하였다.

- 설문조사를 진행하는 경우, 연구 대상 작성 방법

본 연구는 서울과 경기 지역에 위치한 중학교의 1학년을 대상으로 총 500명을 편의표집할 예정이다. 조사 기간은 2017년 6월 10일부터 24일까지로, 약 2주간 설문지를 배포하고 수집할 예정이다.

분석 방법

분석 방법에서는 본 연구에서 진행하는 분석을 순서대로 작성하는 파트입니다. 보통 분석 방법에서는 어떤 통계 프로그램을 활용했는지 작성하고, 그 통계 프로그램을 통해 어떤 분석을 어떤 목적으로 했는지 작성합니다.

본 연구에서는 자료 분석을 위해서 SPSS 24.0 프로그램을 이용할 것이며, 다음과 같이 분석하였다. 첫째, 주요 변수에 대한 신뢰도 분석을 통해 Cronbach's alpha 값을 확인할 것이다. 둘째, 연구 대상자들의 인구사회학적 특성 및 부모의 과잉간섭과 과잉기대, 그리고 청소년의 진로정체감의 특성을 확인하기 위해 빈도분석과 기술통계분석을 실시할 것이다. 셋째, 연구 모형의 검증에 앞서 상관관계분석을 통해 부모의 과잉간섭과 과잉기대, 그리고 청소년의 진로정체감의 관계를 파악할 것이다. 마지막으로 부모의 과잉간섭과 과잉기대가 청소년의 진로정체감에 미치는 영향을 검증하기 위해 다중회귀분석을 실시할 것이다.

4 기대효과

기대효과는 분석 결과를 통한 기여와 그 활용도에 대해서 작성하는 파트입니다. 구체적으로 분석 결과가 문제 해결에 얼마나 기여할 수 있는지를 밝히고, 이를 통한 학문적·사회적 활용 방안 등을 작성합니다.

본 연구에서는 고등학생이 인식한 부모의 과잉간섭, 과잉기대, 청소년의 진로정체감 실태 및 관계를 살펴봄으로써, 기존의 부모양육태도와 진로태도에만 그쳤던 논의를 보다 발전시키고, 청소년의 진로정체감과 관련된 이론적 근거를 제공해주는 데 의의가 있다. 또한 청소년의 진로정체감에 대한 사회·정책적 개입 방안을 제시함과 동시에 부모의 과잉간섭 및 과잉기대에 대한 실천적 방안을 제시할 수 있을 것으로 기대한다.

5 연구 진행 일정

연구 진행 일정은 연구 계획 수립부터 학위논문 제출까지 연구의 전반적인 일정을 작성하는 파트입니다. 학교나 기관에 따라 연구 진행 일정을 작성하기도 하고 생략하기도 하므로 사전에 확인한 후 작성하는 것이 좋습니다.

구분	1월	2월	3월	4월	5월	6월	7월
연구계획 수립	●						
문헌연구 및 자료수집	●	●	●				
서론 및 이론적 배경 작성			●	●			
논문계획서 발표				●			
설문지 제작 및 예비조사				●	●		
설문지 배부 및 수거					●	●	
자료 분석 및 결과 해석						●	
예비 심사용 논문 제출						●	
본심 사용 논문 제출						●	
본 심사							●
학위논문 제출							●

6 참고문헌

참고문헌은 연구 계획서를 작성하면서 참고한 문헌을 작성하는 파트입니다. 연구 계획서의 참고문헌은 지도 교수님이 관련 선행 연구에는 무엇이 있고, 연구자가 선행 연구들을 얼마나 보았는지 확인하는 곳입니다. 그러므로 연구 주제와의 관련성을 고려하면서 최신 경향을 반영한 참고문헌을 활용해야 합니다.

이현숙, 조한익. (2004). 지각된 부모의 양육태도가 성취목표 및 진로결정수준에 미치는 영향. *상담 및 심리치료, 16*(1), 89-105.

Peluchette, J. V. E., Kovanic, N., & Partridge, D. (2013). Helicopter parents hovering in the workplace: What should HR managers do?. *Business Horizons*, 56(5), 601-609.

7 설문지

설문지는 연구에서 활용하는 인구사회학적 특성 변수 및 주요 변수에 대해서 어떠한 척도를 통해 측정하는지 확인하는 파트입니다. 보통 연구 계획서에서 설문지까지 작성하지는 않지만, 설문지를 요구하는 지도 교수님도 있습니다. 따라서 시간적 여력이 된다면 설문지까지 작성해서 제시하는 것이 좋습니다.

부모의 과잉간섭 및 과잉기대가
청소년의 진로정체감에 미치는 영향

안녕하십니까?

설문에 응해 주셔서 깊이 감사드립니다.

본 설문지는 **부모의 과잉간섭 및 과잉기대와 청소년의 진로정체감과의 관계**에 대해 확인함으로써 부모의 과잉간섭과 과잉기대에 대한 문제의 심각성을 파악하고, 청소년의 진로정체감을 향상시킬 수 있는 방법에 대해 살펴보는 데 목적이 있습니다.

모든 질문에는 특별한 정답이 없으니, 여러분이 느끼고 생각하는 대로, 여러분과 가장 비슷한 내용으로 응답하시면 됩니다. 이 설문지는 누가 작성했는지 알 수 없으며, 누가 어떤 응답을 했는지 공개되지 않습니다. 또한 절대 비밀이 보장되고 연구의 목적 외에는 절대 사용하지 않을 것을 약속드립니다.

여러분의 성실한 응답 부탁드립니다.
소중한 시간을 내 주셔서 다시 한 번 진심으로 감사드립니다.

2017. 03.

○○대학교 ○○대학원 ○○학과
지도 교수 : ○○○
연구자 : ○○○

문의사항 Tel 010-0000-0000 E-mail 000@00000.com

Ⅰ 다음은 부모의 양육방식에 대해 묻는 질문입니다. 각 문항을 읽고 가장 일치하는 곳에 표시해 주시기 바랍니다.

문항	거의 그렇지 않다	그렇지 않은 편이다	보통 이다	그런 편이다	매우 그렇다
1. 보통 아이들이 할 수 있는 일도 불안해하시며 내게는 못하게 하신다.	①	②	③	④	⑤
2. 나에게 무엇을 하든지 항상 이겨야 한다는 걸 강조하신다.	①	②	③	④	⑤
3. 작은 일에 대해서도 '이래라', '저래라' 간섭하신다.	①	②	③	④	⑤
4. 내가 원하는 일을 못 하게 하실 때가 많다.	①	②	③	④	⑤
5. 부모님(보호자)의 기대가 항상 내 능력 이상이어서 부담스럽다.	①	②	③	④	⑤
6. 나에 대한 걱정을 덜 하셨으면 좋겠다.	①	②	③	④	⑤
7. 나에 관한 한 다른 어떤 일보다 공부에 더 열성적이시다.	①	②	③	④	⑤
8. 나에게 모든 면에서 남보다 잘해야 한다고 강조하신다.	①	②	③	④	⑤

Ⅱ 다음은 자신의 진로정체감에 대해 묻는 질문입니다. 각 문항을 읽고 가장 일치하는 곳에 표시해 주시기 바랍니다.

문항	거의 그렇지 않다	그렇지 않은 편이다	보통 이다	그런 편이다	매우 그렇다
1. 장래에 내가 꼭 하고 싶은 직업 분야가 있다.	①	②	③	④	⑤
2. 부모님이 내가 원치 않는 전공 학과를 강요하더라도 따르지 않을 것이다.	①	②	③	④	⑤
3. 나는 장래에 어떤 인생을 살 것인가에 대해 대체로 방향을 정했다.	①	②	③	④	⑤
4. 대학에 가서 전공하고 싶은 구체적인 분야가 있다.	①	②	③	④	⑤
5. 나 자신의 인생을 살기 위해서는 소신대로 직업을 결정해야 한다.	①	②	③	④	⑤
6. 현재 나는 어떤 직업 분야를 좋아하는데, 그 이유가 분명하다.	①	②	③	④	⑤
7. 어릴 때부터 나는 내가 하고 싶은 직업 분야가 어떤 것인지 알고 있었다.	①	②	③	④	⑤
8. 다른 사람들에게 나의 미래 계획에 대해 자신 있게 말할 수 있다.	①	②	③	④	⑤

Ⅶ 다음은 여러분 자신에 관련한 항목입니다. 잘 읽고 정확한 내용을 기입해 주시기 바랍니다.

성별		나이	
학업성적	① 상위권 ② 중상위권 ③ 중위권 ④ 중하위권 ⑤ 하위권		
경제수준	① 상 ② 중상 ③ 중 ④ 중하 ⑤ 하		

— 설문에 응답해 주셔서 감사합니다 —

가이드라인 동영상

bit.ly/onepass-skill10

SECTION 07 설문지 작성 방법

PREVIEW

- 척도집과 논문을 통해 척도를 선정하는 방법을 살펴본다.
- 설문지에 들어갈 구성 요소와 설문지 작성 시 주의할 점에 대해 알아본다.

01 _ 연구 모형 선정에 따른 척도 확인

PREVIEW

- 척도집(책) 확인
- 학술논문을 통한 척도 확인
- 학위논문을 통한 척도 확인

연구 모형에 맞게 설문지를 작성하려면 무엇보다 먼저 주요 변수들에 대한 척도를 확인해야 합니다. 손쉽게 척도를 확인하는 방법은 총 세 가지(척도집, 학술논문, 학위논문)입니다. '청소년이 인식한 ○○○이 자아존중감에 미치는 영향'이라는 연구를 한다고 가정하고, 주요 변수인 자아존중감이라는 척도를 확인하는 방법에 대해서 확인해보겠습니다.

1 척도집(책) 확인

그림 7-1 | 척도집(책) 검색 예시

척도집(책)을 활용하는 방법은 다른 방법들에 비해 정확한 척도 정보를 확인할 수 있다는 장점이 있습니다. 다만 최근에 개발된 척도보다는 많이 활용되는 척도들을 중심으로 소개되어 있습니다. 일단 인터넷 검색창에 '척도집'이라고 치면 여러 가지 책이 나오는데요. [그림 7-1]에 검색 예시로 나온 사회복지를 비롯해 사회과학과 관련된 척도집이 검색됩니다.

[예시 7-1]은 《사회복지척도집》의 목차 일부입니다. 목차를 보면서 자신이 원하는 주요 변수에 해당하는 척도가 있는지 확인할 수 있습니다. 실제로 '청소년이 인식한 ○○○이 자아존중감에 미치는 영향'에 대한 연구에서 주요 변수인 자아존중감이 척도집에 있는 것을 확인할 수 있습니다.

예시 7-1

척도집(책) 목차

초판 머리말
척도집 활용방법
척도집 활용지침

제1부 자아개념 척도
1. 자기유능감 척도
2. 자기효능감 척도
3. 자기효능감 척도
4. 자아정체감 척도
5. 자아정체성 척도
6. 자아존중감 척도
7. 자아존중감 척도
8. 자아존중감 검사도구
9. 자아존중감 척도
10. 자아존중감 척도

제2부 심리 및 정신건강 척도
1. 경제적 스트레스 척도
2. 내외통제성 척도
3. 상태, 특성 불안 척도
4. 생활 사건 질문지
5. 섭식태도 검사
6. 성역할정체성 척도
7. 스트레스 척도
8. 시험불안 측정도구
9. 아동용 우울척도
10. 역기능적 태도 척도
11. 외적 통제소 성향
12. 일상적 스트레스 척도
13. 자기평가 우울반응 척도
14. 정서적 및 사회적 고립 척도
15. 증상 체크리스트
16. 지각된 스트레스 척도
17. 청소년 약물사용 잠재군 선별 척도
18. 표출정서 수준 측정도구
19. 한국어판 BECK의 무망감 척도
20. 한국판 일반정신건강 척도

보통 척도집은 척도의 목적과 검사 대상, 검사 내용, 채점 방법 및 해석, 척도 출처, 원척도로 이루어져 있습니다. 이 척도집에는 [예시 7-2]와 같이 자아존중감으로 명명한 척도가 여러 개 있는데, 이 중 어느 척도를 사용할지는 자신의 연구 목적과 대상을 고려해 선택하면 됩니다. 척도가 여러 개인 이유는 척도의 목적과 대상이 조금씩 다르기 때문입니다. 이 책의 자아존중감 척도는 검사 대상이 '초등 고학년 및 중학생'이므로 만약 성인이 자신의 연구 대상이라면 사용하기 어렵습니다. 채점 방법과 해석, 척도의 출처도 꼼꼼하게 읽어보아야 합니다. 자신의 연구 방법에서 측정 도구를 작성할 때 사용하기 때문입니다.

예시 7-2 **척도집(책) 내용**

자아존중감 척도

- 목적
  개인의 자아존중감을 측정
- 검사 실시
  - 검사 실시 방법 : 검사 실시 전 충분한 설명과 요령을 전달 후 실시
  - 검사 대상 : 초등 고학년 및 중학생
  - 검사 내용 :
    ① 총체적 자아존중감(global self-esteem) : 6문항 (1, 5, 9, 13, 17, 21)
    ② 사회적 자아존중감(social-peer self-esteem) : 9문항
    (2, 6, 10, 14, 18, 22, 25, 28, 31)
    ③ 가정에서의 자아존중감(home-parents self-esteem) : 9문항
    (3, 7, 11, 15, 19, 23, 26, 29, 32)
    ④ 학교에서의 자아존중감(school_academic self-esteem) : 8문항
    (4, 8, 12, 16, 20, 24, 27, 30)
- 채점 방법 및 해석
  - 총점은 모든 문항 점수를 합산하여 산출한다.
  - 역채점 문항(*표시)은 역으로 채점하여 점수를 계산한다.
  - 점수가 높을수록 자아존중감이 높음을 의미한다.
- 척도의 출처
  - 원척도 출처
    최보가·전귀연(1993). 자아존중감 척도 개발에 관한 연구(I). 〈대한가정학회지〉. 31(2). 41-54
  - 재인용 출처
    서초구립 반포종합사회복지관·서울대학교 실천사회복지연구회-Praxis(2003). 『실천가와 연구자를 위한 사회복지 척도집』. 나눔의 집.

이제 자아존중감 척도를 보고 [예시 7-3]과 같이 자신의 설문지에 넣어서 활용하면 됩니다.

예시 7-3 **설문지에 활용**

문항	전혀 그렇지 않다	약간 그런 것 같다	보통이다	대부분 그렇다	정말로 내 경우와 같다
	1	2	3	4	5
1. 나는 결심을 하고 그 결심대로 밀고 나갈 수 있다.					
2. 나는 내 또래의 친구들 사이에 인기가 있다.					
3. 부모님은 내 기분을 잘 맞춰 주신다.					
4. 나는 학교에서 실망하는 일이 가끔 있다.					
5. 나는 나에게 주어진 일에 최선을 다하려 한다.					
6. 나에겐 친구가 많다.					
7. 부모님은 나를 잘 이해해주신다.					
8. 내가 원하는 만큼 학교생활이 원만치 않다.					
9. 나는 주저하지 않고 결심할 수 있다.					
10. 누구든지 나를 좋아한다.					
11. 나는 집에서 상당히 행복하다.					

2 학술논문을 통한 척도 확인

그림 7-2 | 선행 연구를 통한 척도 검색 예시

척도를 확인하는 두 번째 방법은 학술논문을 살펴보는 것입니다. 일단 '청소년이 인식한 ○○○이 자아존중감에 미치는 영향' 연구에서 자아존중감에 대한 학술논문을 확인하기 위해 네이버 전문정보에서 '청소년', '자아존중감'을 검색합니다. 여러 가지 논문이 검색될 텐데요. 검색된 논문을 통해 척도를 확인할 수 있습니다.

예시 7-4

학술논문을 통한 척도 확인

청소년의 자아존중감이 ○○○에 미치는 영향

Ⅲ. 연구 방법

2. 측정 도구

1) ○○○에 대한 척도

본 연구에서는 청소년의 000을 측정하기 위한 도구로 홍길동(2017)이 개발한 설문지를 수정하여 사용하였다.

2) 자아존중감에 대한 척도

자아존중감 척도는 Rosenberg(1965)가 개발한 10문항의 척도를 사용하였다. 자아존중감 척도는 긍정적 자아존중감 5문항과 부정적 자아존중감 5문항으로 구성하였다. 자아존중감의 정도는 5점 리커트 척도로 긍정적인 문항에 대해서는 '전혀 그렇지 않다'의 1점부터 '항상 그렇다'의 5점을 부여하였고, 부정적인 문항에 대해서는 '전혀 그렇지 않다'의 5점부터 '항상 그렇다'의 1점을 부여하였다. 최저 10점에서 최고 50점의 점수 범위를 가지며, 점수가 높을수록 자아존중감이 높은 것으로 볼 수 있으며, 낮을수록 자아존중감이 낮은 것으로 볼 수 있다. 자아존중감에 대한 신뢰도 Cronbach's α는 .75로 나타났다.

학술논문의 연구 방법 파트에서 측정 도구를 보면 주요 변수에 대한 원척도를 확인할 수 있습니다. [예시 7-4]의 학술논문에서는 '2) 자아존중감에 대한 척도' 파트에 '자아존중감 척도는 Rosenberg(1965)가 개발한 10문항의 척도를 사용하였다.'라고 기술하였습니다. [예시 7-5]와 같이 논문 뒤쪽의 참고문헌에서 Rosenberg(1965) 논문을 확인합니다.

예시 7-5 **참고문헌에서 논문 확인**

참고문헌

ㅇㅇㅇ(1996). **ㅇㅇ의 자아존중감과 ㅇㅇㅇ 간의 관계**. ㅇㅇ대학교 ㅇㅇ대학원 석사학위논문.

ㅇㅇㅇ(2002). ㅇㅇㅇ 개념에 관한 연구. ㅇㅇ대학교 대학원 석사학위논문.

ㅇㅇㅇ(1967). ㅇㅇㅇㅇ of *self-esteem*. San Francisco:ㅇㅇㅇㅇ.

Rosenberg(1965). *Society and the adolescence self-image*. Princeton, NJ: Princeton University Press.

ㅇㅇㅇ(1978). ㅇㅇㅇ and Self-Esteem among ㅇㅇㅇ. ㅇㅇㅇ *Journal of Socialogy*, ㅇㅇ, ㅇㅇ-ㅇㅇ.

Rosenberg가 1965년에 작성한 논문명을 구글 스칼라 등에서 검색하여 원문에 작성되어 있는 척도를 확인해 활용하는 방법도 있지만 우리나라에서 이미 번안하여 활용했을 수도 있습니다. 따라서 [그림 7-3]과 같이 구글에서 '자아존중감 Rosenberg 1965'라는 키워드로 검색합니다. '자아존중감 척도.hwp'와 같이 정리되어 있는 경우가 종종 있습니다. 정리된 내용을 보면서 설문지에 활용하면 됩니다.

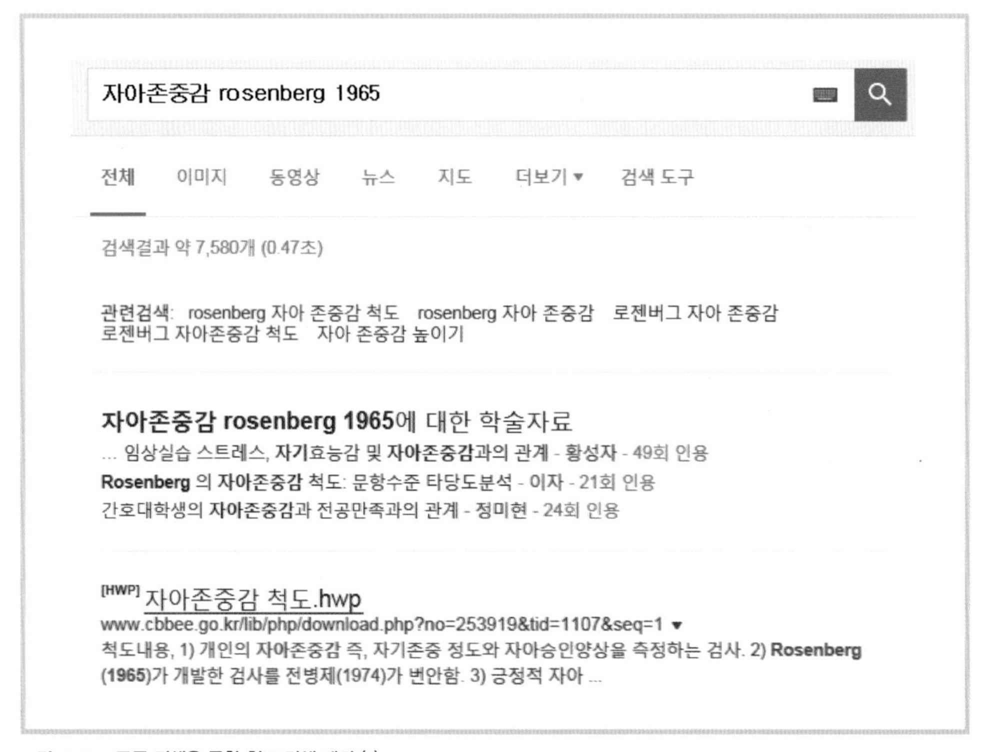

그림 7-3 | 구글 검색을 통한 척도 검색 예시 (1)

아무도 가르쳐주지 않는 Tip

연구 방법에 기술된 측정 도구에서 원척도를 확인하고 활용할 때 세 가지 주의 사항이 있습니다. 먼저 자기 마음대로 원척도를 수정해서는 안 됩니다. 원척도는 본래 의도에 맞게 개발된 것이므로 수정을 하면 그 의도나 목적이 훼손될 가능성이 있습니다. 만약 원척도를 수정해서 사용하고 싶다면 수정된 척도를 검증하는 연구를 사전에 진행한 뒤 실시해야 합니다. 이렇게 하는 것이 원칙입니다. 실제로 엄격한 학회지나 지도 교수의 경우 원척도 수정을 문제 삼을 수 있습니다. 그렇다면 원척도를 수정해서 바로 사용할 수는 없는 것인가? 논란이 있을 수는 있지만 보통 척도를 수정해서 활용한 뒤 탐색적 요인분석과 확인적 요인분석, 신뢰성 분석으로 수정된 척도의 타당도와 신뢰도를 검증하여 활용하기도 합니다.

둘째, 외국에서 개발한 척도를 한국에서 활용하고자 할 때 처음 사용하는 것이라면 척도 검증을 거친 후 활용할 수 있습니다. 외국에서 개발된 척도는 한국 실정에 맞지 않을 수 있기 때문에 척도를 단순 번안하는 것을 넘어서 조금 수정할 수도 있겠지요. 수정을 하면 검증하는 연구를 거쳐야 합니다. 물론 단순 번안하는 것마저도 엄밀히 말하자면 검증하는 연구가 선행되어야 합니다.

셋째, 원척도 사용 시 척도 개발자에게 척도 사용료를 지불해야 합니다. 우리나라에서 개발한 척도를 개인의 연구에서 활용할 때 척도 사용료를 지불하는 경우는 거의 못 봤지만, 외국의 척도를 사용할 때는 종종 사용료를 지불하는 경우가 있습니다. 물론 척도를 무료로 사용할 수 있게 하는 곳도 있지만 사용료를 요구하는 곳도 있습니다. 만약 사용료를 지불하지 않고 사용하다가 걸리면 벌금을 물기도 합니다. 사실, 국내에서도 척도를 활용할 때 척도 개발자에게 연락하여 척도 사용 여부와 사용 절차를 물은 뒤 활용해야 합니다.

3 학위논문을 통한 척도 확인

학위논문을 통해 척도를 확인하는 것이 가장 취약한 방법이기는 합니다. 학위논문에 있는, 특히 석사학위 논문에서 사용한 척도를 그대로 사용하는 것은 지양해야 합니다. 왜냐하면 자기 마음대로 원척도를 수정하여 새로운 척도를 만들어놓은 경우가 허다하기 때문입니다. 이렇게 수정한 척도는 검증이 안 되어 있기 때문에 더더욱 사용하면 안 됩니다. 단지 학위논문에서는 원척도에 대한 정보를 확인하는 용도로만 사용하기 바랍니다.

'청소년 자아존중감'을 네이버 전문정보에서 검색한 후 학위논문을 다운로드해 확인할 수 있습니다. 석사학위 논문보다는 박사학위 논문 위주로 확인하는 것이 좋습니다. 찾은 논문에서 학술논문과 마찬가지로 측정 도구 파트에 있는 자아존중감의 원척도를 확인합니다. [예시 7-6]에서는 Rosenberg(1979)를 활용했다는 것을 알 수 있습니다.

예시 7-6 **학위논문을 통한 척도 확인**

○○대학교 ○○학위논문

○○○가 청소년의 자아존중감과 ○○○에 미치는 영향
: ○○○과 ○○○의 비교를 중심으로

Ⅲ. 연구 방법

2. 측정 도구

1) 자아존중감

본 연구에서는 청소년의 자아존중감을 측정하기 위하여 Rosenberg(1979)가 개발한 자아존중감 척도를 ○○○ 전공 전문가가 번안하고 내용타당도를 검증하여 사용하였다. 이 척도는 총 10문항으로 구성되어 있고, 4점 Likert 척도로 평정하며, '전혀 그렇지 않다'에 1점, '매우 그렇다'에 4점을 주어 점수를 계산하였다. 부정 문항(2, 5, 6, 8, 9)은 역채점하고, 점수가 높을수록 자아존중감 수준이 높은 것으로 보며, 점수가 낮을수록 자아존중감이…(중략)…

학술논문의 경우처럼 참고문헌에서 Rosenberg(1979)를 찾아 구글에서 검색하는 방법도 있지만 학위논문은 [예시7–7]과 같이 대개 설문지를 제시하기 때문에 자아존중감 문항을 직접 구글에서 검색할 수 있습니다.

예시 7-7 **원척도 확인**

설문지

부록1. 자아존중감 측정 도구

다음 문항을 잘 읽고 자신을 가장 잘 나타낸다고 생각되는 정도에 O 표시하세요.

나는 ···	전혀 그렇지 않다	대체로 그렇지 않다	대체로 그렇다	매우 그렇다
1. 대체로 나는 나 자신에 대해 만족한다.	①	②	③	④
2. 때때로 나는 내가 전혀 유능하지 못하다고 생각한다.	①	②	③	④
3. 나는 내가 좋은 점을 많이 갖고 있다고 느낀다.	①	②	③	④

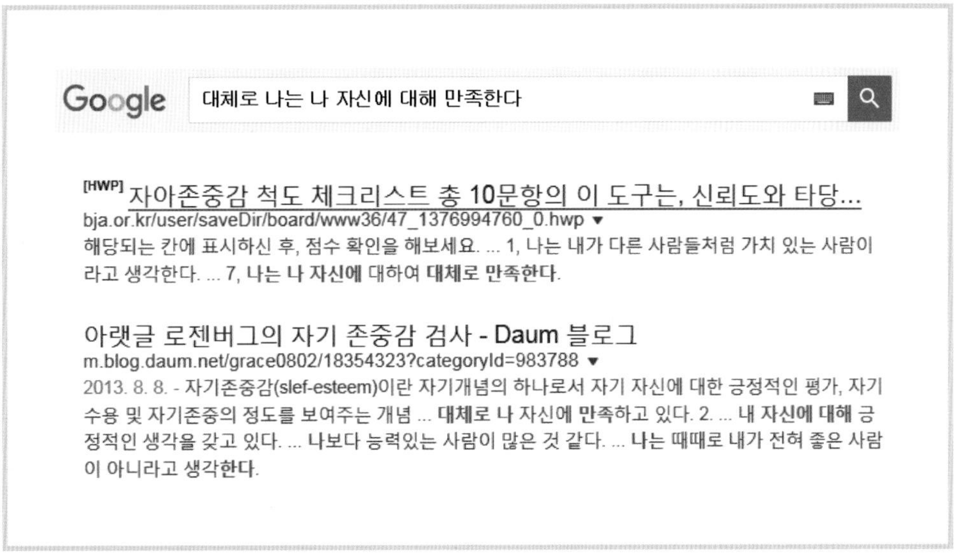

Google 대체로 나는 나 자신에 대해 만족한다

[HWP] 자아존중감 척도 체크리스트 총 10문항의 이 도구는, 신뢰도와 타당...
bja.or.kr/user/saveDir/board/www36/47_1376994760_0.hwp ▼
해당되는 칸에 표시하신 후, 점수 확인을 해보세요. ... 1, 나는 내가 다른 사람들처럼 가치 있는 사람이라고 생각한다. ... 7, **나는 나 자신에** 대하여 **대체로 만족한다**.

아랫글 로젠버그의 자기 존중감 검사 - Daum 블로그
m.blog.daum.net/grace0802/18354323?categoryId=983788 ▼
2013. 8. 8. - 자기존중감(slef-esteem)이란 자기개념의 하나로서 자기 자신에 대한 긍정적인 평가, 자기수용 및 자기존중의 정도를 보여주는 개념 ... **대체로 나** 자신에 **만족**하고 있다. 2. ... **내 자신에 대해** 긍정적인 생각을 갖고 있다. ... 나보다 능력있는 사람이 많은 것 같다. ... **나는** 때때로 내가 전혀 좋은 사람이 아니라고 생각**한다**.

그림 7-4 | 구글 검색을 통한 척도 검색 예시 (2)

설문지에 제시된 자아존중감 첫 번째 문항인 '대체로 나는 나 자신에 대해 만족한다'를 구글로 검색하면 [그림 7-4]와 같이 나타납니다. '자아존중감 척도 체크리스트 총 10문항의 이 도구는 ~.hwp'라는 파일이 있는데, 자아존중감에 대한 원척도가 소개되어 있습니다. 이처럼 학위논문의 설문지 문항을 활용하여 척도를 확인하는 방법도 있습니다.

만약 '대체로 나는 나 자신에 대해 만족한다'로 검색했는데 아무것도 나오지 않았다면, 이 척도는 저자가 수정했다는 것을 의미합니다. 혹은 제대로 된 원척도를 가져오지 않은 것이겠죠. 그렇다면 전체 문장으로 검색하지 말고 '대체로', '자신에', '만족한다'를 검색하거나 두 번째 문항인 '때때로 나는 내가 전혀 유능하지 못하다고 생각한다'를 검색하는 것도 방법입니다.

02 _ 설문지 표지 양식 및 작성 방법

PREVIEW

설문지 표지 구성 요소

- 설문 번호, 연구 제목, 인사말, 연구 목적, 비밀 보장, 연구자 서명 및 소속, 연구자 연락처

인구사회학적 특성 관련 문항 설정 시 고려할 부분

- 집단의 대표성 파악을 위한 문항
- 인구사회학적 특성에 따른 주요 문항의 응답 차이를 확인하기 위한 문항
- 통제변수와 관련된 문항

설문 작성 시 주의할 점

- 응답하는 사람이 이해하기 쉽게 작성한다.
- 설문지에서 사용하는 질문은 간결하고 명확해야 한다.
- 질문 배열은 평이한 질문에서 구체적이고 민감한 질문으로 넘어간다.
- 하나의 질문에 2개의 답변을 요구해서는 안 된다.
- 사회적으로 바람직한 답변 등 특정 답변을 유도해서는 안 된다.
- 질문에 대한 보기는 4~6개 정도로 진행한다.
- 질문에 대한 보기는 상호배타성을 지녀야 한다.
- 설문 시간이 15분이 넘지 않게 설문지를 만든다.

2차 자료를 활용하기도 하지만, 설문지를 활용해서 양적 연구를 하는 분들이 참 많습니다. 이때 설문지 작성 규칙을 지키지 않고 마음대로 만들어서 돌리는 분들도 있습니다. 이런 설문지로는 통계분석조차 제대로 할 수 없는 경우가 종종 있습니다. 또한 설문지 문구나 구성에 따라 응답률이 크게 달라질 수 있습니다. 이처럼 양적 연구에서 분석만큼 중요한 게 설문지 작성입니다. 그럼 설문지를 어떻게 만드는지 확인해보겠습니다.

1 설문지 표지 양식

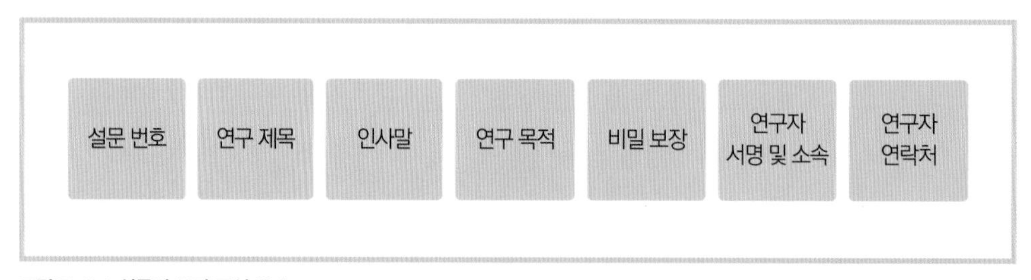

그림 7-5 | 설문지 표지 구성 요소

설문지 표지 구성 요소는 [그림 7-5]와 같습니다. 먼저 구성 요소에 대해 살펴보고, 설문지 표지 예시들을 통해 이러한 구성 요소가 어떻게 들어가야 하는지 확인해보겠습니다.

설문 번호

설문 번호는 ID나 일련번호와 같은 개념으로 몇 번째 케이스인지 확인할 수 있는 요소입니다. 보통 설문지 상단 오른쪽에 위치합니다.

연구 제목

연구 제목이 있어야 연구자가 어떤 연구를 하는지 금방 확인할 수 있습니다. 보통 위쪽에 큰 글씨로 작성합니다.

인사말

간단하게 '안녕하세요?' 정도로만 작성해도 되고, 덧붙여 설문지를 실시하는 기관이나 사람에 대한 소개를 해도 됩니다. 인사말은 보통 연구 제목 아래에 작성합니다.

연구 목적

이 연구를 왜 하는지 밝히는 것입니다. 본래 연구 계획서에 작성했던 내용과 일치하도록 작성해야 합니다. 연구 목적은 보통 인사말 다음에 작성합니다.

비밀 보장

설문조사를 통해 수집한 개인 정보를 외부에 노출하지 않겠다는 내용이 꼭 있어야 합니다. 개인정보보호법 제15조(개인정보 수집·이용)에 따라 보호받아야 하기 때문입니다. 비밀 보장에 대한 내용은 보통 연구 목적 다음에 작성합니다.

연구자 서명 및 소속

인사말에서 제시할 수도 있지만 보통 비밀 보장에 대한 내용 다음에 설문지에 대한 소개가 끝난 후 작성하는 경우가 많습니다. 설문조사를 진행할 때 설문지에 연구자의 소속과 서명이 없는 경우 설문조사에 응하지 않는 분들도 있었습니다. 또 소속이 처음 들어보는 곳이거나 공신력이 없다고 판단하는 경우에도 설문지에 응답하지 않는 분들이 종종 있었습니다.

연구자 연락처

이 설문지에 대한 궁금증이나 피드백을 주고자 할 때 응답자가 연락할 수 있는 연구자의 연락처를 제시해야 합니다. 보통 설문지의 가장 마지막 부분에 작성합니다.

'청소년의 자아존중감에 영향을 주는 요인 분석'이라는 연구 주제로 설문지를 만들었다고 가정하겠습니다. 우선 [예시 7-8]을 볼까요?

예시 7-8 **설문지 표지 (1)**

설문지

안녕하세요?

본 조사는 여러분의 생활에 도움을 주기 위한 자료 수집을 목적으로 실시합니다.

평소 자신에 대해 어떻게 생각하는지와 부모님, 친구, 선생님과의 관계를 어떻게 느끼고 있는지에 대해 묻는 질문지입니다. 이 질문지는 정답이 없으며, 점수와는 아무 상관이 없으므로 자신이 느끼는 대로 솔직하게 응답하면 됩니다. 만약 지금 부모님과 함께 살고 있지 않다면 부모님과 함께 있었던 시절을 생각하면서 질문들에 답해 주시면 됩니다.

여러분이 해주신 내용은 오직 연구 자료로만 사용되며 이름을 쓰지 않으므로 절대 비밀이 보장됩니다. 어떠한 상황에서도 비밀이 유지될 것이며 더불어 여러분의 생활을 되돌아볼 수 있는 좋은 계기가 되기를 바랍니다.

시간을 내 주셔서 정말 고맙습니다.

2017년 7월

한국 ○○ 대학교 일반대학원 석사과정 ○○○

인사말도 있고, 비밀 보장에 대한 내용도 있고, 연구자 소속도 있습니다. 나름대로 필요하다 싶은 내용들이 잘 작성되어 있다고 판단하여 '이 정도면 괜찮지 않나?'라고 생각할 수도 있지만 사실 잘못된 부분들이 많습니다.

[표 7-1]은 [예시 7-8]의 설문지 표지를 분석한 내용입니다.

표 7-1 | [예시 7-8]의 설문지 표지 분석

설문 번호	없음
연구 제목	없음
인사말	OK
연구 목적	'여러분의 생활에 도움을 주기 위한 자료 수집을 목적으로 실시합니다.'라는 표현은 애매모호합니다. 생활에 도움을 준다는 것처럼 포괄적인 연구 목적이 있을까요? 구체적으로 작성해야 합니다.
비밀 보장	OK
연구자 서명 및 소속	OK
연구자 연락처	없음

예시 7-9

설문지 표지 (2)

설문번호 (기입하지 마세요)				

청소년의 학업스트레스와 사이버폭력에 관한 연구

안녕하세요?

설문에 응해주셔서 깊이 감사드립니다.

본 설문지는 여러분의 **학업스트레스와 인터넷상에서의 폭력 문제**와 관련한 내용입니다. 본 설문을 통하여 여러분이 겪는 학업스트레스와 그 밖의 여러 어려움을 알아보고, 학교 및 인터넷상에서 겪는 폭력의 원인을 발견함으로써 이를 예방하는 방법을 찾고자 합니다.

모든 질문에는 특별한 정답이 없으니, 여러분이 느끼고 생각하는 대로, 여러분이 처한 상황과 가장 비슷한 내용으로 응답하시면 됩니다. 이 설문지는 누가 작성했는지 알 수 없으며, 누가 어떤 응답을 했는지 공개되지 않습니다. 또한 절대 비밀이 보장되고 연구의 목적 외에는 절대 사용하지 않을 것을 약속드립니다.

여러분의 성실한 응답 부탁드립니다.
소중한 시간을 내주셔서 다시 한 번 진심으로 감사드립니다.

○○○대학교 ○○○연구소: ○○○연구원

[문의사항] Tel. 010-○○○○-○○○○ / E-mail. ○○○○@gmail.com

[예시 7-9]는 설문지 표지를 작성할 때 참고할 만한 예시입니다. 이외에도 비교적 좋은 설문지 표지 예시를 보려면 석사나 박사의 학위논문에 있는 설문지보다는 공공기관에서 조사한 설문지를 참고하는 것이 좋습니다.

2 설문지 작성 방법

연구에서 활용하고자 하는 주요 변수는 원척도를 가져와서 사용할 것이기 때문에 큰 문제는 없습니다. 다만 인구사회학적 특성과 관련한 문항의 경우 몇 가지 고려할 사항이 있습니다. 어떻게 작성해야 하는지 살펴보겠습니다.

인구사회학적 특성 관련 문항은 연구 대상자가 어떤 집단인지 파악할 수 있게 해주는 문항이라고 생각하면 됩니다. 기본적으로 성별, 연령, 학력, 월소득 등이 있습니다. 인구사회학적 특성에 해당하는 질문을 많이 한다고 좋은 것은 아닙니다. 즉 자신의 연구와 관련이 있는 질문인지 확인해보아야 합니다. 예를 들어 연구 대상자가 여성이라면 굳이 성별을 물어볼 필요는 없겠지요.

인구사회학적 특성에 따른 주요 문항의 응답 차이를 확인하는 것이 본 연구의 목적일 수 있습니다. 예를 들어 '성별에 따른 자아존중감의 차이'를 살펴보는 것이 본 연구의 목적이라면 성별을 묻는 질문이 꼭 있어야 합니다. 주로 비교 연구를 할 때 인구사회학적 특성에 해당하는 집단을 비교합니다.

아울러 인구사회학적 특성 관련 문항을 정리할 때 통제변수와 관련된 문항도 고려해야 합니다. 통제변수와 관련된 문항이 본 연구에 필요한 인구사회학적 특성인지 고민해봐야 하고, 문항을 만들 때도 비율척도로 물을 것인지 서열척도로 물을 것인지 생각해야 합니다. 통제변수는 종속변수에 이미 영향을 미친다고 검증된 변수인데, 주로 인구사회학적 특성에 해당하는 질문이 많습니다. 선행 연구와 이론을 통해 살펴본 통제변수와 설문지의 인구사회학적 특성이 다르면 안 되겠죠?

먼저 인구사회학적 특성 관련 문항을 만들 때 종종 실수하는 부분을 살펴보겠습니다.

문제 7-1

다음 설문지의 문제점은 무엇입니까?

청소년의 자아존중감에 영향을 주는 요인 분석

※ 다음의 해당 사항에 ∨표 또는 적절한 답을 적어 주십시오.

Q1 성별 : 남자(　　) 여자(　　)

Q2 성적 : ① 1~10등　② 11~20등　③ 21~30등　④ 31~40등

Q3 나의 한 달 용돈을 얼마나 되나요?

① 1만 원 이상 ~ 5만 원 미만　② 5만 원 이상 ~ 10만 원 미만
③ 10만 원 이상 ~ 15만 원 미만　④ 15만 원 이상　⑤ 필요할 때마다 받는다

많이 하는 실수가 바로 Q3과 같은 경우인데요. Q3은 용돈에 대한 질문입니다. 보기 ⑤는 '필요할 때마다 받는다'인데 만약 필요할 때마다 받는 돈이 7만 원이었다면 ②에 체크해야 할까요, ⑤에 체크해야 할까요? 뒤에서 '설문 작성 시 주의할 점'에서 다루겠지만 이처럼 보기 내용에 중복 가능성이 있으면 안 됩니다. 인구사회학적 특성 관련 문항을 작성할 때 꼭 주의하기 바랍니다.

문제 7-2

다음 설문지의 문제점은 무엇입니까?

청소년의 자아존중감에 영향을 주는 요인 분석

Q7 부모님의 직업을 아래 보기에서 골라 표시하여 주십시오. 적당한 보기가 없을 경우 기타 난에 직접 적어 주십시오.

직업	아버지	어머니
1. 무직, 가정주부		
2. 환경미화원, 파출부, 경비, 노동자, 행상, 가내부업		
3. 생산감독, 서비스직(상점, 음식점, 미장원, 이발소 등) 종사자		
4. 자영업(9인 이하의 업체나 상점주, 개인택시 운전사 등), 일반 판매 종사자		
5. 일반 사무직 종사자(경리 등), 보안업무 종사자(경찰, 소방관)		
6. 회사원, 은행원, 공무원(과장, 계장, 대리), 49인 이하 회사의 관리직, 교사		
7. 전문직(의사, 전문 엔지니어, 교수, 회계사, 판검사, 변호사, 예술가, 언론 방송인 등)		
8. 기업주, 정부 고위관리 공무원, 50인 이상의 기업체 간부, 사회단체 간부		
9. 기타(구체적으로 적어 주세요.)		

이 설문지의 논문 제목은 '청소년의 자아존중감에 영향을 주는 요인 분석'입니다. 부모의 직업을 묻는 이 설문 문항은 어떤가요? 논문 제목을 살펴보면 부모의 직업도 자아존중감에 영향을 주는 요인으로 살펴볼 수 있겠지만, 실제로 이 연구에서는 부모의 직업을 주요 변수로 활용하지도 않았습니다. 설사 사용했다고 하더라도 이렇게까지 상세하게 구분해서 물어볼 필요가 있을까요? 이 연구가 부모의 직업과 관련된 연구가 아님에도 불구하고 이렇게까지 구체화하는 것은 큰 의미가 없을 뿐더러 응답률을 떨어뜨릴 수 있는 요인이 됩니다.

이제 인구사회학적 특성 문항을 올바르게 작성한 설문지를 보겠습니다.

예시 7-10 **인구사회학적 특성 문항**

Ⅶ. 다음은 여러분 자신에 관련한 항목입니다. 잘 읽고 정확한 내용을 기입해 주시기 바랍니다.

성별	① 남	② 여	**나이**	(　　)세
학교	① 중학교	② 고등학교		
학년	① 1학년	② 2학년	③ 3학년	
가족 구성 (함께 살고 있는 모든 가족 구성원을 체크해 주세요.)	① 아버지 ⑤ 형/오빠 (　　)명 ⑧ 여동생 (　　)명	② 어머니 ⑥ 누나/언니 (　　)명 ⑨ 기타 (　　)	③ 할아버지 ⑦ 남동생 (　　)명	④ 할머니
학업 성적	① 상위권 ② 중상위권 ③ 중위권 ④ 중하위권 ⑤ 하위권			
경제 수준	① 매우 부유한 편 ② 비교적 부유한 편 ③ 보통 ④ 비교적 어려운 편 ⑤ 매우 어려운 편			

[예시 7-10]은 '청소년의 학업스트레스와 사이버폭력에 관한 연구'에서 제시한 인구사회학적 특성 관련 문항입니다. 이 연구에서는 성별과 나이, 학교, 학년, 가족 구성, 학업 성적, 경제 수준을 통제변수로 설정하였기에 이렇게 질문지를 구성한 것으로 판단할 수 있습니다. 또한 다른 설문지와 다르게 각각의 문항에 대해서 문장 형태로 질문한 것이 아니라 바로 체크할 수 있게 표로 제시했다는 점이 독특합니다. 이런 식으로 인구사회학적 특성 관련 문항을 제시할 수 있다는 것을 참고하면 좋겠습니다.

3 설문 작성 시 주의할 점

설문 작성 시 주의할 점은 각종 인터넷 사이트와 관련 도서에 이미 잘 정리되어 있습니다. 하지만 많은 정보에 둘러싸여 있다보니 정작 중요한 것이 무엇인지 제대로 파악하기가 힘듭니다. 저희 경험에 근거하여 간략하게 설문 작성 시 주의할 점을 정리해보았습니다.

아래에 제시할 주의할 점의 핵심 포인트는 '반드시 응답자를 위한 설문지를 만들어야 한다'는 것입니다. 설문지를 만들다보면 연구자 입장에서만 생각하기 십상인데, 중요한 것은 응답자입니다. 응답자가 자신의 생각과 행동에 관한 답변을 성실하게 잘 할 수 있도록 설문 문항을 만들어야 합니다.

응답하는 사람이 이해하기 쉽게 작성한다

설문지를 작성할 때 간혹 연구자가 자신이 얼마나 알고 있는지 뽐내기 위해서, 혹은 자주 사용하다보니 익숙해서 전문용어를 사용하는 경우가 있습니다. 이런 설문지는 응답하는 사람으로 하여금 이해하기 어렵게 만들어 제대로 된 응답을 하지 못할 수도 있습니다. 만약 전문용어를 사용해야 한다면 전문용어에 대한 설명을 따로 제시해야 합니다.

설문지에서 사용하는 질문은 간결하고 명확해야 한다

설문지에 '지난번 2015년부터 2017년 사이에 본 영화는 어떻게 잘 보셨습니까?'라는 질문이 있다고 가정해봅시다. 응답자는 지난번이 정확하게 언제를 말하는지 파악할 수 없고, '어떻게 잘 보셨습니까?'라는 질문도 상당히 애매모호합니다. 이 질문을 '가장 마지막에 본 영화의 만족도는 어떻습니까?'로 바꾼다면? 어떤 영화를 말하는지도 명확하게 파악할 수 있고 질문 자체도 간결해져 응답하는 사람이 쉽게 이해할 수 있습니다.

질문 배열은 평이한 질문에서 구체적이고 민감한 질문으로 넘어간다

첫 번째 설문 문항부터 성폭력 피해나 소득과 같이 민감한 질문을 하면 응답을 포기할 수 있습니다. 보통 이런 질문은 뒤쪽으로 넘기는 것이 좋습니다.

하나의 질문에 2개의 답변을 요구해서는 안 된다

'귀하는 페이스북을 하는 것에 대해서 유익하다고 느끼거나 만족하십니까?'라고 질문했다면 페이스북의 유익성과 만족도를 한꺼번에 물어본 것입니다. 따라서 각각 질문해야 합니다. 유익하다고는 느끼지만 만족하지 않을 수도 있고, 유익하다고 느끼지 않지만 만족할 수도 있기 때문입니다.

사회적으로 바람직한 답변 등 특정 답변을 유도해서는 안 된다

페이스북을 하지 않는 대학생이 '귀하는 요즘 대학생들이 자주 하는 페이스북을 하고 있습니까?'라는 질문을 보았을 때 잘못된 응답을 할 수 있습니다. 다른 대학생들은 페이스북을 하지만 자기는 하지 않으므로 그 사실을 감추고자 페이스북을 하고 있다고 거짓 응답할 수 있습니다. 이처럼 어떤 의도를 담아 유도하는 질문이 아닌 객관적이고 중립적인 질문을 만들어야 합니다.

질문에 대한 보기는 4~6개 정도로 진행한다

보기가 많이 필요한 질문도 있겠지만 보통 4~6개 정도면 충분합니다. 만약 보기가 4개보다 적으면 얻을 수 있는 정보가 구체적이지 못할 가능성이 있습니다. 또 6개 이상이면 필요 이상으로 세분화되었다고 응답자가 판단할 수 있습니다.

Q1. 용돈을 주로 누구에게서 받습니까?
① 아버지 ② 어머니 ③ 할아버지 ④ 할머니 ⑤ 친척 ⑥ 형제자매 ⑦ 아르바이트 ⑧ 친구
⑨ 학교 선생님 ⑩ 학원 선생님 ⑪ 보호 시설 ⑫ 양육 시설 ⑬ 없다 ⑭ 기타

보기가 총 14개입니다. 어떤가요? 쓸데없이 많지 않나요? 물론 연구 목적에 따라 모든 보기가 필요할 수도 있지만 단순히 현황을 파악하는 것이라면 보기 자체가 많다고 여길 수 있습니다. 이런 경우에는 '① 부모 ② 친척 ③ 형제자매 ④ 기타' 정도로 수정할 수 있습니다.

질문에 대한 보기는 상호배타성을 지녀야 한다

Q1. 가장 친한 사람은 누구입니까?
① 학교 선생님 ② 교장 선생님 ③ 담임 선생님 ④ 학원 선생님

보기가 상호배타성을 지녀야 한다는 것은 중복되는 부분이 없어야 한다는 것입니다. 만약 위와 같은 질문에서 담임 선생님과 가장 친한 경우 ③을 찍을 수도 있지만 담임 선생님은 학교 선생님이기에 ①을 찍을 수 있습니다. 이런 경우에는 '① 교장 선생님 ② 학교 담임 선생님 ③ 학원 선생님'과 같은 식으로 작성해야 합니다.

설문 시간이 15분이 넘지 않게 설문지를 만든다

연구를 위한 설문지를 만들 때 연구자 입장에서 알고 싶은 내용이 많아 이것저것 넣는 경우가 많습니다. 그 설문에 대답하는 데 만약 30분 이상 걸린다면 응답자는 모두 보기 3번으로 찍는 등 대충 응답할 가능성이 높아지겠죠. 15분을 넘는 설문지에 대해서 응답하는 경우에는 제대로 응답하지 않는 경우가 많았습니다. 최대한 설문지의 양을 줄이는 것이 좋습니다.

SECTION

08

논문 작성 방법

bit.ly/onepass-skill11

PREVIEW

- 실제 논문 예시를 통해 논문이 어떻게 구성되어 있는지 구체적으로 살펴본다.
- 논문 구성 시 주의해야 할 사항과 구체적인 작성 방법을 설명한다.

01 _ 논문 구성 및 논문 작성 방법

PREVIEW

논문 구성

- 서론 : 연구의 필요성 및 연구 문제 제시
- 이론적 배경 : 변수의 개념 및 현황, 관련 선행 연구와 이론 제시
- 연구 방법 : 연구 대상, 연구 자료, 조사 방법, 분석 방법 등 제시
- 연구 결과 : 빈도분석, 기술통계분석, 회귀분석 등 각종 분석 결과 제시
- 결론 : 연구 결과 요약 및 논의, 연구의 한계점 및 후속 연구를 위한 제언 제시

논문 작성 방법

- 서론 : 연구의 필요성을 제시하는 파트로 연구 필요성과 관련 없는 단어, 문장, 문단은 작성 X
- 이론적 배경 : 대상자(개념, 특성), 독립변수(개념, 현황, 이론, 선행 연구), 종속변수(개념, 현황, 이론, 선행 연구), 매개변수(개념, 현황, 이론, 선행 연구) 순으로 작성
- 연구 방법 : 주로 연구 모형과 연구 자료 및 대상, 측정 도구, 자료 분석 방법 순으로 작성
- 연구 결과 : 자료 분석 방법에 제시한 분석 순서대로 작성하되 최종 연구 모형은 마지막에 작성
- 결론 : 연구 목적, 주요 연구 결과 요약(선행 연구 결과와 비교), 연구 함의 및 제언(단순히 양적인 부분을 증가시키자 식의 제언 X), 연구의 한계 및 후속 연구를 위한 제언 순으로 작성

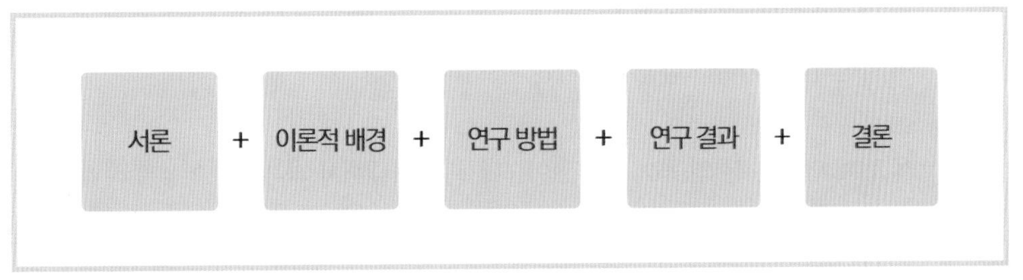

그림 7-1 | 논문 구성

양적 연구의 경우 논문 구성은 서론, 이론적 배경, 연구 방법, 연구 결과, 결론으로 이루어져 있습니다. 물론 전공, 학교, 학회지에 따라 조금씩 차이가 있기는 합니다. 보통 사회과학 분야의 논문에는 서론, 이론적 배경, 연구 방법, 연구 결과, 결론이 모두 있지만, 의학이나 몇몇 전공 분야 논문에서는 서론, 연구 방법, 연구 결과, 결론 등으로 구성되기도 합니다. 이론적 배경이 생략되었다기보다는 서론과 이론적 배경을 함께 작성하는 구조입니다.

각 구성 요소가 어떤 내용을 담고 있는지 확인해보겠습니다.

1 서론

서론에서는 연구의 필요성을 제시하는 것이 가장 중요합니다. 즉 서론을 작성할 때 단어, 문장, 문단 모두 연구의 필요성과 관련이 있는지 생각하면서 써야 합니다. 만약 불필요하다면 과감하게 삭제하기 바랍니다.

서론에 대한 틀은 정해져 있지 않습니다. 연구자마다 자기 나름대로 작성하는 틀이 있기 때문에 어떤 논문을 보든 차이가 있기 마련입니다. 그럼에도 불구하고 서론을 작성할 때 다음과 같은 틀을 생각한다면 도움이 될 것입니다.

첫 단락에서는 주제와 관련된 사회적 이슈, 문제가 되고 있는 통계 수치나 권위 있는 사람들의 명언 등으로 시작하면서 연구 주제에 대한 정보를 전달하고, 왜 그것이 이슈가 되었는지를 기술합니다.

두 번째 단락에서는 기존 연구자들이 자신의 연구와 관련하여 어떤 연구를 했고 또 어떤 연구 결과를 내렸는지에 대해서 작성합니다. 서론에 선행 연구에 관한 내용을 많이 작성하면 좋을 거라고 판단하는 분들이 있는데, 서론은 선행 연구가 많다는 것을 제시하는 파트가 아닙니다. 이와 같은 의문은 서론에서 작성하는 선행 연구와 이론적 배경에서 작성하는 선행 연구의 차이점이 무엇인지 궁금해 하는 것과 일맥상통합니다. 서론에서 작성하는 선행 연구는 기존에 어떤 연구가 있었는지 단순히 나열하는 것이 아니라 선행 연구가 미흡하거나 한쪽으로 치우쳐있어 자신의 연구가 필요함을 제시하는 파트입니다.

세 번째 단락은 본 연구와 관련된 이슈나 문제에 대해서 과거에는 어떻게 해결해 왔는지를 제시합니다. 특히 그 문제에 대한 정부 정책 현황, 기업 전략 등을 제시하면 좋습니다. 과거에는 그 문제를 해결하기 위한 정부 정책이 미흡했다거나 그 외 각종 기제들이 그 문제를 해결하는

데 어려움이 있음을 제시하는 것이죠. 즉 문제 해결이 미흡하기 때문에 자신의 연구가 필요함을 피력할 수 있는 것입니다.

네 번째 단락에서는 이 연구를 통해 얻을 수 있는 효과가 무엇이고 전공 학문에 어떠한 기여를 할 수 있는지를 작성합니다. 예를 들어 주요 변수 관련 이론을 구체화한다거나 정책적인 방안을 모색하는 데 기초 자료를 제공해주는 식으로 많이 작성되어 있습니다.

여기서 제시하는 서론 틀을 모든 연구에 적용하기에는 어려움이 있습니다. 예를 들어 자신의 연구에서 정책 현황이 필요 없다면 그 부분은 신경 쓰지 않아도 됩니다. 또한 서론의 흐름이 제시한 틀과 달라도 상관은 없습니다. 다만 위와 같은 내용으로 작성하면 어느 전공 논문이든 무난하게 서론을 작성할 수 있음을 알려드립니다.

그러면 구체적인 예시 논문을 통해 서론 작성 방법을 파악해보겠습니다. 예시 논문[2]의 제목은 "청소년이 인식한 부모의 학대가 사이버비행에 미치는 영향 : 공격성의 매개효과를 중심으로" 입니다.

예시 8-1

서론 : 1문단~4문단

본 연구는 청소년이 인식한 부모의 학대가 청소년의 사이버비행에 미치는 영향을 분석하고, 공격성이 매개적 역할을 하는지 검증하는 데 목적이 있다.

인터넷과 스마트폰의 보급으로 사이버 세계는 특정한 사람들의 비현실적 세계가 아니라 보편적 사람들의 삶의 일부가 되었다. 한국인터넷진흥원이 발간한 2011년 인터넷 이용 실태조사에 따르면, 대한민국 국민의 인터넷 이용률은 2011년도에 이미 78.0%를 넘어섰고, 10대의 경우는 99.9%로 거의 모든 청소년이 인터넷을 이용한다고 집계 되었다(한국인터넷진흥원, 2011). 스마트폰이 급속도로 보급되어 장소의 제약 없이 인터넷을 이용할 수 있는 현재는 인터넷 이용률과 이용 시간이 이보다 훨씬 더 많아졌을 것이라 예상할 수 있다.

사이버상의 삶의 비중이 증가하면서 사이버 폭력을 비롯한 사이버비행의 문제가 심각한 사회문제로 대두되고 있다. 사이버비행이란 사이버 공간에서 행해지는 문제행동을 뜻하는데 사이버범죄(해킹, 바이러스 유포 등)를 비롯하여 사회 일반적으로 비행이라 인정되는 정도에 해당하는 사이버

2 본 논문은 '정규형, 이상훈(2015). 청소년이 인식한 부모의 학대가 사이버비행에 미치는 영향 : 공격성의 매개효과를 중심으로. 청소년복지연구, 17(4), 171-190.'에 게재된 내용을 기초로 하였음. [예시 8-1]~[예시 8-7]이 이에 해당함.

스토킹, 폭언, 음란물 검색 중독 및 음란폭력 채팅행위, 사이버도박, 인터넷게임 중독행위 등을 포함하는 개념이다(한종욱, 2001).

사이버비행 문제는 청소년에게 더욱 심각하게 나타난다. 방송통신위원회와 인터넷진흥원이 발간한 '2013년 사이버폭력 실태조사'에 따르면, 타인에게 사이버폭력을 가한 경험이 있는가라는 질문에 초·중·고등학생의 29.2%가 '있다'라고 응답하여 성인(14.4%)에 비해 가해 경험이 2배 이상인 것으로 집계되었다. 사이버 폭력 피해는 초·중·고등학생의 30.3%가 경험하였는데 이들 중 가해자에 대한 복수심이나 심한 불안감을 느끼는 등의 부정적 심리 변화를 겪었다고 응답한 응답자의 비율은 초등학생 70.3%, 중학생 66.0%, 고등학생 56.2%로 사이버 폭력의 폐해가 심각한 것으로 나타났다(한국인터넷진흥원, 2013).

이 논문의 경우 서론 첫 번째 문단에서 연구 목적을 작성했습니다. 이런 형식은 주로 유럽이나 미국 쪽에서 사용하고 있는 방식입니다. 한국에서는 대개 연구 목적을 첫 번째 문단부터 시작하지는 않습니다.

두 번째 문단부터 네 번째 문단까지 통계 자료를 통해 사회적 이슈를 드러내고 있습니다. 그 흐름을 살펴보면, 인터넷과 스마트폰 보급이 늘어나면서(2문단), 사이버비행 문제도 심각해지고 있는데(3문단), 특히 청소년의 사이버비행 문제가 심각하다(4문단)는 내용입니다. 즉 두 번째 문단에서 네 번째 문단으로 갈수록 대상자를 좁히면서 종속변수(사이버비행)에 초점을 맞출 수 있도록 각종 통계 현황을 제시하는 식으로 작성되었습니다.

예시 8-2

서론 : 5문단~6문단

본 연구는 사이버비행에 영향을 미치는 주요 요인으로 부모의 학대에 주목하고자 한다. Agnew의 일반긴장이론에 따르면, 청소년은 여러 긴장요인(폭력 피해, 부모의 방임·학대, 교우관계 등)으로 인해 화, 우울감 등 부정적 감정을 경험하게 되며, 부정적 감정을 해소하기 위해 비행을 저지른다(황성현·이강훈, 2013; Agnew, 1992). 부모의 신체적, 정신적 학대는 청소년에게 심각한 부정적 영향을 미치는 위험요인으로, 이것은 청소년의 비행과 이상행동에 큰 영향을 줄 수 있다(이명진·조주연·최문경, 2007). 따라서 청소년의 사이버비행에 미치는 부모의 학대의 영향을 명확하게 이해하기 위한 노력이 필요하다.

청소년이 인식한 부모의 학대와 사이버비행 간의 관계를 보다 심층적으로 이해하기 위해 이들 관계를 매개하는 요인으로 공격성의 영향을 파악하고자 한다. 공격성에 특별히 주목하는 이유는 공격성은 비행을 저지르는 청소년에게 나타나는 주된 정서적 특성이기 때문이다(곽상은·김춘경, 2013; Kastner, 1998). 공격성의 발달을 설명해주는 사회학습이론에서는 범죄나 비행, 폭력적 행위를 과거의 피해경험이나 목격 등에 의해 영향을 받은 결과라고 보고 있다(Renner, 2005). Bandura(1977)는 부모의 폭력을 경험한 아동이 부모에게 공격성과 폭력을 학습하여 또 다른 폭력 행위로 이어지는 것이라고 주장하였다. 따라서 청소년의 공격성은 부모로부터 학습될 수 있다. 청소년의 공격성에 대한 선행 연구에서도 부모의 학대가 청소년의 공격성에 영향을 미친다고 밝혔다(이형진·황동진, 2015). 또한 청소년의 공격성이 높을수록 비행행동의 경험이 높아지는 것으로 조사되었다(장신재, 2014). 이와 같이 부모의 학대와 사이버비행 간의 관계에서 공격성의 매개효과를 검증하는 것은 부모의 학대로부터 사이버비행으로 연결되는 경로를 차단하는 실천적 개입요소를 찾는 의미가 있다.

다섯 번째 문단에서는 앞서 설명한 독립변수(부모의 학대)와 종속변수(사이버비행)를 연결하기 위해 기존 이론과 선행 연구를 제시하였습니다.

여섯 번째 문단에서는 독립변수와 종속변수, 매개변수(공격성)를 설명하기 위해 이론과 선행 연구를 제시하였습니다.

예시 8-3

서론 : 7문단~8문단

최근 학계에서 청소년의 사이버비행에 대해 다방면적으로 연구되고 있으나 기존 연구는 폭력피해 혹은 개인적, 환경적 요인과 사이버비행 간의 관계를 중심으로 한 연구가 주를 이루고 있다(김경은, 2013; 이석영·이택호·한윤선, 2015; 전동일·위수경·최종복·오봉욱, 2008). 청소년은 대부분 부모에게 귀속되어 있고, 부모에게 영향을 가장 많이 받는다고 할 수 있기 때문에 부모의 학대는 청소년의 비행에 큰 영향을 줄 수 있다(임선아, 2015). 그럼에도 불구하고 부모의 양육태도와 사이버비행 간의 관계에 대한 연구는 미흡한 실정이다. 이에 본 연구는 청소년이 인식한 부모의 학대가 사이버비행에 미치는 영향에 주목하고자 한다.

기존 사이버비행에 대한 연구는 대부분 횡단적 차원에서만 이루어져 시간의 변화에 따라 각 변수들의 추이를 알기는 어려웠다. 따라서 본 연구는 종단적으로 분석하기 위하여 다변량 잠재성장모형을 적용하여 연구를 진행하고자 한다. 이는 시간의 변화에 따라 부모의 학대, 공격성, 사이버비행의 관계를 추정할 수 있을 것이라 기대한다. 이를 통해 갈수록 심각해지는 청소년의 사이버비행 문제에 대한 사회복지적 실천 방안 및 정책적 방안 모색에 필요한 기초 자료를 제공하는 데 기여하고자 한다.

일곱 번째 문단에서 "부모의 양육태도와 사이버비행 간의 관계에 대한 연구는 미흡한 실정이다."라고 밝히면서 기존 연구에 대한 부족함을 제시하고 있습니다.

여덟 번째 문단에서는 기존 연구와 본 연구의 차이점과 이 연구를 통해 얻을 수 있는 효과(사회복지적 실천 방안 및 정책적 방안 모색에 필요한 기초 자료를 제공)에 대해서 작성했습니다.

2 이론적 배경

대부분 이론적 배경은 본 연구와 관련된 이론이나 선행 연구를 작성하는 것으로 알고 있습니다. 맞습니다. 하지만 그보다 현황이 더 중요합니다. 왜냐하면 이론적 배경에서 제시하는 현황을 통해 결론을 작성할 수 있기 때문입니다. 즉 결론 부분에서 현황의 문제점을 연구 결과를 통해 지적하고 그 해결 방안을 작성하게 됩니다.

예를 들어 노인 우울과 관련된 연구라면 노인 우울 관련 정책 현황 등을 제시해주고 연구 결과를 통해 어떻게 노인 우울을 해결할지에 대해서 현황을 점검하면서 제시할 수 있습니다. 연구 결과, 노인들이 우울 프로그램에 단순히 많이 참여하는 것보다 질 높은 프로그램에 참여할 때 더 효과적이었다면 노인들이 우울 프로그램에 참여하는 빈도를 줄이고 질 좋은 프로그램에 참여해야 한다고 작성할 것입니다. 이렇게 작성하려면 기존 우울 프로그램이 어떻게 진행되고 있는지 이론적 배경에서 작성해줘야 비판할 수 있습니다.

대상자(대상자 개념→대상자 특성)

이론적 배경을 작성할 때, 대상자에 대한 개념과 특성을 가정 먼저 작성하는 것이 좋습니다. 앞의 예시에서 다룬 〈청소년이 인식한 부모의 학대가 사이버비행에 미치는 영향 : 공격성의 매개효과를 중심으로〉 논문의 경우 청소년에 대한 개념과 특성을 제시해주면 좋습니다.

개념의 경우 단순히 기존 학자들이 진술한 여러 개념을 나열하라는 것이 아닙니다. 학자들이 말한 개념들을 통해 자신의 연구에서는 어떻게 개념을 잡았는지 제시하는 것이 더 중요합니다. 이것은 대상자에 대한 개념뿐 아니라 주요 변수의 개념에 대해서 설명할 때도 마찬가지입니다.

대상자의 특성에 대해서 작성할 때도 단순히 책이나 선행 연구에 작성되어 있는 내용을 나열하는 것이 아니라 주요 변수와 어떤 관계가 있는지 생각하면서 작성해야 합니다. 만약 그 관계성을 찾지 못하거나 찾을 수 없다면 특성 자체를 작성하지 않는 것이 좋습니다. 학술논문의 경우, 대상자의 개념과 특성은 페이지 제한으로 인해 생략되기도 합니다.

독립변수(독립변수 개념→현황→이론, 선행 연구(독립변수 관련 이론 및 선행 연구))

독립변수와 종속변수 중 어느 것을 먼저 작성해야 하는지 고민하는 분들이 있습니다. 특이한 상황을 제외하면 보통 독립변수를 먼저 작성하는 것이 좋습니다. 그 이유는 독립변수와 종속변수의 관계를 설명해줄 수 있는 이론과 선행 연구 때문인데요. 만약 종속변수를 독립변수보다 먼저 작성한다면 종속변수 파트에서 종속변수와 독립변수의 관계를 설명하는 이론 및 선행 연구를 작성하게 됩니다. 따라서 독립변수의 개념이나 현황보다 먼저 작성하게 되어 순서가 꼬입니다. 그러므로 독립변수를 먼저 작성해야 그다음을 쉽게 작성할 수 있습니다.

새로운 변수가 나오면 항상 개념에 대해 먼저 설명해줌으로써 자신의 연구에서 어떠한 개념을 활용할 것인지 밝혀야 합니다. 그다음에 독립변수의 현황을 작성하는데, 보통 다른 선행 연구들을 보면서 거기에 제시된 현황을 단순히 가져오는 경우가 많습니다. 하지만 제시된 현황은 참고만 하고 스스로 양질의 자료를 찾길 바랍니다. 예를 들어 통계청 사이트를 이용할 수 있습니다. 또는 관련 부처, 관련 공기업, 관련 연구소 등 관련된 모든 기관에 직접 전화를 걸거나 이메일을 보내서 자료를 받을 수 있습니다.

인터넷에서만 자료를 찾는 것은 좋은 논문 쓰기를 포기하는 것과 같습니다. 예를 들어 청소년의 사이버비행에 대한 자료가 필요하다면 교육부, 한국인터넷진흥원 등에 접촉하여 인터넷에 제시된 자료 외에 얻을 수 있는 내용이 있는지 확인해야 합니다.

독립변수 관련 이론 및 선행 연구에서는 독립변수와 종속변수의 관계를 설명해줄 수 있는 선행 연구를 작성하는 것이 아니라 오로지 독립변수에 해당하는 이론과 선행 연구를 작성하는 것입니다. 이 부분이 필요한 이유는 독립변수와 관련된 선행 연구로 어떤 것들이 이루어졌는지 정리하고, 정리한 내용에 근거하여 선행 연구의 미흡함을 제시하기 위함입니다. 독립변수 관련 이론 및 선행 연구는 학술논문의 경우 페이지 제한으로 인해 생략할 수도 있습니다.

종속변수(종속변수 개념→현황→이론, 선행 연구(통제변수와 종속변수, 독립변수와 종속변수의 관계를 살펴본 이론 및 선행 연구))

독립변수와 마찬가지로 개념과 현황, 종속변수 관련 이론 및 선행 연구를 작성하면 됩니다. 다만 종속변수 관련 이론 및 선행 연구에서는 통제변수와 종속변수의 관계에 대해서 살펴본 연구와 독립변수와 종속변수의 관계에 대해서 살펴본 연구나 이론을 제시해야 합니다. 만약 이 두 변수 간의 관계에 대해 설명할 수 있는 연구나 이론이 제시되어 있지 않으면 논문 심사자는 충분히 이론적으로 백업하지 못한 것으로 판단하여 이를 지적할 수 있습니다. 두 변수의 관계에 대해 설명하는 연구가 적다면 각각의 연구를 하나씩 설명하면서 작성하는 것이 좋고, 연구가 많다면 공통적인 연구들을 묶어서 설명해주는 것이 깔끔합니다.

종속변수 관련 이론 및 선행 연구를 작성할 때 주의해야 할 점이 있습니다. 선행 연구를 100개 제시하는 것보다 이론 1개를 제시하는 것이 더 강력하게 이론적으로 백업하는 것입니다. 본래 연구가 모여 이론이 되는 것이기에 이론 하나를 제시하는 것만으로도 충분히 백업할 수 있습니다. 따라서 선행 연구보다는 되도록 이론을 제시하는 데 힘쓰기 바랍니다.

매개변수(매개변수 개념→현황→이론, 선행 연구(독립변수와 매개변수, 매개변수와 종속변수의 관계를 살펴본 이론 및 선행 연구))

매개변수도 마찬가지로 개념과 현황, 매개변수 관련 이론 및 선행 연구를 작성하면 됩니다. 매개변수 관련 이론 및 선행 연구에서는 독립변수와 매개변수의 관계, 매개변수와 종속변수의 관계에 대해서 살펴본 선행 연구와 이론을 작성해야 합니다.

다만 매개변수의 경우 선행 연구를 통해서 백업하는 것보다는 이론을 통해서 백업해주는 것이 더 확실합니다. 매개변수는 이론을 구체화하는 것이기 때문에 기존 이론을 통해서 독립변수–매개변수–종속변수의 관계를 한꺼번에 설명해주는 것이 확실합니다. 물론 그런 이론을 찾기는 어려울 수 있습니다. 바꾸어 말해, 그런 이론이 없다면 함부로 매개변수로 설정할 수 없다는 것을 의미합니다.

이론적 배경을 작성하는 방법에 대해 구체적인 예시 논문을 통해 파악해보겠습니다. 앞서 서론 작성 방법에서 제시한 예시 논문인 〈청소년이 인식한 부모의 학대가 사이버비행에 미치는 영향 : 공격성의 매개효과를 중심으로〉입니다.

예시 8-4

이론적 배경 (1)

1. 부모의 학대

아동복지법 제3조 제7호를 보면, 아동학대란 보호자를 포함한 성인이 아동의 건강 또는 복지를 해치거나 정상적 발달을 저해할 수 있는 신체적·정신적·성적 폭력이나 가혹행위를 하는 것과 아동의 보호자가 아동을 유기하거나 방임하는 것이라고 정의하고 있다. 즉, 아동학대는 신체적, 정신적, 성적 학대와 보호자의 방임을 포함하는 개념이라고 할 수 있다.

보건복지부와 중앙아동보호전문기관에서 발간한 '2014 전국 아동학대 현황보고서'에 의하면, 아동보호전문기관에 아동학대로 신고된 접수가 2001년(4,133건)부터 2014년도(17,782건)까지 꾸준히 증가하였다. 특히 2014년도에는 전년 대비 36.0%로 대폭 상승하여 아동학대의 문제가 최근에 더 심각해지고 있음을 알 수 있다. 중복학대를 별도로 구별하지 않고 아동학대 사례 유형의 분포를 살펴보면, 정서학대가 가장 많았고(40.0%), 신체학대(36.9%)와 방임(20.3%), 성학대(2.9%) 순으로 학대가 이루어졌다(중앙아동보호전문기관, 2015). 성학대를 제외한 모든 유형의 학대에서 부모에 의해 발생한 사례가 80.0% 이상으로 가장 많고, 아동학대가 발생한 장소도 거의 대부분 가정(85.9%) 내에서 이루어지는 것을 보았을 때(중앙아동보호전문기관, 2015), 아동·청소년이 경험하는 학대는 대부분 부모와 관계있음을 알 수 있다.

이 논문에서 이론적 배경에 가장 먼저 나온 것은 독립변수인 부모의 학대입니다. 즉 청소년이라는 대상자의 개념과 특성을 생략했는데요. 학술지의 경우 페이지 제한 때문에 종종 생략하기도 합니다.

먼저 부모의 학대에 대한 개념을 설명하고 있고, '2014 전국 아동학대 현황보고서'를 통해 현황을 제시하고 있습니다.

예시 8-5

이론적 배경 (2)

2. 사이버비행

사이버비행에 대한 연구는 인터넷이 급속도로 보급되기 시작한 2000년대 이후부터 진행되기는 했으나, 아직 학계에서 합의된 일반적 정의는 없다. 사이버비행은 '사이버'와 '비행'의 합성어로 전자통신의 발달로 인해 비교적 최근에 등장한 개념이다. 사회복지학사전에서 말하는 '비행'이란 아직 성인이 되지 않는 청소년이(주로 18세 이하) 행하는 범죄 내지 범죄적 행위를 지칭한다면(이철수, 2013), '사이버비행'은 사이버라는 특정 공간에서 행해지는 청소년의 범죄 내지 범죄적 행위라고 정의할 수 있다. … (중략) …

사이버비행은 다른 연령층보다 청소년에게 더욱 심각한 문제로 나타나고 있다. '2013년 사이버폭력 실태조사'에 따르면, … (중략) … 사이버 폭력의 폐해가 심각한 것으로 나타났다(한국인터넷진흥원, 2013).

학교 폭력 내의 사이버 폭력의 비율도 증가하고 있는 실정이다. '2014년 전국학교폭력 실태조사'에 따르면, … (중략) … 사이버 폭력 피해에 대한 대처자원 부족 및 자원 홍보 미흡의 문제점을 드러냈다(한국인터넷진흥원, 2013).

정부는 청소년의 사이버 폭력 문제를 해결하고자 학교를 통해 올바른 인터넷 이용에 관한 교육을 실시하고 있다. 인터넷 이용에 관한 교육을 받은 경험이 있는 청소년은 많으나(초등학생은 79.4%, 중학생 82.2%, 고등학생 70.0%), 교육을 받은 횟수는 주로 1~2회에 그쳐(한국인터넷진흥원, 2013), 체계적이고 지속적이기보다는 이벤트 식으로 이루어지고 있음을 알 수 있다. 이에 교사의 69.6%는 사이버폭력 예방 및 대처 교육에 대해 '현재보다 더욱 강한 교육이 필요하다'고 응답하여 사이버 폭력 관련 교육의 중요성을 살펴볼 수 있다(한국인터넷진흥원, 2013). —

독립변수에 대한 개념과 현황이 작성된 후에 종속변수에 대한 내용이 작성되었네요. 첫 번째 문단에서는 종속변수인 사이버비행의 개념에 대해 설명하고, 두 번째 문단에서 네 번째 문단까지는 각종 실태조사를 통해 사이버비행의 현황을 드러내고 있습니다.

아무도 가르쳐주지 않는 Tip

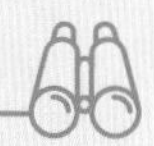

[예시 8-5]의 네 번째 문단에 "(인터넷 이용에 관한) 교육을 받은 횟수는 주로 1~2회에 그쳐, 체계적이고 지속적이기보다는 이벤트 식으로 이루어지고 있음을 알 수 있다."라는 문장이 있습니다. 현황이 이렇다면 결론에서는 어떻게 작성하게 될까요? '인터넷 이용에 관한 교육을 체계적으로 재정리하고, 지속적으로 이루어질 수 있도록 예산 투여 등이 필요하다'는 식으로 생각했나요? 그런데 이 논문의 결론에는 그러한 내용이 전혀 없었습니다. 그 이유는 무엇일까요?

연구 주제가 인터넷 이용에 관한 교육이 아니기 때문입니다. 만약 결론에서 인터넷 이용에 관한 교육에 대해 작성하고 싶었다면 인터넷 이용 횟수를 독립변수로 설정했어야 합니다. 하지만 본 연구 모형에서 담아내지 못했기에 관련 연구 결과도 도출하지 못했습니다. 따라서 결론에서도 인터넷 교육이 지속적으로 이루어져야 한다고 제시할 수 없었던 것입니다. 즉 결론에 제시한 내용은 연구 결과에 근거해서만 작성할 수 있다는 사실을 기억해두세요.

예시 8-6

이론적 배경 (3)

사이버비행의 문제가 심각한 사회문제로 대두됨에 따라 사이버비행에 영향을 주는 요인에 대한 연구가 최근 활발하게 진행되었다. 사이버 피해경험은 사이버 폭력 가해행동에 직접적으로 영향을 미치는 것으로 나타났고(김경은, 2013), 최근 연구에서는 학교폭력 비행 피해가 청소년의 사이버비행 행동에 영향을 준다는 연구 결과가 보고된 바 있다(이석영 외, 2015). 기존의 연구를 종합해보면, 폭력피해 경험은 사이버비행을 하게 만드는 원인이 됨으로써 '피해-가해'의 구조로 살펴볼 수 있다. 이러한 피해-가해는 일반긴장이론으로 설명이 가능한데, 일반긴장이론이란 긴장의 원인(목적 달성 실패, 긍정적 자극의 소멸, 부정적 자극 발생)이 부정적 감정의 상황을 야기하고 이것은 곧 반

사회적 행동으로 나타난다는 것을 의미한다(Agnew, 1992).

Agnew(1992)의 일반긴장이론에 따르면, 부모의 학대는 청소년의 비행행동에 영향을 준다고 판단할 수 있다. 일반긴장이론은 청소년들의 경우 여러 긴장요인으로 화, 우울감, 절망감 등 부정적 감정을 경험하게 되고 그러한 부정적 감정을 해소하기 위해 비행을 하는 것이라고 설명한다(황성현·이강훈 2013; Agnew, 1992). 긴장의 원인 중 하나인 부정적 자극에는 부모의 학대가 포함되어 있다(김준호 외, 2013). 즉 청소년기에 부모의 학대라는 긴장요인은 비행에 중요한 요인이 될 수 있음을 의미한다.

기존 연구를 살펴보면 부모의 학대가 청소년의 비행에 영향을 준다는 연구는 이미 검증된 바 있다(기광도 2011; 김재엽·최권호, 2012; 임선아 2015; 이명진 외 2007; 이미자·조성제 2014; Maas, c., Herrenkohl, T.,&Sousa, C.. 2008; Rohner, R, P., Khaleque, A., & Cournoyer, D. E. 2005). 이를 통해 청소년 비행의 한 종류이자 최근 크게 이슈가 되고 있는 사이버비행을 부모의 학대의 결과로 유추해볼 수 있다.

첫 번째 문단에서는 사이버비행(종속변수)과 부모의 학대(독립변수)의 관계에 대해서 설명하기 위해 '피해-가해'에 대한 내용을 제시했습니다. 두 번째 문단에서는 독립변수와 종속변수를 설명해줄 수 있는 이론에 대해, 세 번째 문단에서는 선행 연구에 대해 작성했습니다.

예시 8-7

이론적 배경 (4)

3. 공격성과 사이버비행 및 부모의 학대와의 관계

공격성이란 일반적으로 타인에게 해를 입히고 화나게 하는 행동이라고 정의할 수 있다(Eron, 1980). 곽금주(1992)는 공격성을 타인에게 상해를 가할 목적을 지닌 신체적·언어적 행동과 위협적인 자기방어 태도뿐만 아니라 그러한 내용을 담은 사고 및 정서라고 정의하면서 공격성의 개념을 확장하였다. 사회학습이론에서는 공격성의 발달을 과거의 범죄·비행·폭력 피해경험이나 목격 등에 의해 영향을 받은 결과라고 보는데(Renner, 2005) 이와 같은 공격성은 청소년으로 하여금 싸움, 분노 폭발, 습격 등의 다양한 형태로 표출되고, 음주, 강도, 도둑질, 강간 등의 심각한 범법행위로 나타나기도 한다(장신재, 2014; Devoe et al., 2003). 사회학습이론을 통해서 부모의 학대와 사이버비행, 그리고 공격성의 관계를 추론해 볼 수 있다.

실제로 Bandura(1977)는 부모의 폭력을 경험한 아동이 부모의 공격성과 폭력을 학습하여 또 다른 폭력 행위로 이어지는 것이라고 주장하였다. 따라서 학대와 같은 부모의 부정적 양육태도는 공격성 발달에 큰 영향을 주고 이러한 공격성은 청소년의 비행으로 발전할 수 있다.

기존연구에서 부모의 학대 경험이 많을수록 청소년의 공격성이 높은 수준으로 나타났으며(안지연·손영은·남석인 2014; 이형진·황동진 2015), 신체학대와 방임은 한 가지 피해만으로도 공격성에 영향을 미치는 것으로 조사되었다(김재엽·최권호 2012). 이는 학대가 공격성에 유의미한 영향을 줄 수 있다는 것을 의미하는 결과이다. 또한 청소년의 공격성은 청소년 비행으로 나타날 수 있다(곽상은·김춘경 2013; 장신재 2014; 진혜민·박병선·배성우 2011). 특히 장신재(2014)는 공격성이 높을수록 비행행동의 경험이 높아지는데 공격성은 지위비행과 중비행 모두 정적인 영향을 미친다고 하였다.

'3. 공격성과 사이버비행 및 부모의 학대와의 관계'에서는 공격성(매개변수)이라는 개념이 새롭게 등장합니다. 따라서 첫 번째 문단에서는 공격성의 개념을 설명하고, 두 번째 문단에서는 사회학습이론을 통해 부모의 학대-공격성-사이버비행 간의 관계를 설명했습니다. 세 번째 문단에서는 선행 연구를 통해 '부모의 학대-공격성', '공격성-사이버비행'의 관계를 설명했습니다.

3 연구 방법

연구 방법도 전공과 학교, 학회지마다 조금씩 차이는 있습니다. 하지만 주로 연구 모형과 연구 자료 및 대상, 측정 도구, 자료 분석 방법에 대해서 작성을 합니다.

연구 방법에 속하는 연구 모형, 연구 자료 및 대상, 자료 분석 방법에 대해서는 이미 6장에서 다루었으므로 여기서는 설명을 생략하겠습니다. 연구 방법 중 측정 도구는 분석에서 활용하는 주요 변수에 대해 설명하는 파트입니다. 먼저 측정 도구명을 작성하고 원척도의 출처, 총 문항 수, 측정 도구의 활용 방법(합, 평균, 로그 등), 보기 구성, 해석 방법, 신뢰도 분석 결과, 요인 분석 결과에 대해서 제시하면 됩니다.

연구 방법에 대한 구체적인 내용은 예시 논문을 보면서 확인하겠습니다. 예시 논문[3]의 제목은 "농촌 지역 노인일자리사업 참여 기간이 생활만족도에 미치는 영향 : 사회관계와 사회활동의 매개효과를 중심으로"입니다.

3 본 논문은 '정규형, 최희정(2016). 농촌 지역 노인일자리사업 참여 기간이 생활만족도에 미치는 영향 : 사회관계와 사회활동의 매개효과를 중심으로. 사회복지 실천과 연구, 13(1), 5-38.'에 게재된 내용을 기초로 하였음. [예시 8-8]~[예시 8-15]가 이에 해당함.

예시 8-8

연구 방법 (1)

Ⅲ. 연구 방법

1. 연구 모형

본 연구는 농촌 지역 노인일자리사업 참여 기간이 노인일자리사업에 참여한 노인들의 생활만족도에 미치는 영향을 검증하고, 농촌 지역 노인일자리사업 참여 기간이 사회관계와 사회활동을 통해서 생활만족도에 영향을 미치는지 살펴보았다. 연구의 목적을 달성하기 위해 연구 모형을 〈그림 1〉과 같이 설정하였으며 이에 따른 연구가설은 다음과 같다.

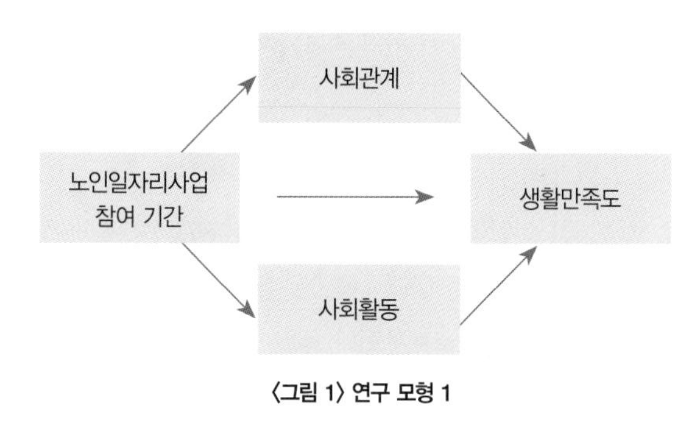

〈그림 1〉 연구 모형 1

가설1. 농촌 지역 노인일자리사업 참여 기간은 생활만족도에 영향을 미칠 것이다.

가설2. 농촌 지역 노인일자리사업에 참여한 노인의 사회관계, 사회활동은 노인일자리사업 참여 기간이 생활만족도에 미치는 영향을 매개할 것이다.

연구 방법에서 가장 먼저 제시한 부분은 연구 모형과 가설입니다. 연구 모형의 경우 전공에 따라 그리기도 하고 그리지 않기도 하므로 사전에 확인해보는 것이 좋습니다. 연구 모형과 가설에 대한 내용은 Section 06의 '08_연구 계획서 작성 과정'을 참고하세요.

예시 8-9

연구 방법 (2)

2. 연구 자료 및 대상

본 연구는 한국노인인력개발원의 2012년 노인일자리사업 참여노인 실태조사 원자료를 활용하였다. 2012년에 실시된 본 조사는 비비례층화표본추출방법(dispropotionate sampling)을 통해 표본을 수집하였고, 조사는 2012년 10월 12일부터 11월 16일까지 약 6주간 구조화된 설문지를 활용하여 개별면접조사를 통해 이루어졌다. 본 연구에서는 연구 목적에 따라 농촌 지역 즉 읍과 면 지역에서 노인일자리사업에 참여한 노인 505명 중 주요 변수에 결측치가 있는 케이스를 제외하고 292명을 연구 대상으로 하였다.

연구 방법에서 두 번째로 제시하는 것은 연구 자료 및 대상입니다. 이 연구에서는 한국노인인력개발원의 2012년 노인일자리사업 참여노인 실태조사라는 2차 자료를 활용했습니다. 그리고 그 2차 자료에 대한 표집 방법과 조사 기간, 조사 방법에 대해 간략히 소개한 후 분석 케이스 수를 제시하면서 마무리 지었습니다.

예시 8-10

연구 방법 (3)

3. 측정 도구

1) 독립변수: 노인일자리사업 참여 기간

본 연구의 독립변수는 노인일자리사업 참여 기간으로서 2006년부터 2011년까지 노인일자리사업에 참여한 근무년수 합을 활용하였다. 노인일자리사업 참여 기간은 점수가 높을수록 참여 기간이 높은 것으로 해석한다.

2) 종속변수: 생활만족도

본 연구의 종속변수는 생활만족도로서, 한국노인인력개발원에서 김종숙(1987)의 생활만족도 문항을 참고하여 구성한 척도의 평균을 활용하였다. 생활만족도는 총 9문항으로 이루어져 있으며, 5점 척도(1 = 전혀 그렇지 않다, 2 = 별로 그렇지 않다, 3 = 보통이다, 4 = 조금 그렇다, 5 = 매우 그렇다)로 구성되었다. 해석상 편의를 위해서 부정적인 문항은 역으로 환산하였으며 점수가 높을수록 생활만족도가 높은 것으로 해석한다. 전체 문항의 신뢰도(Cronbach's alpha)는 .759로 나타났다.

3) 매개변수: 사회관계와 사회활동

본 연구의 첫 번째 매개변수는 사회관계로 '귀하께서 현재 자주 만나거나 연락을 취하는 친인척, 친구, 이웃은 몇 분 정도 계십니까?'라는 질문을 활용하였으며, 변수는 비율척도로 측정되어 점수가 높을수록 사회관계 범위가 넓은 것으로 해석한다.

두 번째 매개변수인 사회활동은 '귀하는 현재 다음의 단체에 얼마나 참여하고 계신지 해당되는 곳에 모두 응답하여 주십시오.'라는 질문을 활용하였다. 구체적으로 문화단체, 스포츠단체, 친목단체, 시민/이익단체, 직능/정치단체, 종교단체의 각각 월 평균 시간의 합을 활용하였으며, 변수는 비율척도로 측정되어 점수가 높을수록 사회활동 시간이 더 많은 것으로 해석한다.

연구 방법에서 세 번째로 작성하는 것은 측정 도구입니다. 주요 변수인 독립변수, 종속변수, 매개변수에 대해서 각각 설명했군요. 보통 리커트 척도인 경우에는 원척도가 있기 때문에 원척도를 밝혀주어야 합니다. 원척도를 밝히지 못하면 심사자가 검증이 된 척도를 사용하지 않았다고 판단할 수 있습니다. 따라서 연구 결과에 대해서 신뢰하기가 어렵습니다.

리커트 척도인 경우 종속변수인 생활만족도처럼 작성한다면 기본적인 사항은 모두 작성하는 것입니다. 즉 원척도가 무엇인지, 총 문항 수는 몇 개인지, 몇 점 척도인지, 어떻게 해석하는지,

신뢰도는 몇인지를 작성하면 됩니다. 리커트 척도가 아닌 경우 독립변수인 노인일자리사업 참여 기간이나 매개변수인 사회관계와 사회활동처럼 어떤 질문을 활용하였는지 작성하고 해석 방법을 기술하면 됩니다.

예시 8-11

연구 방법 (4)

4. 분석 방법

본 연구에서의 연구문제를 해결하고 가설을 검증하기 위한 분석 방법 및 절차는 다음과 같다. 연구 분석을 위해서 SPSS 19.0 프로그램을 이용하였다.

첫째, 연구 대상자의 인구사회학적 특성 및 노인일자리사업 참여 기간, 생활만족도, 사회관계 및 사회활동의 특성 파악을 위해서 빈도분석 및 기술통계를 실시하였다. 둘째, 본 연구에서 사용하는 통제변수와 주요 변수들 간에 다중공선성 문제를 살펴보기 위해 이변량 상관분석을 실시하였다. 셋째, 연구 모형 검증을 위해 Hayes(2013)가 개발하고 보급한 PROCESS macro 프로그램을 적용하여 분석하였으며, 부트스트래핑(Bootstrapping)을 이용하여 매개효과를 확인하였다.[4]

---

4) PROCESS macro는 매개모형을 효과적으로 검증하는 분석 방법이자 프로그램으로 2013년 미국 오하이오주립대학교의 심리학과 교수인 Andrew Hayes에 의해 개발되었다. 기존에는 매개모형을 검증하기 위하여 회귀분석을 통한 Baron과 Kenny(1986)의 접근법과 Sobel Test(Sobel, 1982)를 주로 사용했었다. 이와 같은 방법은 여러 번의 회귀분석을 통해 매개효과를 추론하거나 정규분포를 가정하고 검증하는 것이기 때문에 통계적인 검증력에 대해서 의문을 가지는 경우가 많았다. 즉 기존 회귀분석에서는 매개효과를 검증하기 위해 매개변수가 모형에서 독립변수와 종속변수의 역할을 동시에 해야 하는데, 이러한 설정은 결국 회귀분석을 2번 이상 진행되어야 함을 뜻한다. 아울러 매개변수가 2개 이상인 경우 진행절차가 복잡해지고 그 결과 값에 대한 타당성이 떨어질 수 있다. 반면 최근에 개발된 PROCESS macro는 이러한 회귀분석의 단점을 보완하여 매개변수의 수에 상관없이 여러 절차를 거치지 않고 한 번의 조작으로 부트스트래핑까지 포함하고 있어 매개효과를 쉽게 검증할 수 있다는 강점을 통해 통계적 검증력까지 높였다.

연구 방법에서 마지막으로 작성하는 부분은 분석 방법입니다. 분석 방법에서는 어떤 통계프로그램을 활용했는지, 어떤 분석을 진행했는지를 순차적으로 작성하면 됩니다. 구체적인 기술 방법은 Section 06의 '08_연구 계획서 작성 과정'을 참고하세요.

4 연구 결과

연구 결과 파트는 분석 방법에서 제시한 분석 결과를 제시해주는 곳입니다. 기본적으로 연구 결과에서 제시하는 내용은 인구사회학적 특성(빈도분석), 기술통계분석, 인구사회학적 특성에 따른 주요 변수의 차이, 상관관계분석, 회귀분석 정도입니다. 각종 분석에 대한 내용은 〈한번에 통과하는 논문 : SPSS 결과표 작성과 해석 방법〉 책에 구체적으로 제시되어 있으니 참고하기 바랍니다. 여기서는 연구 결과를 개괄적으로 어떻게 작성하는지, 중요한 포인트가 무엇인지에 대해서 알려드리겠습니다.

예시 8-12

연구 결과 (1)

Ⅳ. 연구 결과

1. 연구 대상자의 인구사회학적 특성

연구 대상자의 인구사회학적 특성은 〈표 1〉과 같다. 성별의 경우 남성이 107명(36.6%), 여성이 185명(63.4%)로 여성노인의 비율이 더 높은 것으로 나타났다. 연령은 평균 73.05세로 나타났고, 교육 수준은 초등학교 졸업 이하가 전체 대상자의 76.1%로 연구 대상자의 대부분을 차지하였다. 가구 연소득은 평균 1,051.62만 원으로 나타났으며 표준편차가 1191.19으로 집계되어 연구 대상자 간에 가구 연소득의 차이가 큰 것을 파악할 수 있다. 주관적 건강 상태는 보통 이상이 150명(85.6%)으로 나타나 대부분의 연구 대상자들이 자신의 건강을 긍정적으로 인식하고 있었다.

〈표 1〉 연구 대상자의 인구사회학적 특성

(N=292)

구분	분류	빈도(명)	비율(%)
성별	남	107	36.6
	여	185	63.4
연령	60세 이상 64세 이하	17	5.8
	65세 이상 69세 이하	50	17.1
	70세 이상 74세 이하	114	39.0
	75세 이상 79세 이하	77	26.4
	80세 이상	34	11.6
	평균(표준편차)	73.05(5.23)	
교육 수준	무학	86	29.5
	초등학교 졸업	136	46.5
	중고등학교 졸업	53	18.2
	대학이상	17	5.8
가구 연소득	500만 원 이하	104	35.6
	501만 원 이상 1000만 원 이하	115	39.4
	1001만 원 이상 1500만 원 이하	24	8.2
	1501만 원 이상	49	16.8
	평균(표준편차)	1051.62(1191.19)	
주관적 건강 상태	전혀 건강하지 않음	5	1.7
	건강하지 않은 편	37	12.7
	보통	102	34.9
	건강한 편	131	44.9
	매우 건강함	17	5.8

연구 결과에서 가장 먼저 제시하는 내용은 연구 대상자의 인구사회학적 특성입니다. 논문에 따라 연구 방법에서 연구 대상을 제시할 때 함께 다루기도 하고 생략하기도 하지만, 보통 연구 결과 파트에서 제시됩니다.

인구사회학적 특성에 대해서 제시할 때는 인구사회학적 특성에 해당하는 변수들과 그 변수들의 보기, 그리고 각각의 보기에 대한 빈도(명)와 비율(%)을 제시합니다. 가구 연소득의 경우, 비율척도 즉 '귀하의 가구 연소득은 어느 정도입니까? (   )만 원' 식의 질문이었다면 빈도분석 결과를 표로 제시하기에는 어려움이 있습니다. 왜냐하면 보기가 없으므로 '1만 원 5명, 2만 원 3명, ~2000만 원 6명' 등 모든 케이스에 대한 빈도가 표시될 것이기 때문입니다. 빈도분석을 통해 위에 [예시 8-12]처럼 '500만 원 이하', '501만 원 이상 1000만 원 이하', '1001만 원 이상 1500만 원 이하', '1501만 원 이상'으로 리코딩하여 분석 결과를 제시할 수 있습니다.

물론 비율척도의 경우 평균과 표준편차를 제시함으로써 개괄적인 수치를 파악할 수 있도록 합니다. 실제 논문을 작성할 때에도 구간을 나눈 것에 대해서 일일이 빈도와 비율을 제시해도 되지만, 비율척도의 경우 평균과 표준편차만 제시하기도 합니다.

예시 8-13

연구 결과 (2)

2. 주요 변수의 기술통계분석

주요 변수의 기술통계를 실시한 결과는 〈표 2〉에 제시된 바와 같다. 주요 변수의 평균을 살펴보면 노인일자리사업 참여 기간은 2.33년(SD=1.87)으로 나타났다. 생활만족도는 5점 만점에 평균 3.09점(SD=0.51)으로 분석되었다. 사회관계 즉 현재 자주 만나거나 연락을 취하는 친인척, 친구, 이웃 수는 최소 1명에서 최대 50명까지 다양했으며 평균 8.03명(SD=6.55)으로 나타났다. 마지막으로 사회활동을 살펴보면, 문화단체, 스포츠단체, 친목단체, 시민/이익단체, 직능/정치단체, 종교단체에 참여한 월 평균 시간이 최소 1시간에서 최대 95시간으로 나타나 큰 격차가 있음을 알 수 있었고 실제 월 평균 사회활동 시간이 8.34시간(SD=12.19)으로 나타나 표준편차가 매우 큰 것을 알 수 있다.

〈표 2〉 주요 변수 기술통계

변인	최솟값	최댓값	평균	표준편차
노인일자리사업 참여 기간(년)	0	6.00	2.33	1.87
생활만족도	1.56	5.00	3.09	0.51
사회관계(명)	1.00	50.00	8.03	6.55
사회활동(시간)	1.00	95.00	8.34	12.19

주요 변수의 기술통계분석에서는 기본적으로 독립변수, 종속변수 등에 대한 평균과 표준편차를 제시합니다. 최솟값과 최댓값, 그리고 왜도와 첨도는 필요에 따라 기술통계표에 제시하기도 합니다.

작성 방법은 다음과 같습니다. 해당 변수가 몇 점 만점인지(만점에 대한 내용이 없다면 생략 가능) 제시하고, 그 변수에 대한 평균과 표준편차를 작성하면 됩니다. [예시 8-13]에서처럼 "생활만족도는 5점 만점에 평균 3.09점(SD=0.51)으로 분석되었다."는 식으로 작성해줄 수 있습니다.

더 나아가 각 변수의 평균을 비교할 수 있다면 평균 차이가 얼마나 되는지에 대해서도 작성할 수 있습니다. 예를 들어 '생활만족도 중 가족만족도는 평균 3.78점(SD=0.11), 건강만족도는 평균 3.28점(SD=0.71)로 나타나 가족만족도가 건강만족도보다 0.5점 정도 더 높은 것으로 분석되었다.'는 식으로 비교할 수 있습니다. 다만 단위가 같고 하나의 카테고리(생활만족도 등)로 묶을 수 있을 때만 가능합니다.

아무도 가르쳐주지 않는 Tip

기술통계분석 부분을 보면 가끔 M이나 SD라는 용어가 보이는데요. M은 Mean의 약자로 평균을 말합니다. SD는 Standard Deviation의 약자로 표준편차를 말합니다. 기술통계분석 부분을 작성할 때 M과 SD를 섞어서 작성하는 것도 하나의 방법입니다.

예시 8-14 **연구 결과 (3)**

3. 변수 간 상관분석

회귀분석을 실시하기 전에 본 연구에서 사용된 각 변수 간의 다중공선성 문제를 살펴보고자 〈표 3〉과 같이 상관관계를 알아보았다. 분석 결과, 통계적으로 유의한 상관계수는 -.214에서 .368로 나타났으며, 모든 상관계수는 .368 이하로 확인되어 다중공선성이 의심되는 변수는 없는 것으로 나타났다.

〈표 3〉 변수 간 상관관계

	①	②	③	④	⑤	⑥	⑦	⑧	⑨
①	1								
②	.251***	1							
③	.368***	−.151*	1						
④	.139*	−.214***	.204***	1					
⑤	.175**	−.031	.104	.121*	1				
⑥	.196**	.199**	.119*	.096	.067	1			
⑦	.217***	−.126*	.321***	.191**	.176**	.262***	1		
⑧	.226***	−.038	.308***	.165**	.136*	.28***	.350***	1	
⑨	0.88	−.046	.210***	.158**	−.024	.347***	.293***	.214***	1

*: p<.05, **: p<.01, ***: p<.001

① 성별, ② 연령, ③ 교육 수준, ④ 가구 연소득, ⑤ 주관적 건강 상태, ⑥ 노인일자리사업 참여 기간, ⑦ 생활만족도, ⑧ 사회관계, ⑨ 사회활동

상관분석의 경우 회귀분석을 진행하기 전에 진행합니다. 학술지에서는 페이지 분량의 한계로 종종 생략되기도 합니다.

상관분석은 두 가지 목적으로 작성하는데요. 먼저 주요 변수들의 관계 방향과 강도를 제시하기 위해 작성합니다. 또는 독립변수들 간의 다중공선성(변수 간에 공통된 부분이 얼마나 많은지)이 의심되는 변수가 있는지 확인하기 위해 진행합니다.

관계 방향과 강도를 제시할 때는 주요 변수에 대해서 각각 r(상관계수)과 p값을 제시하면 됩니다. [예시 8-14]의 경우 '성별과 연령은 r=.251(p〈.001)로 나타났고, 성별과 교육 수준은 r=.368(p<.001)로 분석되었다.'는 식으로 작성해주면 됩니다.

다중공선성의 경우, 상관계수가 보통 0.8 이상이면 다중공선성을 의심할 수 있는데, 상관분석 결과를 보면서 0.8 이상이 있는지 확인합니다. [예시 8-14]와 같이 0.8 이상이 없다면 "모든 상관계수는 .368 이하로 확인되어 다중공선성이 의심되는 변수는 없는 것으로 나타났다."라고 작성하면 됩니다. 만약 0.8 이상이 있다면 '성별과 교육 수준은 r=.878(p<.001)로 나타나 다중공선성이 의심되나, VIF(분산팽창계수)를 통해 확인해본 결과 10 미만으로 분석되어 다중공선성이 없는 것으로 확인되었다.'는 식으로 작성하면 됩니다.

예시 8-15

연구 결과 (4)

4. 연구 모형 분석

본 연구의 목적은 농촌 지역 노인일자리사업의 참여 기간과 생활만족도에 대한 인과관계를 살펴보고, 두 변수 사이에서 사회관계와 사회활동이 매개효과를 보이는 것인가에 대한 것이다. 이러한 목적에 따라 첫 번째 모델에서는 노인일자리사업 참여 기간이 생활만족도에 미치는 영향을 살펴보았으며, … (중략) …

1) 노인일자리사업 참여 기간이 생활만족도에 미치는 영향

Model 1은 노인일자리사업 참여 기간이 생활만족도에 미치는 영향에 대한 검증 결과를 보여주고 있다. 생활만족도에 대한 통제변수와 노인일자리사업 참여 기간의 설명력은 20.0%로 나타났고, 이 모델은 통계적으로 적합하였다(F=11.930, p<.001). 구체적인 변수의 영향력을 살펴보면, 우선 통제변수 중 연령(p<.05)과 교육 수준(p<.001), 그리고 주관적 건강 상태(p<.05)는 생활만족도에 유의한 변수인 것으로 분석되었다. 독립변수인 노인일자리사업 참여 기간 또한 생활만족도에 유의미한 영향을 미치는 것으로 나타났다. 즉 연령이 낮을수록, 교육 수준이 높을수록, 자신의 건강 상태를 좋게 인식할수록, 노인일자리사업 참여 기간이 길수록 생활만족도는 높은 것으로 나타났다.

〈표 6〉 농촌 지역 노인일자리사업 참여 기간이 생활만족도에 미치는 영향과 사회관계 및 사회활동의 매개효과

구 분		Model 1	Model 2	Model 3	Model 4
		참여 기간→ 생활만족도	참여 기간→ 사회관계	참여 기간→ 사회활동	참여 기간→ 사회관계·사회활동→ 생활만족도
		B(sig.)[2]	B(sig.)	B(sig.)	B(sig.)
	상수	3.460***	5.588***	11.295	3.305***
통제변수	성별[3]	.109	1.271	−.876	.095
	연령	−.014*	−.077	−.135	−.013*
	교육 수준	.124***	1.670***	1.700	.088*
	가구 연소득	.000	.000	.000	.000
	건강 상태	.064*	.551	−1.227	.063*
독립변수	참여 기간	.063***	.849***	1.951***	.038*
매개변수	사회관계				.014**
	사회활동				.006*
R^2		.200	.179	.194	.251
F(sig.)		11.930***	10.336***	9.751***	11.828***

*: p<.05, **: p<.01, ***: p<.001

2) PROCESS macro는 분석 결과에 표준화 계수를 제시하지 못하는 한계점을 가지고 있어 본 연구에서는 비표준화 계수만을 제시하였다.

3) 여=0, 남=1

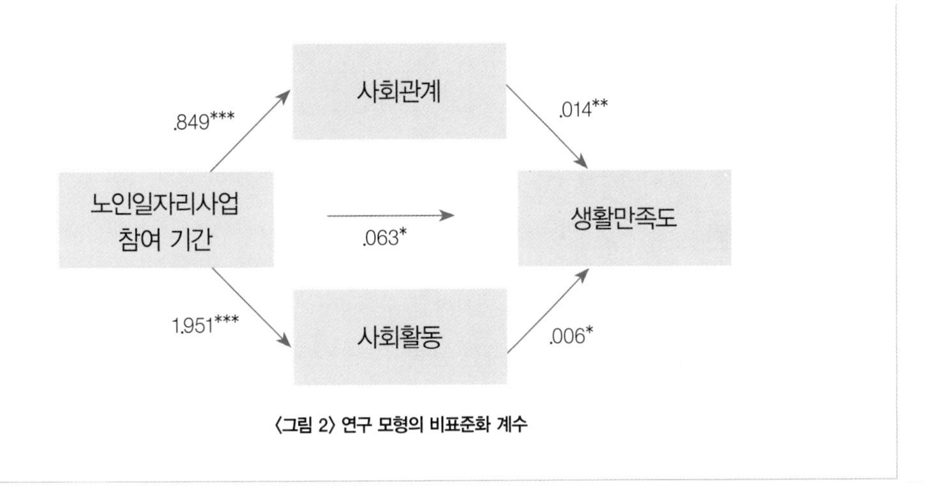

〈그림 2〉 연구 모형의 비표준화 계수

회귀모형이 연구 결과의 마지막 부분에 작성됩니다. 먼저 회귀분석 결과에 대해서 기술한 다음 회귀분석 결과표, 회귀분석 결과를 담은 그림을 제시합니다. 그림은 때에 따라 생략되기도 합니다.

회귀분석과 같은 경우, 먼저 연구 모형의 설명력 즉 R^2값을 적어주고, 연구 모형이 적합한지에 대해서 F와 p값을 작성합니다. [예시 8-15]와 같이 "생활만족도에 대한 통제변수와 노인일자리사업 참여 기간의 설명력(R^2)은 20.0%로 나타났고, 이 모델은 통계적으로 적합하였다(F=11.930, p<.001)."는 식으로 작성할 수 있습니다.

그런 다음에 어떤 변수가 유의미하게 영향을 미쳤는지 확인한 후 유의미하게 영향을 미친 변수들에 대해서 β값과 p값을 적어줍니다. 또 유의미하게 영향을 미친 변수에 대해 해석을 작성합니다. 그 외 유의미하게 영향을 미치지 못한 변수들을 정리해줍니다. 예시 논문에서는 "구체적인 변수의 영향력을 살펴보면, 우선 통제변수 중 연령(p<.05)과 교육 수준(p<.001), 그리고 주관적 건강 상태(p<.05)는 생활만족도에 유의한 변수인 것으로 분석되었다. 독립변수인 노인일자리사업 참여 기간 또한 생활만족도에 유의미한 영향을 미치는 것으로 나타났다. 즉 연령이 낮을수록, 교육 수준이 높을수록, 자신의 건강 상태를 좋게 인식할수록, 노인일자리사업 참여 기간이 길수록 생활만족도는 높은 것으로 나타났다. 이에 반해 성별과 가구 연소득은 생활만족도에 유의미한 영향을 미치지 못했다."는 식으로 작성할 수 있습니다.

회귀분석 결과표의 경우 각 변수에 대한 비표준화계수 B, 표준화계수 β, t, p 정도를 작성해주는데, β와 p만 작성하기도 합니다. 또한 결과표 하단에는 R^2, $F(p)$을 함께 작성합니다.

회귀분석 결과를 담은 그림에서는 각 경로에 해당하는 비표준화계수나 표준화계수를 넣어주고 p값을 별표(*)로 표시합니다. 그림을 넣는 이유는 연구 결과를 쉽고 빠르게 이해할 수 있기 때문입니다.

5 결론

결론에서는 연구 목적을 다시 제시하고 주요 연구 결과를 간략하게 요약합니다. 연구 결과를 요약할 때는 최종 분석에서 진행한 분석 결과를 주로 제시하지만, 최종 분석 전에 이루어진 빈도분석이나 기술통계분석 등에서 특이할 만한 사항이 있었다면 함께 제시하기도 합니다.

연구 결과를 요약할 때는 단순히 나열식으로 작성하면 안 되고 선행 연구 결과와 비교하면서 작성해야 합니다. 자신의 연구 결과가 선행 연구 결과와 유사하다면 '본 연구의 ○○○ 연구 결과는 선행 연구의 결과와 일치한다(정규형, 2017; 홍길동, 2017).'는 식으로 작성해줍니다. 선행 연구 결과와 차이가 있다면 왜 차이가 있는지에 대해서도 구체적으로 작성해야 합니다. 예를 들어 '본 연구의 ○○○ 연구 결과는 선행 연구(정규형, 2017; 홍길동, 2017)의 결과와 차이가 있는 것으로 나타났다. 이는 ○○○의 이유로 유추해볼 수 있다.'는 식으로 작성할 수 있습니다. 선행 연구의 결과와 차이 나는 이유에 대해서 구체적으로 적어주는 것이 좋은데, 보통 인구사회학적인 특성의 차이라든지, 변수 특성의 차이에 기반하는 경우가 많습니다.

연구 결과를 요약한 다음에는 연구 함의 및 제언을 작성합니다. 즉 진행한 연구의 의의를 평가하고 연구 결과를 통해 현장 및 정책에 어떠한 의견을 내놓을 수 있을지 고민하는 파트입니다. 앞서 이론적 배경을 작성할 때 현황을 지적하면서 작성해야 결론을 작성할 때 논리적으로 자연스럽게 연결된다고 말씀드렸습니다. 다만 결론을 작성할 때 단순히 양적인 부분을 증가시키자는 식으로 작성하는 것은 좋은 제언이 아닙니다. 이를테면 '○○과 관련하여 인력을 늘리자', '○○과 관련하여 센터를 짓자', '○○과 관련하여 예산을 늘리자' 등의 제언은 연구자가 아니어도 할 수 있는 이야기일 뿐더러 현실적이지 못하다는 평을 받을 수 있습니다. 그러므로 현실적이고 섬세한 제언을 작성해야 합니다.

마지막으로 작성할 내용은 연구의 한계 및 후속 연구를 위한 제언입니다. 여기서는 본 연구의 한계점들을 제시하고 그 한계점을 해결하는 후속 연구가 필요하다는 내용을 작성합니다. 어떤 연구든 한계점을 지니고 있기에 일부러 한계점을 숨기는 등의 행위는 올바르지 않습니다. 오히려 한계가 무엇인지 정확하게 다 밝혀야 긍정적인 평가를 받고, 후속 연구를 하는 사람들에게도 도움이 될 수 있습니다. 후속 연구자들은 한계점을 보고 이후에 진행할 연구에서 문제가 될 수 있는 상황을 피할 수 있기 때문입니다. 보통 한계점으로 작성하는 내용에는 '2차 자료를 활용해서 연구 목적에 부합하는 척도를 활용하지 못했다', '좁은 지역을 대상으로 진행한 결과이므로 일반화하는 데에는 무리가 있다' 등이 있습니다.

결론의 구체적인 내용은 예시 논문을 보면서 확인하겠습니다. 결론 및 제언에 대한 예시 논문은 앞서 서론과 이론적 배경의 예시 논문[4]이었던 〈청소년이 인식한 부모의 학대가 사이버비행에 미치는 영향 : 공격성의 매개효과를 중심으로〉입니다.

예시 8-16

결론 및 제언 (1) : 연구 목적과 주요 연구 결과 요약

V. 결론 및 논의

본 연구의 목적은 청소년이 인식한 부모의 학대가 공격성의 매개변수를 통해서 사이버비행에 미치는 종단적 과정을 검증하는 것이다. 이를 위해 한국아동·청소년패널조사 2~4차년도 중학교 1학년 패널자료를 활용하여 다변량 잠재성장모형으로 분석하였다. 본 연구의 주요 결과를 요약하면 다음과 같다.

첫째, 선형변화모형을 통해 청소년이 인식한 부모의 학대, 공격성, 그리고 사이버비행의 변화율을 추정한 결과 부모의 학대, 공격성, 사이버비행 모두 학년이 올라갈수록 평균값이 하락하였다. 이는 중학교 2학년부터 고등학교 1학년에 이르는 3년 동안 연구 대상자의 부모의 학대, 공격성, 사이버비행이 감소하는 것을 의미한다. 본 연구 결과는 중학교 시기부터 부모의 학대와 폭력이 감소한다는 기존의 통계(중앙아동보호전문기관, 2015)와 공격성의 성장패턴은 초등학교시기에 증가했다가 중학교시기부터 감소한다는 선행 연구의 결과와 일치한다(김동기·홍세희, 2007; 김세원·김예성, 2009). 한편 사이버비행이 학년이 올라갈수록 감소한다는 본 연구의 결과는 비행의 발달적 특성이 청소년 중·후반기까지 상승한다는 기존의 비행에 대한 연구(박애리 2014; Laub & Sampson, 1993; Nagin, D.S., Farrington, D.P., & Moffitt, T.E., 1995)와 차이가 있었다. 이는 사이버비행의 발달적 특성이 일반적인 비행과 다른 양상을 보인다는 것을 알 수 있다.

… (중략) …

4 본 논문은 '정규형, 이상훈(2015). 청소년이 인식한 부모의 학대가 사이버비행에 미치는 영향 : 공격성의 매개효과를 중심으로. 청소년복지연구, 17(4), 171-190.'에 게재된 내용을 기초로 하였음. [예시 8-16]~[예시 8-18]이 이에 해당함.

먼저 연구 목적에 대해서 제시하고 연구의 주요 결과를 요약하고 있습니다. 선행 연구 결과와 일치하거나 일치하지 않는 내용에 대해서도 작성하였습니다. 일치하지 않는 내용에 대해서는 이처럼 차이가 발생한 원인에 대해서 기술하였습니다.

예시 8-17

결론 및 제언 (2) : 연구 함의 및 제언

본 연구 결과를 통해 실천적·정책적 대안을 제시하면, 첫째, 청소년의 사이버비행에 대한 다차원적인 관심과 일반적 비행과는 구분된 연구가 필요하다. … (중략) … 본 연구의 결과에서 알 수 있듯이 비행의 발달 궤적과 사이버비행의 발달 궤적이 서로 상이하기 때문에 비행의 하위개념으로서가 아닌 사이버비행에 대한 독립적인 연구와 정책 마련이 시급하다.

… (중략) …

셋째, 사이버비행 피해를 줄이고 사이버비행 문제를 예방하기 위해서는 청소년의 공격성을 완화시키려는 노력과 더불어 부모의 학대를 경감시킬 수 있는 직접적인 개입이 필요하다. 공격성은 사이버비행뿐만 아니라 각종 비행 행동으로 이끄는 중요한 이동 경로이기 때문에(곽상은·김춘경, 2013; 장신재, 2014; 진혜민 외, 2011), 문제행동을 일으킬 수 있는 청소년의 공격성을 낮추기 위한 노력을 해야 한다. 그러나 현재 정부가 진행하는 사이버폭력에 대한 교육에는 단순히 사이버폭력의 위험성 혹은 사이버비행의 종류에 대한 내용만 포함되어 있다. 사이버비행 관련 교육을 구체화 및 체계화할 필요성이 있으며, 교육 진행 시 청소년의 공격성에 대해서 다루는 것도 예방 차원에서 긍정적일 것으로 보인다. 사이버비행을 하고 있는 청소년들을 대상으로 개입 및 프로그램을 진행할 때 그들의 공격성을 낮출 수 있는 교육이 포함되어야 할 것으로 보인다. … (중략) …

연구의 함의 및 제언 부분은 구체적이고 현장 중심적으로 작성하는 것이 중요합니다. 이 연구에서는 현장에서 이루어지고 있는 사이버비행 관련 교육 커리큘럼에 대해서 구체적으로 확인하고, 커리큘럼 안에 공격성에 대한 내용을 추가할 것을 제언하고 있습니다. 추가적으로 연구에 대한 제언도 작성할 수 있는데요. 이 연구에서는 기존 비행의 하위 영역으로만 다뤘던 사이버비행은 단순히 비행의 영역으로 보기에는 어려우므로 사이버비행과 관련된 연구가 필요하다는 것을 강조하고 있습니다.

예시 8-18 **결론 및 제언 (3) : 연구의 한계와 의의**

본 연구는 2차 자료 즉 한국아동·청소년패널조사 자료의 중학교 1학년 패널을 사용해 분석함으로써 전체 청소년에게 일반화하는 데에는 무리가 있다. 또한 2차 자료에서 제공하는 제한된 문항으로 측정할 수밖에 없었기에 사이버비행과 같은 경우 단순히 사이버비행의 다양성으로만 살펴볼 수밖에 없는 한계점이 있다. 그럼에도 불구하고 기존의 사이버비행에 관련한 횡단 연구에서 벗어나 종단 연구를 통해 사이버비행과 부모의 학대, 공격성의 추이를 관찰하고, 부모의 학대와 사이버비행 간의 관계에서 공격성의 매개효과에 주목하여 부모의 학대가 사이버비행으로 이어지는 경로를 발견함과 동시에 개입의 근거를 제시했다는 의의가 있다.

마지막으로 '연구 결과를 일반화하는 것은 무리가 있다', '2차 자료에서 제공하는 제한된 척도로 측정하여 사이버비행에 대한 다양한 측면을 살펴보지 못했다'는 연구 한계를 작성하고 있습니다.

02 _ 결론 작성 시 고려해야 할 점

PREVIEW

- 단순히 양적인 증가(예산 증가, 인력 증가, 기관 설립 등)를 하자는 제언은 X
- 현실적이고 구체적인 제언

보통 논문의 결론을 작성할 때 어떤 내용으로 채우나요? 사실, 연구 결과를 바탕으로 결론을 작성해서 자기 나름대로 제언하는 것은 어려운 일입니다. 해당 주제의 전문가가 아닌 한, 결론을 작성하기는 쉽지 않습니다. 이 말을 뒤집으면, 논문을 작성한다는 것은 그 주제에 대해 전문가라는 이야기입니다. 전문가가 아니라면 결론에서 확실히 티가 납니다.

아마추어는 결론에 이런 내용을 주로 적습니다. '○○과 관련하여 인력을 늘리자', '○○과 관련하여 센터를 짓자', '○○과 관련하여 예산을 늘리자' 어떤가요? 이런 제언은 굳이 힘들게 논문을 쓰지 않아도 할 수 있는 이야기입니다. 그럼에도 불구하고 단순히 양적으로 늘리자는 제언을 작성하게 됩니다. 그 이유는 아래 표를 보면서 설명하겠습니다.

표 8-1 | 학술자료 제공 사이트

단위 : %

구분	전체	18세 미만	65세 이상
도시	60.0	20.0	10.0
농촌	40.0	15.0	20.0

[표 8-1]의 핵심 포인트는 65세 이상 노인의 비율이 도시 지역은 10.0%, 농촌 지역은 20.0%로, 농촌 지역의 노인 인구 비율이 매우 높다는 것입니다.

표 8-2 | 노인복지시설 현황

단위 : %

구분	노인주거복지시설	노인의료복지시설	재가노인복지시설
도시	2.0	20.0	20.0
농촌	1.0	10.0	5.0

[표 8-2]는 노인복지시설 현황에 대한 내용입니다. 노인주거복지시설, 노인의료복지시설, 재가노인복지시설 모두 농촌 지역이 도시 지역보다 훨씬 적은 것을 알 수 있습니다.

농촌 지역의 노인 인구 비율은 높은데 노인복지시설은 매우 적다는 현황을 바탕으로 어떤 제언을 할 수 있나요? 보통 이렇게 제언하곤 합니다. '지자체에서는 농촌 지역에 노인 관련 시설을 늘려야 한다.' 그러나 이러한 제언은 사실상 실현하기 어렵습니다. 노인 인구 비율이 높다는 것은 그만큼 세금 낼 사람이 적어 지자체의 수입도 적다는 것을 의미합니다. 또한 노인에게 기본적으로 들어가는 고정된 예산이 많아 지자체의 지출이 많다는 것을 말합니다. 결국 지자체에서는 노인 관련 시설을 지을 수 있는 예산을 마련하기가 쉽지 않을 것입니다. 그런데도 '노인 관련 시설을 늘려야 한다'라고 제언할 수 있나요?

그렇다면 어떠한 제언을 할 수 있을까요? 엄청난 예산을 들여야 하는 방식이 아닌, 노인들이 원하는 서비스를 제공하기 위해 접근성을 높일 수 있는 방안으로 제안해야 합니다. 예를 들어 노인 복지 관련 기관에서 멀리 사는 노인들도 기관에 방문할 수 있도록 버스를 제공한다든지, 찾아가는 의료 서비스를 진행한다는 식으로 현실적인 제언을 할 수 있을 것입니다.

03 _ 참고문헌 및 각주 다는 법

PREVIEW

인용

- 직접 인용 : 다른 사람이 쓴 원문을 그대로 가져다 쓰는 것
- 간접 인용 : 다른 사람의 글을 그대로 인용하지 않고 원문을 요약하거나 원문의 함축된 뜻을 연구자 자신의 말로 표현하는 것
- 재인용 : 부득이한 사정(원문이 없는 경우 등)으로 원문을 참고하기 어려울 경우 다른 연구자가 인용한 내용을 다시 인용하는 것

참고문헌

- 논문에서 인용한 모든 문헌을 작성해놓은 리스트
- 논문의 말미에 제시
- 한글 문헌과 영문 문헌 순으로 기입
- 한글 문헌은 가다나 순으로 작성, 영문은 알파벳 순으로 작성

각주

- 출처를 밝히기 위한 각주
- 추가 내용 관련 각주
- 근거 관련 각주

인용은 자신의 논리를 입증하고 정당화하기 위해 다른 사람의 글을 가져오는 것을 말합니다. 다른 사람들의 글을 가져왔기에 어디서 가져왔는지 자료의 출처를 밝혀야 합니다. 인용한 글의 출처를 전부 정리해놓은 곳이 바로 참고문헌 파트입니다.

간혹 인용한 글이 너무 많다는 생각에 출처를 지우는 분들이 있습니다. 그러나 출처를 밝히는 것은 자신의 연구에 대한 검증된 근거를 밝히는 일이기 때문에 인용한 글이 많아도 큰 문제가 되지 않습니다. 오히려 참고하고도 출처를 밝히지 않아 나중에 큰 문제가 되곤 하죠.

학위논문을 작성할 때 지도 교수님은 종종 이런 이야기를 합니다. "학위논문보다는 학술논문 위주로 인용하고, 학위논문을 볼 수밖에 없다면 박사학위나 괜찮은 학교의 논문을 보라." 정규형 강사도 학위논문 자체를 잘 보지 않습니다. 대부분 학술논문과 책에서 인용하는 편입니다. 하지만 저희 팀은 지도교수님의 성향에 따라 학위논문을 봐야 할 일이 생길 때 박사논문을 참조합니다.

자신이 알고 있는 일반적인 사실이나 지식에 대해서도 인용 표시를 해야 하는지 의문을 품을 때가 있는데요. 상식적인 내용이나 일반적인 사실은 인용 표시를 하지 않아도 됩니다. 예를 들면 '자전거는 자동차보다 느리지만 건강에 도움이 된다.'라는 글을 작성한다고 했을 때, 상식적인 선에서 누구나 알고 있는 내용이므로 인용 표시를 하지 않아도 됩니다.

1 인용 종류

직접 인용

직접 인용은 다른 사람이 쓴 원문을 그대로 가져다 쓰는 것입니다. 직접 인용이 3줄 미만이라면 큰따옴표(" ")를 사용해 본문 중에 원문 그대로 인용합니다. 직접 인용이 3줄 이상이라면 독립된 문단으로 구성하고 인용 문단을 들여쓰기 합니다. 또 직접 인용을 할 때 불필요한 부분은 중략, 하략 등이 가능합니다. 다만 직접 인용이 필요 이상으로 많은 경우에는 불성실하다는 지적을 받을 수 있으므로 직접 인용보다는 간접 인용을 하는 것이 좋습니다. 직접 인용의 예는 다음과 같습니다.

> 정규형(2017)에 따르면, "청소년의 휴대폰 사용 시간과 기간은 주요 교과 성적과 부적인 관계에 있는 것으로 나타났다. 즉 청소년의 휴대폰 사용 시간과 기간이 길수록 주요 교과 성적이 떨어지는 것을 의미한다."라고 진술하였다.

간접 인용

간접 인용은 다른 사람의 글을 그대로 인용하지 않고 원문을 요약하거나 원문의 함축된 뜻을 연구자 자신의 말로 표현하는 것입니다. 이때 원문의 내용이 왜곡되지 않도록 주의를 기울여야 합니다. 간접 인용의 예는 다음과 같습니다.

> 정규형(2017)에 따르면 청소년의 휴대폰 사용량이 많을수록 상대적으로 학업 성적이 떨어지는 것으로 나타나 청소년의 휴대폰 사용량을 줄일 수 있는 방안이 필요하다고 말했다.

재인용

원문에서 바로 인용하는 것이 일반적이기는 하지만 부득이한 사정(원문이 없는 경우 등)으로 원문을 참고하기 어려울 경우 다른 연구자가 인용한 내용을 다시 인용하는 것을 말합니다. 한데 많은 사람들이 재인용인데도 간접 인용인 것처럼 인용하는 사례가 많습니다. 예를 들어 A라는 영어 논문을 인용한 B라는 국문 논문을 보고 인용할 때 마치 A 영어 논문을 직접 본 것처럼 인용하는 경우가 많은데 이럴 때는 무조건 재인용을 해야 합니다. 또한 재인용을 할 수밖에 없는 상황이라면 문제없지만 직접 원문을 보고 인용할 수 있는데도 재인용을 한다면 지적 받을 수 있습니다. 재인용의 예는 다음과 같습니다.

정규형(2000; 홍길동, 2017에서 재인용)에 의하면, 청소년의 휴대폰 사용량이 많을수록 상대적으로 학업 성적이 떨어지는 것으로 나타나 청소년의 휴대폰 사용량을 줄일 수 있는 방안이 필요하다고 말했다.

2 인용 방법

인용하는 양식은 각 학교나 학회마다 차이가 있습니다. 이 책에서는 가장 대중적으로 활용하는 APA Style을 제시하고자 합니다. APA Style은 미국심리학회(American Psychological Association) 규정 지침으로, 심리학뿐 아니라 사회복지학, 교육학, 간호학 등 각종 학회와 학교에서 인용 및 참고문헌 양식으로 사용하고 있습니다. 우리나라에서도 여러 학회와 학교에서 APA Style을 사용하고 있습니다.

인용할 때 원칙적으로는 자료 전체를 인용하면 연도만 기재하지만(예 : 정규형(2016)은 청소년의 특성에 대해서…), 부분 인용이면 페이지까지 적습니다(예 : 정규형(2016, pp. 20–21)은 청소년의 특성에 대해서…). 하지만 페이지를 제시하지 않는 경우가 많으므로 앞으로 보여드릴 예시에서도 페이지는 제시하지 않겠습니다.

인용하는 저서나 저자명이 본문에 나타나는 경우

1인 저자	정규형(2016)은 …
	Hank(2007)는 …
2인 저자	정규형, 홍길동(2016)은 …
	Fingerman과 Birditt(2003)은 …
3~5인 저자 처음 언급	정규형, 홍길동, 임꺽정(2016)은 …
	Fingerman, Birditt와 Lee(2003)는 …
3~5인 저자 두 번째 언급	정규형 등(2016)은 …
	Fingerman 등(2003)은 …
6인 저자 이상	정규형 등(2016)은 …
	Fingerman 등(2003)은 …

인용하는 저서나 저자명이 본문에 없는 경우

1인 저자	… 있다(정규형, 2016).
	… 있다(Hank, 2007).
2인 저자	… 있다(정규형, 홍길동, 2016).
	… 있다(Fingerman & Birditt, 2003).
3~5인 저자 처음 언급	… 있다(정규형, 홍길동, 임꺽정, 2016).
	… 있다(Fingerman, Birditt, & Lee, 2003).
3~5인 저자 두 번째 언급	… 있다(정규형 등, 2016).
	… 있다(Fingerman et al., 2003).
6인 저자 이상	… 있다(정규형 등, 2016).
	… 있다(Fingerman et al., 2003).

다른 논문이지만 저자와 발행 연도가 같은 경우

정규형(2016a)은 …
정규형(2016b)은 …

재인용을 한 경우 : 참고문헌에 제시할 때는 재인용 문헌만 표기함

정규형(2000; 홍길동, 2016에서 재인용)은 …
… 이다(Fingerman, 2000; 정규형, 2016에서 재인용).
… 이다(Fingerman, 2000; Hank, 2016에서 재인용).

한 괄호 안에 2개 이상의 연구를 인용한 경우

동일 저자인 경우	… 있다(정규형, 2014, 2016, 2017).
	… 있다(정규형, 2014a, 2014b).
	… 이다(Fingerman, 2000, 2002, 2005).
동일 저자가 아닌 경우	… 이다(정규형, 2016; 홍길동, 1994; Fingerman & Birditt, 1991; Hank, 1995)

3 참고문헌

참고문헌은 논문에서 인용한 모든 문헌의 출처를 작성해놓은 리스트라고 생각하면 됩니다. 참고문헌의 경우 보통 논문 말미에 제시하고, 한글 문헌과 영문 문헌 순서로 기입합니다. 한글 문헌은 가다나 순으로 작성하고, 영문은 알파벳 순으로 작성합니다. 그 외 문헌은 영문 문헌 다음에 제시합니다.

단행본인 경우

정규형. (2017). **논문작성법.** 서울: 히든출판사.
Hank. K. H. (1984). *Doing Q methodology: theory, method and interpretation.* NJ: Van Nostrand.

학술논문인 경우

정규형. (2016). 농촌 지역 노인일자리사업 참여 기간이 생활만족도에 미치는 영향 : 사회관계와 사회활동의 매개효과를 중심으로. **사회복지 실천과 연구**, **13**(1), 5–38.
Hank, K. (2007). Proximity and contacts between older parents and their children: A European comparison. *Journal of Marriage and Family, 69*(1), 157–173.

학위논문인 경우

정규형. (2016). **농촌 지역 노인일자리사업 참여 기간이 생활만족도에 미치는 영향 : 사회관계와 사회활동의 매개효과를 중심으로.** 박사학위논문, 연세대학교, 서울.
Hank, K. (2007). *Proximity and contacts between older parents and their children: A European comparison (Masters dissertation).* James Cook University, Townsville, Australia.

웹사이트인 경우

정규형. (2016). 학교 밖 비행청소년 유형. 월드와일드웹 : http://parbo.ac.kr/~study/AI.HTML에서 2017년 3월 2일에 검색했음.
Center for Wartime Humor Home Page. (2016. May 21). Retrieved Nov. 15. 2016 from http://www.joke.org.

4 각주 다는 법

각주는 보통 참고자료의 출처를 제시하거나 본문의 흐름에서 벗어난 추가 내용을 적을 때 사용합니다. 또 연구자가 자신의 글에 대한 근거를 추가로 제시할 때도 사용합니다.

출처 관련 각주

출처 관련 각주는 점점 그 사용 빈도가 줄고 있습니다. 대표적인 인용 방법인 APA style에서는 각주를 통해 출처를 밝히지 않고 있습니다. 많은 대학교와 학회지에서 출처를 각주로 제시하지 않도록 하고 있으며, 신학이나 철학 전공에서만 간혹 사용되고 있습니다.

추가 내용 관련 각주

[예시 8-19]를 보면 '지위비행'과 '중비행'이라는 용어가 있는데 이 용어의 개념을 본문에 제시한다면 본문의 흐름을 끊을 수 있습니다. 그래서 각주로 지위비행과 중비행의 개념을 작성한 것입니다. 이처럼 본문의 흐름과 맞지 않지만 추가 설명이 필요한 경우에는 각주를 통해 제시할 수 있습니다.

예시 8-19

추가 내용 관련 각주

청소년의 ○○○은 ○○○으로 나타날 수 있다. 특히 홍길동(2017)은 공격성이 높을수록 비행행동의 경험이 높아지는데 공격성은 지위비행[1]과 중비행[2] 모두 ○○○ 영향을 미친다고 하였다. 지금까지의 선행연구와 사회학습이론을 종합해 보면, ○○○는 ○○○에 영향을 주고 이러한 ○○○은 ○○○에 영향을 준다는 것을 유추해 볼 수 있다. 그럼에도 불구하고 기존의 연구들은 … (중략) …

1) 음주, 흡연행위, 무단결석, 가출 등과 같이 청소년이라는 사회적 지위 때문에 일탈행동으로 간주되어 규제와 통제를 받게 되는 행위
2) 살인, 강도, 폭행, 절도 등과 같이 형법에서 규정하고 있는 범죄행위에 해당하는 청소년의 비행

근거 관련 각주

[예시 8-20]을 보면 디지털 네이티브라는 용어를 제시하고 현대 청소년들이 왜 디지털 네이티브인지에 대한 근거를 각주로 설명했습니다. 근거 관련 각주도 본문에 제시된다면 흐름을 끊을 수 있기 때문에 각주로 제시한 것이죠.

예시 8-20

근거 관련 각주

현대 청소년들은 성인들과 달리 디지털 네이티브[2]로서, 이들이 성장하여 성인이 되었을 때에는 ○○○이라고 추측할 수 있다. 따라서 ○○○와 관련된 제도 마련과 정책에 대한 연구가 필요하다. 사이버비행의 경우, … (중략) …

2) 디지털 환경에서 태어나 성장한 세대를 일컫는 말이다. 국제전기통신연합(ITU)의 글로벌 통계 보고서 '정보사회 측정'(2013년 말 기준)에 따르면 한국 청소년 인구의 99.6%가 '디지털 네이티브'인 것으로 나타났다.

SECTION

09

IRB(연구윤리)의 이해

가이드라인 동영상

bit.ly/onepass-skill12

PREVIEW

- 연구윤리의 의미와 IRB 심의 절차, 준비 서류에 대해서 설명한다.
- IRB와 관련하여 궁금했던 사항과 자주 질문하는 사항에 대해 살펴본다.

01 _ IRB의 의미

PREVIEW

- IRB : 학교나 기관에서 수행되는 인간 대상 연구의 윤리적·과학적 타당성을 심의하고, 인간의 존엄과 가치를 침해하거나 인체에 해를 끼치는 것을 방지함으로써 피험자의 권리 보호 및 안전을 보장하기 위해서 설치된 심의기구

IRB는 기관생명윤리위원회(Institutional Review Board)의 약자입니다. IRB는 학교나 기관에서 수행되는 인간을 대상으로 하는 연구의 윤리적·과학적 타당성을 심의하고, 인간의 존엄과 가치를 침해하거나 인체에 해를 끼치는 것을 방지함으로써 피험자의 권리 보호 및 안전을 보장하기 위해서 설치된 심의기구입니다. 설문 연구를 포함한 모든 인간 대상 연구는 연구 개시 전에 IRB의 심의를 받아야 합니다.

2017년 현재 IRB가 설치된 학교가 상당히 늘었습니다. 또 학회에서는 '생명윤리 및 안전에 관한 법률(2013. 2. 2. 개정)'에 의거해서 투고 규정에 IRB 심의를 받은 논문만 투고할 수 있도록 제시해놓기도 했습니다. 다만 2차 자료를 활용한 연구에 대해서는 IRB 심의를 받지 않아도 된다고 합니다. 이처럼 학계에서는 전공을 불문하고 IRB에 대한 관심이 큰 상황입니다.

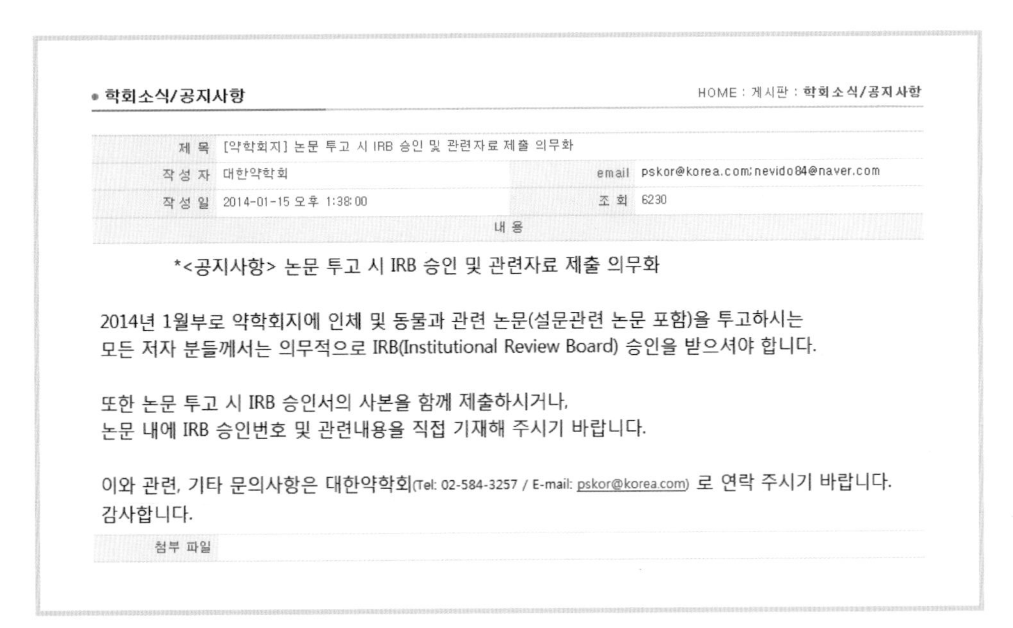
● 학회소식/공지사항

HOME : 게시판 : 학회소식/공지사항

제 목	[약학회지] 논문 투고 시 IRB 승인 및 관련자료 제출 의무화
작 성 자	대한약학회
email	pskor@korea.com;nevido84@naver.com
작 성 일	2014-01-15 오후 1:38:00
조 회	6230

내 용

*<공지사항> 논문 투고 시 IRB 승인 및 관련자료 제출 의무화

2014년 1월부로 약학회지에 인체 및 동물과 관련 논문(설문관련 논문 포함)을 투고하시는 모든 저자 분들께서는 의무적으로 IRB(Institutional Review Board) 승인을 받으셔야 합니다.

또한 논문 투고 시 IRB 승인서의 사본을 함께 제출하시거나,
논문 내에 IRB 승인번호 및 관련내용을 직접 기재해 주시기 바랍니다.

이와 관련, 기타 문의사항은 대한약학회(Tel: 02-584-3257 / E-mail: pskor@korea.com) 로 연락 주시기 바랍니다.
감사합니다.

첨부 파일

그림 9-1 | **논문 투고 시 IRB 의무화 예시**

2014년부터 학회지에서 IRB에 대한 승인 요청이 크게 늘어났습니다. 실제로 [그림 9-1]에서 보는 바와 같이 대한약학회가 2014년에 "논문 투고 시 IRB 승인서의 사본"을 제출하거나 "IRB 승인번호 및 관련내용"을 기재해야 투고할 수 있다고 공지하였습니다. 이와 같은 흐름은 의학, 약학 분야뿐 아니라 다른 학문 분야에서도 빠르게 적용되고 있습니다.

예시 9-1

학술논문 내 IRB 승인 여부 기입

청소년이 인식한 ○○○이 ○○○에 미치는 영향: ○○○의 매개효과를 중심으로*

홍길동**

요 약

본 연구는 청소년이 인식한 ○○○을 검증하는 데 목적이 있다. 이를 위해 한국청소년정책연구원에서 실시하고 있는 한국아동·청소년패널조사 자료를 통해 ○○○분석하였다. 분석 결과 … (중략) …

주제어 : 청소년, ○○○, ○○○, ○○○

* 이 연구는 기관생명윤리위원회(IRB)의 심의를 통과한 논문임. (IRB 승인번호: 1041000-XXXX-HR- XX-XX)
** 교신저자. ○○대학교(○○○○@○○○○.com)

실제 게재된 학술논문을 보면 [예시 9-1]과 같이 "이 연구는 기관생명윤리위원회(IRB)의 심의를 통과한 논문임. (IRB 승인번호: ○○○○○)"이라는 문구를 발견할 수 있습니다. 이제는 2차 자료가 아니라면, 즉 실험을 했거나 설문조사를 진행한 연구라면 IRB 승인번호가 필요합니다.

IRB 승인은 학생이라면 자신이 소속된 대학교에서 받으면 됩니다. 만약 학교에 IRB가 없거나 학생이 아니라면 국가에서 지정한 연구윤리위원회에 심의를 요청하여 승인받을 수 있습니다.

02 _ IRB 심의 절차

PREVIEW

- IRB로 연구계획서 및 관련 서류 제출 → 심의 진행 → 심의 결과(승인, 시정 승인, 보완 후 재심의, 반려) 확인 → 연구 시작/연구계획서 수정/이의 신청

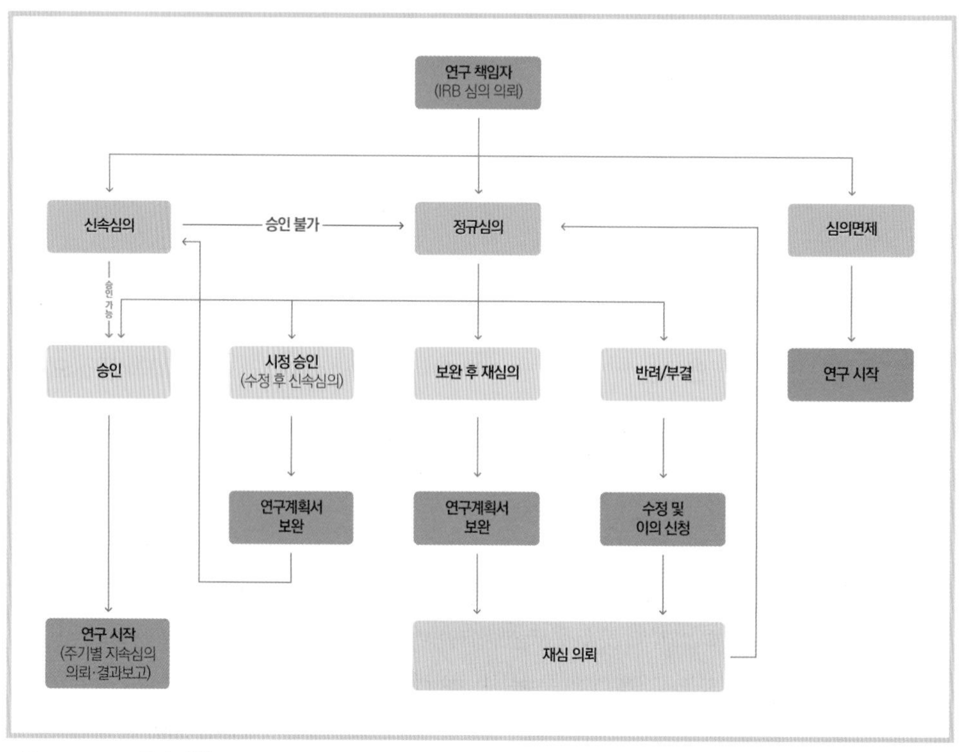

그림 9-2 | IRB 심의 절차

대학교 내 IRB든 국가에서 지정한 IRB든 심의 절차는 별반 다르지 않습니다. 심의 절차는 크게 두 가지로 정규심의와 신속심의가 있습니다. 심의면제도 있는데 심의면제는 따로 절차라 부를 만한 것이 없으므로 생략하겠습니다.

정규심의는 심의 일정이 정해진 심의이고, 신속심의는 정해진 심의 일정 이외에 상황에 맞춰 진행하는 심의입니다. 정규심의와 신속심의의 전반적인 절차는 같습니다. 연구자 입장에서 심의 절차를 살펴보면 다음과 같습니다.

먼저 연구 책임자는 IRB에 연구 계획서 및 관련 서류를 제출해야 합니다. 제출 기간은 보통 정규심의 2주 전입니다. 위원회에서는 서류를 보고 정규심의를 할지 신속심의를 할지 결정한 후 각각에 맞는 심의를 진행합니다. 심의위원들은 연구 계획서 및 관련 서류를 검토하고 정규심의(신속심의) 회의를 진행합니다. 회의에서는 윤리성, 연구의 위험성 등을 평가하고 토론과 표결을 통해 심사 결과를 결정합니다. 이때 심사 결과는 총 네 가지인데 승인, 시정 승인, 보완 후 재심의, 반려입니다. 승인을 받은 경우에는 연구를 시작하면 되고, 시정 승인과 보완 후 재심의 결과를 받았다면 IRB에서 지적한 부분을 수정하여 다시 제출해야 합니다. 반려 판정을 받았다면 이의 제기를 통해 재심의를 신청할 수 있습니다.

아무도 가르쳐주지 않는 Tip

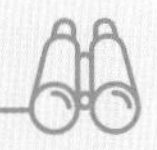

- 대학교나 기관에서 진행하는 IRB는 보통 월 1~2회 정도 심의를 진행합니다. 심의 소요 기간은 심의 기관마다 조금씩 차이는 있지만 1~2개월 정도 걸립니다. 이처럼 심의 기간이 짧지 않기 때문에 IRB 승인이 필요한 연구라면 연구 계획을 짤 때 이 기간까지 고려해야 합니다. IRB 승인이 되지 않은 상태에서 연구를 시작하면 나중에 IRB 승인이 무효 처리될 수 있습니다.
- IRB의 승인이 나면 위원회에서는 연구자의 설문지나 실험 참여자 모집 공고문 등 연구 관련 서류에 승인 확인 도장을 찍어줍니다. 이 확인 도장이 있는 서류만 사용할 수 있습니다. 만약 설문지가 부족하여 확인 도장이 없는 설문지를 연구 대상자들에게 돌렸다면, IRB는 그 설문지에 대해서는 인정해주지 않을 수도 있습니다.
- IRB 심의가 면제되는 경우가 있습니다. 일반 대중에게 공개된 정보를 이용하는 연구(2차 자료를 활용한 연구)나 개인식별정보를 수집 및 기록하지 않는 연구인 경우 IRB 심의를 면제받게 됩니다.

03 _ IRB 관련 준비 서류

PREVIEW

- 신규심의 서류 : 연구 계획서 및 연구계획 요약서, 심의 의뢰서, 생명윤리준수서약서, 연구자 이력서, IRB 교육 이수증 등
- 재심의 준비 서류 : 시정/보완 요청에 따라 수정된 해당 서류(예 : 연구 계획서) 등
- 지속심의 준비 서류 : 지속심의(중간보고) 신청서, 연구 대상자로부터 획득한 설명문 및 동의서의 사본 등
- 종료 및 결과보고 준비 서류 : 종료보고서 및 결과보고서

IRB 심의를 받는 것은 어렵지 않으나 IRB 관련 준비 서류를 준비하기까지는 시간이 많이 듭니다. 기관마다 조금씩 차이는 있지만 IRB 준비 서류가 10개 내외이기 때문입니다. IRB 심의를 받기 위한 준비 서류뿐 아니라 연구 중간과 연구 종료 때에도 준비해야 하는 서류들이 있습니다. 공통으로 준비해야 하는 서류 목록은 다음과 같습니다.

신규심의 준비 서류

1. 연구 계획서 및 연구계획 요약서
2. 심의 의뢰서
3. 생명윤리준수서약서
4. 연구자 이력서
5. IRB 교육 이수증
6. 연구 대상자에게 제공되는 연구에 대한 설명문
7. 연구 대상자의 연구 동의서
8. 연구 대상자로부터 얻어지는 정보목록 (설문지, 실험일지 등)
9. 개인정보제공 동의서
10. 연구 대상자 모집 관련 문서

이 중 가장 중요하면서 가장 많은 시간이 드는 서류는 바로 연구 계획서입니다. 연구 계획서는 Section 06의 '08_연구 계획서 작성 과정'에서 제시한 내용과 유사하지만 추가되는 내용들이 있습니다. 기관마다 조금씩 차이가 있지만 공통으로 요청하는 연구 계획서 구성 항목은 다음과 같습니다.

연구 계획서 구성 항목

1. 연구 제목
2. 연구 배경 : 연구의 필요성에 대한 설명
3. 연구 목적
4. 연구 기관명, 주소, 연락처
5. 모든 연구진 성명과 직명
6. 연구 기간 : 연구 소요 예상 기간
7. 연구 대상자
   - 연구 대상자의 개괄적인 범위(성별, 연령 등)
   - 예상 연구 대상자 수 및 산출 근거
   - 연구 대상자 모집 방법
   - 연구 대상자 동의 방법 및 절차
8. 연구 방법
9. 연구 수행 일정표
10. 참고문헌

재심의 준비 서류

1. 변경 대비표
2. 시정/보완 요청에 따라 수정된 해당 서류(연구 계획서 등)

지속심의(중간보고) 준비 서류

1. 지속심의(중간보고) 신청서
2. 연구 계획서
3. 연구 대상자로부터 획득한 설명문 및 동의서의 사본

종료 및 결과보고 준비 서류

1. 종료보고서 및 결과보고서
2. 기타 증빙 서류

04 _ IRB와 관련된 질문과 답변

PREVIEW

IRB와 관련된 질문

- 온라인(네이버 설문지, 구글 설문지 등)을 활용한 설문조사
- 수업 시간을 통한 학생 대상의 연구
- 만 18세 미만 연구
- 참여자 모집 시 정보 취득
- 전화조사 시 유의할 점
- 계획된 인원 외에 추가 참여자 발생 시
- IRB 승인 전 연구 시작
- 관련 자료 보관

IRB가 정립되어 제대로 시행된 지 얼마 안 되었기 때문에 시행착오가 많이 일어나고 있습니다. 그 때문에 연구자 입장에서 IRB와 관련해서 궁금한 점이 생길 텐데요. IRB 관련하여 구체적인 상황을 중심으로 자주 묻는 질문과 그에 대한 답변을 확인해보겠습니다.[5]

1 (네이버 설문지, 구글 설문지 등)을 활용하여 설문조사를 할 때

온라인을 통하여 성인을 대상으로 직무만족도에 대해서 조사하려고 합니다. 온라인 조사를 하면 연구 참여자들에게 연구에 참여하겠다는 동의서도 받기 어려운데 괜찮을까요?

다음과 같은 사항인 경우에 온라인이라도 서면 동의를 면제받을 수 있습니다.

- 연구 대상자의 동의를 받는 것이 연구 진행 과정에서 현실적으로 불가능하거나 연구의 타당성에 심각한 영향을 미친다고 판단되는 경우
- 연구 대상자의 동의 거부를 추정할 만한 사유가 없고, 동의를 면제하여도 연구 대상자에게 미치는 위험이 극히 낮은 경우

* 온라인 설문조사 시 연구 참여 동의 여부에 대한 항목을 넣어주는 것이 바람직함.

5 'IRB와 관련된 질문과 답변'은 2016년에 연세대학교 사회과학대학에서 이루어진 BK21플러스 사업단(팀) 연구윤리 공동 워크숍의 내용을 참고하여 수정 및 보완하였음.

2 학생들을 대상으로 연구할 때 수업 시간 활용 여부

? 현재 대학에서 시간 강사로 일하고 있습니다. 대학생과 관련된 조사를 하고자 하는데, 대학 측에 양해를 구하고 제 수업 시간을 잠시 할애해서 설문조사를 진행해도 괜찮을까요?

! 수업 시간을 통한 조사는 학생의 수업권 침해입니다. 또한 강의와 직접적으로 관련된 담당자가 조사를 진행할 경우, 학생들의 자발적 참여를 보장할 수 없으므로 주의해야 합니다.

3 만 18세 미만을 대상으로 연구할 때

? 고등학생 진로에 대한 연구를 하고자 합니다. 고등학생이면 설문지에도 응답할지 안 할지 판단할 수 있는 나이인데요, 그래도 반드시 부모님의 동의를 받아야 하나요?

! 법적으로 만 18세 미만은 아동이므로 법정대리인의 동의가 반드시 필요합니다.

4 참여자 모집 시 정보 취득 문제

? 장애인 관련 연구를 진행할 예정입니다. 알고 지내는 기관에서 연구에 참여할 만한 분들을 소개해주겠다고 하는데, 제가 연락처를 받아 직접 전화를 걸어 조사를 진행해도 되나요?

! 연구조사는 연구 참여자의 자발적 동의를 전제로 합니다. 또한 관련 기관이 명단을 제공하는 것은 개인정보보호법 위반으로 이를 사용하여 조사를 진행하는 것은 개인정보 유출 문제에 해당합니다. 연구 참여자 모집 문건을 공고하여 이를 확인한 사람들의 자발적 결정에 의해 연구 참여가 결정되는 것이 바람직합니다.

5 전화조사를 할 때 유의할 점

? 전화조사로 소득과 생활만족도에 대한 연구를 진행하고자 합니다. 핵심 내용인 소득 관련 이야기를 처음부터 꺼내면 조사를 이어나가기 힘들 것 같아서요. 응답자의 전반적인 생활과 관련한 이야기를 시작으로 중간쯤에 소득에 대한 질문을 해도 괜찮을까요?

전화조사에 응하는 연구 참여자는 연구질문을 미리 볼 수 없습니다. 따라서 연구 시작 단계에서 조사 내용을 충실히 설명하는 것이 매우 중요합니다. 조사 내용을 충분히 숙지한 상태에서 연구 참여 동의를 얻을 수 있어야 조사 진행이 가능합니다.

6 계획된 인원 외에 추가 참여자가 발생했을 때

저는 한 워크숍에서 300명을 대상으로 조사할 계획을 갖고 있었고, IRB 승인도 받았습니다. 그런데 실제 조사를 가니 더 많은 사람들이 참여하겠다고 해서 400명에 대한 응답을 받았습니다. 계획보다 더 많이 했는데 괜찮나요?

연구 계획 인원에 대한 심사는 IRB 심의에서 엄격하게 진행되고 있습니다. 연구 계획 인원을 초과한 경우에는 즉시 사후보고를 하여 수정심의를 받아야 합니다.

7 IRB 승인 전 연구 시작 여부

IRB 승인 받기가 너무 어렵습니다. 또 재심의 결정을 받아 다음 달에야 결과가 나올 것 같은데 도저히 제 학위논문 일정과 맞출 수 없을 것 같습니다. 당장 시작해도 일정을 겨우 맞출 수 있을 것 같은데, 내용상 바뀌는 것도 없는데 먼저 조사를 시작하면 안 될까요?

연구 진행 시 반드시 IRB 승인 후 수령한 IRB 직인이 포함된 설명문과 동의서로 진행해야 합니다. IRB 직인이 누락된 동의서는 연구 동의에 대한 효력을 상실하므로 반드시 승인 이후에 연구를 진행해야 합니다.

8 관련 자료 보관 문제

설문조사가 종결되어 설문지와 동의서, 코딩 기록을 보관하려고 합니다. 공간이 마땅치 않아 자료들은 연구실 책장에 보관하고, 코딩 기록은 컴퓨터 공용폴더로 관리할 계획입니다.

심의계획서에 제시한 보관 기간 동안 잠금장치가 있는 서랍이나 캐비닛에 설문지와 동의서를 보관하여야 합니다. 코딩 기록 등은 비밀번호를 설정하여 관리합니다.

SECTION

10

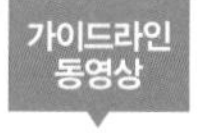

bit.ly/onepass-skill13

학술논문을 작성할 때 알아두면 좋은 것들

PREVIEW

- 학술논문과 학위논문의 차이를 살펴본다.
- 등재지와 등재후보지의 차이와 투고 방법을 알아본다.

01 _ 학술논문과 학위논문의 차이

PREVIEW

학술논문과 학위논문의 공통점과 차이점

- 공통점 : 논문의 전반적인 틀(서론, 이론적 배경, 연구 방법, 연구 결과, 결론)과 내용
- 차이점 : 목적, 분량, 설문지, 작성자 소속, 작성자 수, 심사료와 게재료, 심사위원, 심사의 종류

논문에는 여러 종류가 있지만, 논문이라고 하면 보통 학술논문이나 학위논문을 말합니다. 그렇다면 학위논문과 학술논문은 어떻게 다를까요?

그림 10-1 학술논문과 학위논문 검색

[그림 10-1]과 같이 네이버 전문정보에서 '청소년 자기효능감'을 검색해보았습니다. 학술논문, 학위논문(박사), 학위논문(석사)이 검색됩니다. 검색 결과를 구체적으로 살펴보면, 학술논문의 경우 '한국교육심리학회'라는 학회명과 '교육심리연구'라는 학술지명, 그리고 'KCI 등재'[6]를 확인할 수 있습니다. 즉 이 학술논문은 한국교육심리학회에서 발간하는 교육심리연구라는 학술지에 투고한 것입니다. 또한 교육심리연구는 한국연구재단에서 등재 학술지로 인정했다는 것이므로 사회적으로 검증된 학술지에 게재되었음을 뜻합니다. 학위논문은 크게 박사와 석사 학위논문으로 구분할 수 있고, '홍익대학교', '경희대학교'처럼 소속된 학교명이 함께 제시됩니다.

이렇듯 학술논문은 학술지에 투고해서 게재가 된 논문을 말하고, 학위논문은 자신의 소속 학교에서 석사나 박사학위를 받기 위해 작성한 논문을 뜻합니다. 사실 학술논문과 학위논문은 구성 요소 측면에서 다른 것은 없습니다. 즉 서론, 이론적 배경, 연구 방법, 연구 결과, 결론이라는 틀은 학술논문과 학위논문에서 모두 활용되고 있죠. 따라서 작성하는 논문 내용은 다르지 않습니다. 그렇다면 구체적으로 무엇이 다른지 확인해볼까요?

1 목적

학술논문의 경우 자신의 학문과 사회에 기여하기 위해 연구자로서 작성하는 목적이 강합니다. 학위논문의 경우에도 자신의 학문과 사회에 기여할 수 있으나 주된 목적은 말 그대로 학위를 받기 위함입니다.

사실, 학술논문의 경우 보통 연구자에게 논문을 쓰라고 강제하지 않습니다. 학술논문을 쓰는 것은 자신의 의지이죠. 물론 연구 프로젝트의 일환으로 학술논문을 작성해야 할 수도 있고, 교수 임용이나 연구원 취직 시 자신의 역량을 보여주기 위해서 작성할 수도 있습니다. 그렇다 해도 학술논문을 작성하는 것은 연구자의 의지에 달려있습니다. 하지만 학위논문의 경우, 학위를 받기 위해 꼭 작성해야 하는 논문입니다. 이렇다보니 학위논문이 자신의 첫 논문인 경우가 많습니다.

6 'KCI 등재'는 Korea Citation Index 데이터 베이스에 등재된 학술지를 뜻함.

2 분량

사회과학 분야의 학술논문이라면 A4 기준으로 보통 20페이지 내외, 자연과학 분야의 학술논문이라면 10페이지 내외로 작성하도록 요구하고 있습니다. 이렇게 학술지에서 페이지 수를 제한하는 이유에는 여러 가지가 있지만 대개 두 가지 이유 때문입니다. 우선 게재된 논문을 책으로 발간할 때 페이지 수가 많으면 제본 비용을 감당하기 어렵기 때문입니다. 또 분량이 적어야 독자들이 쉽고 빠르게 읽을 수 있기 때문입니다. 물론 페이지 수 제한 정도는 학술지마다 조금씩 다르지만, 30페이지 이상 허용하는 학회지는 굉장히 드뭅니다. 결국 학술논문은 '간결성'이 핵심입니다. 즉 논문에서 쓸모없는 문장과 단어, 단순 나열식의 글은 과감하게 빼야 합니다.

학위논문의 경우, 박사학위 논문은 사회과학 전공인지 자연과학 전공인지에 따라 조금 차이가 있기는 하지만 보통 100페이지 내외로 작성하고, 석사학위 논문은 60페이지 내외로 작성합니다. 그러나 연구 주제나 형식에 따라 크게 다르기 때문에 분량에 대한 제한은 거의 없다고 보아도 무관합니다. 다만 학술논문처럼 20~30페이지 정도로 짧게 작성한 학위논문은 거의 본 적이 없습니다.

3 설문지

학술논문의 경우 자신이 사용한 설문지를 잘 제시하지 않습니다. 척도 개발이나 척도 타당화 연구인 경우에는 예외적으로 자신의 설문지를 간략하게 제시하기도 하지만 설문지 전체를 제시하지는 않습니다. 반면, 학위논문은 대개 연구에서 활용한 설문지를 학위논문 뒤쪽에 부록으로 제시합니다. 간혹 설문지를 제시하지 않는 경우도 있는데, 이런 경우에는 2차 데이터(공공데이터 등)를 활용했을 가능성이 큽니다.

논문에서 설문지와 관련 있는 부분은 연구 방법의 측정 도구 파트입니다. 학술논문에서는 페이지 수 제한 때문에 측정 도구에 대해 중요한 것만 짧게 작성하는 데 반해, 학위논문은 굉장히 세세하게 작성한다는 차이점이 있습니다.

4 작성자 소속

학술논문의 작성자는 학술지를 운영하는 학회에 소속된 회원이어야 합니다. 수년 전까지만 해도 학회 회원이 아닌 연구자들이 투고할 수 있는 학회가 종종 있었는데, 요즘에는 대부분 학회 회원이어야만 해당 학술지에 투고할 수 있습니다. 투고할 때 주저자뿐 아니라 공동저자들도 학회 회원이어야 투고할 수 있도록 규정한 학회가 늘고 있습니다.

학회 특성과 전혀 맞지 않는 사람은 학회 회원이 될 수 없도록 제한하는 곳도 있지만, 사실 학회 회원이 되는 것은 크게 어렵지 않습니다. 일단 학회에 가입하고 가입비와 연회비를 내면 됩니다. 학회마다 조금씩 다르기는 하지만 보통 가입비는 3~10만 원 정도이고, 연회비는 5~10만 원 정도입니다. 물론 가입비와 연회비가 무료인 학회도 있긴 합니다.

학위논문의 작성자는 학위를 받고자 하는 학교에 소속되어 있는 자입니다. 그렇기 때문에 따로 가입비나 연회비 등이 필요하지 않습니다.

5 작성자 수

학술논문의 작성자 수는 한 명 이상입니다. 보통 2명 내외인 경우가 많습니다. 그래서 논문 한 편 안에 주저자와 교신저자, 공동저자가 들어있는 경우가 흔합니다. 전공에 따라 다르기는 하지만 어떤 전공은 논문 한 편에 10명이 넘는 저자가 있기도 합니다. 반면 학위논문의 경우 한 명이 처음부터 끝까지 씁니다.

아무도 가르쳐주지 않는 Tip

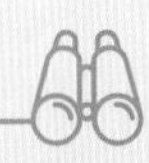

주저자는 연구의 총 책임자로, 연구를 주로 수행한 자를 말합니다. 교신저자는 학술지에 직접 투고하고 학술지 담당자와 교신하며 게재 완료까지 진행하는 자를 말합니다. 교신저자는 게재된 논문에 대한 질의 응답을 관리하기도 합니다. 제3저자나 공동저자는 주저자와 교신저자를 제외한 저자를 뜻합니다.
교수 임용이나 연구원 취직 시 논문에서 어떤 저자를 맡았는지에 따라 심사 점수가 달라지기 때문에 이 부분은 민감할 수 있습니다. 그러나 현재 석사 과정이라면 크게 욕심내지 않아도 됩니다. 석사 과정에서는 어떤 저자인지 여부가 그렇게 큰 영향을 끼치지 않기 때문입니다. 박사 과정이라 할지라도 주저자나 교신저자에 너무 욕심내지 않는 게 좋겠습니다. 종종 저자들끼리 주저자 자리를 놓고 갈등이 벌어지곤 하는데, 앞으로 함께 연구할 수 있는 소중한 동료를 잃는 것보다는 차라리 논문 한 편을 잃는 게 더 낫습니다.

6 심사료와 게재료

학술논문의 경우, 학회에서 심사료와 게재료를 요구하는 경우가 많습니다. 심사료는 학술논문을 심사할 심사위원 3명(학술지마다 심사위원 수가 조금씩 다를 수 있음.)에게 주는 수고료라고 보면 됩니다. 보통 심사료는 10만 원 내외입니다. 게재료는 학술논문에 투고한 논문이 게재가 되었을 때 내는 비용으로 보통 10~20만 원 정도입니다. 페이지 수에 따라 1만 원씩 늘어나기도 하며, 타 기관에서 지원을 받는 학술논문인 경우 게재료를 더 받기도 합니다.

학위논문의 경우에도 심사료가 있는데요. 석사학위 논문은 보통 10만 원 내외, 박사학위 논문은 50만 원 내외입니다. 어떤 대학교는 110만 원까지 받기도 합니다. 몇몇 학교는 등록금에 심사료가 포함되어 있어서 따로 심사료를 내지 않는 대학원도 있습니다. 게재료의 경우 학위논문은 게재라는 개념이 없기 때문에 따로 내지는 않습니다.

7 심사위원

학술논문의 경우 심사위원은 보통 3명으로 이루어져 있으며, 투고한 논문을 익명의 심사위원이 심사하게 됩니다. 주로 교수나 연구원 등 박사학위를 소지한 자가 심사위원이 됩니다. 심사위원들은 자신이 심사하는 논문이 누구의 논문인지 확인할 수 없기 때문에 나름대로 객관적이고 엄격하게 심사하게 됩니다.

석사학위 논문의 심사위원은 보통 3명 정도로 구성되고, 박사학위 논문의 심사위원은 5명 정도입니다. 학위논문 심사는 학술논문 심사와 달리, 자신의 논문을 심사할 심사위원이 누군지 알 수 있고, 심사위원도 자신이 누구의 논문을 심사하는지 아는 상태에서 심사를 합니다. 심사위원은 자신의 지도 교수를 포함해, 논문을 쓰는 본인이나 지도 교수가 심사를 요청한 분들이 됩니다. 이런 측면에서 볼 때, 학술논문은 사회적으로 인정받은 논문이라면 학위논문은 학교 안에서 인정받은 논문이라고 할 수 있습니다.

8 심사 종류

학술논문의 경우 심사 종류가 따로 없고 투고한 논문을 3명의 심사위원이 한 번에 심사하여 심사 결과를 연구자에게 통보합니다. 물론 심사 판정이 '수정 후 재심'으로 나오면, 수정한 논문에 대해서 한 번 더 심사를 진행하기도 합니다.

이에 반해 학위논문은 예비심사와 본심사가 있습니다. 예비심사는 본심사에 앞서 심사를 진행하는 것으로 심사위원이 학위논문의 기본적인 틀을 확인하고 연구자에게 피드백을 주기 위해 시행합니다. 그래서 예비심사 때는 보통 연구 계획서를 작성해서 PPT나 요약문으로 발표를 진행하고, 본심사에서는 작성한 전체 논문을 3명의 심사위원들 앞에서 발표한 후 바로 심사를 받는 식으로 진행됩니다.

02 _ 등재지와 등재후보지

PREVIEW

등재지와 등재후보지

- 한국연구재단에서 인정하는 학술지
- 등재지와 등재후보지가 되려면 각종 평가를 받아야 하므로 수준 낮은 논문은 게재되지 못함.

등재지와 등재후보지 중 어디에 투고할 것인가

- 자신의 연구와 맞는 학술지를 찾아 투고
- 보통 연구자는 등재지에 투고하는 것을 선호
- 등재후보지에도 낮은 수준의 논문이 게재될 수 없음.

등재지와 등재후보지 리스트

- '한국연구재단 홈페이지 – [사업안내] – [등재학술지목록]'에서 확인

1 등재지와 등재후보지 개념

학술논문을 게재하는 학술지에는 한국연구재단에서 인정하는 등재지와 등재후보지가 있습니다. 등재지(등재학술지)는 학술지평가사업을 통해 평가 결과 100점 만점에 85점 이상을 얻은 학술지로 3년마다 계속평가를 통해서 등재지 자격을 유지할 수 있습니다. 등재후보지(등재후보학술지)는 학술지평가사업을 통해 평가 결과 100점 만점에 80점 이상을 얻은 학술지로 매년 계속평가를 통해 등재후보지 자격을 유지하거나 85점 이상의 점수를 얻는 경우 등재학술지로 승격될 수 있습니다.

즉 학술지는 처음부터 등재지가 될 수 없습니다. 등재후보지 상태에서 좋은 평가를 받아야 등재지가 되기 때문에 등재지가 되는 것은 그리 쉬운 일이 아닙니다. 등재후보지가 되는 것도 쉽지는 않은데요. 등재후보지가 되기 위해서는 [표 10–1]과 같은 평가를 받아야 합니다. 평가 항목을 보면 알 수 있지만 등재후보지에 투고해서 게재되는 것도 쉽지 않을 수 있습니다. 왜냐하면 등재후보지가 되고자 하는 학술지는 투고 논문의 수준을 높이려고 하기 때문입니다.

표 10-1 | 등재후보지 평가

체계 평가(정량)	내용 평가(정성)
1. 연간 학술지 발간 횟수	1. 게재 논문의 학술적 가치와 성과
2. 학술지 및 수록 논문의 온라인 접근성	2. 편집위원(장)의 전문성(편집위원회 관련 규정의 구체성 등)
3. 주제어 및 논문 초록의 외국어화	3. 논문집의 구성과 체제의 완전성 및 가독성(참고문헌(각주) 정보의 정확성 및 완전성)
4. 게재 논문의 투고, 심사, 게재 확정일자 기재	4. 투고 논문 심사제도의 구체성 및 엄정성(학술지 실태점검 포함)
5. 논문 게재율	5. 논문 초록의 질적 수준
6. 편집위원의 균형성	6. 연구윤리 강화활동의 구체성 및 엄정성
7. 편집위원장의 안정성	–

출처 : 한국연구재단(2016). 2016년도 학술지평가 신규 평가 신청 요강

2 등재지와 등재후보지 중 어디에 투고할 것인가

그렇다면 논문을 등재지에 투고를 해야 할까요, 등재후보지에 투고해야 할까요? 정해진 답은 없습니다만, 일단 교과서적으로 말하자면 학회 소개와 학회 논문 투고 규정 등을 보고 자신의 연구와 맞는 곳을 찾아 투고하는 것이 맞습니다. 그러나 현실적으로 보면 등재지나 등재후보지로 선정된 학회지에 투고해야 자신의 연구를 인정받고 KCI에도 등록되기 때문에 되도록 등재지와 등재후보지에 투고합니다.

등재지든 등재후보지든 관계없이 자신의 연구와 맞는 곳에 투고하는 것이 맞지만, 처음부터 등재후보지를 생각하고 학술논문을 작성하는 분은 많지 않습니다. 보통 등재지에 투고했다가 게재 불가 판정을 받았거나 투고 기간이 맞지 않아 등재후보지를 선택하곤 합니다. 그렇다고 등재후보지를 낮게 평가할 수는 없습니다. 오히려 등재지보다 등재후보지에 수준 높은 논문이 실리기도 합니다. 또 등재지보다 등재후보지에서 투고 논문을 세세하고 심도 있게 심사하기도 합니다.

저 자 생 각

정규형 강사가 석사 과정에 있을 때의 일입니다. 동기와 함께 논문을 썼는데, 누가 봐도 수준이 낮았습니다. 물론 그때는 석사 과정밖에 되지 않았지만, 그렇다 해도 논리가 좀 부족해 보였습니다. 하지만 논문을 다 썼기에 투고하지 않고 내버려두는 것이 아쉬웠습니다.

지금 생각해보면 참으로 어리석었지만, 결국 투고를 했습니다. 그때 자주 투고했던 등재지에 투고를 할까 했지만 게재가 되지 않을 것이라고 판단하여 심사료도 아낄 겸 심사료 자체를 내지 않는 등재후보지를 찾아보았습니다. 때마침 투고 시기가 맞았던 등재후보지를 찾았고 심사료를 내지 않아도 되었기에 바로 투고했습니다.

그런데 투고 결과는 '게재 불가'였습니다. 정규형 강사가 지금까지 수십 편의 논문을 썼지만 게재 불가 판정을 받은 논문은 총 2개인데, 이 논문이 그중 하나입니다. 논문에 대한 심사평을 읽어보았습니다. 그때까지 받아보았던 등재지의 심사 평가와는 차원이 다를 정도로 꼼꼼하고 논리적으로 지적해주었습니다. 결국 정규형 강사는 해당 논문을 폐기했습니다.

저희는 정규형 강사의 경험을 통해 등재후보지라도 쉽게 보지 말아야겠다는 생각을 하게 되었습니다. 등재후보지인 경우 등재지가 되기 위해서 더 깐깐하고 섬세하게 심사할 수 있습니다.

3 등재지와 등재후보지 리스트

투고하려는 학술지가 등재지인지 등재후보지인지 판단하기 어려울 때가 종종 있습니다. 학회 홈페이지에 밝히기도 하지만 그렇지 않은 경우도 많기 때문입니다. 그러므로 등재지와 등재후보지 리스트를 파악하고 있는 것이 좋은데요. 이 리스트는 한국연구재단 홈페이지에 게시되어 있습니다.

등재학술지 목록

※ 정렬기준 : 대분야(인문→사회→자연→공학→의약학→농수해→예술체육→복합학) → 발행기관명 → 학술지명 순

※ 협조 요청사항 : 동 목록 내 수정사항(예. ISSN, 학술지명 등)이 있는 경우 이메일로 회신 바랍니다. (journal@nrf.re.kr)

연번	등재후보 선정연도	등재 선정연도	우수등재 선정연도	대분야	중분야	학술지명	발행기관명
1	2006	2009	-	인문학	가톨릭신학	교회사연구	(재)한국교회사연구소
2	2009	2012	-	인문학	가톨릭신학	신학전망	광주가톨릭대학교 신학연구소
3	2009	2016	-	인문학	가톨릭신학	신학과철학	서강대학교 신학연구소
4	2007	2012	-	인문학	가톨릭신학	교회사학	[illegible]
5	2007	2010	-	인문학	가톨릭신학	가톨릭신학	한국가톨릭신학학회
6	2007	2010	-	인문학	기독교신학	성경원문연구	(재)대한성서공회
7	2007	2010	-	인문학	기독교신학	Madang: Journal of Contextual Theology	성공회대학교 신학연구원
8	2009	2012	-	인문학	기독교신학	신학논단	연세대학교 신과대학 연합신학대학원
9	2009	2012	-	인문학	기독교신학	장신논단	[illegible]
10	2002	2008	-	인문학	기독교신학	선교와신학	장로회신학대학교 세계선교연구원
11	2009	2012	-	인문학	기독교신학	한국개혁신학	한국개혁신학회
12	2007	2010	-	인문학	기독교신학	구약논단	한국구약학회
13	2003	2006	-	인문학	기독교신학	Journal of Christian Education & Information Technology	한국기독교교육정보학회
14	2003	2006	-	인문학	기독교신학	기독교교육정보	한국기독교교육정보학회

그림 10-2 | 등재지와 등재후보지 리스트

[그림 10-2]와 같이 한국연구재단 홈페이지(http://www.nrf.re.kr/index)에 들어가면 [사업안내] 카테고리에 [등재학술지목록]이 있습니다. 이곳에 들어가면, 하단에 '등재학술지목록'과 '등재후보학술지목록'이라는 엑셀 파일이 보입니다. 이 엑셀 파일을 열어 자신이 투고하고자 하는 학술지가 있는지 확인하면 됩니다.

한국연구재단 홈페이지를 통해 등재지와 등재후보지 수를 확인해보았습니다. 2017년 기준으로 등재지에는 1,987개의 학술지가 있고, 등재후보지에는 296개의 학술지가 있었습니다. 총 2,283개의 등재(후보)지 중 가장 많이 차지하는 분야는 사회 분야이고 그다음이 인문 분야입니다. 여유가 있을 때 등재지와 등재후보지 리스트를 통해 자신의 전공에 해당하는 학술지가 무엇인지 확인해보는 것도 좋겠습니다.

표 10-2 | 등재지 및 등재후보지 총괄 현황(2017년 기준)

구분	인문	사회	자연	공학	의약학	농수해	예술체육	복합학	계
등재	505	694	112	207	223	69	106	71	1,987
등재후보	49	113	11	27	48	6	20	22	296
계	554	807	123	234	271	75	126	93	2,283

출처 : 한국연구재단 홈페이지(http://www.nrf.re.kr/index)

03 _ 학술지 선택 방법

PREVIEW

등재지와 등재후보지 리스트 확인

- 등재학술지 목록을 통해 자신의 전공에 맞는 학술지가 무엇인지 확인

학회 소개, 논문 투고 규정 확인

- 학회 홈페이지에 제시된 학회 소개와 학술지 연구 범위와 목적 확인

발간된 논문 검색

- 학회 홈페이지에 제시된 발간 논문들을 살펴보면서 자신의 논문을 투고할 수 있는지 확인
- 학술지의 특성과 수준 확인

논문 투고 날짜와 발간 날짜 확인

- 학회지마다 연 1~4회 발간. 많은 곳은 연 12회 발간

피인용지수(IF: Impact Factor) 확인

- IF=A 학술지의 논문이 인용된 총 횟수/A 학술지에 수록된 논문 수
- '한국학술지인용색인 홈페이지 – [인용정보검색] – [전체 학술지 인용지수]'에서 확인

1 등재지와 등재후보지 리스트 확인

투고할 학술지를 선택할 때는 우선 등재지와 등재후보지 리스트를 확인하여 자신의 전공에 맞는 학술지가 무엇인지 살펴봅니다. 만약 '사회복지'가 자신의 전공이라면, [그림 10-3]과 같이 리스트에서 사회복지를 검색합니다. '중분야'에 사회복지학이라고 제시되어 있군요. 이렇게 자신의 전공에 맞는 학술지를 찾으면 됩니다. 사회복지 전공이라고 해서 사회복지에만 투고할 수 있는 것은 아닙니다. 사회과학에 해당하는 학술지에도 투고할 수 있겠죠.

	A	B	C	D	E	G	H	I
1	등재학술지 목록							
2	※ 정렬기준 : 대분야(인문→사회→자연→공학→의약학→농수해→예술체육→복합학) → 발행기관명 → 학술지명 순							
3	※ 협조 요청사항 : 동 목록 내 수정사항(예. ISSN, 학술지명 등)이 있는 경우 이메일로 회신 바랍니다. (journal@nrf.re.kr)							
4	연번	등재후보 선정연!	등재 선정연!	우수등재 선정연!	대분야	중분야	학술지명	발행기관명
961	957	2007	2014	-	사회과학	사회과학일반	시민사회와 NGO	한양대학교 제3섹터연구소
962	958	2010	2016	-	사회과학	사회복지학	청소년문화포럼	(사)한국청소년문화연구소
963	959	2010	2015	-	사회과학	사회복지학	비판사회정책	[illegible]
964	960	2007	2012	-	사회과학	사회복지학	한국사회복지조사연구	연세대학교 사회복지연구소
965	961	2002	2006	-	사회과학	사회복지학	한국가족복지학	한국가족사회복지학회
966	962	2011	2015	-	사회과학	사회복지학	한국군사회복지학	한국군사회복지학회
967	963	2000	2003	-	사회과학	사회복지학	한국노년학	한국노년학회
968	964	2004	2008	-	사회과학	사회복지학	노인복지연구	한국노인복지학회
969	965	2009	2012	-	사회과학	사회복지학	한국보육학회지	한국보육학회
970	966	2001	2004	-	사회과학	사회복지학	사회보장연구	한국사회보장학회
971	967	2008	2016	-	사회과학	사회복지학	한국사회복지교육	한국사회복지교육협의회
972	968	1999	2004	-	사회과학	사회복지학	사회복지연구	한국사회복지연구회
973	969	2003	2006	-	사회과학	사회복지학	사회복지정책	한국사회복지정책학회
974	970	2010	2016	-	사회과학	사회복지학	한국사회복지질적연구	한국사회복지질적연구학회
975	971	2008	2013	-	사회과학	사회복지학	Asian Social Work and Policy Review	한국사회복지학회
976	972	1999	2004	2015	사회과학	사회복지학	한국사회복지학	한국사회복지학회
977	973	2002	2008	-	사회과학	사회복지학	한국사회복지행정학	한국사회복지행정학회
978	974	2002	2005	-	사회과학	사회복지학	한국아동복지학	한국아동복지학회
979	975	2001	2006	-	사회과학	사회복지학	한국영유아보육학	한국영유아보육학회

그림 10-3 | 등재지와 등재후보지 리스트에 제시된 사회복지학 관련 학술지

2 학회 소개, 논문 투고 규정 확인

등재지와 등재후보지 리스트를 통해 학술지명과 발행기관명(학회명)을 확인했다면 그 학회 홈페이지에 들어가봅니다. 학회에 대한 소개가 있을 겁니다. 학회 소개를 읽어보면, 자신의 연구와 맞는 학회인지 아닌지 가늠할 수 있습니다. 자신의 연구와 맞는지 판단하기 애매모호하다면, 학술지 연구 범위와 목적을 확인해봅니다. 연구 범위와 목적에 관한 안내는 논문 투고와 관련된 공지사항이나 논문 투고 규정에 나와 있습니다. 즉 교육학 분야 학술지라면 교육학 안에서도 어떤 분야에 해당하는 연구를 투고해야 한다는 등 구체적으로 제시되어 있으니 확인해보아야 합니다.

3 발간된 논문 검색

학회 홈페이지를 보면 그 학회에서 발간하는 학술지에 어떤 논문이 실렸는지 제시하거나 검색하는 부분이 있습니다. 홈페이지에 제시된 논문들을 보면서 자신의 연구를 이 학술지에 실을 수 있을지 판단할 수 있을 겁니다. 또한 홈페이지에 제시된 논문들을 통해 이 학술지의 특성을 가늠하고 수준이 어느 정도 되는지 파악할 수 있습니다. 예를 들어 '이 학술지에 투고한 논문들은 대부분 양적 연구구나', '연구 주제 자체가 논리적으로 말이 안 되는 논문들이 많은데도 이 학술지에서는 이런 논문도 게재해주는구나'와 같은 평가를 할 수 있습니다.

이처럼 학회 홈페이지에 게재된 논문을 확인하면서 자신의 논문이 이 학술지에 맞는지 판단할 수도 있지만 그 반대 방향으로 접근할 수도 있습니다. 즉 자신의 연구 논문과 유사한 논문을 네이버나 구글 스칼라로 검색해 그 논문이 어떤 학술지에 게재되었는지 확인한 후 학술지를 선택할 수도 있습니다.

4 논문 투고 날짜와 발간 날짜 확인

게재된 논문이 필요해서 학술논문을 가능한 빨리 게재해야 하는 상황이 종종 발생합니다. 그때 중요한 것은 논문 투고 날짜와 발간 날짜입니다. 학회지마다 보통 연 1~4회 발간하는데, 많게는 연 12회 발간하는 곳도 있습니다. 예를 들어 자신의 논문이 12월 안에 발간되어야 한다면 그 전에 언제까지 투고를 해야 하는지 확인해보아야 합니다. 투고 날짜와 발간 날짜가 맞지 않아 투고를 하지 않는 경우도 생각보다 많습니다.

5 피인용지수(IF: Impact Factor) 확인

피인용지수(영향력지수)의 개념을 쉽게 설명하자면, 'A 학술지의 논문이 인용된 총 횟수/A 학술지에 수록된 논문 수'로 나타낼 수 있습니다. 즉 A 학술지의 피인용지수가 2.0이라면, A 학술지에 실린 어떤 논문이든 평균적으로 2회 정도 다른 논문에서 인용했다는 뜻입니다. 이 피인용지수가 높을수록 좋은 학술지이겠죠. 그러다보니 이제는 연구자들이 단순히 등재지에 논문이 실리는 것을 넘어서 피인용지수가 높은 학술지를 선호하기도 합니다. 왜냐하면 자신의 논문이 다른 많은 논문에 인용되길 원하기 때문입니다.

한국학술지인용색인(KCI) 홈페이지(https://www.kci.go.kr/)로 들어가면 학술지 인용 통계를 확인할 수 있습니다. 2015년 KCI의 피인용지수를 확인해보면, 전체 평균은 0.65입니다. 사회과학은 1.12, 예술체육학은 0.68, 자연과학은 0.61, 인문학은 0.56, 공학은 0.56, 의약학은 0.49로 나타났습니다. 이처럼 학술지의 피인용지수가 2.0을 넘기는 쉽지 않습니다. 자신이 투고하고자 하는 학술지의 피인용지수를 확인하고 싶다면, [그림 10-4]와 같이 한국학술지인용색인 홈페이지에 들어가서 [인용정보검색]-[전체 학술지 인용지수]를 클릭하여 살펴보면 됩니다.

NO	학술지명	발행기관명	대분류	WOS-KCI 통합 영향력지수 (2년 IF)	영향력지수 (2년 KCI IF)	중심성 지수 (3년)	즉시성 지수	자기인용 비율(%) (2년 KCI IF)
1	한국청소년연구	한국청소년정책연구원	사회과학	4.37	4.37	5.056	0.41	2.41
2	Journal of Industrial and Engineering Chemistry	한국공업화학회	공학	3.46	1.02	0.444	0.3	85.39
3	회계학연구	한국회계학회	사회과학	3.4	3.4	12.965	0.34	19.77
4	Cancer Research and Treatment	대한암학회	의약학	3.18	0.97	2.244	0.35	15.79
5	관광연구	대한관광경영학회	사회과학	3.09	3.09	3.512	0.78	22.09
6	유아교육연구	한국유아교육학회	사회과학	3.05	3.05	3.245	0.53	23.51
7	호텔경영학연구	한국호텔외식관광경영학회	사회과학	3.04	3.04	3.834	0.62	19.89

그림 10-4 | 전체 학술지 인용지수

아무도 가르쳐주지 않는 Tip

2중 투고는 A 학술지에 B 논문을 투고했는데, 그 B 논문을 C 학술지에도 투고하는 것을 말합니다. 이런 경우가 종종 발생합니다.

대부분의 학술지에서 2중 투고를 금지하고 있습니다. 그런데도 연구자가 2중 투고를 하는 이유는 게재된 논문이 정해진 시간 안에 나와야 하는 개인적인 사정 때문일 것입니다. 즉 올해 말까지 게재된 논문이 필요한데, 올해가 별로 남지 않은 상황에서 A 학술지 한 곳에만 투고하여 게재 불가가 되면 문제가 생기므로 혹시 몰라 B 학술지에도 투고하는 것입니다.

어떤 연구자는 A 학술지에 B 논문이 게재됐는데 C 학술지에서는 심사 기간이라면, C 학술지에 투고한 B 논문을 취소하면 되기 때문에 문제가 없다고 말합니다. 하지만 잘못되면 게재된 논문도 취소될 수 있습니다. 실제로 그런 일이 발생했는데, A 학술지의 심사위원이 C 학술지의 심사위원이어서 똑같은 논문이 투고된 것을 알고 게재를 취소시킨 사례가 있습니다. 그러므로 2중 투고는 하지 말아야 합니다.

에필로그
우리는 어떤 꿈을 꾸는 회사인가?

대학교 시절, 경제적 가치와 사회적 가치를 같이 추구하는 사회적 기업을 알게 되었고, 많은 사회적 기업들이 자립하거나 이윤을 남기지 못하고 망하는 현실을 바라보게 되었습니다. 또한 많은 사회취약계층들이 일자리를 갖지 못하거나 단순 직업에 종사하여 경제가 어려울 때 해고되는 1순위가 되는 현실도 알게 되었습니다. 그때부터 사회적 기업이 시장에서 경쟁력을 가질 수 있는 방법, 사회취약계층이 전문가가 될 수 있는 방법은 무엇인지 고민했습니다.

❶ 데이터분석 사업 모델을 가지고 있는 사회적 기업

회사 설립 목적과 꿈 (1)_ 데이터 분석 기반의 사회적 기업

저희는 처음 장애인 연구를 통해 논문을 접하게 되었고, 연구를 하며 회사를 유지하기 위해 2013년 1월에 회사를 설립하고 '논문통계 컨설팅'이라는 사업을 시작하게 되었습니다. 그리고 2017년 11월에 사회적 기업이 되었습니다. 앞으로 각 사회취약계층의 장애와 열악한 환경이 재능이 될 수 있는지를 분석하고, 그에 맞는 직무 교육을 통해 전문가로 양성하는 소셜벤처를 꿈꾸고 있습니다. 또한 데이터 분석과 머신러닝 알고리즘을 사용하여 사회취약계층에게 적합한 직무와 교육을 제공해주고, 정부 복지사업과 공공 정책의 효율성을 높여주는 의미 있는 일을 하고 싶습니다. 마지막으로 국내에서나 해외에서도 데이터분석과 머신러닝 사업을 하는 사회적 기업은 없는데, 논문통계와 같은 좋은 사업모델을 취약계층 유형에 맞게 계속 개발하여 전 세계적으로 소셜벤처와 사회적 기업의 좋은 롤모델이 되고 싶습니다.

❷ 사회취약계층의 특별함을 연구하고 교육하는 기관 : 히든스쿨

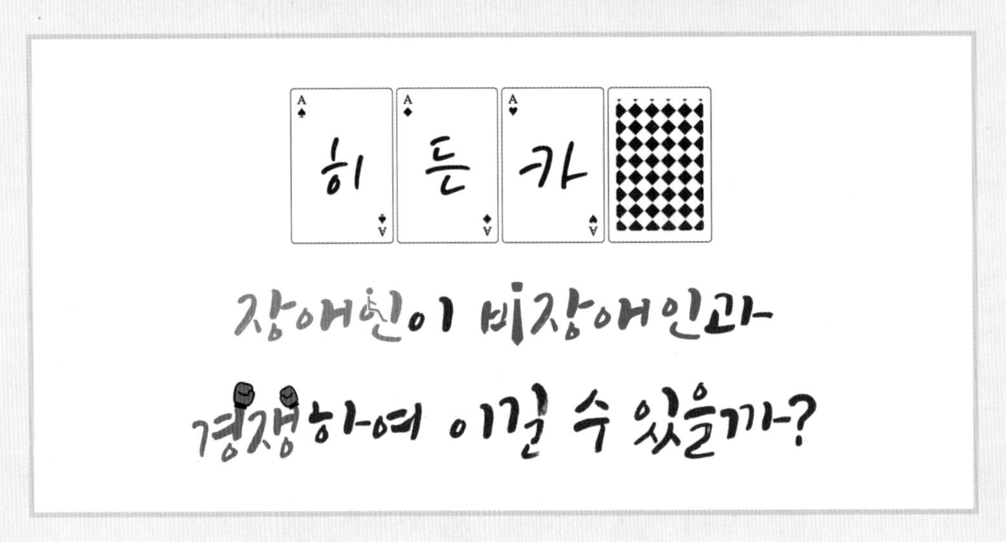

회사 설립 목적과 꿈 (2)_ 사회취약계층을 세상의 히든카드로 만들기

장애인과 비장애인은 서로 경쟁 대상이 아닙니다. 같이 협업해야 하는 동료죠. 하지만 세상은 그렇게 녹록지 않고, 비장애인들도 취업을 하지 못해 많이 힘들어합니다. 국가가 사회취약계층을 지원하는 데는 한계가 있습니다. 그래서 그들이 스스로 자립할 수 있고, 많은 기업에서 그들을 채용할 수 있도록 환경을 만드는 것이 중요하다고 생각합니다. 아직 펴보지 않은 히든카드가 '꽝'이 될 수도 있고, '조커'가 되어서 그 게임을 승리할 수 있게 하는 것처럼, 사회취약계층은 잠재력이 무한한 히든카드라고 생각합니다.

회사 설립 목적과 꿈 (3)_ 장애인 전문가 양성 학교, 히든스쿨

그래서 이들의 재능을 분석하고, 그에 맞는 직무와 연결하며, 그 직무교육을 체계적으로 할 수 있는 커리큘럼을 만들어 전문가를 양성하는 특수 전문 교육 학교, 히든스쿨을 만드는 것이 우리 회사의 꿈입니다. 많은 기도와 응원 부탁드립니다.

우리는 왜 무료 논문 강의를 진행하는가?
https://tv.naver.com/v/2994401

우리는 어떤 꿈을 꾸는 사회적 기업/소셜벤처인가?
https://tv.naver.com/v/2994499

참고문헌

[1] 박종걸(2012). 여행사 직원의 항공사 선택속성이 만족도 및 행동의도에 미치는 영향 연구. 우송대학교. 대전

[2] 정규형, 최희정(2016). 농촌 지역 노인 일자리사업 참여기간이 생활만족도에 미치는 영향 : 사회관계와 사회활동의 매개효과를 중심으로. 사회복지 실천과 연구, 13(1), 5-38

[3] 최정훈, 이정윤(1994). 사회불안에서의 비합리적 신념과 상황요인. 한국심리학회지 : 상담 및 심리치료, 6(1), 21-47

[4] 한국교육개발원(2013). KEDI발간물 : 연구보고서. https://www.kedi.re.kr/

[5] 히든그레이스(2013). 논문통계분석방법. http://blog.naver.com/gracestock_1